白云母浮选界面化学原理与实践

雷大士　彭祥玉　王宇斌　著

扫码看彩图

北　京
冶　金　工　业　出　版　社
2024

内 容 提 要

本书主要介绍了白云母表面性质及其在阴、阳离子捕收剂浮选体系中的可浮性变化规律，详细论述了浮选药剂在白云母表界面的作用机理，以及电化学预处理技术对白云母浮选行为的提升效果。基于上述理论研究成果，实际白云母样品的浮选行为得到了显著优化和改善，极大地丰富了白云母浮选理论体系。

本书可供环境工程、材料学及相关领域的科研人员、工程技术人员、管理人员等阅读，也可供高等学校矿物加工工程、矿物资源工程和资源循环工程等专业的师生参考。

图书在版编目(CIP)数据

白云母浮选界面化学原理与实践/雷大士，彭祥玉，王宇斌著．—北京：冶金工业出版社，2024.6.—ISBN 978-7-5024-9911-2

Ⅰ.TD97

中国国家版本馆 CIP 数据核字第 2024P8N367 号

白云母浮选界面化学原理与实践

出版发行 冶金工业出版社　　**电　　话** (010)64027926

地　　址 北京市东城区嵩祝院北巷 39 号　　**邮　　编** 100009

网　　址 www.mip1953.com　　**电子信箱** service@mip1953.com

责任编辑 高 娜　美术编辑 吕欣童　版式设计 郑小利

责任校对 梁江凤　责任印制 禹 蕊

北京建宏印刷有限公司印刷

2024 年 6 月第 1 版，2024 年 6 月第 1 次印刷

710mm×1000mm 1/16；17.5 印张；341 千字；271 页

定价 128.00 元

投稿电话 **(010)64027932** **投稿信箱** **tougao@cnmip.com.cn**

营销中心电话 **(010)64044283**

冶金工业出版社天猫旗舰店 **yjgycbs.tmall.com**

(本书如有印装质量问题，本社营销中心负责退换)

前　言

近年来，随着全球对白云母需求量的增加及白云母资源的日益枯竭，白云母选矿提纯工作越来越受到重视。然而，白云母是金属矿选矿过程中常见的脉石矿物，在金属矿的浮选过程中需要对白云母进行抑制以提高金属矿精矿质量，但由于对白云母受抑制的规律掌握不够充分，实现白云母受抑制仍然是个难题。诸多学者对白云母的选别工艺进行了大量的研究，这些研究多集中于白云母常规浮选工艺，而对白云母与药剂作用机理的研究鲜有报道，导致目前白云母浮选工艺仍存在分选效率低、浮选效果差、药剂成本高等问题。鉴于此，本书系统探讨了白云母在阴、阳离子捕收剂体系中可浮性及界面作用机理，有利于完善白云母浮选理论体系。

本书以白云母在浮选体系中的界面作用机理为主要研究目标，并基于上述理论研究成果，对实际白云母样品进行了浮选回收试验，取得了良好的应用效果。第1~5章介绍白云母的表面性质及其在阴、阳离子捕收剂体系中的可浮性变化规律及表面作用机理等；第6章主要是采用上述理论研究成果，对实际白云母样品进行了浮选回收研究，并考察了酸性和碱性浮选体系中白云母的浮选行为，同时对精矿产品进行了产品质量分析和经济效益评价，实现了理论研究与实践应用的完美结合。

本书主要由西安建筑科技大学雷大士、彭祥玉和王宇斌共同撰写。在撰写过程中，已毕业研究生余乐、张晓波和文堪等提供了大量的参考资料，张艺瑶和李佳琳等进行了文字录入、排版及校对工作，张璐和颜煜恩等对部分图表和资料进行了绘制整理，在此对给予帮助的同学们深表诚挚的感谢！同时，对书中所引用文献资料的中外作者致以诚挚的谢意！

本书内容涉及的研究得到了国家自然科学基金、中国博士后科学基金和陕西省科技厅青年基金等的大力支持。西安建筑科技大学资源工程学院在出版经费方面给予了资助，学院相关领导和教师也给予了支持与帮助。在此，一并表示衷心的感谢！

由于作者水平所限，书中难免有不足之处，敬请读者批评指正。

作　者

2024 年 1 月

目　　录

1 绪　　论

1.1 白云母资源概况

1.1.1 白云母的性质及分类

白云母薄片通常无色透明，由于类质同象等原因引入杂质离子，使其常呈绿色、棕色、黄色和粉红色等色调。白云母化学式为 $KAl_2[AlSi_3O_{10}](OH)_2$，主要元素含量分别为 SiO_2 45.2%、Al_2O_3 38.5%、K_2O 11.8%、H_2O 4.5%[1]。白云母的性质见表 1-1。

表 1-1　白云母的相关性质[1]

折射率				电学性质				机械强度/MPa			密度/$(g\cdot cm^{-3})$
				0.015 mm 厚的白云母片		0.025 mm 厚的白云母片					
n_g	n_m	n_p	ZV(-)/(°)	电压/kV	介电强度/$(kV\cdot mm^{-1})$	电压/kV	介电强度/$(kV\cdot mm^{-1})$	抗拉	抗压	抗剪	
1.580~1.599	1.582~1.599	1.552~1.573	3~43	2.2	146.5	4.0	160	166.7~353.0	813951~1225831	210843~296063	2.7~2.88

由于白云母具有电阻大、绝缘性好，电介质损耗低、抗电弧、耐电晕等优良的电学性能，加之其具有质地坚硬，机械强度高，耐高温，耐酸碱等理化性能。此外，其能被劈分成薄片，弹性和挠曲性较好，便于切、冲、卷、粘等处理，故白云母在工业中被广泛应用。

1.1.2 白云母资源分布概况

白云母属于层状硅铝酸盐矿物，在变质岩、酸性岩浆岩及沉积岩三大岩类中均可产出白云母。自然界中优质大片的白云母矿床较少，一般情况下其只在伟晶岩类的岩浆岩中才能发现。泥质岩石经过低级变质作用形成绢云母，经过高级变质作用形成白云母；此外，伟晶作用阶段、酸性岩浆结晶晚期、高温到中低温的蚀变作用，均能生成大量的白云母[2]。

我国的白云母资源量仅次于印度与俄罗斯，位居世界第三，集中分布在新疆、四川和内蒙古，其余分布在17个省、自治区[3]。代表性矿床有新疆阿勒泰云母矿床、四川丹巴的云母矿床、内蒙古土贵乌拉云母矿床[4]。

印度的白云母资源量位居世界第一，世界62%的白云母来自印度。该国有三大矿带，分别为恰尔肯德邦（比哈尔邦）矿带、安德拉邦矿带、拉贾斯坦邦矿带。其中恰尔肯德邦（比哈尔邦）矿带以盛产高级红白云母著称，安德拉邦矿带生产绿色白云母，拉贾斯坦邦矿带产红白云母的变种[4]。

美国也是云母矿产资源大国，著名的生产地有北卡罗来纳州、亚拉巴马州、佐治亚州、南卡罗来纳州和达科他州。其中北卡罗来纳州目前仅生产碎云母，产量占全国总产量的37%，南卡罗来纳州出产绢云母和白云母，但规模较小[4]。

巴西的片云母资源非常丰富，该国拥有一条长480 km、宽192 km的白云母矿带，目前米纳斯吉拉斯州是巴西云母的主要产地[4]。

1.1.3 白云母的选别工艺及研究现状

选矿提纯是实现白云母高附加值的必要工艺。选别白云母的方法主要根据矿石的工艺矿物学特性，例如矿物组成、嵌布特性和赋存状态等，结合白云母与其他矿物的理化性质差异，选择一种理想的选矿方法对白云母进行除杂提纯。现阶段白云母的选矿方法有重选、摩擦选矿、手选、形状选矿、浮选等[5-7]。其中手选、摩擦选矿和形状选矿一般用于选别片状白云母，而浮选、重选一般适用于碎云母。目前国内大部分矿山采用浮选工艺选别矿石，所谓浮选就是在固-液-气三相界面利用矿物表面理化性质的差异，选择性地富集一种或几种目的矿物，从而实现目的矿物与脉石矿物的分离[8]。

（1）重选。利用目的矿物与脉石矿物颗粒间的相对密度、粒度、形状的差异及其在介质（水、空气或其他相对密度较大的液体）中运动速率和方向的不同，使目的矿物与脉石矿物彼此分离的选矿方法。许霞等人[9]对湖北地区的绢云母矿石，采用破碎—捣浆—分散—水利旋流器分级工艺流程，实现绢云母与石英的有效分离，并获得K_2O含量为9.28%，回收率为61.23%的绢云母精矿。张迎棋[10]对某铁尾矿进行了云母回收试验研究，研究表明原矿采用磨矿—摇床粗选—筛分精选的工艺，最终获得了云母含量为96.2%，回收率为52.2%的黑云母精矿，能有效地回收铁尾矿中的云母。郭力等人[11]对河北灵寿的碎云母采用风选工艺研究，研究表明风选可以较好地解决3～0.245 mm粒级白云母的除砂问题。

（2）手选。已经单体解离的白云母，或与脉石连生的白云母经锤子破碎后，通过人工拣出大块片状白云母，该方法工作强度较大且工作效率低，目前已很少采用。

（3）摩擦与形状选矿。摩擦选矿是利用片状的白云母与浑圆状的脉石矿物沿斜面运动速度的差别，使白云母晶体与脉石分离。摩擦选矿的机械设备较多，例如螺旋分选机、金属料板分选机、带导流板的斜板分选机和带“丘型”板的斜板分选机等[12]。该机械要求原矿干燥且不含黏土，给料粒度为 20~70 mm 为佳，白云母回收率能达到 90%~92%，但当白云母厚度超过 5 mm 时，与脉石矿物形状相似的白云母片易流失于尾矿中，呈片状的脉石矿物易混入到白云母精矿中[12]。形状选矿是依据白云母晶体与脉石的形状的不同，二者在筛分过程中透过筛子的能力不同，使白云母与脉石分开。选别时一般使用两层以上不同筛面的筛子，通常第一层筛网呈方形，当原矿在筛面经过振动或者滚动作用，片状白云母和细粒脉石通过筛网到达第二层筛面，第二层是格筛，其可以筛去细粒脉石矿物留下片状白云母[13]。

（4）浮选。浮选工艺在云母的选矿提纯中被广泛应用，尤其是细粒云母。目前云母矿的浮选工艺有两种：一种是酸性介质下的阳离子浮选法，硫酸作为介质调整剂，矿浆的 pH 值调至 4，醋酸铵作阳离子捕收剂对云母进行浮选；另一种是在碱性条件下的阴-阳离子浮选法，采用木质磺酸钙与碳酸钠作 pH 调整剂，矿浆的 pH 值为 8~10.5，阴离子与阳离子联合作捕收剂，对云母进行浮选。酸性介质下的阳离子浮选法要求，云母在选别之前必须进行脱泥处理，这使得一些微细粒云母随矿泥流失，同时该方法对设备具有腐蚀性，当矿中含有矿泥时，可以采用碱性条件下的阴-阳离子浮选法[3,7,13]。

Xu 等人[14]研究了在不同 pH 值条件下，油酸钠及十二胺醋酸盐作为捕收剂，对白云母的浮选行为的影响。在 pH 值为 2~12 的范围内，对白云母进行了 Zeta 电位测量，结果表明白云母表面均带负电荷。仅用油酸钠作为捕收剂时，对白云母几乎没有富集作用；单独使用十二胺醋酸盐时，当 pH 值为 2 时，白云母的回收率达到 80%，当 pH 值增到 11 时，其回收率为 50%；当将两种药剂混合使用时，可以明显地提高白云母的回收率。研究表明，油酸钠在矿物表面的吸附，降低了十二胺醋酸盐离子之间的静电斥力作用，同时增强了疏水链之间的作用力。

刘方[15]研究了油酸钠和十二胺作为捕收剂时，多价金属阳离子、无机阴离子调整剂、有机调整剂及药剂加药顺序对硅酸盐矿物可浮性的影响。研究表明，在油酸钠体系下 Fe^{3+}、Al^{3+}、Pb^{2+}、Cu^{2+}、Ca^{2+}多价金属阳离子，对白云母的浮选有活化作用，其中 Al^{3+}、Ca^{2+}与油酸钠的添加顺序对白云母活化效果无影响，而 Fe^{3+}、Pb^{2+}在油酸钠之前添加，对白云母的活化效果优于其在油酸钠之后添加；Cu^{2+}在油酸钠之后添加，对白云母的活化效果优于其在油酸钠之前添加；而在十二胺体系下 Fe^{3+}、Al^{3+}、Pb^{2+}、Cu^{2+}、Ca^{2+}对白云母没有活化效果。在油酸钠体系下 Na_2SiO_3、Na_2S 对 Ca^{2+}活化的白云母浮选没有影响，$(NaPO_3)_6$对 Ca^{2+}活化的白云母具有抑制作用，NaF 对白云母的浮选效果的影响与加药顺序有关，当先加 NaF 后加油酸钠时，对 Ca^{2+} 活化的白云母具有抑制作用，反之没有抑制作用；在十二胺体系下 Na_2SiO_3 和 NaF 对白云母的浮选效果没有影响，Na_2S 对白云母具有弱的抑制作用，但是 $(NaPO_3)_6$ 先于十二胺加入矿浆中，其对白云母的抑制效果优于其后加入矿浆中；在油酸钠体系下，酒石酸、柠檬酸、淀粉都对 Ca^{2+} 活化的白云母具有抑制作用，但先添加油酸钠后添加酒石酸、柠檬酸、淀粉对 Ca^{2+} 活化的白云母的抑制作用更强；在十二胺体系下酒石酸与柠檬酸对白云母浮选没有影响，淀粉对白云母具有好的抑制效果，且淀粉在十二胺之前添加对白云母的抑制效果更佳。

邓海波等人[16]分别研究了十二烷基三甲基氯化铵、十四烷基三甲基氯化铵、十六烷基三甲基氯化铵和十二胺对白云母、锂云母和金云母浮选行为。研究表明，十四烷基三甲基氯化铵和十二胺，对锂云母的浮选效果较好，十二胺对白云母浮选效果更好，十四烷基三甲基氯化铵对金云母浮选效果更好。

陈超[17]研究了在酸性介质中，分别采用十二胺、十四烷基三甲基氯化铵及十二胺-油酸钠混合试剂，来分离白云母和高岭石。研究结果为：以十四烷基三甲基氯化铵作为捕收剂，控制其浓度在 $5\times10^{-5}\sim1\times10^{-4}$ mol/L 范围内，矿浆 pH 值为 4～5；以十二胺作为捕收剂，浓度为 1×10^{-4} mol/L 左右，矿浆 pH 值为 3，硅酸钠浓度为 80～160 mg/L；以十二胺-油酸钠混合药剂作为捕收剂，其中十二胺浓度为 $2\times10^{-5}\sim8\times10^{-5}$ mol/L，矿浆 pH 值控制为 4～5。以上三种药剂制度都可将白云母与高岭石有效分离，其中使用十四烷基三甲基氯化铵作为捕收剂能更好地分离白云母与高岭石。

王宇斌等人[18]研究了酸性条件下，在十二胺体系下，Fe^{3+} 对白云母可浮性的影响。研究表明，在酸性条件下，以十二胺作为捕收剂，Fe^{3+} 对白云母的浮选有抑制作用，当 pH 值为 4 时，Fe^{3+} 浓度为 3×10^{-3} mol/L 时，抑制效果最佳，能使白云母的回收率降低十二个百分点，抑制的主要原因是 Fe^{3+} 通过静电吸附作用，吸附在白云母表面，使白云母表面荷正电[18]。此外，Fe^{3+} 在矿浆中发生水解，生成的 $Fe(OH)_3$ 覆盖在白云母表面，使白云母表面暴露的 Si 原子数目减少，故 Fe^{3+} 削弱了十二胺分子在白云母表面的吸附作用[18]。

隆海与陆康等人[19-20]研究了在酸性条件下十二胺浮选白云母的试验。其中隆海等人[19]采用硫酸作为调整剂、十二胺为捕收剂，在矿浆 pH 值为 3 的条件下，对经过筛分处理的花岗岩中的白云母进行了浮选试验，可得到品位为 99.08%、回收率为 33.60%的白云母精矿。陆康等人[20]采用磁浮联合工艺对河南某白云母矿进行了试验，浮选采用硫酸将矿浆 pH 值调为 3，以十二胺为捕收剂进行浮选试验，试验获得了品位为 91%、回收率为 70.75%、Fe_2O_3 含量为 5.10%的白云母精矿，该白云母精矿满足橡胶填料的工业要求。

封国富等人[21]发明了一种用油酸浮选云母矿的方法。该法以油酸作为捕收剂，用烷基胺（盐）作为起泡剂，在中性或弱碱性矿浆中浮选云母。试验结果表明，云母精矿的质量和回收率都得到大幅的提高，该方法应用于处理含云母的多矿物综合回收工艺中，能减轻回收云母过程中其他矿物的机械夹带作用。

1.2　白云母矿物表面特性对可浮性的影响

1.2.1　矿物内部结构及天然可浮性

白云母是属于单斜晶系层状构造硅酸盐，由两层硅氧四面体夹一层铝氧八面体组成，其中硅氧四面体由一个中心硅离子与四个氧原子配位形成，其通过角顶相连，形成平面网层结构；铝氧八面体是铝离子与六个氧（三个在上，三个在下）通过最紧密堆积形成的[22-23]。通常，硅氧四面体与铝氧八面体结合较牢固，但是硅氧四面体中约有1/4的Al^{3+}取代Si^{4+}，导致硅氧四面体荷负电，该负电由夹于两个硅氧四面体层之间的正离子来平衡，导致两个硅氧四面体层之间的联结较弱，使白云母可以沿［001］平面完全解理，理论上白云母可以剥分成为1.0 nm左右的薄片[24]。当粉碎时云母沿完全解理面和不完全解理面裂开，在其表面上存在有铝阳离子，因此油酸钠和矿物表面作用时，捕收剂将定向地牢固地固着在矿物表面上引起它的浮游[25]。

1.2.2　矿物表面性质

云母为TOT型层状结构硅酸盐矿物，硅氧四面体层间分别为钾离子层和铝氧八面体或镁铁氧八面体层。解理面上钾离子易溶于水，而使云母的硅氧四面体层的桥氧平面暴露出的桥氧因连四配位铝而带有负电荷，并且这些桥氧结合氢离子的能力较弱，会使云母类矿物解理面上所带负电荷受pH影响小，将会造成云母类矿物零电点低于长石、石英[26]。此外，垂直于解理面的侧面可能暴露硅氧四面体层和铝氧八面体层或镁铁氧八面体，同时产生大量的带悬空键的铝或镁、铁。黑云母的尖氧连四面体中硅和八面体中二价镁或铁尖氧带0.67个负电荷，白云母尖氧连四面体中硅和八面体中三价铝带0.5个负电荷。黑云母表面镁比白云母表面铝更易溶于水，所以黑云母零电点比白云母低。

岩体在成岩期间或后期改造过程中会形成各种类型的软弱面，致使其结构在不同方向表现出差异性，引起波速、强度、变形等的各向异性[27]。软质矿物白云母、黑云母、绿泥石呈单向优势发育的针、片状形态，两种形态的单元皆表现出一定程度的定向拉长特征，且在空间上呈似互层状分布特征[28]。

1.2.3　矿物捕收剂研究现状

白云母作为目的矿物和脉石矿物，要对其进行有效分离及提纯，就必须选择合适的选矿方法。白云母的选矿方法主要是依据白云母的矿石性质来确定，目前白云母的选别方法主要有手选、重选、摩擦选矿及浮选等[5,7]，其中手选及摩擦选矿主要应用于选别片状白云母，而浮选及重选主要用于选别碎云母，且浮选法在细粒级白云母的分离提纯工艺中应用十分普遍[29-30]。白云母的浮选工艺主要有酸性介质下的阳离子浮选法及碱性介质下的阴-阳离子浮选法，且国内外对白云母的研究主要是围绕白云母浮选工艺优化，浮选药剂选择与应用及相关理论模拟计算等方面[31-32]。

当前白云母浮选过程中主要用到的阳离子捕收剂大部分为胺类捕收剂，例如，十二胺、十二烷基伯胺盐、十四烷基三甲基氯化铵等，阴离子捕收剂大部分为羧酸及其盐类，例如，油酸，油酸钠，十二胺醋酸盐等，浮选过程中主要用的金属阳离子调整剂为Fe^{3+}、Al^{3+}、Pb^{2+}、Cu^{2+}、Ca^{2+}、Mg^{2+}等；无机阴离子调整剂为硅酸钠、六偏磷酸钠、硫化钠、氟硅酸钠等；有机调整剂为酒石酸、柠檬酸、淀粉、苹果酸等[15-16]。

酸性阳离子浮选法一般用于回收粗粒云母，回收云母颗粒的上限可以达到1.18 mm。但浮选时矿石需预先脱泥，矿浆浓度一般为40%~45%，采用硫酸为调整剂，浮选最佳 pH 值为 4[33]。这方面的研究比较多见，如陆康等人[20]在pH=3 的酸性条件下对脱泥后的白云母进行浮选，采用十二胺为捕收剂可获得白云母含量为91%、回收率为70.75%的白云母精矿。肖福渐[34]针对某铅锌矿选矿尾矿进行绢云母回收试验，选择3-ACH为绢云母捕收剂，F-1为抑制剂在酸性回路中浮选云母。张乾伟等人[35]进行了从选钼尾矿中回收金云母的试验研究，利用浮选方法分选出金云母精矿，经过1次精选、1次扫选获得精选回收率为40%、品位9.5%以上，扫选金云母回收率20%、品位7.0%以上的金云母。

碱性阴离子、阳离子浮选法是在有矿泥存在时回收白云母的浮选方法。浮选矿石也需预选脱泥。浮选云母粒度上限为0.85 mm，矿浆浓度为40%~45%。采用碳酸钠和木质磺酸钙作为调整剂，阴离子和阳离子捕收剂联合使用，当矿浆pH值为8.0~10.5时云母的回收率最高[13]。碱性阴阳离子浮选工艺要求矿石进行磨砂、滚筒筛筛分、分级、预选、调和、浮选等步骤。最终可获得回收率为91.9%，品位可达98%的云母精矿。王玉峰等人[36]针对某选铁尾矿进行云母回收试验，其选铁尾矿由石英、白云母、黑云母及赤铁矿组成，所含云母为20.34%，试验采用脱泥—碱性浮选选矿工艺，最终可获得云母回收产率在10%左右，K_2O 含量为7.93%，云母矿物含量在96%以上的高纯度云母。

1.3　电化学技术在选矿中的研究现状

电化学是化学领域的一个重要分支，是电与化学变化的关系及电能和化学能相互转换及其转换规律的一门学科，电化学在工业领域应用十分广泛，例如电解、电镀、化学电源、金属的防腐蚀及电加工等[37-38]。由于电化学技术具有节省药剂、绿色环保，高效分选及适宜处理微细粒级矿物等优点[39]，因此在选矿领域中，其被广泛地应用于选矿增效等方面，除了选别磁性矿物所使用的磁选法以外，电化学技术作为辅助方法也用于重选、浮选等其他选矿方法中[40]。电化学技术在浮选中的应用研究包括电化学预处理浮选水、浮选药剂及矿浆[39]，电化学预处理浮选水或浮选药剂，即对浮选水或浮选药剂进行外加直流电或交流电处理，已有相关研究表明：电化学预处理可以改变水的性质和浮选药剂的性质，对浮选药剂的电化学作用，可改变药剂本身状态、化学组成、溶液 pH 值和氧化还原电位数值，并且还可改变浮选药剂溶液中离子、分子和胶粒形成的比例，能明显地影响药剂水解反应的进程，而且还能够提高浮选药剂溶液中具有最佳活性作用成分的浓度，调整形成胶粒的临界浓度，提高难溶药剂在水中的分散度等[41]，进而提高浮选效率[42-43]。电化学预处理矿浆，即对矿浆进行外加直流电或交流电处理，使其产生氧气或者氢气微细气泡，同时发生一系列电化学反应[44]。电化学预处理矿浆能够改变矿浆中矿物颗粒表面物理化学性质，调节矿浆中矿物颗粒表面的亲水性强弱，并且还能够调控矿浆电位，改变矿物的可浮性，进而达到目的矿物的有效分选[39]。目前关于电化学技术在选矿领域中的拓展应用，国内外学者近年来开展了大量的研究工作，将其归纳如下。

1.3.1 电化学技术在氧化矿选矿中的研究现状

张一敏等人[45]对氧化锰矿进行了电化学阴极处理，结果发现，矿浆的阴极处理可以改善锰矿石和铁矿石的浮选指标和絮凝指标，锰氧化物悬浮液的预先电还原处理使软锰矿、硬锰矿和水锰矿的可浮性分别提高 28%、17%和 22%，在对矿泥进行浮选时，精矿产率提高了 6%，并且锰回收率提高了 15.9%[45]。

张积寿[46]利用电化学的方法预处理氧化铅锌矿的矿浆，并且进行了浮选试验，试验证明，电化学预处理时的关键因素是电极材料，在浮选指标不下降的情况下，氧化铅矿物浮选时以铜做电极最好，此时硫化钠用量可由 5 kg/t 降至 3 kg/t，氧化锌矿物浮选时以铝电极最好，此时硫化钠用量可由 5 kg/t 降至1 kg/t。

覃文庆等人[47]采用改进的 Hallimond 管探索了阴极孔径、颗粒粒度、电流强度等对锡石浮选回收率的影响，结果表明，阴极孔径、颗粒粒度、电流强度均对锡石浮选回收率有显著影响，并且研究还发现颗粒与气泡间存在最佳匹配范围，在最佳范围内，颗粒气泡捕集概率最大，浮选回收率较高；当 pH 值为 4.5，MOS 用量为 100 mg/L 时，锡石矿物的浮选效果较好。

蔡有兴[48]将直流电场应用在褐铁矿浮选中，发现直流电场处理矿浆能够使选别指标得到提高，并且这种方法对于泥化较重的难选褐铁矿效果显著，在铁精矿品位接近时，与不通电浮选相比，铁精矿回收率可提高25%左右。同时其认为直流电场处理矿浆能够强化褐铁矿浮选的原因在于，对矿浆通电提高了难溶药剂在矿浆中的分散度，增强了药剂作用，并且对矿泥进行了有效分散，改变了矿物的物理化学及浮游性质，提高了褐铁矿的可浮性。

1.3.2　电化学技术在非金属矿选矿中的研究现状

国内的朱红等人[49]对几种电化学法对煤表面改性反应的机理进行了研究，应用红外光谱和拉曼光谱分析表明，经电化学方法改性前后煤的表面结构发生了变化。在一定的电化学条件下，煤表面的含氧官能团减少，吸附氧的含量也减少，从而改善了煤的可浮性，与此同时，煤中所含的硫被还原为亲水性的 S^{2-} 与煤分离，能够达到浮选脱硫的目的。

董宪姝[50]论述了高硫煤在石灰溶液体系中电化学浮选脱硫的实验研究，对该电解体系中的不同条件对脱硫效果影响进行了探讨，研究结果表明，当电解电流为2 A，电解时间为30 min时，电化学处理浮选脱硫的效果最佳。并且通过表面润湿性测定和FITR光谱分析可以看出，高硫煤电解浮选比未电解浮选的亲水性有所增强。

戴智飞等人[51]利用自制的电解浮选管对不同粒级萤石进行了电解浮选试验，研究了电解浮选中气泡性质对细粒萤石回收的影响，结果表明，当阴极孔径一定时，不同粒级萤石回收率随着电流强度的增大均增大，当电流强度一定时，不同阴极孔径对应的萤石浮选回收率最高时的粒级也不相同。

杜圣星[52]进行了电解法强化煤泥浮选过程的试验研究，试验结果和分析表征表明，电解预处理煤泥对浮选过程有促进作用，促进的原因在于煤样通过电化学预处理后，煤表面的羟基、羧基等含氧官能团减少，接触角变大，疏水性增强，进而强化了浮选过程中煤与气泡的相互作用，增强了浮选效果；与此同时，电解浮选降低了煤表面的Zeta电位，使得煤与捕收剂能更好地作用，提高了浮选活性；并且电化学预处理煤样还会使煤表面的黏土类物质解离，最终降低浮选精煤灰分。

李艳等人[53]利用改进的Hallimond管结合电解浮选法对不同粒级的高岭石浮选行为进行了研究。结果表明，随着电流强度的不断增大，不同粒级的高岭石电解浮选速率均增大。当电流强度相同时，细颗粒在孔径小的阴极时浮选速率较大，而粗颗粒在孔径大的阴极时浮选速率较大，并且浮选速率常数 k 与这些影响因素之间存在明显的线性相关关系。

欧阳坚等人[54]从理论上分析了电化学预处理硅酸钠的作用，并用石英及胶磷矿的混合矿进行了试验研究，结果表明，通过电化学预处理后，硅酸钠的作用效果得到了改善，并且在硅钙质磷块岩的浮选中，经电化学预处理后的硅酸钠可使其精矿回收率提高4%~8%，品位提高1%~2%，与此同时，电化学预处理前后硅酸钠溶液电导率的变化表明，电化学预处理强化了硅酸钠的电离过程，导致其溶液中的有效成分增多。

欧阳坚等人[55]对碳酸钠电化学处理作用进行了探讨，并认为电化学预先处理碳酸钠溶液，能够强化其对碳酸盐类矿石的抑制作用，并且还可节约碳酸钠的用量。通过测定电化学处理前后碳酸钠溶液电导率发现，碳酸钠抑制作用增强的原因在于电化学处理能够抑制碳酸根的水解。

余世鑫等人[56]进行了电化学预处理选磷尾矿水的回水选矿试验，研究发现，磷矿浮选尾矿水经电化学预处理后可再次用于浮选，浮选环境明显被改善，并且操作条件相对较为稳定，在保证磷精矿回收率及品位的情况下，电化学预处理回水能够有效降低碳酸钠的用量，从而节约浮选成本。

孙雯等人[57]用电化学处理后的磷矿浮选尾矿水进行了浮选试验，结果表明，用电化学处理后的尾矿水进行浮选的工艺指标比直接利用尾矿水作回水进行浮选的工艺指标好，并且当品位为30%的精矿质量相同时，未处理的尾矿水用于浮选其回收率只有50%，而用电化学处理后的尾矿水用于浮选其回收率可达64%左右，电化学处理尾矿水能明显提高精矿回收率。

2　试验原料、药剂、设备及方法

2.1　试验原料

2.1.1　样品制备

试验所用的白云母矿样均取自陕西某白云母矿，白云母原矿经过手选、破碎、摇床重选、筛分、酸洗等处理，再用蒸馏水将酸洗后的白云母试样清洗至中性，最后将矿样过滤、低温烘干后用于浮选试验，试样制备流程如图 2-1 所示。

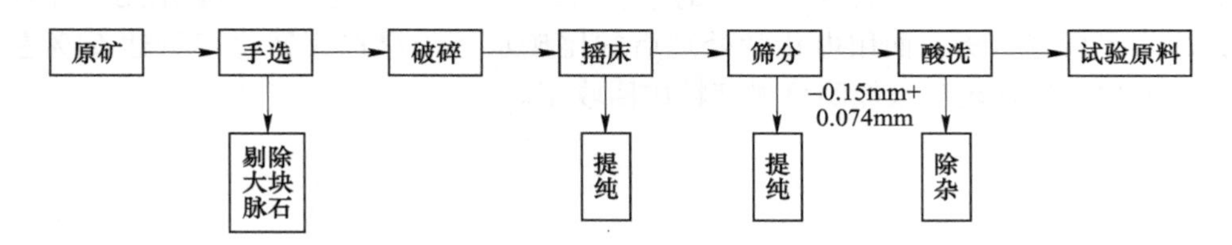

图 2-1　浮选原料制备流程图

2.1.2　样品表征

为了解白云母矿石中主要元素的含量及结晶情况，研究对该试样进行了化学分析与 XRD 表征，结果如表 2-1 和图 2-2 所示。

表 2-1　试样化学分析结果

成分	K_2O	Na_2O	Al_2O_3	SiO_2
含量（质量分数）/%	10. 62	0. 72	32. 50	48. 16

由表 2-1 可知，该矿样的主要元素为 Si、Al、K、Na，其中 SiO_2、Al_2O_3、K_2O和 Na_2O 含量分别为 48. 16%、32. 50%、10. 62%和 0. 72%，由此可见，白云母纯度可以达到 95%左右。结合图 2-2 还可知，试样中白云母的特征吸收峰明显且无杂峰出现，说明白云母的结晶程度良好且纯度较高。

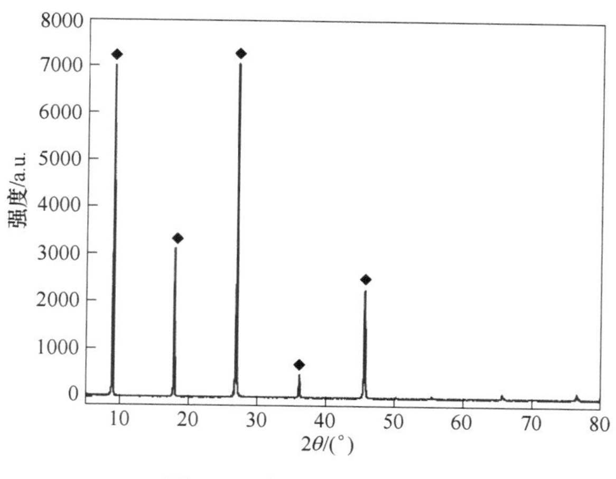

图 2-2 白云母 XRD 图谱

2.2 试验药剂和设备

2.2.1 试验药剂

试验药剂见表 2-2。

表 2-2 试验药剂一览表

药剂名称	分子式	级别	生产厂家
蒸馏水	H_2O	—	—
硫酸	H_2SO_4	分析纯	西安化学试剂厂
氢氧化钠	$NaOH$	分析纯	天津致远化学试剂厂
三氯化铁	$FeCl_3 \cdot 6H_2O$	分析纯	天津科密欧试剂厂
氯化铜	$CuCl_2 \cdot 2H_2O$	分析纯	天津巴斯夫试剂厂
无水氯化钙	$CaCl_2$	分析纯	天津科密欧试剂厂
氯化镁	$MgCl_2 \cdot 6H_2O$	分析纯	天津天力化学试剂厂
硝酸铅	$Pb(NO_3)_2$	分析纯	天津红岩化学试剂厂
结晶氯化铝	$AlCl_3 \cdot 6H_2O$	分析纯	天津天力化学试剂厂
硫酸钾	K_2SO_4	分析纯	天津盛奥化学试剂厂
硫化钠	$Na_2S \cdot 9H_2O$	分析纯	天津天力化学试剂厂
硅酸钠	$Na_2SiO_3 \cdot 9H_2O$	分析纯	天津红岩化学试剂厂
氟硅酸钠	Na_2SiF_6	分析纯	天津福晨化学试剂厂
六偏磷酸钠	$(NaPO_3)_6$	分析纯	天津红岩化学试剂厂

续表 2-2

药剂名称	分子式	级别	生产厂家
柠檬酸	$C_6H_8O_7 \cdot H_2O$	分析纯	天津红岩化学试剂厂
DL-苹果酸	$C_4H_6O_5$	分析纯	天津福晨化学试剂厂
酒石酸	$C_4H_6O_6$	分析纯	天津福晨化学试剂厂
β-环状糊精	$(C_6H_{10}O_5)_7$	分析纯	天津福晨化学试剂厂
油酸钠	$C_{18}H_{33}NaO_2$	分析纯	天津光复研究所

2.2.2 试验设备

试验所用仪器设备见表 2-3。

表 2-3 试验设备一览表

设备名称	规格型号	生产厂家
颚式破碎机	RK/PEF	武汉洛克粉磨设备制造有限公司
摇床	RK/LY-1100×500	武汉洛克粉磨设备制造有限公司
直流稳压电源	KA3005P	深圳卓越仪器仪表有限公司
挂槽浮选机	RK/FGC(5-35)	武汉洛克粉磨设备制造有限公司
系列循环水多用真空泵	SHB-D（Ⅲ）	河南省泰斯特仪器有限公司
电热鼓风干燥箱	101-3 型	北京科伟永兴仪器有限公司
Zeta 电位仪	JS94H	上海中晨数字技术设备有限公司
酸度计	pHS-3C-3E	上海雷磁仪器厂
电导仪	MP515-01	上海三信仪表厂
傅里叶变换红外光谱仪	tensor27 型	德国布鲁克公司
X 射线光电子能谱仪	K-AlpHa 型	美国热电公司
扫描电镜	Quanta200	美国 FEI 公司

2.3 试 验 方 法

2.3.1 研究方法

2.3.1.1 浮选试验方法

浮选试验采用 FGC 型挂槽浮选机，每次试验时称取一定质量白云母置于浮选槽中，然后加入适量蒸馏水，再加入适量的捕收剂及调整剂并调浆，最后对泡沫产品进行过滤、干燥处理，称重后计算回收率，浮选试验流程如图 2-3 所示。

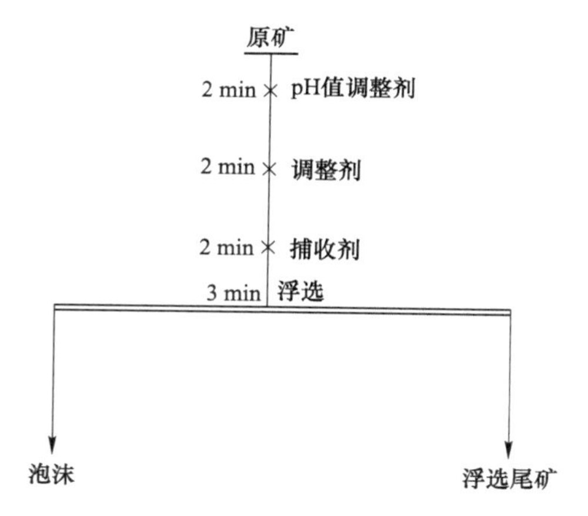

图 2-3 浮选试验流程图

2.3.1.2 电化学预处理浮选药剂

研究利用直流稳压电源对浮选药剂溶液进行电化学预处理，预处理时先将一定浓度的浮选药剂溶液适量加入电解槽中，然后在不同预处理电流、预处理时间、极板间距、极板材料等条件下对溶液进行电化学预处理，最后将浮选药剂溶液从电解槽取出置于烧杯中，用于后续浮选试验及相关溶液性质检测。

2.3.2 检测方法

2.3.2.1 溶液 pH 值检测

研究利用精密酸度计对电化学预处理后的浮选药剂溶液进行检测，检测时先对仪器进行标定，然后将 pH 测试仪电极置于浮选药剂溶液中，待读数稳定后记录数据，并取三次数据的平均值作为最终结果。

2.3.2.2 溶液电导率检测

研究利用精密数显电导仪对电化学预处理后的浮选药剂溶液进行检测，检测时先对仪器进行校正，然后将电导仪电极置于浮选药剂溶液中，待读数稳定后记录数据，并取三次数据的平均值作为最终结果。

2.3.2.3 Zeta 电位表征

称取适量−45 μm 的白云母样品于烧杯中，然后加入 20 mL 的蒸馏水并搅拌均匀，依次加入 pH 值调整剂及经电化学预处理后的调整剂，搅拌均匀后取适量溶液置于电泳槽中，采用 JS94H 型微电泳仪对白云母悬浮液进行 Zeta 电位检测。

2.3.2.4 红外光谱表征

称取适量−45 μm 的白云母样品，将其与 KBr 粉末混合并制备成 KBr 压片，然后利用傅里叶变换红外光谱仪对其进行扫描。仪器工作参数为：扫描范围

4000~400 cm^{-1}，最小分辨率 0.09 cm^{-1}，波数精度 0.01 cm^{-1}。

2.3.2.5　扫描电镜表征

试验所用设备为 Quanta200 型号的扫描电镜，该设备利用二次电子信号成像来观察矿样的表面形态，可对矿样表面物质能进行微观成像。研究对不同条件下的白云母样品进行［001］和［100］等断裂面的 SEM 表征，并结合 EDS 分析白云母各面的元素种类及相对含量。

2.3.2.6　光电子能谱表征

称取适量-45 μm的白云母样品，借助 K-AlpHa 型 X 射线光电子能谱仪（XPS），对不同白云母样品进行表征，并利用 Avantag 软件对检测结果进行分析，分析过程中使用真空室中的污染碳（C 1s 284.6 eV）进行标定，该设备工作参数：以 Al 线作激发源，激发源能量为 1436.80 eV，分辨率为 0.10 eV。

3 十二胺体系下调整剂对白云母可浮性影响试验

3.1 十二胺体系下白云母浮选试验

3.1.1 不同 pH 值条件试验

试验条件为：十二胺用量为 1.4×10^{-4} mol/L，调整剂为稀硫酸（质量浓度为 2%），矿浆 pH 值为变量，试验结果如图 3-1 所示。

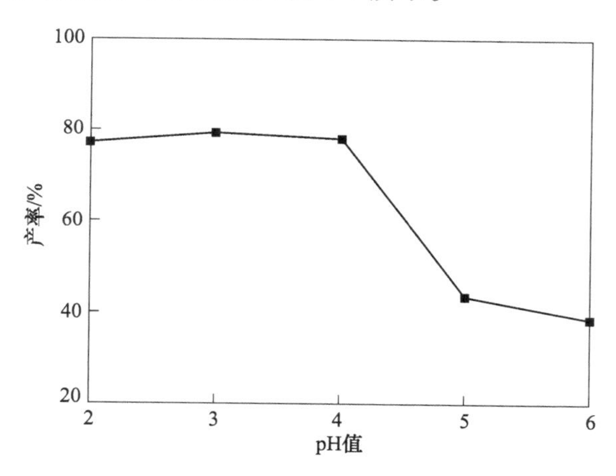

图 3-1 矿浆 pH 值对白云母可浮性的影响

由图 3-1 可知，白云母的产率随着矿浆 pH 值的变化而变化，并呈现出一定规律：当 pH 值小于 3 时，白云母的产率随着 pH 值的增大而增大；当 pH 值大于 4 时，白云母的产率开始迅速下降，当 pH 值等于 6 时，白云母的产率从 78.00% 下降到 38.00%左右。由此可见，当矿浆 pH 值为 3 和 4 时，十二胺对白云母的捕收性能较强。考虑到 pH=4 时酸用量较少，且对设备的腐蚀性较弱，故后续试验选择 pH=4 为最佳 pH 值。

3.1.2 十二胺用量试验

试验条件为：调整剂为稀硫酸（浓度为 2%），矿浆 pH 值为 4，捕收剂十二胺用量为变量，试验结果如图 3-2 所示。

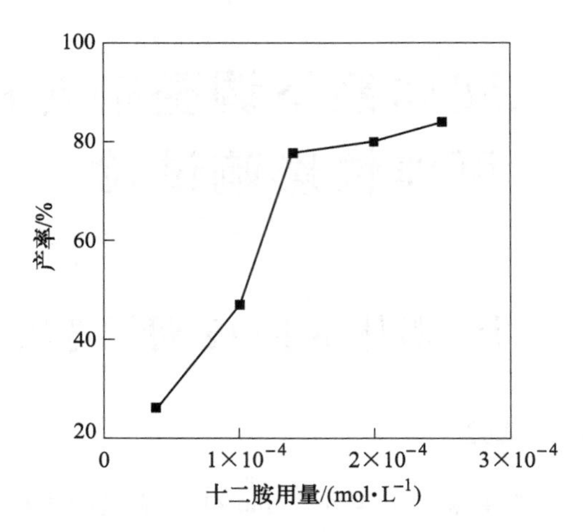

图 3-2　十二胺用量对白云母可浮性的影响

由图 3-2 可知，十二胺用量对白云母的产率影响较大，当十二胺与白云母表面作用后，随着十二胺用量的增大，白云母的产率随之增加，当十二胺用量为 4×10^{-5} mol/L时，白云母的产率仅为 26.67%，当十二胺用量为 1.4×10^{-4} mol/L 时，白云母的产率达到 78.00%，而当十二胺用量增大到 2.5×10^{-4} mol/L 时，白云母的产率可达 84.00%。鉴于十二胺成本较高，试验采用十二胺用量为 1.4×10^{-4} mol/L。

3.1.3　无机阴离子对白云母可浮性影响试验

3.1.3.1　硅酸钠用量试验

试验条件为：矿浆 pH 值为 4，十二胺用量为 1.4×10^{-4} mol/L，硅酸钠用量为变量，试验结果如图 3-3 所示。

由图 3-3 可知，硅酸钠对白云母的浮选产生了抑制作用，且抑制规律较明显。随着硅酸钠用量的增大，白云母的产率呈下降趋势，当硅酸钠的用量为 2×10^{-5} mol/L，白云母的产率为 74.00%；当硅酸钠用量继续增大到 1×10^{-3} mol/L 时，白云母的产率为 68.33%，降低了 9.67 个百分点。由此可知，硅酸钠是白云母的抑制剂，抑制效果较好，可使白云母的产率下降 10.00%。

3.1.3.2　六偏磷酸钠用量试验

试验条件为：矿浆 pH 值为 4，十二胺用量为 1.4×10^{-4} mol/L，六偏磷酸钠用量为变量，试验结果如图 3-4 所示。

由图 3-4 可知，六偏磷酸钠对白云母有很好的抑制作用，并且随着六偏磷酸钠用量的增大，白云母的产率持续下降，抑制作用逐渐增强。当六偏磷酸钠的用量为 2×10^{-5} mol/L 时，白云母的产率为 66.67%；可知较小用量的六偏磷酸钠对白云母产生较好的抑制性能。当六偏磷酸钠的用量为 1×10^{-3} mol/L，可使白云母的产率从78.00%降到8.33%。因此，六偏磷酸钠是白云母的有效抑制剂。在实际生产中，也可利用六偏磷酸钠对白云母较强的抑制作用，对白云母、石英等其他脉石矿物进行选择性浮选，以实现白云母和其他脉石矿物分离的目的。

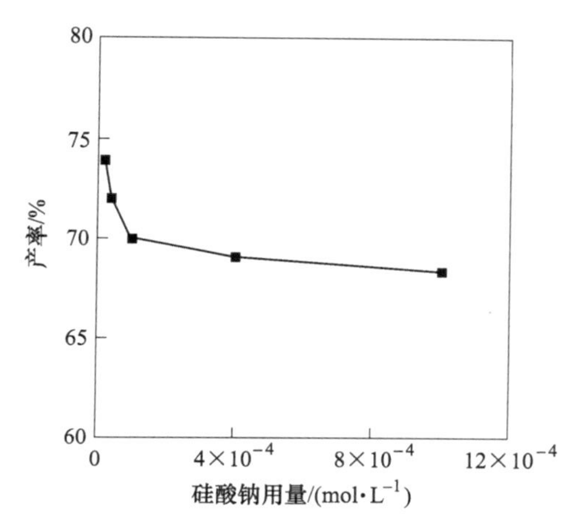

图 3-3 硅酸钠用量对白云母可浮性的影响

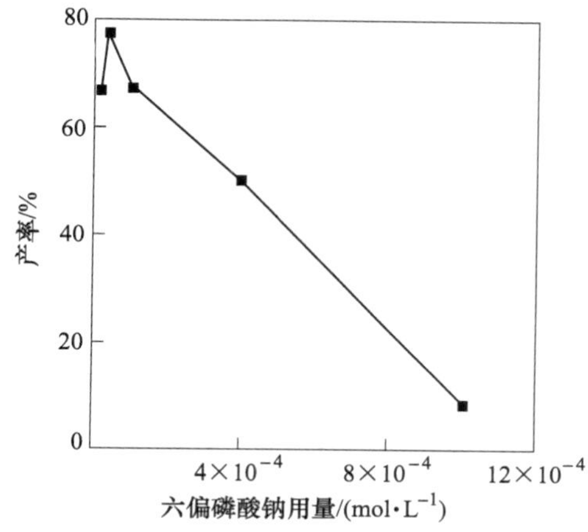

图 3-4 六偏磷酸钠用量对白云母可浮性的影响

3.1.4 金属阳离子对白云母可浮性影响试验

3.1.4.1 Fe^{3+}用量试验

试验条件为：矿浆pH值为4，十二胺用量为1.4×10^{-4} mol/L，铁离子用量为变量，试验结果如图3-5所示。

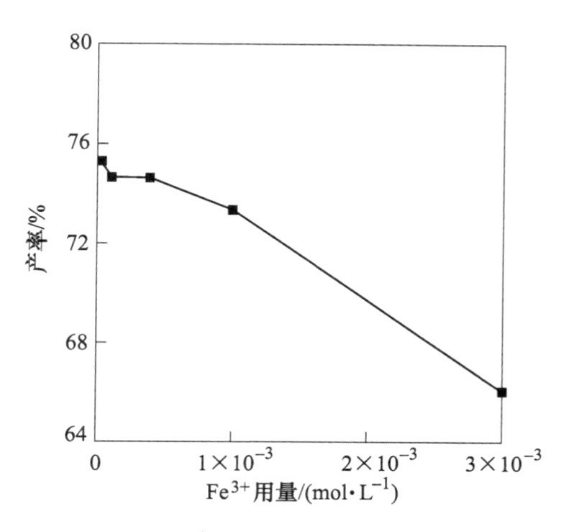

图 3-5 Fe^{3+}对白云母可浮性的影响

由图 3-5 可知，在酸性条件下，铁离子用量对白云母可浮性的影响规律较为明显，白云母的产率随着铁离子用量的增加呈下降趋势，当铁离子的用量大于 1×10^{-4} mol/L 时，白云母的产率随着其用量的增加而迅速下降。当铁离子用量为 4×10^{-4} mol/L 时，白云母的产率为 74. 66%；而当铁离子的用量为 3×10^{-3} mol/L，白云母的产率为 66. 00%。因此，可知当铁离子的用量大于 1×10^{-4} mol/L 时，才能对白云母的浮选过程产生良好的抑制作用。

3. 1. 4. 2　Al^{3+} 用量试验

试验条件为：矿浆 pH 值为 4，十二胺用量为 1.4×10^{-4} mol/L，铝离子用量为变量，试验结果如图 3-6 所示。

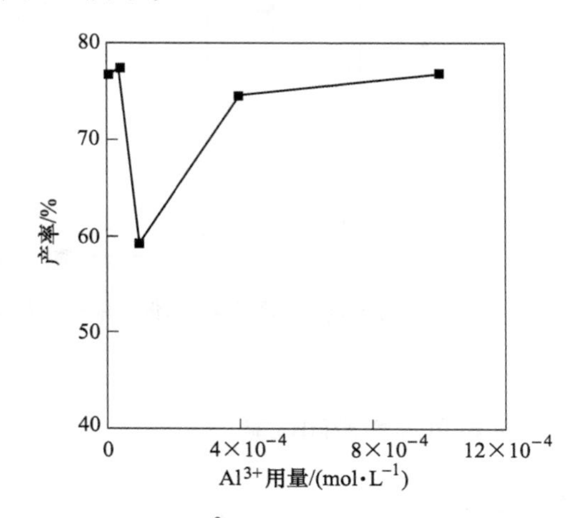

图 3-6　Al^{3+} 对白云母可浮性的影响

由图 3-6 可知，在酸性条件下，铝离子对白云母的抑制规律不明显，但当铝离子的用量为 1×10^{-4} mol/L 时，其抑制作用较强，白云母产率仅为 59. 33%；而增加或减小铝离子的用量，其抑制作用均减弱，白云母产率上升，其产率在 75. 00%左右。由此可见，当铝离子在某特殊用量时，可对白云母的浮选产生较强的抑制作用。

3. 1. 4. 3　Cu^{2+} 用量试验

试验条件为：矿浆 pH 值为 4，十二胺用量为 1.4×10^{-4} mol/L，铜离子用量为变量，试验结果如图 3-7 所示。

由图 3-7 可知，铜离子对白云母的浮选过程产生一定的抑制作用，并且随着铜离子用量的增加，抑制作用增强，当铜离子用量为 1×10^{-4} mol/L 时，抑制作用最强，此时白云母的产率为 70. 67%。继续增加铜离子的用量，其对白云母的抑制性能不再增加。可知当铜离子用量较小时（不大于 1×10^{-4} mol/L)，其用量变化对白云母的可浮性影响较大，一般在铜离子用量为 1×10^{-4} mol/L 时，抑制性能

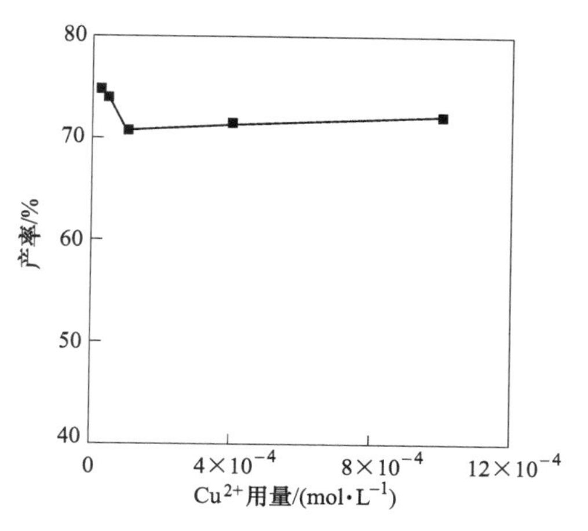

图 3-7 Cu^{2+}对白云母可浮性的影响

会达到最好，继续增加其用量，对白云母可浮性的影响变化不大。

3.1.4.4 Pb^{2+}用量试验

试验条件为：矿浆 pH 值为 4，十二胺用量为 1.4×10^{-4} mol/L，铅离子用量为变量，试验结果如图 3-8 所示。

由图 3-8 可知，铅离子对白云母浮选呈现出一定的抑制作用，抑制规律明显，抑制作用较弱，当铅离子用量为 4×10^{-5} mol/L 时，白云母产率为 75.63%；而当铅离子用量为 1×10^{-3} mol/L 时，抑制作用最强，此时白云母产率为 73.67%。

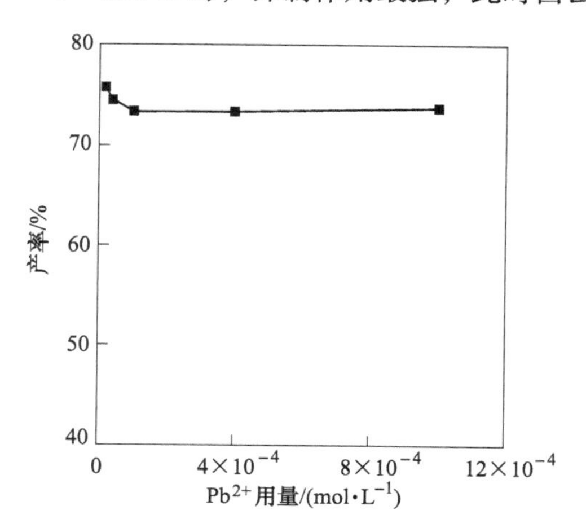

图 3-8 Pb^{2+}对白云母可浮性的影响

3.1.4.5 Ca^{2+}用量试验

试验条件为：矿浆 pH 值为 4，十二胺用量为 1.4×10^{-4} mol/L，钙离子用量为变量，试验结果如图 3-9 所示。

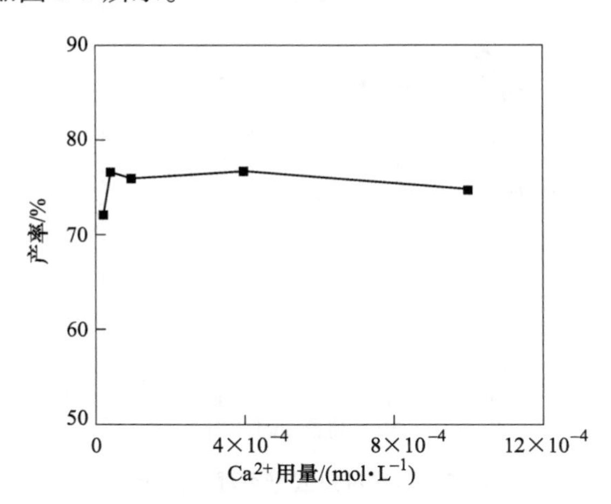

图 3-9　Ca^{2+}对白云母可浮性的影响

由图 3-9 可知，钙离子对白云母浮选产生一定的抑制作用，但抑制作用较弱。当钙离子用量为 2×10^{-5} mol/L，抑制性能最强，此时白云母的产率为 72.00%，即在钙离子的作用下，白云母的产率从 78.00%降到 72.00%，仅下降了 6 个百分点。由此可见，在酸性条件下，钙离子对白云母可浮性影响较小，在实际生产中可以忽略其影响。

3.1.4.6　Mg^{2+}用量试验

试验条件为：矿浆 pH 值为 4，十二胺用量为 1.4×10^{-4} mol/L，镁离子用量为变量，试验结果如图 3-10 所示。

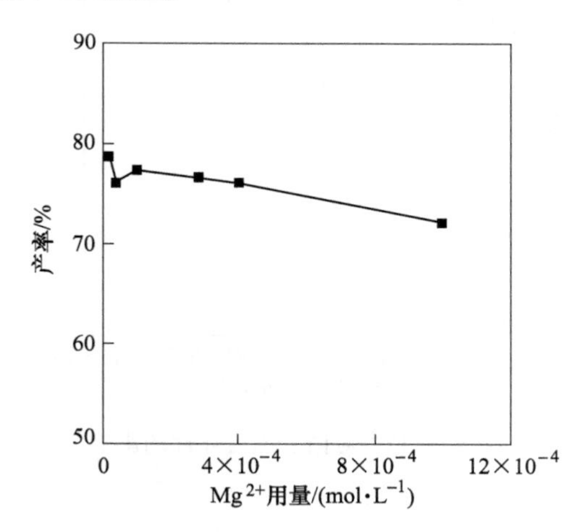

图 3-10　Mg^{2+}对白云母可浮性的影响

由图 3-10 可知，镁离子对白云母的可浮性的影响表现出一定的抑制性，其对白云母浮选的抑制作用随着镁离子用量的增加而逐步增强，但从整体上看，镁离子对白云母的抑制作用并不强，当镁离子用量为 1×10^{-3} mol/L，白云母的产率从 78.00%下降至 72.00%左右，仅减少了 6 个百分点。镁离子在其用量较大时会对白云母浮选过程产生一定的抑制作用。这刚好与钙离子的抑制规律相反。因此，在生产实践中浮选白云母时，应尽量避免其处在高镁低钙的浮选环境中。

3.1.4.7 K^+用量试验

试验条件为：矿浆 pH 值为 4，十二胺用量为 1.4×10^{-4} mol/L，钾离子用量为变量，试验结果如图 3-11 所示。

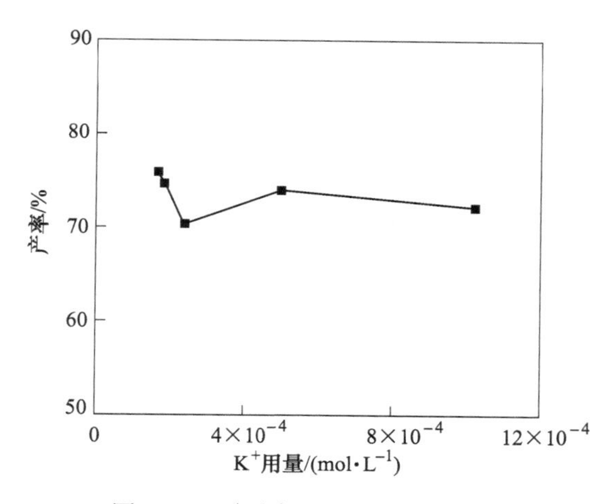

图 3-11 K^+对白云母可浮性的影响

由图 3-11 可知，钾离子对白云母浮选产生一定的抑制作用，其抑制规律与铝离子类似，即只有当药剂用量在某特殊值时（用量为 1×10^{-4} mol/L），才表现出较明显的抑制性能，当 K^+用量为 1×10^{-4} mol/L 时，白云母产率仅为 70.33%，增大或减小其用量，白云母产率回升，抑制作用减弱。

3.1.5 有机调整剂对白云母可浮性影响试验

3.1.5.1 羧甲基纤维素用量试验

试验条件为：矿浆 pH 值为 4，十二胺用量为 1.4×10^{-4} mol/L，羧甲基纤维素用量为变量，试验结果如图 3-12 所示。

由图 3-12 可知，羧甲基纤维素对白云母的可浮性表现出一定的抑制作用，并且随着羧甲基纤维素用量的增大，白云母产率逐渐降低，抑制作用逐渐增强。当羧甲基纤维素的用量小于 1×10^{-4} mol/L 时，其对白云母的抑制作用并不明显，其产率变化在 4 个百分点内波动；而当羧甲基纤维素的用量大于 1×10^{-4} mol/L

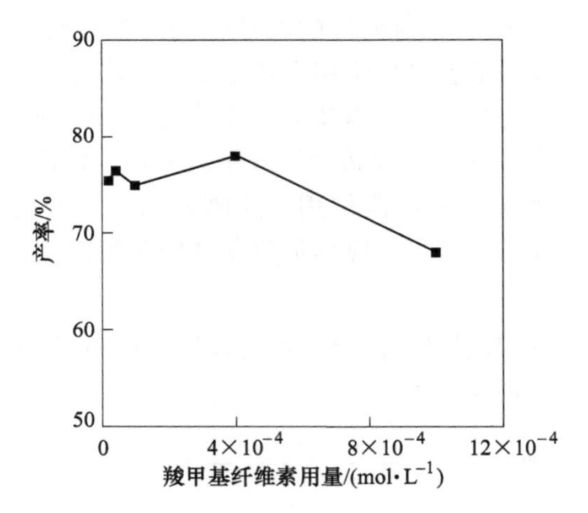

图 3-12　羧甲基纤维素用量对白云母可浮性的影响

时，其对白云母的抑制作用明显增强，白云母产率迅速下降；当其用量为 1×10^{-3} mol/L 时，白云母的产率为 68.00%，下降了 10 个百分点。由此可知，羧甲基纤维素对白云母具有一定的抑制作用，而在其用量较大时，会对白云母的可浮性产生明显影响。

3.1.5.2　柠檬酸用量试验

试验条件为：矿浆 pH 值为 4，十二胺用量为 1.4×10^{-4} mol/L，柠檬酸用量为变量，试验结果如图 3-13 所示。

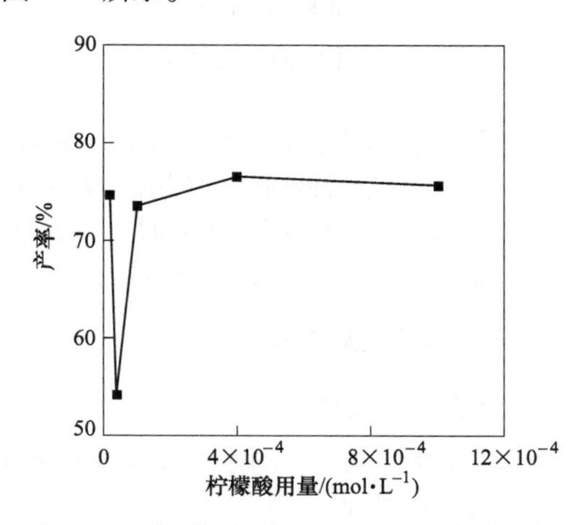

图 3-13　柠檬酸用量对白云母可浮性的影响

由图 3-13 可知，柠檬酸对白云母浮选产生较强的抑制作用，其抑制规律与铝离子、钾离子类似，即只有在某特殊值时，才对白云母的可浮性产生较大影响。从图中可以看出，当柠檬酸的用量为 4×10^{-5} mol/L 时，白云母的产率仅为 54.13%，增加或减少其用量，白云母的产率均回升，其抑制作用减弱。

3.2 调整剂与白云母表面作用机理研究

3.2.1 十二胺溶液化学分析

3.2.1.1 十二胺的溶液化学

十二胺的分子式为 $C_{12}H_{25}N$，是一种一元胺，属于无机氨的有机衍生物[58]。即 NH_3分子中的一个或几个氢原子被烃基所取代，按取代烃基的数目，分为伯胺、叔胺和季胺。十二胺属伯胺，简记为 RNH_2或 DDA（英文 dodecylamine 的缩写）。由于十二胺在浮选过程中多是以解离出带有烃基的阳离子 RNH_3^+起主要作用，故为阳离子捕收剂[59-60]。十二胺在水溶液中的溶解度很小，实践中常将它溶于盐酸或醋酸中使用。十二胺在水溶液中存在溶解平衡、酸式解离平衡、碱式解离平衡、离子缔合平衡、离子-分子缔合平衡等[59-60]。

十二胺在水溶液中存在以下平衡[59]。

（1）溶解平衡：

$$RNH_2(s) \rightleftharpoons RNH_2(aq) \tag{3-1}$$

$$S = [RNH_2(aq)] = 10^{-4.70} = 2.0\times10^{-5}\ \text{mol/L}$$

（2）酸式解离平衡：

$$RNH_3^+ \rightleftharpoons RNH_2(aq) + H^+ \tag{3-2}$$

$$K_a = \frac{[RNH_2][H^+]}{[RNH_3^+]} = 10^{-10.63} = 2.3\times10^{-11}$$

（3）碱式解离平衡：

$$RNH_2 + H_2O \rightleftharpoons RNH_3^+ + OH^- \tag{3-3}$$

$$K_b = \frac{[RNH_3^+][OH^-]}{[RNH_2]} = 10^{-3.37} = 4.3\times10^{-4}$$

（4）离子缔合平衡：

$$2RNH_3^+ \rightleftharpoons (RNH_3^+)_2^{2+} \tag{3-4}$$

$$K_d = \frac{[(RNH_3^+)_2^{2+}]}{[RNH_3^+]^2} = 10^{2.08} = 1.2\times10^2$$

（5）离子-分子缔合平衡：

$$RNH_3^+ + RNH_2(aq) \rightleftharpoons [RNH_3^+\cdot RNH_2(aq)] \tag{3-5}$$

$$K_{im} = \frac{[RNH_3^+\cdot RNH_2(aq)]}{[RNH_3^+][RNH_2(aq)]} = 10^{3.12} = 1.32\times10^3$$

物料平衡方程（MBE）为：

$$C_T = [RNH_2(aq)] + [RNH_3^+] + 2[(RNH_3^+)_2^{2+}] + 2[RNH_3^+ \cdot RNH_2(aq)] \quad (3\text{-}6)$$

将各常数代入 MBE，令 $K_B = \dfrac{[H^+]}{K_a}$，得：

$$2(K_d K_B^2 + K_{im} K_B)[RNH_2(aq)]^2 + (1 + K_B)[RNH_2(aq)] - C_T = 0 \quad (3\text{-}7)$$

当 $[RNH_2(aq)] = S$ 时，会形成胺分子沉淀，由此计算十二胺总浓度 C_T 不同时，形成沉淀的临界 pH_s，见表 3-1。

表 3-1　不同浓度下十二胺沉淀的 pH_s

$C_T/(mol \cdot L^{-1})$	1×10^{-2}	1×10^{-3}	5×10^{-4}	1×10^{-4}	8×10^{-5}	5×10^{-5}
pH_s	8.04	9.03	9.32	10.06	10.27	10.48

依据以上反应方程式，当十二胺浓度为 1.4×10^{-4} mol/L 时，溶液中各组分的浓度对数图（lg*C*-pH）如图 3-14 所示。

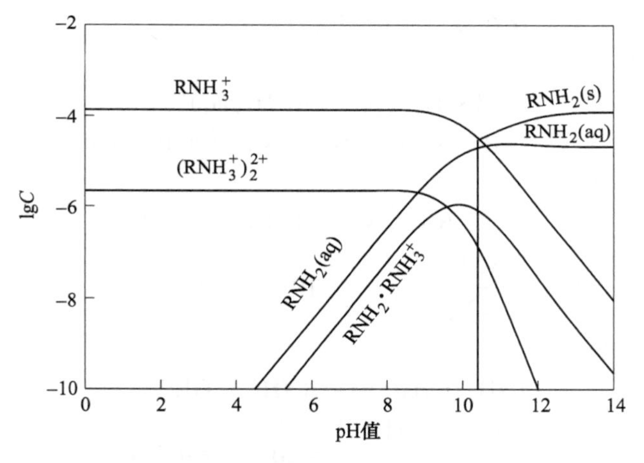

图 3-14　十二胺溶液中各组分的浓度对数图（$C_T = 1.4\times10^{-4}$ mol/L）

由图 3-14 可知，十二胺在水溶液中以离子、分子及离子-分子聚合物的形式存在。并且随着溶液 pH 值不同而发生相互转化。$C_T = 1.4\times10^{-4}$ mol/L 的十二胺溶液中，形成沉淀的临界 $pH_s = 10.43$，可见溶液中离子-分子聚合物 $RNH_3^+ \cdot RNH_2$（aq）的浓度最大时的 pH 值为 10.43；当 pH≤4 时，十二胺在溶液中主要以 RNH_3^+、$(RNH_3^+)_2^{2+}$ 两种阳离子的形式存在，分子及离子-分子聚合物的含量较少，其浓度小于 1×10^{-10} mol/L。由此可知，浓度为 1.4×10^{-4} mol/L 的十二胺在 pH=4 时，在浮选过程中的有效组分是 RNH_3^+、$(RNH_3^+)_2^{2+}$ 等胺根离子。

3.2.1.2 十二胺捕收机理分析

当矿浆 pH 值为 4 时，十二胺体系中纯白云母的可浮性如图 3-15 所示。

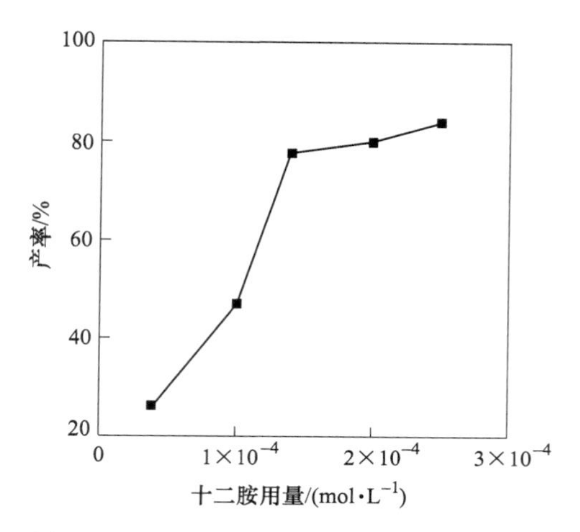

图 3-15 十二胺用量对白云母可浮性的影响

由图 3-15 可知，随着十二胺用量的增加，白云母的产率随之增加，可见十二胺对白云母具有良好的捕收性能。当十二胺用量为 1.4×10^{-4} mol/L 时，白云母的产率达到 78.00%。当其用量进一步增大，白云母的回收率基本不变，这是由于十二胺的用量为 1.4×10^{-4} mol/L 时，其在白云母表面的吸附量达到饱和。试验确定十二胺用量为 1.4×10^{-4} mol/L。

图 3-16 是在十二胺用量为 1.4×10^{-4} mol/L 浮选体系中白云母产率与矿浆 pH 值关系。可以看出白云母的产率受矿浆 pH 值的影响较大，当矿浆 pH 值小于 4

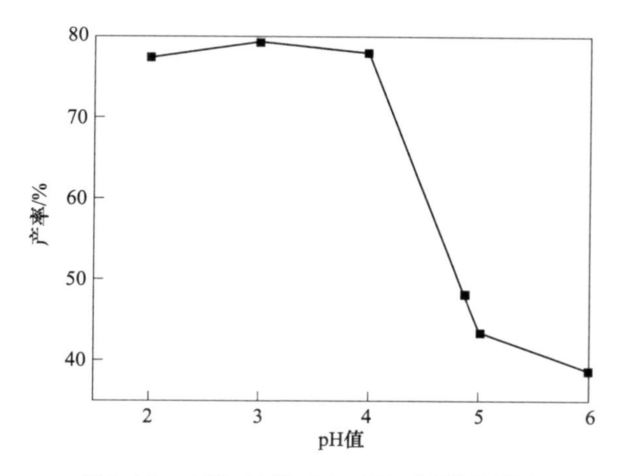

图 3-16 矿浆 pH 值对白云母可浮性的影响

时，白云母的产率均较高，且当矿浆 pH 值为 4 时，其产率达到 78.00%。当 pH 值大于 4 时，白云母产率随着矿浆 pH 值的增大迅速减小，在 pH 值为 6 时，产率仅有 38.67%。

为进一步了解十二胺对白云母可浮性的影响规律，研究对不同矿浆 pH 值及不同十二胺浓度下白云母表面动电位进行了测试，结果如图 3-17 和图 3-18 所示。

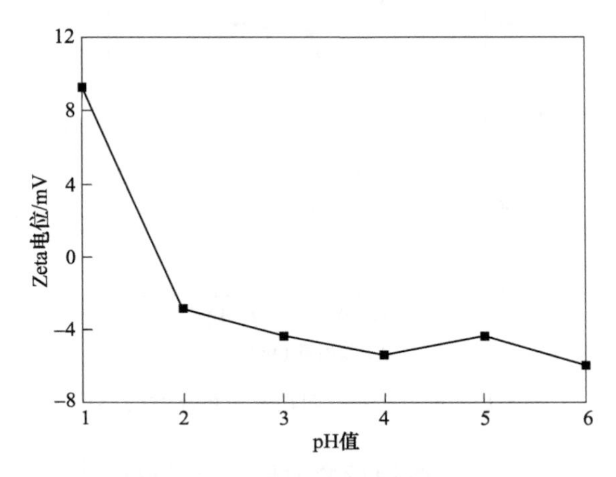

图 3-17　白云母 Zeta 电位与 pH 值关系图

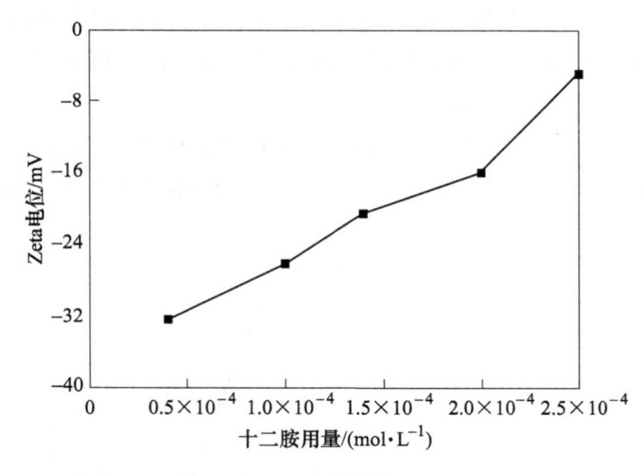

图 3-18　白云母 Zeta 电位与十二胺用量关系图

由图 3-17 可知，白云母在纯水中的 pZC 在 pH = 1.6 左右，并且白云母表面 Zeta 电位负值随 pH 值的增大而升高。这是由于白云母表面的 K^+ 极易溶解，与水溶液中的 H^+ 发生置换，使得白云母在纯水中有极强的键合羟基的能力，随着溶液 pH 值升高，溶液中解离的 OH^- 离子浓度增大，白云母表面不断吸附 OH^- 后脱水形成带负电的表面的程度越高，从而使其表面 Zeta 电位负值增大，当 pH 值为 6 时，白云母的 Zeta 电位为-6 mV 左右。

从图 3-18 可知，荷正电的十二胺离子在白云母表面吸附后，可使白云母的 Zeta 电位负值急剧下降。在十二胺浓度较小时，白云母表面电位负值较低，这是由于在十二胺浓度较小时，溶液中十二胺的离子缔和平衡与离子-分子缔和平衡式逆向移动，溶液中十二胺离子浓度迅速增加，根据 Gouy-Chapman 双电层理论可以认为这是由于溶液中离子强度的增加导致矿物界面双电层的压缩所造成的[61]。

随着十二胺浓度的增加，白云母的 Zeta 电位负值减小，这是由于矿物表面除了胺离子吸附外，还吸附了分子离子二聚物，因为这种二聚物具有比其同系物更高的活性，其吸附不仅增加了分子胺的吸附量，还降低了胺离子的吸附阻力，使其吸附量提高[62]，十二胺用量越大，白云母表面 Zeta 电位越接近零电点，白云母的产率也越高。结合十二胺溶液化学可知，十二胺浓度在 1×10^{-4} mol/L 时，形成十二胺沉淀的临界 pH 值为 10.06，则在 pH 值不大于 4 的矿浆中，十二胺主要以胺根阳离子 RNH_3^+ 和 $(RNH_3^+)_2^{2+}$的形式存在，此时，胺阳离子是白云母表面双电层中的配衡离子，在浮选过程中，当十二胺浓度较小时，胺根离子依靠静电吸附在带负电的白云母矿物表面；当十二胺浓度增加时，由于疏水链间的疏水性作用，十二胺形成半胶束吸附。另外，吸附在白云母表面的十二胺吸附层还以嵌合入 K^+离子空穴中的胺离子为立柱，可以吸引周围的吸附胺微区形成“栅栏状”结构，从而具有较高的整体吸附强度[63]。十二胺主要以胺根阳离子的形式在白云母表面发生静电吸附，进而对其浮选过程产生影响。当矿浆 pH 值大于 4 后，部分十二胺阳离子开始水解生成胺分子絮团，同时 H^+还与十二胺阳离子发生竞争吸附，从而使白云母的可浮性急剧下降。

为进一步了解十二胺在白云母表面的吸附状态，试验对白云母纯矿物及其与不同浓度的十二胺作用后的表面基团进行了检测，检测结果如图 3-19 所示。

由图 3-19 可知，波数为 970 cm^{-1}处的振动峰是白云母表面的 O—Si—O 吸收峰，而波数为 890 cm^{-1}是 Si—O—Si 的非对称吸收峰，817 cm^{-1}和 745 cm^{-1}处的振动峰为白云母表面的 Si—O—Si 对称振动峰。白云母与十二胺作用后的红外光谱上出现了波数为 3343 cm^{-1} 的 N—H 基伸缩振动吸收峰，在波数 2974 cm^{-1} 和 2880 cm^{-1}等处出现了—CH_3和—CH_2—的特征吸收峰，1085 cm^{-1}处对应的是C—N 基的振动吸收峰，由此可知，十二胺在白云母表面产生了吸附。在对十二胺作用后的白云母冲洗两次后，样品谱线上的 N—H 基、甲基以及 C—N 基的特征吸收峰消失，冲洗三次后谱线上的亚甲基振动吸收峰已完全消失，谱线与纯白云母的红外谱线已接近。由此可知，当矿浆 pH 值为 4 时，十二胺在白云母表面的吸附为物理吸附。胺离子和分子的极性基团中的外围带正电荷的偶极存在可以在氢原

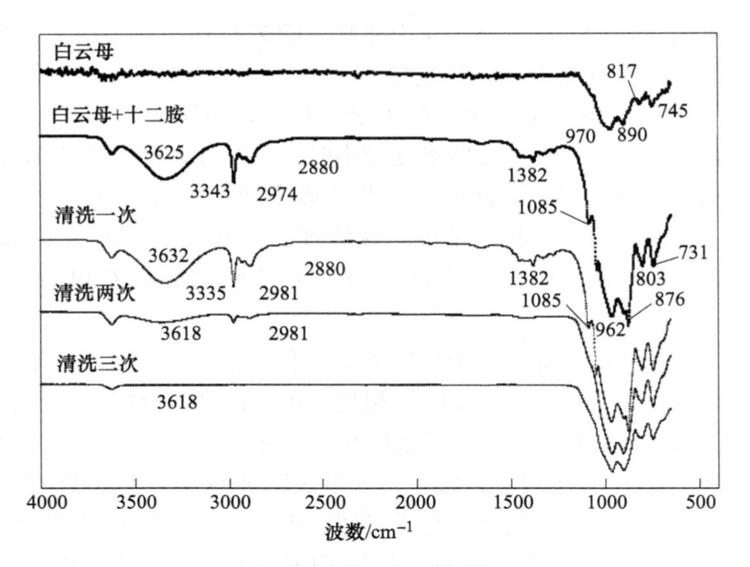

图 3-19 白云母红外谱图

子或氮原子与矿物表面上的带负电荷的离子之间成键[64]。

另外，查阅文献可知，白云母晶格中的钾离子半径 $r_K = 1.35\times10^{-10}$ m，而十二胺中的 $r_{NH_3} = 1.35\times10^{-10}$ m，当白云母解理面上的 K^+溶于水后，其表面上会留下大量荷负电的空穴，这些空穴不仅可以吸引胺离子，且胺离子极性基上的 N 原子还可嵌合入空穴中，因此溶液中的 RNH_2能够迁移至白云母表面以替代溶解至溶液中的钾离子，而 RNH_2能“插入”白云母晶格[63]，从而牢固地吸附在白云母表面，并在一定程度上改变白云母的疏水性和可浮性。

3.2.2 无机阴离子对白云母可浮性影响机理

3.2.2.1 六偏磷酸钠对白云母浮选影响机理分析

六偏磷酸钠 $(NaPO_3)_6$，是一种组成不定的多磷酸盐。在水溶液中各基本结构单元相互聚合连成螺旋状的链状聚合体，分子式可表示为 $(NaPO_3)_n$，$n=20\sim100$[59,65]。六偏磷酸钠在水中按下式水解：

$$(NaPO_3)_6 + 6H_2O \rightleftharpoons 6NaOH + 6HPO_3 \tag{3-8}$$

六偏磷酸钠在水溶液中可电离成阴离子，具有很强的作用活性，能与溶液中的 Ca^{2+}、Mg^{2+}、Fe^{3+}等金属阳离子反应生成稳定的可溶配合物。其电离式为：

$$(NaPO_3)_6^- \rightleftharpoons (Na_4P_6O_{18})^{2-} + 2Na^+ \tag{3-9}$$

正磷酸的水解平衡按下式进行[59,66]：

$$HPO_3 + H_2O \rightleftharpoons H_3PO_4 \tag{3-10}$$

$$H_3PO_4 \rightleftharpoons H^+ + H_2PO_4^- \tag{3-11}$$

$$K_{a_1} = \frac{1}{K_3^H} = \frac{[H^+][H_2PO_4^-]}{[H_3PO_4]} = 10^{-2.15}$$

$$H_2PO_4^- \rightleftharpoons H^+ + HPO_4^{2-} \tag{3-12}$$

$$K_{a_2} = \frac{1}{K_2^H} = \frac{[H^+][HPO_4^{2-}]}{[H_2PO_4^-]} = 10^{-7.2}$$

$$HPO_4^{2-} \rightleftharpoons H^+ + PO_4^{3-} \tag{3-13}$$

$$K_{a_3} = \frac{1}{K_1^H} = \frac{[H^+][PO_4^{3-}]}{[HPO_4^{2-}]} = 10^{-12.35}$$

由此可计算出（$(NaPO_3)_6$在水溶液中各组分的分布系数 Φ_0、Φ_1、Φ_2：

$$\Phi_0 = \frac{1}{1 + K_1^H[H^+] + \beta_2^H[H^+]^2}$$

$$= \frac{1}{1 + 10^{12.56}[H^+] + 10^{21.99}[H^+]^2}$$

$$\Phi_1 = K_1^H \Phi_0[H^+] = 10^{12.56}\Phi_0[H^+]$$

$$\Phi_2 = \beta_2^H \Phi_0[H^+] = 10^{21.99}\Phi_0[H^+]$$

由以上平衡可以得出 $(NaPO_3)_6$各水解组分的 Φ（分布系数）-pH 值关系，如图 3-20 所示。

由图 3-20 可知，$(NaPO_3)_6$在水溶液中的水解组分是非常复杂，在 pH<2.2 时，H_3PO_4是优势组分，HPO_4^{2-}占优势组分的 pH 值范围是 2.2<pH<7.2，$H_2PO_4^-$占优势组分的 pH 值范围是 7.2<pH<12.4，pH>12.4 时，PO_4^{3-}占优势。因此可知，六偏磷酸钠对白云母起抑制作用的有效组分是 HPO_4^{2-}。

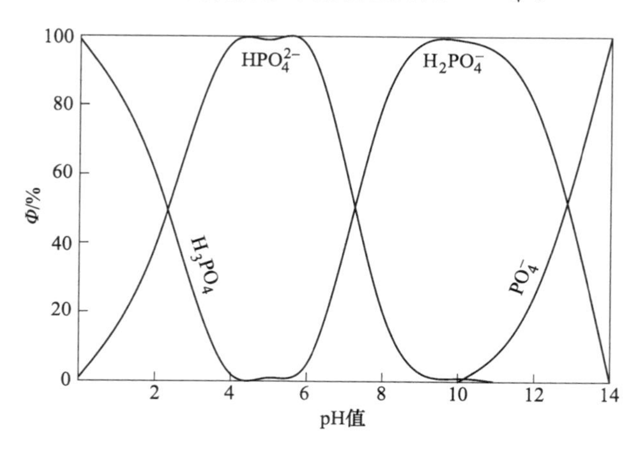

图 3-20 $(NaPO_3)_6$溶液中各水解组分的 Φ-pH 值图

为了进一步了解六偏磷酸钠作用前后白云母表面电性变化规律，研究不同

pH 值下的六偏磷酸钠与白云母作用后的 Zeta 电位，以及对矿浆 pH 值为 4 时不同六偏磷酸钠用量下的白云母表面进行测试，结果如图 3-21 和图 3-22 所示。

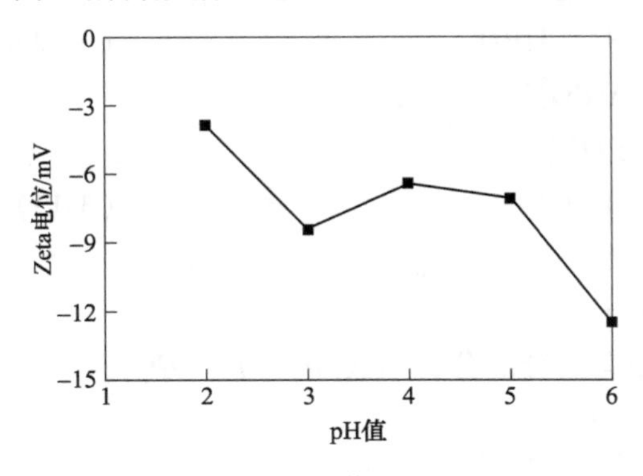

图 3-21　六偏磷酸钠作用下白云母 Zeta 电位与 pH 值关系图

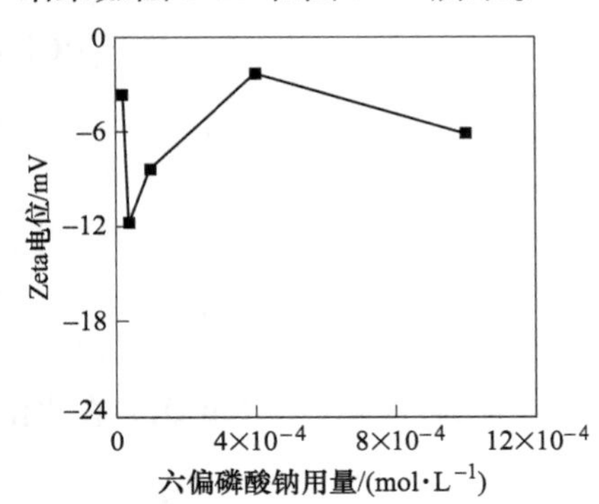

图 3-22　白云母 Zeta 电位与六偏磷酸钠用量关系图

由图 3-21 可知，六偏磷酸钠加入后，在整个矿浆 pH 值范围内，白云母表面电性呈负值，且随着矿浆 pH 值的升高负值增大。结合其溶液化学分析可知，当矿浆 pH 值为 2 时，六偏磷酸钠在溶液中主要以 H_3PO_4的形式存在，因此溶液中加入六偏酸磷酸钠后，白云母表面电位变化不大，仅从-3 mV 增加到-4 mV。当矿浆 pH 值大于 2. 2 时，六偏磷酸钠在溶液中主要以 HPO_4^{2-} 的形式存在，可知白云母表面电位负值增大是由于其表面吸附了 HPO_4^{2-}，HPO_4^{2-} 以静电作用吸附在白云母表面的金属阳离子区，从而降低了其表面正电性，增加了电性负值。此外由于六偏磷酸钠在水溶液中可电离成阴离子（$Na_4P_6O_{18}$）$^{2-}$，（$Na_4P_6O_{18}$）$^{2-}$可与白云母表面的 Mg^{2+}、Fe^{2+} 等金属阳离子发生键合生成亲水而稳定的络合物，这也是使得白云母表面电性负值增加的原因。

从六偏磷酸钠对白云母可浮性影响的试验结果中发现，当六偏磷酸钠的用量为 4×10^{-5} mol/L 时，白云母的产率有所回升，结合图 3-22 可以看出，当六偏磷酸钠用量为 4×10^{-5} mol/L 时，白云母表面电位负值较大，从而胺阳离子更易于以静电作用在矿物表面吸附，因而改善了矿物的可浮性。

由图 3-22 可知，不同浓度的六偏磷酸钠均使得白云母表面荷负电，且随着六偏磷酸钠浓度的增加，表面负电性变化不大。在矿浆初始 pH=4 的条件下，六偏磷酸钠在溶液中主要以 HPO_4^{2-} 的形式存在，由于六偏磷酸钠在溶液中存在水解平衡，可知随着六偏磷酸钠浓度的增大，矿浆 pH 值也随之增大。

因此可知，六偏磷酸钠对白云母浮选的抑制作用来源于两方面。第一，六偏磷酸钠溶液中的（$Na_4P_6O_{18}$）$^{2-}$、HPO_4^{2-} 在白云母表面吸附屏蔽了十二胺与白云母之间作用，同时增加了白云母的亲水性；第二，六偏磷酸钠的加入增加矿浆的

pH 值，影响了十二胺的捕收性能；这两种作用均可对白云母的浮选产生抑制作用。

为研究六偏磷酸钠对白云母的抑制作用，试验对六偏磷酸钠与十二胺作用后的白云母样品进行了红外检测，结果如图 3-23 所示。

由图 3-23 可知，当六偏磷酸钠与十二胺共同与白云母作用后，白云母谱线并未出现氨基、N—C 基等特征吸收峰，六偏磷酸钠作用后的白云母样品虽然也出现了亚甲基的振动吸收峰，但与十二胺直接作用后的白云母样品检测结果相比较，亚甲基的振动吸收峰明显减弱，并且在较大的六偏磷酸钠用量下，白云母的红外谱线上也未检测出亚甲基的特征峰。此外，与六偏磷酸钠作用后白云母的表面特征振动峰也发生了一定的改变，如 O—Si—O 吸收峰波数由 960 cm^{-1}蓝移到 985 cm^{-1}和 967 cm^{-1}，Si—O—Si 非对称吸收峰波数由 880 cm^{-1}蓝移到 911 cm^{-1}和 899 cm^{-1}，并且随着六偏磷酸钠用量的不同，相应基团振动吸收峰的漂移量也不同，这是因为 $(Na_4P_6O_{18})^{2-}$、HPO_4^{2-}在与白云母表面吸附的过程中，HPO_4^{2-}基团中的氧原子可与白云母表面硅氧四面体的 Si—OH 形成氢键。在这双重作用下，导致十二胺在白云母表面的吸附作用减弱，最终对其可浮性产生抑制作用。

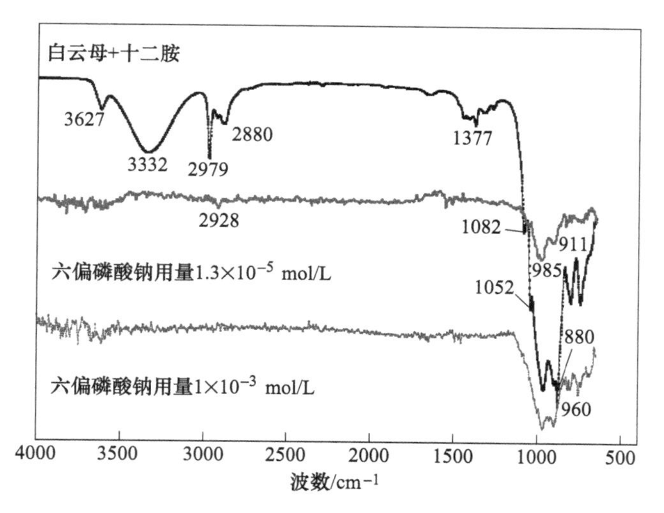

图 3-23 白云母红外谱图

为进一步了解六偏磷酸钠与白云母的作用机理，试验对白云母、十二胺作用后的白云母及六偏磷酸钠作用后的白云母进行了 XPS 检测，结果如图 3-24 所示。

由图 3-24 可知，不同白云母试样的 XPS 谱中除了钾、硅、铝和氧等元素外，还有少量的碳元素存在，表 3-2 为不同白云母试样表面主要元素的相对含量。

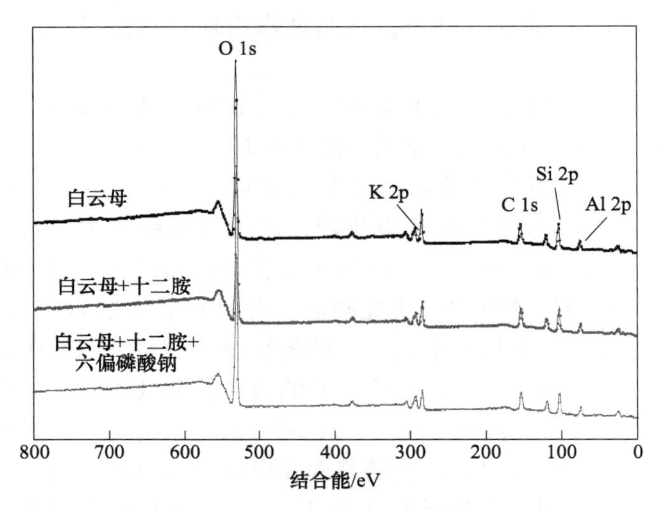

图 3-24　白云母 XPS 检测全谱图

表 3-2　白云母表面主要元素相对含量（质量分数）　　(%)

白云母样品	K	Si	Al	O	N	P	C
十二胺作用	2.82	18.14	11.19	48.07	1.19	—	18.59
六偏磷酸钠作用	2.99	19.71	11.57	50.34	—	0.15	15.39

由表 3-2 可知，与十二胺作用后的白云母相比，六偏磷酸钠作用的白云母表面 K、Si、Al、O 的相对含量均有所提高，而 C 的相对含量降低，且并未检测出 N 元素，由此可见六偏磷酸钠作用后，增加了白云母表面 Si、Al 的暴露程度，同时表明六偏磷酸钠的作用区域不在 Si(Al)—O 区；十二胺在白云母表面的吸附量降低；六偏磷酸钠作用后的白云母表面检测出了 P 元素，说明六偏磷酸钠的确在白云母表面产生了吸附。

白云母试样表面元素 Si、Al 的 XPS 能谱变化如图 3-24 所示。由图 3-24 可知，十二胺作用后的白云母表面 Si、Al 元素电子结合能均发生了化学位移，且 Si—O 谱峰发生了劈裂，这说明白云母表面的 Si、O 存在着两种状态，即晶格内部的 Si、O 和与十二胺作用后的 Si、O。由图 3-24 还可看出，白云母经十二胺作用后，Si、O、C 的化学位移均较大。Si、O 能位变化的原因在于白云母表面的活性硅等与胺起了某种络合作用，因为溶液中的胺离子和胺分子所含 N 原子可以作为配位体提供孤对电子，与白云母断面上的因硅氧键断裂而具有空轨道的 Si、O 离子作用，形成稳定的配位键而吸附于白云母表面。这也进一步说明 Si、O、C 的化学环境在十二胺作用下发生了明显的变化。

从图 3-25 中可知，十二胺及六偏磷酸钠作用后，白云母样品中 Si 2p 的电子结合能发生了较大变化。十二胺作用后白云母样品的 Si 2p 电子结合能为

102.13 eV，与白云母 Si 2p 的标准电子结合能 102.00 eV 相比，提高了 0.13 eV；六偏磷酸钠作用后，白云母样品 Si 2p 的电子结合能提高了 0.49 eV，由于系统误差不大于 0.1 eV，可见六偏磷酸钠可使白云母表面的 Si 2p 的化学环境发生显著变化，也即加入六偏磷酸钠前的 Si—OH 具有更高的活性，易于与十二胺作用，而加入六偏磷酸钠后白云母样品 Si 和 O 的活性降低，减弱了白云母与十二胺的作用，使得白云母的回收率大幅度减小。

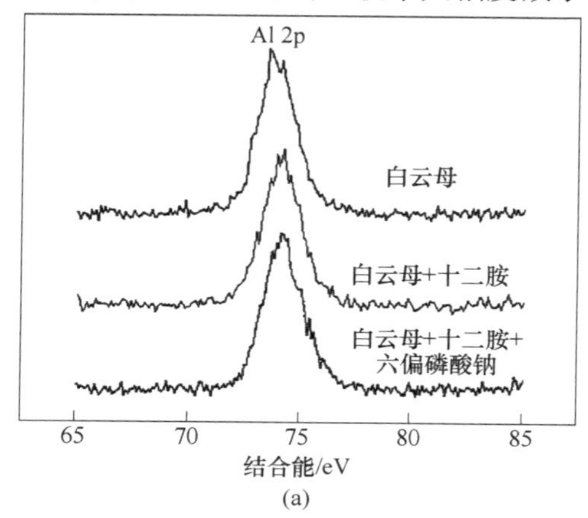

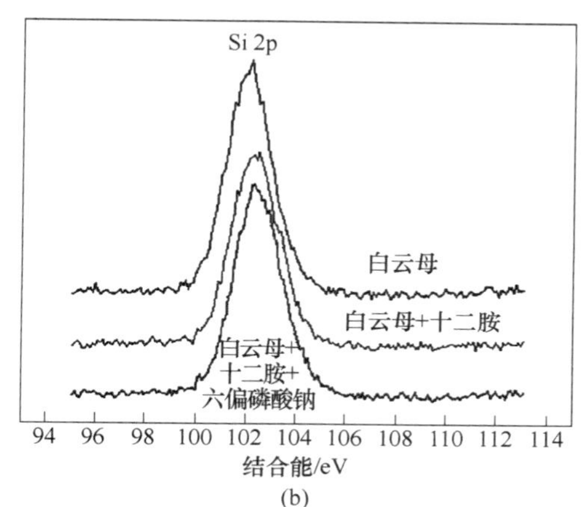

图 3-25 不同条件下白云母表面 Al(a) 和 Si(b) 的 XPS 窄峰扫描图

3.2.2.2 硅酸钠对白云母浮选影响机理分析

硅酸钠是硅酸盐脉石矿物的有效抑制剂，其主要成分为 Na_2SiO_3，它是一种强碱弱酸盐，在溶液中易发生强烈的水解反应。Na_2SiO_3在水溶液中存在下列平衡[59]。

$$SiO_2(s) + 2H_2O \rightleftharpoons Si(OH)_4(aq) \qquad K_{SO} = 10^{-2.7} \tag{3-14}$$

$$SiO_2(OH)_2^{2-} + 3H^+ \rightleftharpoons Si(OH)_3^- + H_2O \qquad K_1^H = 10^{12.56} \tag{3-15}$$

$$SiO(OH)_3^- + H^+ \rightleftharpoons Si(OH)_4 \qquad K_2^H = 10^{9.43} \tag{3-16}$$

$$\beta_2^H = K_1^H \cdot K_2^H = 10^{21.99} \tag{3-17}$$

由此可计算出 Na_2SiO_3在水溶液中各组分的分布系数 Φ_0、Φ_1、Φ_2：

$$\Phi_0 = \frac{1}{1 + K_1^H[H^+] + \beta_2^H[H^+]^2}$$

$$= \frac{1}{1 + 10^{12.56}[H^+] + 10^{21.99}[H^+]^2}$$

$$\Phi_1 = K_1^H \Phi_0 [H^+] = 10^{12.56}\Phi_0[H^+]$$

$$\Phi_2 = \beta_2^H \Phi_0 [H^+] = 10^{21.99}\Phi_0[H^+]$$

依照上列计算，绘出 Na_2SiO_3溶液的分布系数 Φ-pH 值图，如图 3-26 所示。

由图 3-26 可知，Na_2SiO_3在溶液中以 $Si(OH)_4$、$SiO(OH)_3^-$、$SiO_2(OH)_2^{2-}$等三种

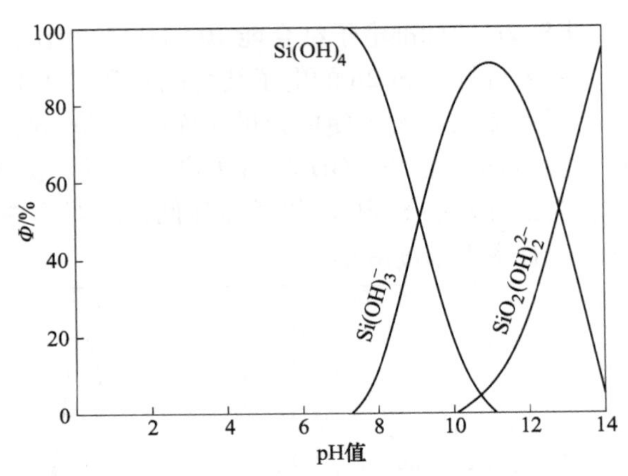

图 3-26 Na_2SiO_3溶液中含 Si 组分的分布系数与 pH 值关系

形式存在，并且随着溶液 pH 值的不同存在相互转化。当 pH<9. 4 时，$Si(OH)_4$是优势组分；pH≥9. 4 时，$SiO(OH)_3^-$占优势；pH>12. 6 时，$SiO_2(OH)_2^{2-}$占优势。

硅酸钠与酸作用易形成硅酸，反应式如下：

$$Na_2SiO_3 + 2HCl = H_2SiO_3 + 2NaCl \tag{3-18}$$

H_2SiO_3在强酸性溶液中发生羟连反应实现聚合生成较多的带有正电荷的细小硅酸胶粒（或称胶态硅酸）[65]。由此可知，在 pH=4 的条件下进行白云母浮选试验，硅酸钠起抑制作用的有效组分为 H_2SiO_3、$Si(OH)_4$以及 $SiO(OH)_3^-$。为了更加深入地探讨硅酸钠对白云母可浮性的影响作用，试验对不同 pH 值下硅酸钠与白云母作用后的 Zeta 电位，以及 pH=4 时不同硅酸钠用量下的白云母进行测试，试验结果如图 3-27 和图 3-28 所示。

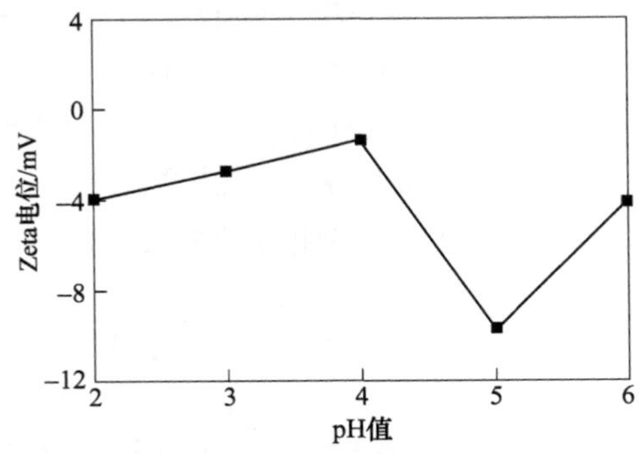

图 3-27 不同 pH 值下的硅酸钠与白云母作用后的 Zeta 电位

由图 3-27 可知，当 2≤pH≤4 时，在硅酸钠的作用下，白云母表面电性负值减小，这是由于 Na_2SiO_3在强酸性溶液中主要以硅酸的形式存在，通过羟连反应聚合形成荷正电的硅酸胶粒，此时的聚合物在白云母表面负电荷区吸附后使其表

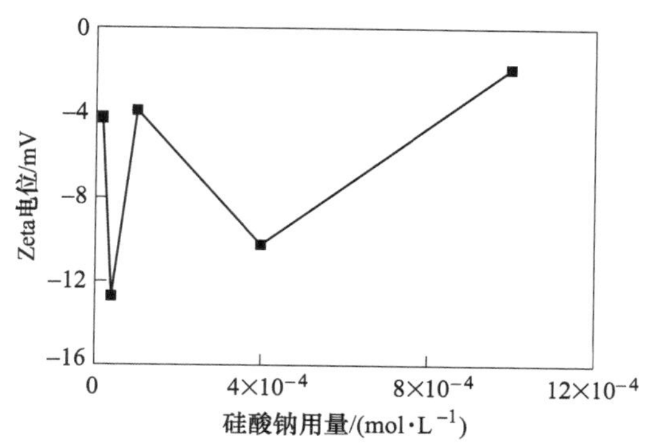

图 3-28 白云母 Zeta 电位与硅酸钠用量关系图

面正电性增强，负电性减弱，同时也增加了白云母的亲水性。在 4<pH<6 的弱酸性条件下，Na_2SiO_3通过氧联作用聚合而成的带负电的硅酸胶粒以及 $SiO(OH)_3^-$在白云母表面吸附，使其电性负值增加。

因此，在 pH=4 的十二胺体系中，Na_2SiO_3对白云母的抑制作用主要是通过降低表面电性负值，增加亲水性，减弱了胺根阳离子对白云母的静电吸附力。

由图 3-28 可知，在 pH=4 时，在不同硅酸钠用量下，白云母表面均荷负电，说明即使白云母表面吸附了带正电的硅酸胶粒，其表面依然荷负电。且当加入的硅酸钠的用量较小时，其对白云母的抑制性主要来源于硅酸胶粒的吸附；当硅酸钠用量过大，由于 Na_2SiO_3的水解程度强烈，致使溶液 pH 值升高，带负电的硅酸胶粒和 $SiO(OH)_3^-$吸附在白云母表面致使其电性负值增加，但由于十二胺对溶液的 pH 值变化较为敏感，说明在硅酸钠用量较大时，主要是其本身的水解影响了十二胺的捕收性能。

研究对硅酸钠作用后的白云母样品进行红外检测，检测结果如图 3-29 所示。

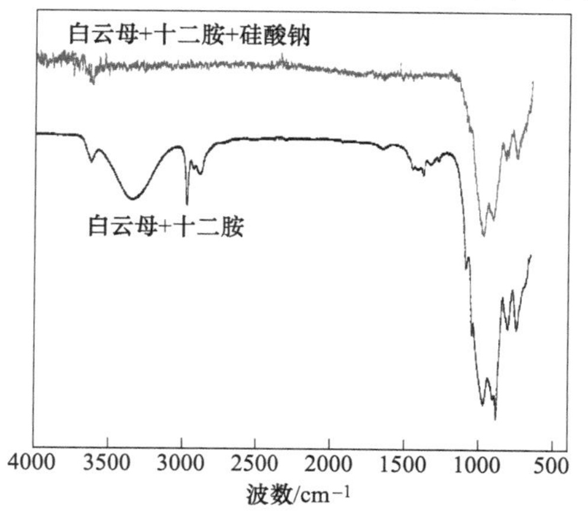

图 3-29 硅酸钠作用后的白云母红外光谱图

由图 3-29 可得出十二胺作用后的白云母以及在硅酸钠作用下的白云母红外光谱的振动吸收峰峰值，见表 3-3。

表 3-3　红外光谱峰值

白云母样品	波数/cm^{-1}								
十二胺作用后	3622	3335	2970	2887	1060	961	876	818	742
硅酸钠作用后	3626	—	—	—		962	895	816	743

由表 3-3 可知，硅酸钠作用后的白云母表面羟基的特征吸收峰的位置从 3622 cm^{-1}漂移到 3626 cm^{-1}；甲基、亚甲基、C—N 等基团对应的特征吸收峰消失，说明硅酸钠作用后的白云母表面并未吸附十二胺分子。与十二胺作用后的白云母红外谱图对比，在硅酸钠的作用下，白云母表面基团所对应的特征吸收峰的位置发生了不同程度的漂移，其中 O—Si—O 基团对应的特征吸收峰波数由 961 cm^{-1}蓝移到 962 cm^{-1}，Si—O—Si 非对称吸收峰的蓝移量较大，波数由 876 cm^{-1}漂移到 895 cm^{-1}，这是由于白云母表面吸附了硅酸的多聚体，导致检测的 Si—O—Si 特征吸收峰发生偏移，从而影响了白云母表面基团的化学环境。

为进一步了解硅酸钠的抑制机理，试验对十二胺作用后的白云母以及在硅酸钠作用下的白云母试样进行 XPS 检测，检测结果如图 3-30 所示。表 3-4 为不同白云母试样表面主要元素的相对含量。

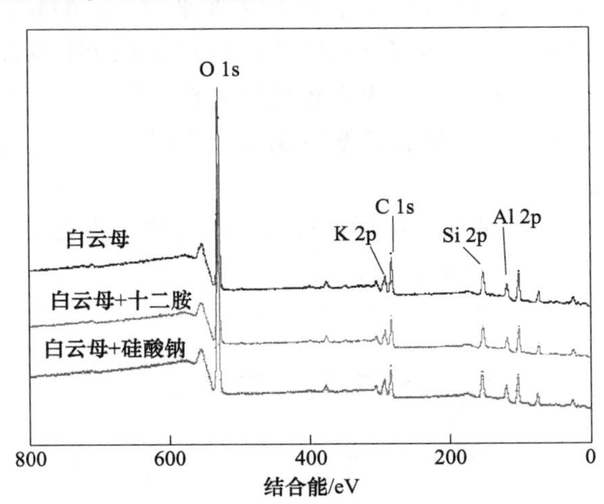

图 3-30　白云母 XPS 检测全谱图

由图 3-30 可知，不同白云母试样的 XPS 检测谱图中均含有钾、硅、铝和氧等元素，硅酸钠、六偏磷酸钠作用后的白云母尾矿表面主要元素相对含量见表 3-4。

表 3-4 白云母表面主要元素相对含量（质量分数） （%）

白云母样品	K	Si	Al	O	N	P	C
十二胺作用	2.82	18.14	11.19	48.07	1.19	—	18.59
六偏磷酸钠作用	2.99	19.71	11.57	50.34	—	0.15	15.39
硅酸钠作用	2.91	18.94	11.55	48.69	—	—	16.64

由表 3-4 显示，与六偏磷酸钠作用后的白云母相比，硅酸钠作用后的白云母表面 K、Si、Al、O 的相对含量明显降低，而 C 的相对含量有所升高，且并未检测出 N 元素，在硅酸钠、六偏磷酸钠的作用下，均可减少十二胺在白云母表面的吸附量。相比之下，六偏磷酸钠能较大程度地降低十二胺在白云母表面的吸附量，这与前面的试验结果一致。两者抑制效果的差异与其作用机理不同有关：六偏磷酸钠对白云母的抑制作用是通过六偏磷酸根阴离子与白云母表面的金属阳离子发生化学吸附以及磷酸氢根离子在其正电荷区的静电吸附这两种作用的结果，六偏磷酸钠属于大分子螺旋链状聚合体，可对十二胺的吸附产生屏蔽作用，从而产生抑制作用。硅酸钠对白云母的抑制作用主要是通过荷正电的硅酸胶粒在白云母表面产生静电吸附，降低了白云母表面电性负值，同时又增加了白云母表面的亲水性，进而影响十二胺在白云母表面的静电吸附力，这种作用较弱，因此抑制性能也较弱。

白云母试样表面元素 Si、Al 的 XPS 能谱变化如图 3-31 所示。由图 3-31 可知，不同药剂作用后的白云母表面 Si、Al 元素电子结合能均发生了化学位移，且 Si—O 特征峰发生了劈裂，这说明白云母表面的 Si、O 存在着两种状态，即晶格内部的 Si、O 和与药剂作用后的 Si、O。在六偏磷酸钠的作用下，Si 2p 的电子结合能 102.21 eV，相比白云母纯矿物中 Si 2p 的电子结合能，增加了 0.21 eV；硅酸钠作用下的白云母表面 Si 2p 的电子结合能为 102.24 eV，相比白云母纯矿物晶体表面 Si 2p 的电子结合能，增加了 0.24 eV，说明六偏磷酸钠、硅酸钠均可以降低白云母表面四面体中 Si 的活性，且硅酸钠作用后的白云母表面四面体硅的活性更低。结合前面分析可知，这是由于两者的作用机理不同导致，六偏磷酸钠的作用区域主要在荷正电的阳离子区，其对 Si 的结合能的影响一部分是由于六偏磷酸根阴离子结合了一些阳离子，造成对邻近 Si—O 键的影响；另一部分是由于磷酸氢根中的氧原子与 Si—OH 之间形成氢键；在这两种的作用下使得 Si 2p 的化学位移发生变化，结合能升高。而硅酸钠的作用区域在荷负电的 Si—O 区，由于荷正电的硅酸胶粒与白云母矿物具有相同的酸根，很容易吸附在白云母表面，并通过脱羟基缩合可以有效地结合在一起，并降低白云母表面 Si—OH 的活性。

从图 3-31 中可以看出，十二胺作用后白云母表面 Al 2p 的化学结合能为 74.04 eV，而六偏磷酸钠、硅酸钠作用后使得白云母表面 Al 2p 结合能分别为

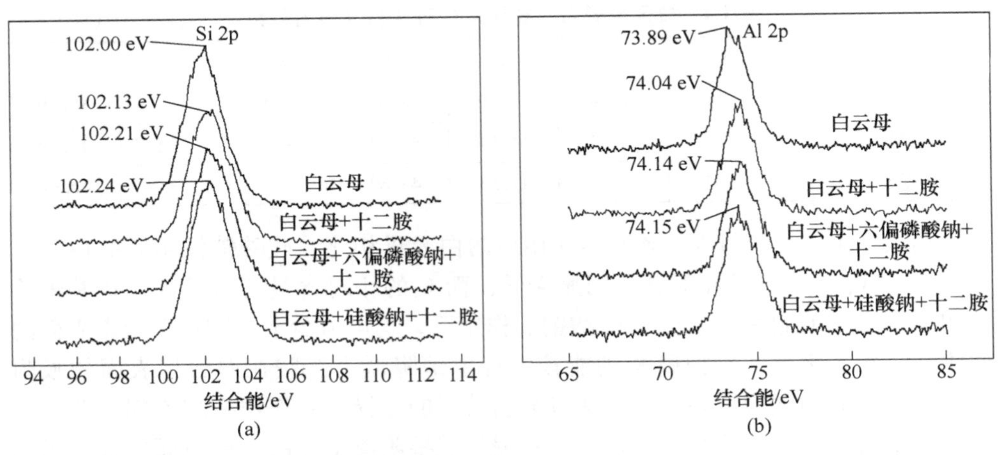

图 3-31　不同条件下白云母表面 Si（a）和 Al（b）的 XPS 扫描图

74.14 eV，74.15 eV，说明在六偏磷酸钠、硅酸钠两种药剂的作用下，较大程度地降低了白云母表面 Al—O 键的化学活性。由于白云母晶体结构中普遍存在［AlO_4］代替［SiO_4］；因此 Si 2p 的化学位移发生变化势必会影响邻近［AlO_4］中 Al 2p 的结合能，从图 3-31 中可以看出，药剂作用后，白云母晶体结构中四面体整体的化学活性降低。

硅酸钠、六偏磷酸钠通过不同的作用方式吸附在白云母表面，二者均可降低白云母表面 Si、Al 的化学活性，从而影响十二胺体系下白云母的可浮性。

3.2.3　金属阳离子对白云母浮选影响机理

矿石在磨碎和浮选过程中会不同程度地析出可溶性的金属离子，在矿浆中这些金属离子对浮选可能会有不同程度的影响[59,67]：（1）绝大多数无机阳离子 Fe^{3+}、Al^{3+}、Pb^{2+}、Mg^{2+} 等都是酸，这些离子发生水解会改变矿浆的 pH 值；（2）由于离子或其水解产物本身带有一定量的正电荷，因此在带负电荷的白云母表面上可能会产生吸附，其形式是与矿物晶格发生键合，或者是生成氢氧化物表面沉淀；（3）与捕收剂作用形成配合物或沉淀[68]。

3.2.3.1　Fe^{3+} 对白云母可浮性影响机理分析[59]

Fe^{3+} 在溶液中易发生水解反应，生成羟基配合物，各组分的浓度可通过溶液平衡关系求得。

在均相体系中 Fe^{3+} 存在如下平衡反应式：

$$Fe^{3+} + OH^- \rightleftharpoons Fe(OH)^{2+} \qquad \beta_1 = \frac{[Fe(OH)^{2+}]}{[Fe^{3+}][OH^-]} = 10^{11.81} \tag{3-19}$$

$$Fe^{3+} + 2OH^- \rightleftharpoons Fe(OH)_2^+ \qquad \beta_2 = \frac{[Fe(OH)_2^+]}{[Fe^{3+}][OH^-]^2} = 10^{22.3} \tag{3-20}$$

$$Fe^{3+} + 3OH^- \rightleftharpoons Fe(OH)_3(aq) \quad \beta_3 = \frac{[Fe(OH)_3(aq)]}{[Fe^{3+}][OH^-]^3} = 10^{32.05} \tag{3-21}$$

$$Fe^{3+} + 4OH^- \rightleftharpoons Fe(OH)_4^- \quad \beta_4 = \frac{[Fe(OH)_4^-]}{[Fe^{3+}][OH^-]^4} = 10^{34.30} \tag{3-22}$$

多相体系中，Fe^{3+}的平衡反应式如下：

$$Fe(OH)_3(s) \rightleftharpoons Fe^{3+} + 3[OH^-] \quad K_{sp} = [Fe^{3+}][OH^-]^3 = 10^{-38.30} \tag{3-23}$$

根据以上反应，研究作出了初始浓度 1×10^{-3} mol/L 时，溶液中各水解组分的浓度对数（lg$C$-pH 值）图，如图 3-32 所示。

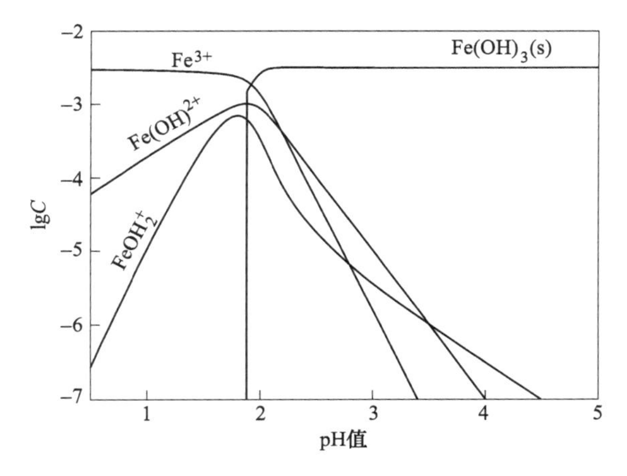

图 3-32 Fe^{3+}的溶液化学图

由图 3-32 可知，Fe^{3+}在溶液中的化学组分较多，当 pH<1.8 时，溶液中 Fe^{3+}主要以 Fe^{3+}、$Fe(OH)^{2+}$以及少量的 $Fe(OH)_2^+$ 的形式存在；pH>1.8 时，溶液中 Fe^{3+}、$Fe(OH)^{2+}$以及 $Fe(OH)_2^+$的含量迅速降低，溶液中开始析出 $Fe(OH)_3$。从图中可以看出，在 pH=4 时，Fe^{3+}在溶液中主要以 $Fe(OH)_3(s)$ 的形式存在，可见在白云母浮选过程中，Fe^{3+}起抑制作用的有效组分是 $Fe(OH)_3(s)$。

为了进一步了解 Fe^{3+}对白云母表面电性的影响规律，研究不同 pH 值下的 Fe^{3+}与白云母作用后的 Zeta 电位，以及 pH=4 时不同 Fe^{3+}用量作用下的白云母 Zeta 电位，结果如图 3-33 和图 3-34 所示。

由图 3-33 可知，Fe^{3+}的加入使白云母表面的电位值增加，说明 Fe^{3+}在白云母表面发生了特性吸附。且随着溶液 pH 值的增加白云母表面电位正向增大。结合 Fe^{3+}的溶液化学分析，可知这是由于白云母表面吸附了 Fe^{3+}及其水解组分导致表面电性发生了较大变化。Fe^{3+}在白云母表面形成 $Fe(OH)_3$沉淀，使白云母的极性

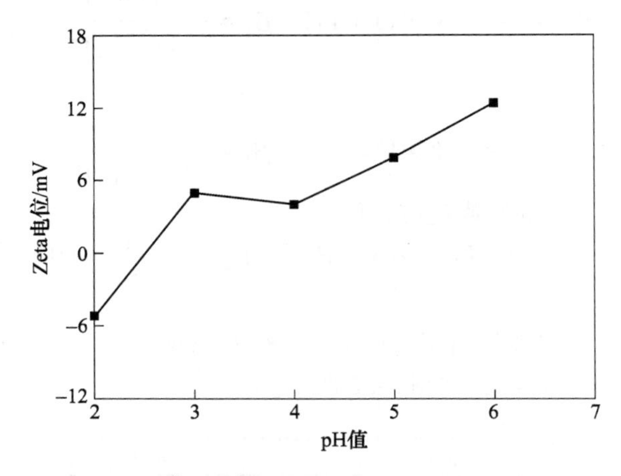

图 3-33　Fe^{3+}作用下白云母 Zeta 电位与 pH 值关系

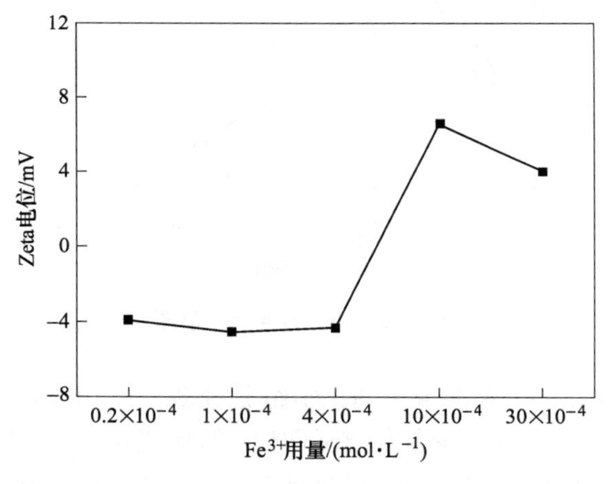

图 3-34　pH＝4 时白云母 Zeta 电位与 Fe^{3+}用量关系

表面和非极性表面丧失疏水性。

图 3-34 是不同浓度 Fe^{3+}作用下白云母表面电位的变化情况，从图中可以看出，当 Fe^{3+}的浓度小于 4×10^{-4} mol/L 时，其对白云母表面的电位变化影响并不明显，而当 Fe^{3+}浓度大于 4×10^{-4} mol/L 时，白云母表面电位值迅速增加至反号，对比 Fe^{3+}用量试验结果（当 Fe^{3+}浓度大于 4×10^{-4} mol/L 时，白云母的产率迅速下降），可知该用量下 Fe^{3+}表现出较强的抑制性能。结合 Fe^{3+}的溶液化学分析可知，Fe^{3+}起抑制作用的有效组分是 $Fe(OH)_3$，$Fe(OH)_3$的生成不仅与溶液 pH 值有关，同时与 Fe^{3+}的浓度有关，较小用量下 Fe^{3+}在白云母表面不易形成 $Fe(OH)_3$，同时

也进一步说明白云母表面电位变化是由于其吸附 $Fe(OH)_3$而发生改变的。

为研究白云母与十二胺和 Fe^{3+}作用前后表面基团的变化，在 pH = 4 条件下对十二胺及 Fe^{3+}作用前后的白云母试样进行了红外光谱检测，结果如图 3-35 所示。

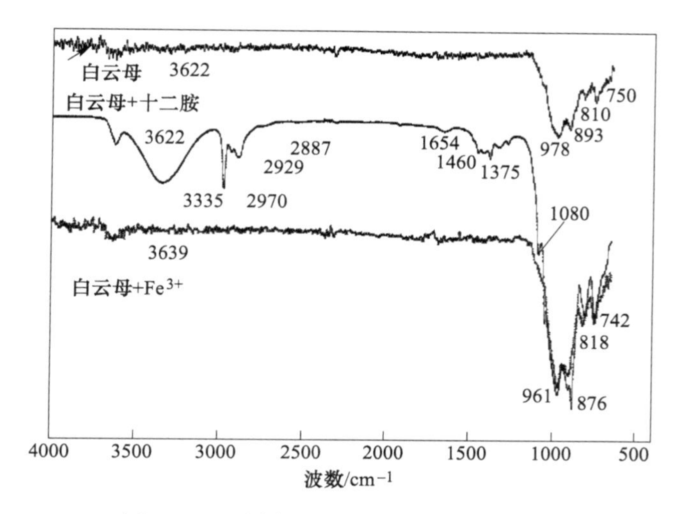

图 3-35 不同白云母样品的红外光谱分析

由图 3-35 可以看出，加入 Fe^{3+}后，白云母表面羟基的特征吸收峰的位置从 3622 cm^{-1}漂移到 3639 cm^{-1}，且峰形变钝，同时十二胺分子所对应的特征基团的吸收峰消失。与白云母的红外谱图对比，Fe^{3+}作用后的白云母表面 O—Si—O 和 Si—O—Si 基团对应的特征吸收峰的位置均向左发生了漂移，并且峰形变尖锐。结合前面分析，可知在加入氯化铁后，溶液中的 Fe^{3+}主要以氢氧化铁沉淀的形式吸附在白云母表面，其中白云母表面［SiO_4］中的两个氧与金属离子产生螯合作用，从而使得白云母表面 O—Si—O 和 Si—O—Si 基团对应的吸收峰波数发生漂移。

因此，Fe^{3+}以 $Fe(OH)_3$的形式吸附在白云母表面，一方面改变了白云母的表面的动电位值，减弱了十二胺与白云母之间的静电引力；另一方面 $Fe(OH)_3$罩盖在白云母表面减少了胺根离子的附着点。在这两种作用下均可减弱十二胺对白云母的捕收性能，从而对其浮选产生抑制作用。

试验对白云母、十二胺作用以及 Fe^{3+}作用后的白云母试样分别进行了 XPS 检测，结果如图 3-36 所示。

由图 3-36 可知，不同白云母试样的 XPS 谱中除了钾、硅、铝和氧等元素外，还有污染及吸附的碳元素存在，表 3-5 为不同白云母试样表面主要元素的相对含量。

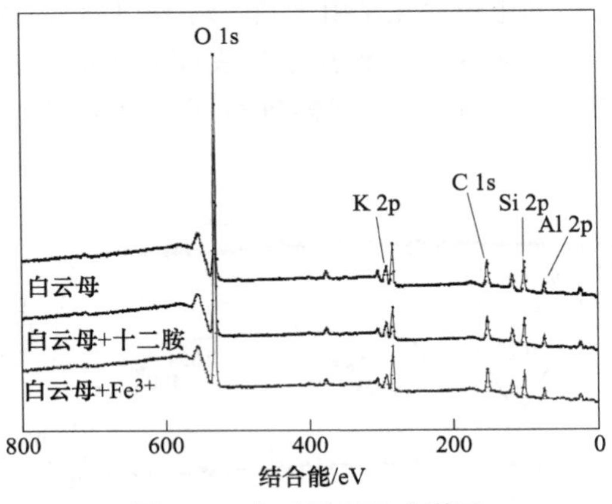

图 3-36　白云母 XPS 全谱图

表 3-5　白云母表面主要元素相对含量（质量分数）　（%）

白云母样品	K	Si	Al	O	Fe	N	C
十二胺作用	2. 82	18. 14	11. 19	48. 07	—	0. 81	18. 59
氯化铁作用	2. 95	19. 18	11. 69	49. 28	0. 07	0. 67	16. 84

对比表 3-5 中各试样元素的含量变化，与十二胺作用后的白云母相比，Fe^{3+}作用后白云母表面 K、Si、O、Al 的相对含量均有提高，而 N 和 C 的相对含量则降低。说明在 Fe^{3+}的作用下，十二胺在矿物表面的吸附量有所减小导致白云母表面的 Si、O、Al 的暴露程度增加；试样中检测到表面含有 Fe 元素存在，可见 Fe 的确在白云母表面产生了吸附。

药剂作用前后白云母表面元素 XPS 能谱的变化如图 3-37 所示。由图可知，十二胺、Fe^{3+}作用后，白云母表面各元素的电子结合能均发生了化学位移。Si 2p 的 XPS 的窄峰扫描谱图显示，在十二胺、Fe^{3+}的作用下，Si—O 谱峰发生了分裂，这说明白云母表面的 Si—O 存在着两种状态，即晶格内部的 Si、O 和与药剂发生作用后的 Si、O。说明十二胺、Fe^{3+}的作用区域均在白云母的硅氧四面体层；十二胺作用后的 Si 2p 电子结合能提高了 0. 13 eV，而 Fe^{3+}加入则使 Si 2p 电子结合能提高了 0. 24 eV，Fe^{3+}作用后的 Si—O 谱峰发生明显劈裂，可知 Fe^{3+}的加入可使白云母表面 Si 2p 的化学环境发生显著变化，原因在于白云母表面 Si—O 与 Fe 元素之间产生了较强的作用，硅氧四面体中的两个氧原子能与氢氧化铁中 Fe 元素产生螯合作用，由于此种吸附非常牢固，从而对 Si 2p 的化学位移产生较大影响。

因此，Fe^{3+}的加入可降低白云母表面 Si—OH 的活性，从而降低其与十二胺的作用，进而对白云母的浮选产生抑制作用。

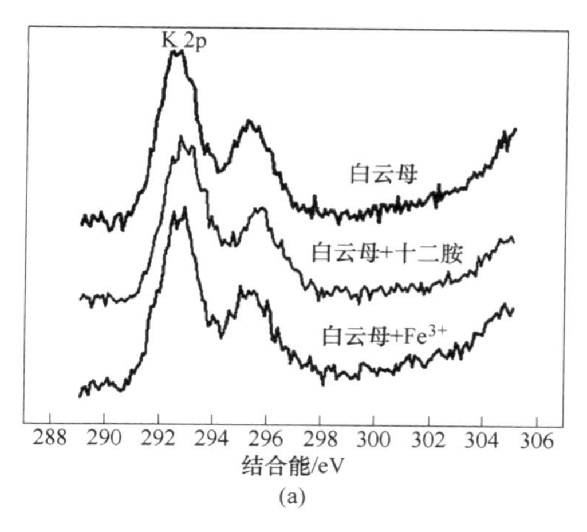

(a)

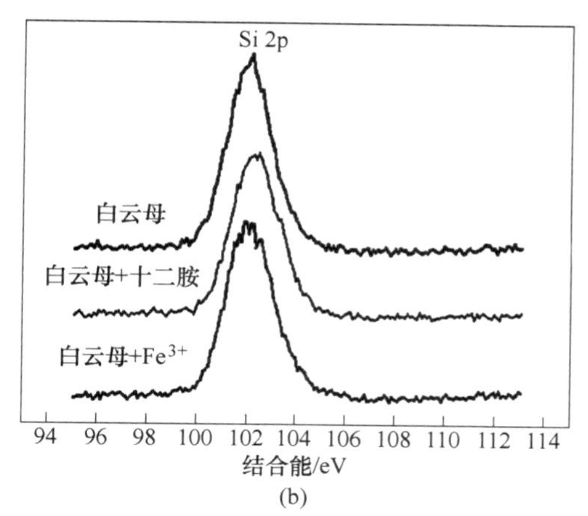

(b)

图 3-37 不同条件下的白云母表面 K(a) 和 Si(b) 的 XPS 的窄峰扫描谱

3.2.3.2 Al^{3+}对白云母可浮性影响机理

Al^{3+}在溶液中易发生水解反应，生成羟基配合物，各组分的浓度可通过溶液平衡关系求得。

在均相体系中 Al^{3+}存在如下平衡反应式[60,69]：

$$Al^{3+} + OH \rightleftharpoons Al(OH)^{2+} \qquad \beta_1 = \frac{[Al(OH)^{2+}]}{[Al^{3+}][OH^-]} = 10^{9.01} \tag{3-24}$$

$$Al^{3+} + 2OH^- \rightleftharpoons Al(OH)_2^+ \qquad \beta_2 = \frac{[Al(OH)_2^+]}{[Al^{3+}][OH^-]^2} = 10^{18.7} \tag{3-25}$$

$$Al^{3+} + 3OH^- \rightleftharpoons Al(OH)_3(aq) \qquad \beta_3 = \frac{[Al(OH)_3(aq)]}{[Al^{3+}][OH^-]^3} = 10^{27.0} \tag{3-26}$$

$$Al^{3+} + 4OH^- \rightleftharpoons Al(OH)_4^- \qquad \beta_4 = \frac{[Al(OH)_4^-]}{[Al^{3+}][OH^-]^4} = 10^{33.0} \tag{3-27}$$

多相体系中，Al^{3+}的平衡反应式如下：

$$Al(OH)_3(s) \rightleftharpoons Al^{3+} + 3[OH^-] \qquad K_{sp} = [Al^{3+}][OH^-]^3 = 10^{-33.5}$$

由以上平衡反应式可以作出 Al^{3+}浓度为 4.5×10^{-4} mol/L 时，溶液中各水解组分的浓度对数（lg$C$-pH 值）图，如图 3-38 所示。

由图 3-38 可知，Al^{3+}在溶液中主要以 Al^{3+}、$Al(OH)^{2+}$、$Al(OH)_2^+$以及 $Al(OH)_3(s)$ 的形式存在。在 pH<3.85 时，溶液中 Al^{3+}和 $Al(OH)^{2+}$占优势；pH>3.8时，Al^{3+}、$Al(OH)^{2+}$和 $Al(OH)_2^+$的浓度迅速下降，溶液中开始生成 $Al(OH)_3(s)$。可见在溶液 pH=4 时，Al^{3+}、$Al(OH)^+$、$Al(OH)^{2+}$及 $Al(OH)_3(s)$ 四种组分共存。

根据浮选试验结果，在 pH=4 的条件下，Al^{3+}对白云母的浮选有一定的抑制

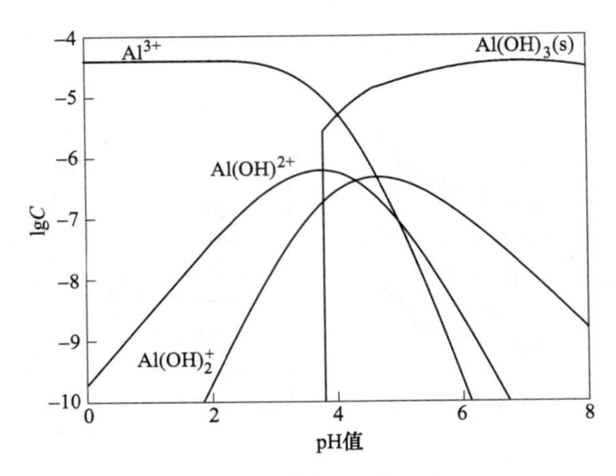

图 3-38　Al^{3+}的溶液化学图

作用。结合图 3-38 可知，这是由于是溶液中的 $Al(OH)^{+}$、$Al(OH)^{2+}$ 以及 $Al(OH)_3$等羟基化合物吸附在白云母表面，导致白云母表面电位发生变化，使其亲水性增加，进而减少了十二胺对白云母的捕收性能。

由图 3-39 可以看出，在溶液 pH 值为 4 的条件下，白云母表面 Zeta 电位随着 Al^{3+}浓度的增加电位由负变正逐渐增加，说明 Al^{3+}在白云母表面发生了特性吸附。

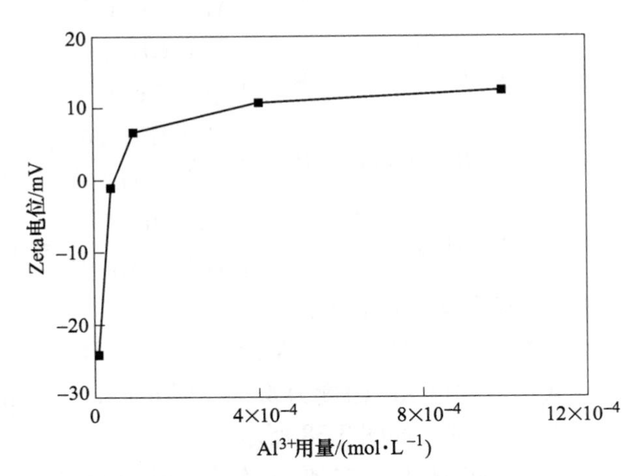

图 3-39　pH=4 时白云母 Zeta 电位与 Al^{3+}用量关系

当 Al^{3+}浓度为 4×10^{-5} mol/L 时，白云母表面电位为负值，结合浮选试验结果，可知浓度为 4×10^{-5} mol/L 的 Al^{3+}对白云母几乎没有抑制作用，经计算，该药剂用量下 $Al(OH)_3$的沉淀 pH 值为 4.4，即在 pH=4 的条件下，溶液主要以 Al^{3+}、$Al(OH)_2^{+}$ 和 $Al(OH)^{2+}$等离子的形式存在，溶液中并未生成 $Al(OH)_3$，说明 Al^{3+}

在浮选过程中起抑制作用的有效组分并不是其羟基化合物，而是 $Al(OH)_3$。由此可知 Al^{3+}对白云母的抑制作用是由于 Al^{3+}以 $Al(OH)_3$的形式在白云母表面产生特性吸附，导致其表面电位发生变化，减弱了十二胺在白云母表面的静电吸附作用。

为了研究十二胺和 Al^{3+}作用前后白云母表面基团的变化，在 pH=4 条件下对十二胺及 Al^{3+}作用前后的白云母进行了红外光谱检测，结果如图 3-40 所示。

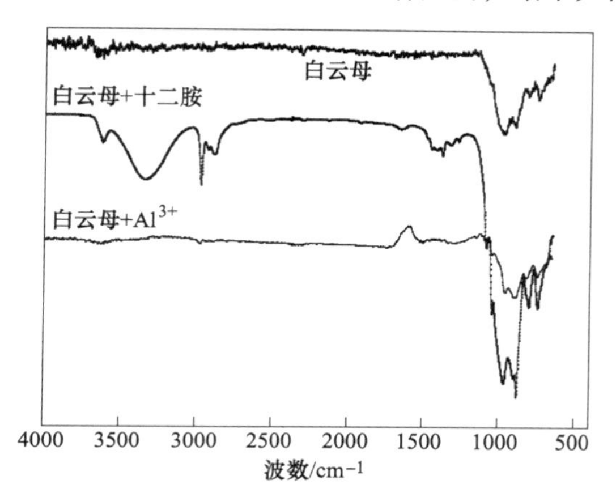

图 3-40 Al^{3+}作用后的白云母红外光谱图

由图 3-40 可以得出十二胺、Al^{3+}分别作用后白云母表面基团的振动吸收峰峰值，见表 3-6。

表 3-6 红外光谱峰值

白云母样品	波数/cm^{-1}								
白云母	3648	—	—	—	—	970	890	817	745
十二胺作用后	3622	3335	2970	2887	1060	961	896	818	742
Al^{3+}作用后	—	—	2983	—	1045	962	880	817	743

由图 3-40 可以看出，十二胺作用后的白云母矿物表面出现了 CH_3—、—CH_2—、N—H 以及 C—N 基团对应的特征吸收峰，说明在十二胺的作用下，白云母表面吸附了胺根离子，结合十二胺溶液化学分析可知吸附的胺根阳离子为 RNH_3^+、$(RNH_3^+)_2^{2+}$。而经 Al^{3+}和十二胺作用后，白云母表面并未检测出—CH_2—、N—H 等基团，同时 CH_3—所对应的特征吸收峰的位置从 2970 cm^{-1} 漂移到 2983 cm^{-1}，且峰的形状变小，C—N 基团所对应的特征吸收峰的位置从 1060 cm^{-1} 漂移到 1045 cm^{-1}，且峰的形状变钝，说明 Al^{3+}的加入改变了胺根离子在白云母表面的吸附环境。

与白云母纯矿物的红外谱图相比，十二胺作用后白云母表面 O—Si—O、Si—O—Si基团的特征吸收峰峰形尖锐，而经 Al^{3+} 作用后，白云母表面 O—Si—O 和 Si—O—Si 基团对应的特征吸收峰的位置均向左发生了漂移，其表面基团对应的特征吸收峰峰形钝化，说明 Al^{3+} 可以降低白云母表面硅氧四面体中 Si—O 键的活性。结合电位分析可知，在加入氯化铝后，溶液中的 Al^{3+} 以 $Al(OH)_3$ 的形式吸附在白云母表面，导致白云母表面的氧原子与 Al^{3+} 发生螯合作用[68]，使得白云母表面暴露的活性 Si 数目减少，减少了胺根离子在白云母表面的吸附量，最终对白云母的浮选过程产生抑制作用。

为进一步了解 Al^{3+} 的抑制机理，试验对十二胺作用后的白云母以及在 Al^{3+} 作用下的白云母进行 XPS 检测，检测结果如图 3-41 和图 3-42 所示。表 3-7 为不同白云母试样表面主要元素的相对含量。

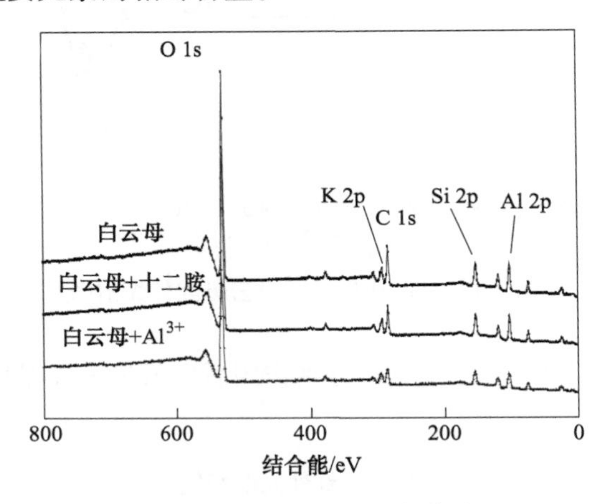

图 3-41　白云母 XPS 全谱图

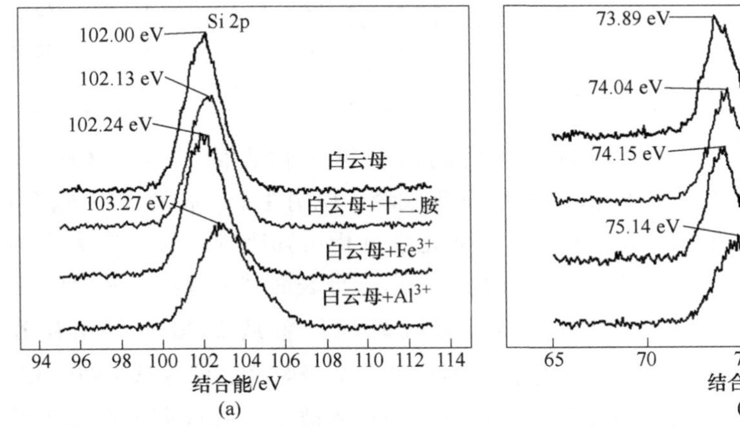

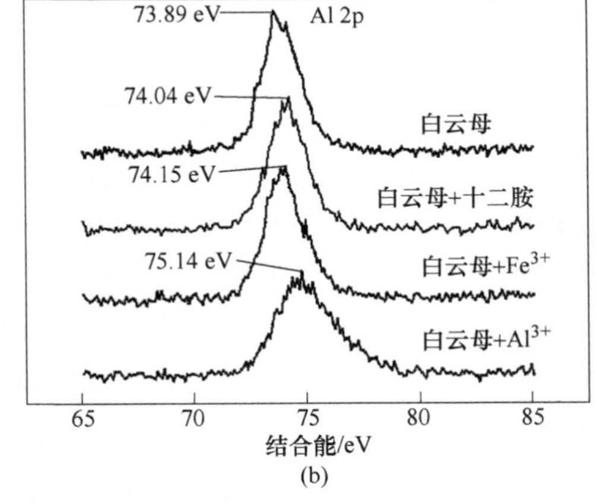

图 3-42　不同条件下的白云母表面 Si(a) 和 Al(b) 的 XPS 的窄峰扫描谱

由图 3-41 可知，不同药剂作用后的白云母试样的 XPS 谱中均含有钾、硅、铝、氧、碳等元素，从图中可以明显看出，Al^{3+}作用后的白云母表面各元素光电子能谱检测峰钝化。

表 3-7 白云母表面主要元素相对含量（质量分数） (%)

白云母样品	K	Si	Al	O	Fe	N	C
白云母原样	2.69	18.04	10.84	47.83			20.60
十二胺作用后	2.82	18.14	11.19	48.07	—	0.81	18.59
Fe^{3+}作用后	2.95	19.18	11.69	49.28	0.07	0.67	16.84
Al^{3+}作用后	2.85	19.32	12.78	50.28			14.77

对比表 3-7 中各元素的含量变化可知，与十二胺作用的白云母相比，Al^{3+}作用后白云母表面 K、Si、O、Al 的相对含量均有提高，而 C 的相对含量则明显降低。结合电位分析可知，Al^{3+}以 $Al(OH)_3$的形式覆盖在白云母表面，并与 Si—O 发生键合。因此，在 Al^{3+}的作用下白云母表面的 O、Al 的相对含量得以增加，同时也改变了白云母表面 K、Si 的化学环境，增加了 K、Si 的暴露程度。这与前面的红外分析结果相符。Al^{3+}作用后白云母与 Fe^{3+}作用后白云母表面相比，Si、O、Al 的含量均有所提高，同样说明这一点。并且可以看出 Al^{3+}对白云母表面 Si 的化学环境影响更明显。

由图 3-42 可知，由于十二胺的作用，白云母表面各元素的电子结合能均发生了化学位移，Si 2p 的电子结合能从 102.00 eV 增加到 102.13 eV，说明十二胺在吸附的过程中改变了 Si 2p 的化学环境。从图中还可以看出，Al^{3+}可使白云母表面 Si 2p 的电子结合能增加 1.27 eV，这主要是由于 Al^{3+}在白云母表面形成 $Al(OH)_3$沉淀，其中 Al^{3+}与白云母表面四面体两个 O 原子键合，导致 Si 2p 的电子结合能发生变化。与 Fe^{3+}作用后的白云母相比，较大程度地降低了 Si 2p 的电子结合能，说明在酸性条件下，金属阳离子可以增加白云母表面硅氧四面体中 Si 的活性，同时说明十二胺在白云母表面的吸附属于物理吸附，金属阳离子对白云母的抑制性能是由于在其表面产生氢氧化物沉淀，从而阻碍了十二胺在白云母表面的吸附。

此外，Al 2p 的电子结合能在不同药剂的作用下也发生了较大变化，在十二胺作用下 Al 2p 电子结合能仅提高了 0.15 eV，而在 Al^{3+}存在的条件下，其电子结合能提高了 1.25 eV，由于系统误差不大于 0.1 eV，说明 Al^{3+}可使白云母表面的 Al 2p 的化学环境发生显著变化，加入 Al^{3+}后白云母表面 Al 2p 的电子结合能较高，说明其活性降低。

3.2.3.3 Pb^{2+}对白云母可浮性影响机理

Pb^{2+}在水溶液中易发生水解反应，生成羟基配合物，在均相体系中 Pb^{2+}存在如下平衡[69]：

$$Pb^{2+} + OH^- \rightleftharpoons Pb(OH)^+ \qquad \beta_1 = \frac{[Pb(OH)^+]}{[Pb^{2+}][OH^-]} = 10^{6.3} \tag{3-28}$$

$$Pb^{2+} + 2OH^- \rightleftharpoons Pb(OH)_2(aq) \qquad \beta_2 = \frac{[Pb(OH)_2(aq)]}{[Pb^{2+}][OH^-]^2} = 10^{10.9} \tag{3-29}$$

$$Pb^{2+} + 3OH^- \rightleftharpoons Pb(OH)_3^- \qquad \beta_3 = \frac{[Pb(OH)_3^-]}{[Pb^{2+}][OH^-]^3} = 10^{13.9} \tag{3-30}$$

多相体系中，Pb^{2+}的平衡反应式如下：

$$Pb(OH)_2(s) \rightleftharpoons Pb^{2+} + 2OH^- \qquad K_{sp} = [Pb^{2+}][OH^-]^2 = 10^{-15.2} \tag{3-31}$$

根据以上平衡反应式，作出 Pb^{2+}浓度为 1×10^{-3} mol/L 时，溶液中各组分的浓度对数（lg$C$-pH 值）图，如图 3-43 所示。

由图 3-43 可知，当 pH 值小于 8.89 时，溶液中铅主要以 Pb^{2+}、$PbOH^+$、$Pb(OH)_2(aq)$ 的形式存在；当 pH 值大于 8.89 时，溶液中的 Pb^{2+}和 $PbOH^+$迅速减少，$Pb(OH)_3^-$的浓度增大，同时存在 $Pb(OH)_2(s)$ 与 $Pb(OH)_2(aq)$ 的溶解平衡。

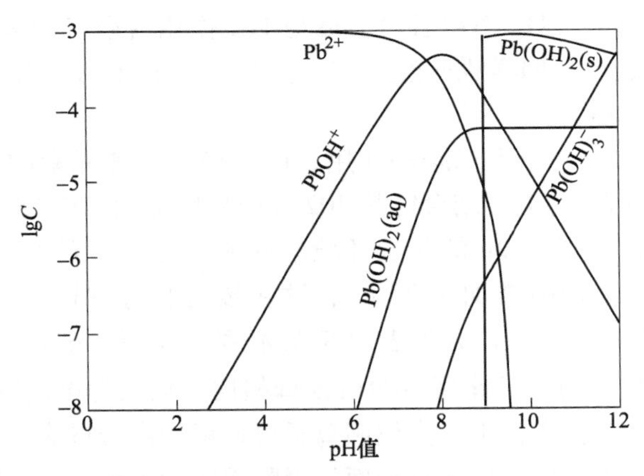

图 3-43 Pb^{2+}的溶液化学图

在 pH 值为 4 的条件下，铅离子在溶液中主要以 Pb^{2+}和 $PbOH^+$的形式存在，说明在白云母浮选试验过程中，溶液中对白云母产生抑制作用的有效成分是 $PbOH^+$。为了更深入地探讨 Pb^{2+}对浮选结果的影响，试验在不同 Pb^{2+}浓度下测定了白云母的 Zeta 电位，试验结果如图 3-44 所示。

由图 3-44 可知，在硝酸铅的作用下，白云母表面动电位始终带负电，并且随着硝酸铅用量的增大，白云母表面 Zeta 电位负值逐渐增大，结合 Pb^{2+}的溶液化学分析，可知铅离子对白云母的抑制作用是由于 $PbOH^+$在白云母表面的吸附。

为研究白云母与十二胺和 Pb^{2+}作用前后表面基团的变化，在 pH=4 条件下对

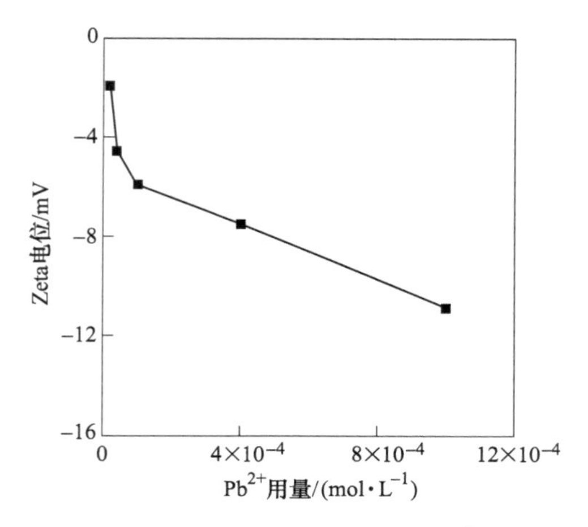

图 3-44 pH=4 时白云母 Zeta 电位与 Pb^{2+} 用量关系

十二胺及 Pb^{2+} 作用前后的白云母进行了红外光谱检测，结果如图 3-45 所示。

由图 3-45 可以看出，十二胺作用后的白云母矿物表面出现了—OH、CH_3—、—CH_2—、N—H 以及 C—N 基团对应的特征吸收峰，结合十二胺溶液化学可知，在十二胺的作用下，白云母表面的确吸附了 RNH_3^+、$(RNH_3^+)_2^{2+}$。Pb^{2+} 作用后，白云母表面—OH、N—H 及 C—N 等基团消失，CH_3—、—CH_2—所对应的特征吸收峰的位置分别从 2970 cm^{-1}、2887 cm^{-1}漂移到 2929 cm^{-1}、2853 cm^{-1}，且峰宽变窄、峰形变钝。说明 Pb^{2+} 的加入改变了胺根离子在白云母表面的吸附环境。

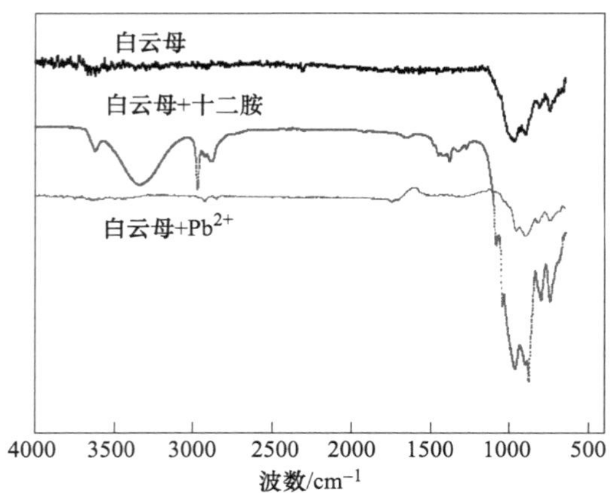

图 3-45 Pb^{2+} 作用后的白云母红外光谱图

由图 3-45 可以得出十二胺、Pb^{2+} 分别作用后白云母表面基团的振动吸收峰峰值，见表 3-8。

表 3-8 红外光谱峰值

白云母样品	波数/cm^{-1}								
白云母	3648	—	—	—	—	970	890	817	745
十二胺作用后	3622	3335	2970	2887	1060	961	896	818	742
Pb^{2+}作用后	—	—	2929	2853	—	958	897	817	746

与白云母纯矿物的红外谱图相比，十二胺作用后白云母表面 O—Si—O、Si—O—Si基团的特征吸收峰峰形尖锐，而 Pb^{2+}作用后，白云母表面 O—Si—O 和 Si—O—Si 基团对应的特征吸收峰的位置均向左发生了漂移，其表面基团对应的特征吸收峰峰形钝化，说明 Pb^{2+}可以降低白云母表面硅氧四面体中 Si—O 键的活性。

为进一步了解 Pb^{2+}的抑制机理，试验对十二胺作用后的白云母以及在 Pb^{2+}作用下的白云母进行 XPS 检测，检测结果如图 3-46 所示。表 3-9 为不同白云母试样表面主要元素的相对含量。

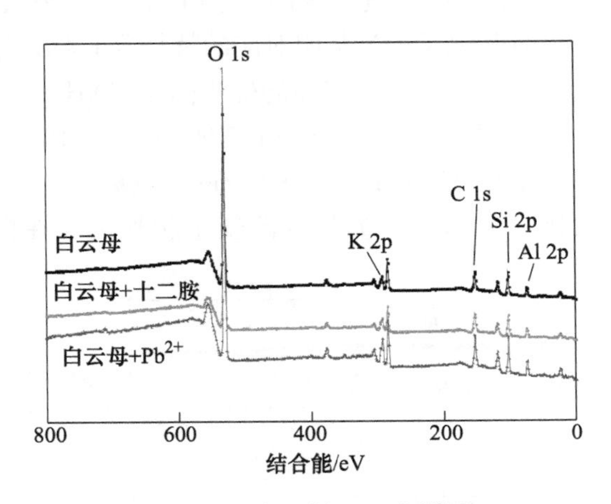

图 3-46 白云母 XPS 全谱图

表 3-9 白云母表面主要元素相对含量（质量分数） （%）

白云母样品	K	Si	Al	Pb	O	C
十二胺作用后	2. 82	18. 14	11. 19	—	48. 07	18. 59
Al^{3+}作用后	2. 85	19. 32	12. 78	—	50. 28	14. 77
Pb^{2+}作用后	3. 10	17. 64	10. 49	0. 21	48. 97	18. 41

由图 3-46 可知，不同药剂作用后的白云母试样的 XPS 谱中均含有钾、硅、铝、氧、碳等元素。对比表 3-9 中各元素的含量变化可知，与十二胺作用的白云

母相比，Pb^{2+}作用后白云母表面Si、Al、C的相对含量减少，O、K相对含量则明显增加。结合电位分析知，Pb^{2+}以$PbOH^{+}$等羟基配合物的形式覆盖在白云母表面，并与Si—O键发生键合，因此，在Pb^{2+}的作用下白云母表面的O的相对含量得以增加。与Al^{3+}作用后相比，Pb^{2+}作用后白云母表面Si、Al、O的相对含量减少，同时检测到Pb的存在，说明Pb^{2+}的确在白云母表面产生吸附，且十二胺仍有少量的吸附，导致其表面Si、Al的暴露程度较小。可知，Pb^{2+}对白云母的抑制程度较Al^{3+}弱。

药剂作用前后白云母表面元素XPS能谱的变化如图3-47所示。由图可知，十二胺、Pb^{2+}作用后，白云母表面各元素的电子结合能均发生了化学位移。Si 2p的XPS的窄峰扫描谱图显示，在十二胺和Pb^{2+}的作用下，Si—O谱峰发生了分裂，这说明白云母表面的Si—O存在着两种状态，即晶格内部的Si、O，以及与药剂发生作用后的Si、O。说明十二胺、Pb^{2+}的作用区域均在白云母的硅氧四面体层；十二胺作用后的Si 2p电子结合能提高了0.13 eV，Pb^{2+}加入使Si 2p电子结合能降低了0.27 eV，原因在于白云母表面Si—O与$PbOH^{+}$之间产生了键和，硅氧四面体中的一个氧原子能与$PbOH^{+}$中Pb元素产生螯合作用，由于此种吸附较弱，可见Pb^{2+}的加入反而增加了白云母表面Si—OH的活性，进一步说明铅离子对白云母抑制作用较弱。

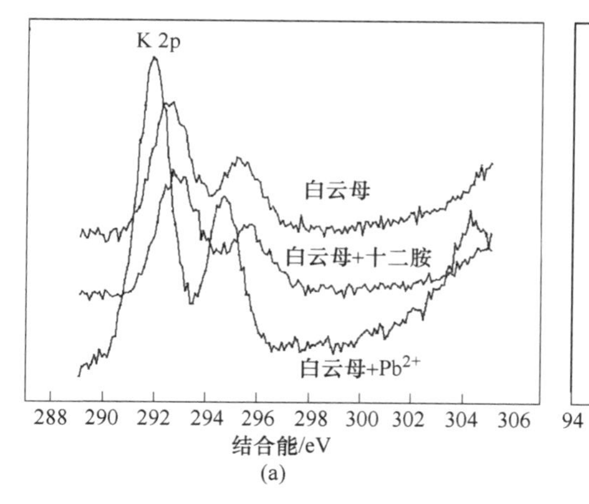

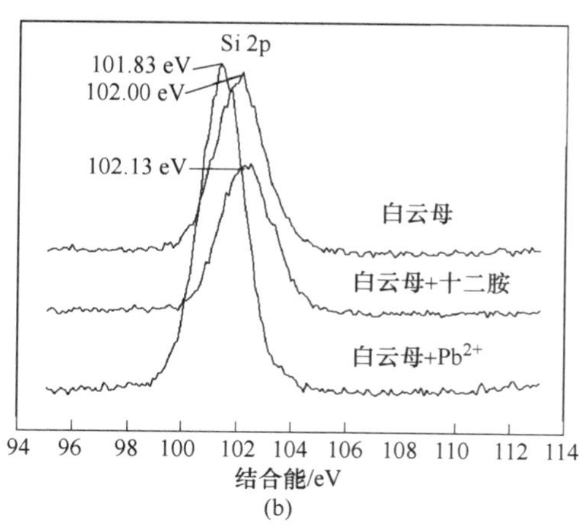

图3-47 不同条件下的白云母表面K(a)和Si(b)的XPS的窄峰扫描谱

3.2.3.4 K^{+}对白云母可浮性影响机理

为了研究K^{+}对白云母浮选效果的影响，试验在pH=4的条件下对不同浓度K^{+}作用后的白云母进行表面动电位检测，检测结果如图3-48所示。

由图3-48可知，在硫酸钾的作用下，白云母表面动电位由负变正。且只有当硫酸钾用量为4×10^{-5} mol/L时，白云母表面动电位为负值，这与K^{+}对白云母

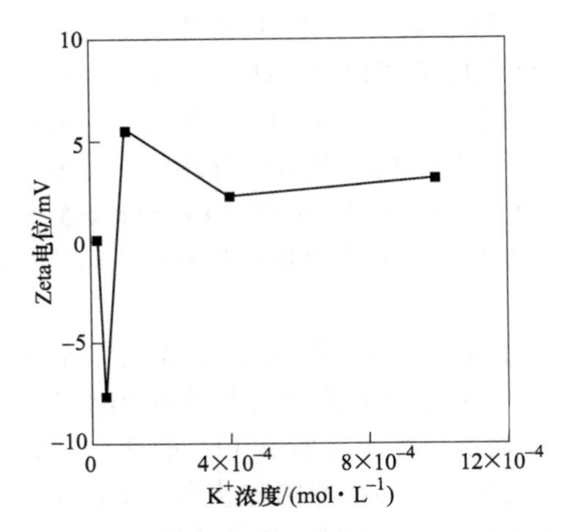

图 3-48　pH=4 时白云母 Zeta 电位与 K^+浓度关系

可浮性影响的试验结果相一致，即该用量下的 K^+对白云母的抑制作用较弱，其产率为 74%，而当硫酸钾用量为 1×10^{-4} mol/L 时，白云母表面电位正值最大，对应试验结果可知，该用量下的 K^+ 对白云母的抑制作用最强，白云母产率为 51.33%。

为研究十二胺和 K^+作用后白云母表面基团的变化，在 pH=4 条件下对十二胺及 K^+作用后的白云母进行红外光谱检测，结果如图 3-49 所示。

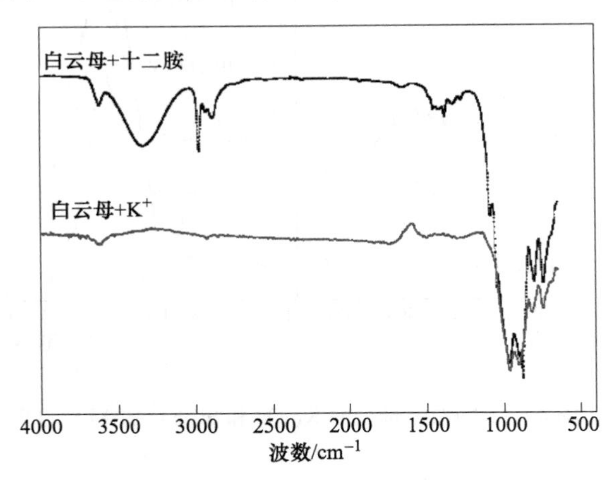

图 3-49　K^+作用后的白云母红外光谱图

由图 3-49 可以看出，十二胺作用后的白云母矿物表面出现了—OH、CH_3—、—CH_2—、N—H 以及 C—N 基团对应的特征吸收峰，结合十二胺溶液化学可知，在十二胺的作用下，白云母表面吸附了 RNH_3^+、$(RNH_3^+)_2^{2+}$。K^+作用后，白云母表面 N—H—、CH_3—及 C—N 等基团消失，CH_2—所对应的特征吸收峰的波数从 2887 cm^{-1}漂移到 2917 cm^{-1}且峰宽变窄、峰形变钝，见表 3-10。说明 K^+的加入减少了胺根离子在白云母表面的吸附量。K^+作用后，白云母表面 O—Si—O 和 Si—O—Si 基团对应的特征吸收峰的波数均向左发生了漂移，说明 K^+加入改变了白云母表面硅氧四面体中 Si—O 键的化学环境。

表 3-10 红外光谱峰值

白云母样品	波数/cm^{-1}							
白云母	3648	—	—	—	—	970	890	817	745
十二胺作用后	3622	3335	2970	2887	1060	961	896	818	742
K^+作用后	3624	—	—	2917	—	963	899	819	747

为进一步了解 K^+的抑制机理，试验对十二胺作用后的白云母以及在 K^+作用下的白云母进行 XPS 检测，检测结果如图 3-50 所示。表 3-11 为不同白云母试样表面主要元素的相对含量。

由图 3-50 可知，不同药剂作用后的白云母试样的 XPS 谱中均含有钾、硅、铝、氧、碳等元素。

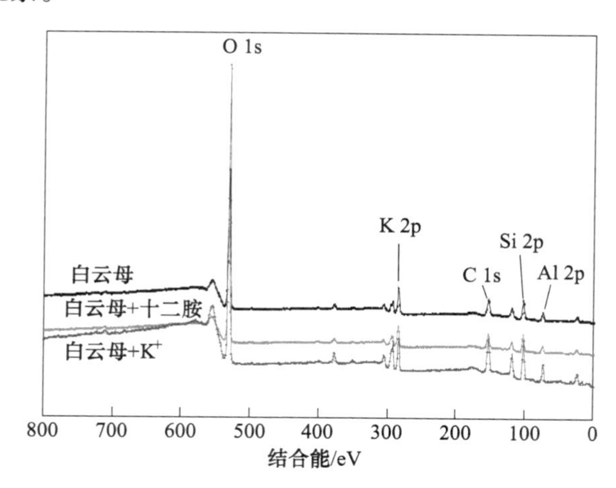

图 3-50 白云母 XPS 全谱图

表 3-11 白云母表面主要元素相对含量（质量分数） （%）

白云母样品	K	Si	Al	O	C
十二胺作用后	2.82	18.14	11.19	48.07	18.59
Al^{3+}作用后	2.85	19.32	12.78	50.28	14.77
K^+作用后	3.57	19.20	11.83	51.71	11.99

对比表 3-11 中各元素的含量变化可知，与十二胺作用的白云母相比，K^+作用后白云母表面 Si、Al、O、K 的相对含量均增加。碳的相对含量显著降低，说明K^+的加入的确减少了十二胺在白云母表面的吸附，O 的相对含量明显增加，这是由于溶液中K^+嵌入到白云母的层间域中，K—O 键形成导致表面 O 的相对含量增加。与Al^{3+}作用后相比，K^+作用后白云母 Si、Al 的相对含量偏低，说明K^+作用后仍有十二胺覆盖在白云母表面，说明K^+对白云母浮选具有一定的抑制作用，但较Al^{3+}的抑制性弱。

药剂作用前后白云母表面元素 XPS 能谱的变化如图 3-51 所示。由图可知，十二胺、K^+作用后，白云母表面各元素的电子结合能均发生了化学位移。Si 2p 的 XPS 的窄峰扫描谱图显示，在十二胺、K^+的作用下，Si—O 谱峰发生了分裂，这说明白云母表面的 Si—O 存在着两种状态，即晶格内部的 Si、O 和与药剂发生作用后的 Si、O。说明由于K^+的作用区域在白云母的层间域，说明K^+作用后白云母表面依然可以吸附少量的十二胺，K^+加入使 Si 2p 电子结合能降低了 0.96 eV，说明 K—O 键的形成，影响了白云母表面的 Si—O 键。K^+加入也使得 K 2p的结合能发生变化，可见由于同离子间斥力的存在，导致 K 2p 的结合能降低。

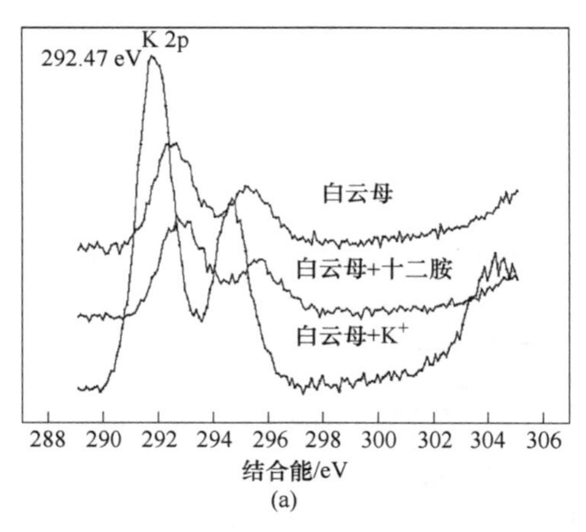

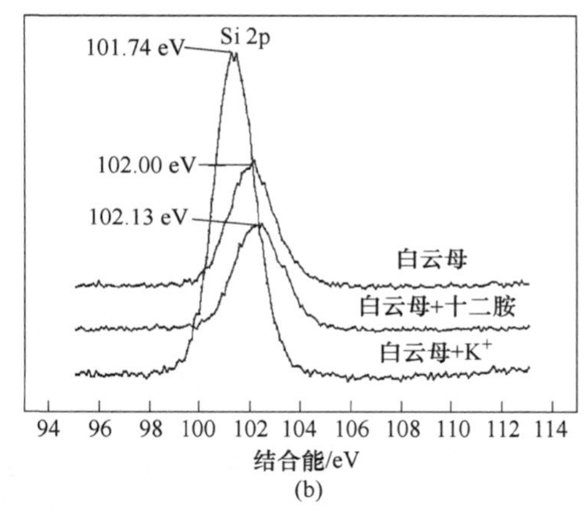

图 3-51 不同条件下的白云母表面 K(a) 和 Si(b) 的 XPS 的窄峰扫描谱

3.3 本 章 小 结

研究通过对粒度为-0.15~+0.074mm，纯度大于 95%的白云母单矿物进行浮选试验，得出以下结论：

（1）在 pH 值为 4，十二胺用量为 1.4×10^{-4} mol/L 的条件下，白云母呈现出较好的可浮性，浮选产率为 78.00%。

（2）在 pH=4，十二胺用量为 1.4×10^{-4} mol/L 的条件下，六偏磷酸钠用量为 1×10^{-3} mol/L 使得白云母产率降低了 70%；硅酸钠用量为 1×10^{-3} mol/L 可使白云母产率降低 10%；Al^{3+}用量为 1×10^{-4} mol/L 可使白云母产率降低 20%；Fe^{3+}用量为 1×10^{-3} mol/L 可使白云母产率降低 12%；柠檬酸用量 4×10^{-5} mol/L 可使白云母产率降低 24%；羧甲基纤维用量 1×10^{-3} mol/L 可使白云母产率降低 10%。抑制作用大小比较：六偏磷酸钠>柠檬酸>Al^{3+}>硅酸钠>Fe^{3+}>羧甲基纤维素>Pb^{2+}>Cu^{2+}>K^+、Ca^{2+}、Mg^{2+}。

（3）六偏磷酸钠在溶液中的 $(Na_4P_6O_{18})^{2-}$、HPO_4^{2-}等在白云母表面产生静电吸附，导致白云母表面 Zeta 电位负值增加。$(Na_4P_6O_{18})^{2-}$与［Fe，Mg；O_4］中的阳离子发生键合以及 HPO_4^{2-}与［SiO_4］形成氢键，从而降低 Si—OH 的活性，既屏蔽了十二胺与白云母之间的作用，又增加了白云母的亲水性导致十二胺在白云母表面的吸附量减少。

（4）在 pH=4 的条件下，硅酸钠以硅酸胶粒的形式在白云母表面产生静电吸附，导致其表面正电性增强，负电性减弱。H_2SiO_3吸附在白云母表面 Si—O 区，并通过脱羟基缩合有效地结合在一起，既降低了白云母表面 Si—OH 的活性。同时又增加了白云母的亲水性从而减弱了胺根阳离子对白云母的静电吸附力。

（5）Fe^{3+}、Al^{3+}在溶液中主要以氢氧化物的形式在白云母表面发生特性吸附，导致白云母表面 Zeta 电位值迅速增加至反号。Fe^{3+}、Al^{3+}与白云母表面［SiO_4］中的两个氧与产生螯合作用，导致 Si 2p 的化学位移发生移动，从而减弱了十二胺在白云母表面的吸附量。铅离子在溶液中主要以 $PbOH^+$的形式吸附在白云母表面，导致白云母表面 Zeta 电位负值逐渐增大。$PbOH^+$与 Si—O 产生了键和，增加了白云母表面的亲水性，减弱十二胺在其表面的吸附作用。K^+使得白云母表面动电位由负变正。由于同离子效应，阻碍了白云母表面 K^+的溶解，K—O 键的形成，影响了白云母表面的 Si—O 键的活性，从而减弱了十二胺在白云母表面的静电作用。

4 油酸钠体系下调整剂对白云母可浮性影响试验

4.1 油酸钠体系下白云母浮选试验

4.1.1 不同矿浆 pH 值条件试验

试验条件为：白云母质量为 10.00 g，矿浆浓度为 13.33%，油酸钠的浓度为 4.93×10^{-4} mol/L，矿浆 pH 值为变量，试验结果如图 4-1 所示。

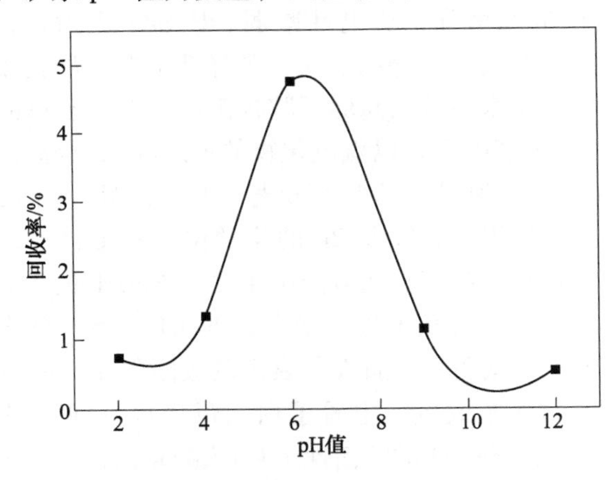

图 4-1 矿浆 pH 值条件试验

由图 4-1 可知，随着矿浆 pH 值的增大，白云母的回收率先增大后减小，当 pH 值为 6 时，白云母的回收率达到最大值为 4.80%，故在 pH 值为 6 的油酸钠体系下，白云母的浮选效果最佳。

4.1.2 油酸钠用量试验

试验条件为：白云母质量为 10.00 g，矿浆浓度为 13.33%，矿浆 pH 值为 6，油酸钠的浓度为变量，试验结果如图 4-2 所示。

由图 4-2 可知，当油酸钠浓度增加时，白云母的回收率随之增加，当矿浆中油酸钠浓度在 8.20×10^{-4} ~ 9.84×10^{-4} mol/L 范围时，其回收率变化不大，综合考虑药剂成本因素，油酸钠最佳浓度为 9.20×10^{-4} mol/L，此时白云母回收率为 5.00%。

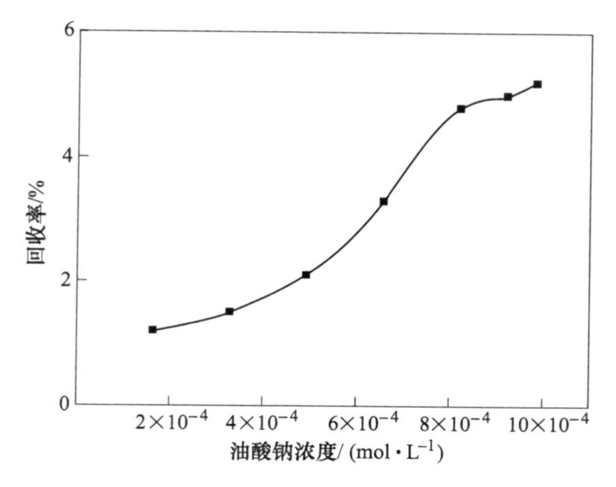

图 4-2 油酸钠浓度试验结果

4.1.3 无机阴离子对白云母可浮性影响试验

4.1.3.1 S^{2-}对白云母浮选行为影响试验

硫化钠（$Na_2S \cdot 9H_2O$）是一种重要的浮选调整剂，在浮选中有广泛的应用[70]。基于此，进行了在油酸钠体系下 S^{2-}浓度试验，试验条件为：白云母质量为 10.00 g，矿浆浓度为 13.33%，油酸钠的浓度为 9.20×10^{-4} mol/L，矿浆 pH 值为 6，S^{2-}浓度为变量，试验结果如图 4-3 所示。

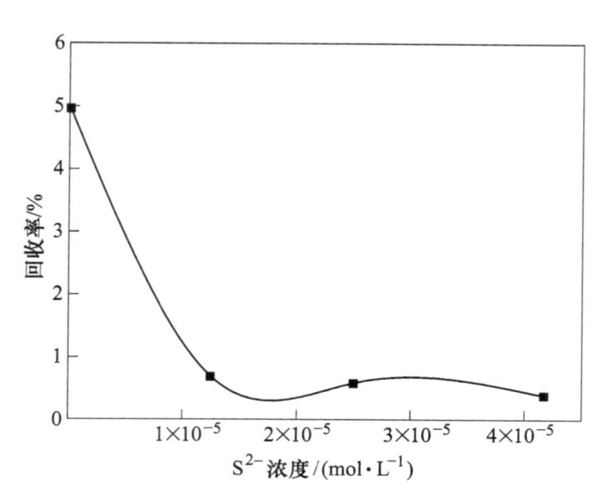

图 4-3 不同 S^{2-}浓度对白云母回收率的影响

由图 4-3 可知，白云母的回收率随着 S^{2-}浓度的增加而减小，当无添加硫化钠时，白云母的回收率可以达到 5.00%，当 S^{2-}浓度为 4.17×10^{-5} mol/L 时，白云母的回收率为 0.4%，由此可见 S^{2-}对白云母具有一定的抑制作用。

4.1.3.2　SiO_3^{2-}对白云母浮选行为影响试验

硅酸钠在浮选中被广泛用作调整剂，硅酸钠在矿浆以 SiO_3^{2-}、$HSiO_3^-$、H_2SiO_3、胶态 SiO_2 等形式存在，硅酸钠可以直接添加浮选作业中，作为含钙脉石的抑制剂[71]。试验条件为：白云母质量为 10.00 g，调节矿浆浓度为 13.33%，油酸钠的浓度为 9.20×10^{-4} mol/L，矿浆 pH 值为 6，SiO_3^{2-} 浓度为变量，试验结果如图 4-4 所示。

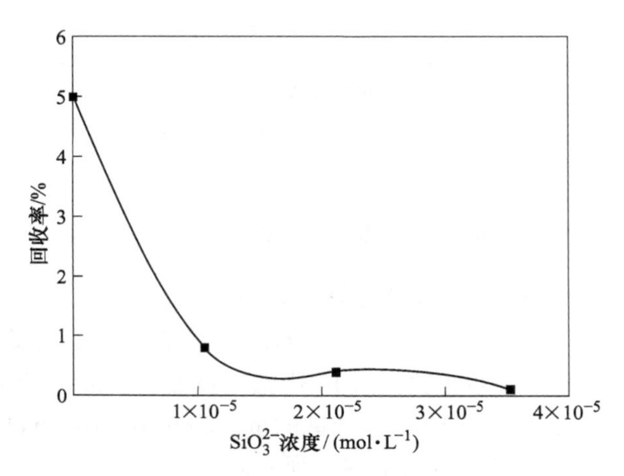

图 4-4　不同 SiO_3^{2-} 浓度对白云母回收率的影响

由图 4-4 可知，随着硅酸钠浓度的增加，白云母的回收率逐渐减小。当无添加硅酸钠时，白云母的回收率为 5.00%，当硅酸钠浓度增大到 3.53×10^{-5} mol/L 时，白云母的回收率为 0.10%，可见硅酸钠对白云母具有一定的抑制作用。

4.1.3.3　SiF_6^{2-} 对白云母浮选行为影响试验

氟硅酸钠是浮选黑钨矿和锡石广泛使用的调整剂，在油酸钠体系下少量的氟硅酸钠可以活化石英、长石等，过量则对这些矿石有抑制作用[72]。试验条件为：白云母质量为 10.00 g，矿浆浓度为 13.33%，油酸钠的浓度为 9.20×10^{-4} mol/L，矿浆 pH 值为 6，SiF_6^{2-} 浓度为变量，试验结果如图 4-5 所示。

由图 4-5 可知，随着 SiF_6^{2-} 浓度的增加，白云母的回收率逐渐减小。当无添加氟硅酸钠时，白云母的回收率为 5.00%，当 SiF_6^{2-} 浓度为 5.32×10^{-5} mol/L 时，白云母的回收率为 0.50%，可见 SiF_6^{2-} 对白云母具有抑制作用。

4.1.3.4　$(NaPO_3)_6$ 对白云母浮选行为影响试验

六偏磷酸钠主要用于硅酸盐和碳酸盐矿物的抑制剂[73]，为了解六偏磷酸钠

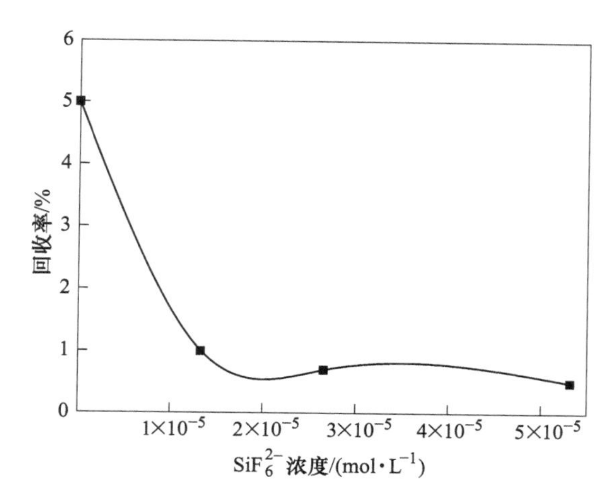

图 4-5 不同 SiF_6^{2-} 浓度对白云母回收率的影响

与白云母可浮性之间的关系，研究做了六偏磷酸钠与白云母可浮性的试验。试验条件为：白云母质量为 10.00 g，矿浆浓度为 13.33%，油酸钠的浓度为 9.20×10^{-4} mol/L，矿浆 pH 值为 6，$(NaPO_3)_6$ 浓度为变量，试验结果如图 4-6 所示。

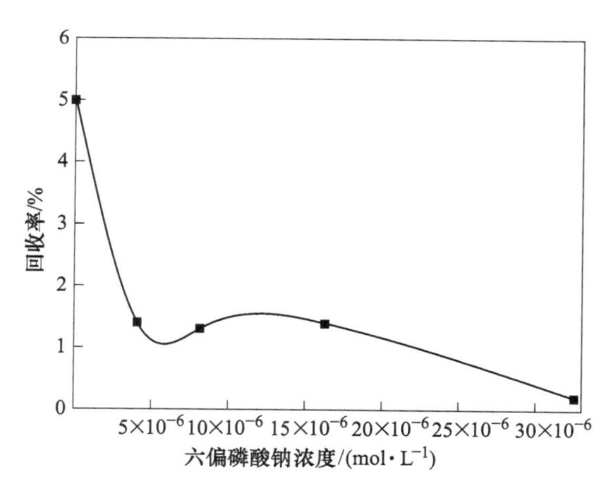

图 4-6 不同六偏磷酸钠浓度对白云母回收率的影响

由图 4-6 可知，随着六偏磷酸钠浓度的增加，白云母的回收率逐渐减小。当矿浆中无添加六偏磷酸钠时，白云母的回收率为 5.00%，当矿浆中加入 3.26×10^{-5} mol/L 的六偏磷酸钠时，白云母的回收率降至 0.20%，表明六偏磷酸钠可抑制白云母。

4.1.4　金属阳离子对白云母可浮性影响试验

4.1.4.1　K^+对白云母浮选行为影响试验

钾离子是白云母组分离子之一，白云母表面的部分钾离子会溶解于矿浆中[74]。溶解于矿浆的钾离子对白云母浮选行为可能存在影响，为了研究同离子效应对白云母浮选行为的影响，在油酸钠体系下进行了 K^+对白云母浮选行为影响的试验。试验条件为：白云母质量为 10.00 g，矿浆浓度为 13.33%，油酸钠的浓度为 9.20×10^{-4} mol/L，矿浆 pH 值和 K^+浓度为变量，试验结果如图 4-7 所示。

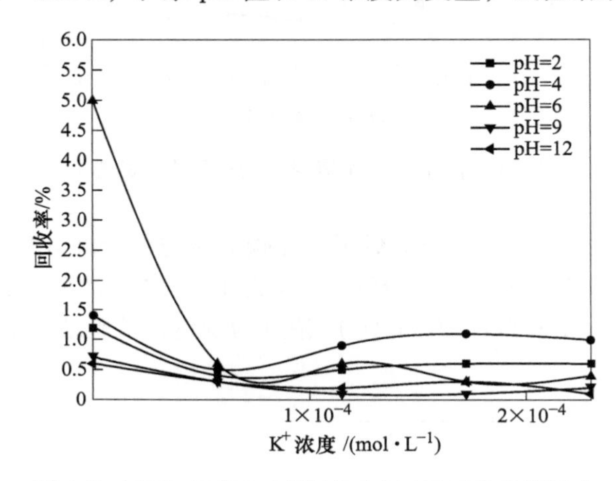

图 4-7　不同 pH 值和 K^+浓度对白云母回收率的影响

由图 4-7 可知，在较宽的 pH 值范围内，随着矿浆中 K^+浓度的增大，白云母的回收率逐渐减小，由此可知，K^+对白云母具有弱的抑制作用。

4.1.4.2　Mg^{2+}对白云母浮选行为影响试验

镁离子是选矿用水中的难免离子之一，其会对白云母的浮选行为产生影响，国内外众多研究主要围绕镁离子对石英等非金属矿物的浮选效果影响展开，在油酸钠体系下镁离子对白云母浮选行为影响的研究少见报道[75]。基于此，进行了不同 Mg^{2+}浓度及不同 pH 值试验，试验条件为：白云母质量为 10.00 g，矿浆浓度为 13.33%，油酸钠的浓度为 9.20×10^{-4} mol/L，pH 值和 Mg^{2+}浓度为变量，试验结果如图 4-8 所示。

由图 4-8 可知，当 pH 值小于 6 时，Mg^{2+}对白云母的可浮性影响不大。当 pH 值大于 6 时，在相同 Mg^{2+}浓度的条件下，白云母的回收率随着 pH 值的升高而增大。当 pH=12 时，白云母的回收率随着 Mg^{2+}浓度的增加而增大，经 3.44×10^{-4} mol/L 的 Mg^{2+}作用后，白云母的回收率达到了 82.20%，继续增加 Mg^{2+}浓度，其回收率变化不大[75]。

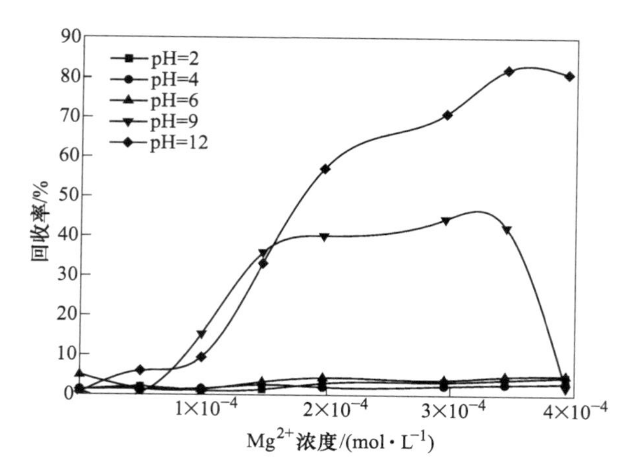

图 4-8 不同 pH 值和 Mg^{2+}浓度对白云母回收率的影响

4.1.4.3 Ca^{2+}对白云母浮选行为影响试验

水质是影响选矿效果的因素之一，钙离子通过不同作用吸附于矿物表面，增加矿物表面与选矿药剂作用的活性中心，从而改变药剂与矿物表面的作用[76]。水中的钙离子会对白云母的浮选行为产生影响。基于此，研究进行了在油酸钠体系下，不同 pH 值和不同 Ca^{2+}浓度对白云母的浮选试验，试验条件为：白云母质量为 10.00 g，矿浆浓度为 13.33%，浮选机转速为 1700 r/min，油酸钠的浓度为 9.20×10^{-4} mol/L，pH 值和 Ca^{2+}浓度为变量，试验结果如图 4-9 所示。

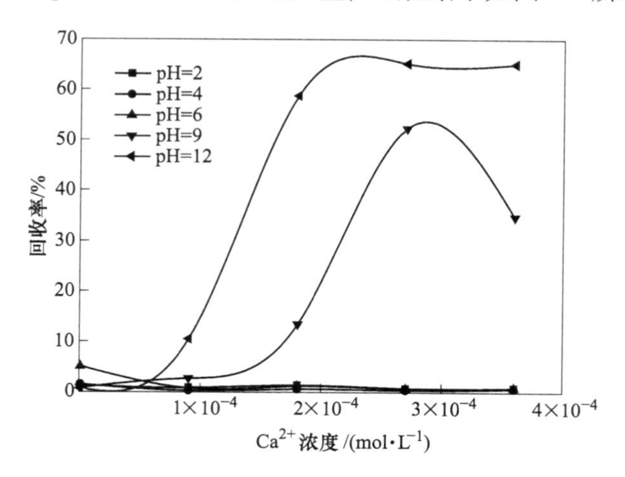

图 4-9 不同 pH 值和 Ca^{2+}浓度对白云母回收率的影响

由图 4-9 可知，在酸性条件下，Ca^{2+}浓度对白云母的回收率没有影响，在碱性条件下 Ca^{2+}对白云具有活化作用，可以明显地提高白云母的回收率。当 pH 值为 9，Ca^{2+}浓度为 2.70×10^{-4} mol/L 时，白云母的回收率为 52.30%，随着 Ca^{2+}浓度进一步增大，白云母的回收率减小；当 pH 值为 12，Ca^{2+}浓度为 2.70×10^{-4} mol/L 时，白云母的回收率可达到 65.20%；当 Ca^{2+}浓度进一步增加，白云母的回收率基本保持不变。

4.1.4.4 Cu^{2+}对白云母浮选行为影响试验

铜离子经常被用作有色金属矿的活化剂，但有色金属矿石大多包含白云母，加入铜离子可能会对白云母的浮选行为产生一定的影响[77]，研究了在油酸钠体系下 Cu^{2+}对白云母可浮性的影响，试验条件为：白云母质量为 10.00 g，矿浆浓度为 13.33%，油酸钠的浓度为 9.20×10^{-4} mol/L，pH 值和 Cu^{2+}浓度为变量，试验结果如图 4-10 所示。

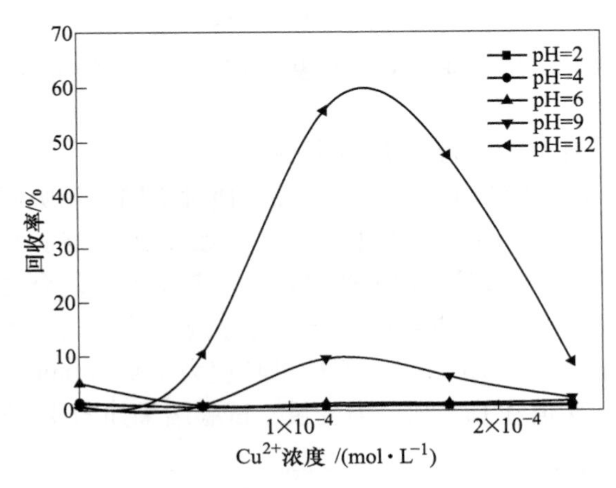

图 4-10 不同 pH 值和 Cu^{2+}浓度对白云母回收率的影响

由图 4-10 可知，在 9.20×10^{-4} mol/L 油酸钠体系下，当 pH 值为 2、4、6 时，Cu^{2+}的浓度对白云母的回收率基本无影响，当 pH 值为 9 和 12 时，可以看出 Cu^{2+}能活化白云母。其中当 pH 值为 9 时，随着 Cu^{2+}浓度的增加，白云母回收率先增大后减小，试验采用 1.18×10^{-4} mol/L 的 Cu^{2+}浓度时，白云母回收率为 9.60%，进一步增大 Cu^{2+}浓度，白云母回收率下降。此外，当 pH 值为 12 时，随着 Cu^{2+}浓度的增加，白云母的回收率先增大后减小，当 Cu^{2+}浓度为 1.18×10^{-4} mol/L 时，其回收率为 55.70%，此后继续增大 Cu^{2+}浓度时，白云母的回收率下降。

4.1.4.5 Pb^{2+}对白云母浮选行为影响试验

为了掌握油酸钠体系下，Pb^{2+}对白云母的可浮性影响，研究进行了 pH 值与 Pb^{2+}浓度试验，试验条件为：白云母质量为 10.00 g，矿浆浓度为 13.33%，油酸钠的浓度为 9.20×10^{-4} mol/L，pH 值和 Pb^{2+}浓度为变量，试验结果如图 4-11 所示。

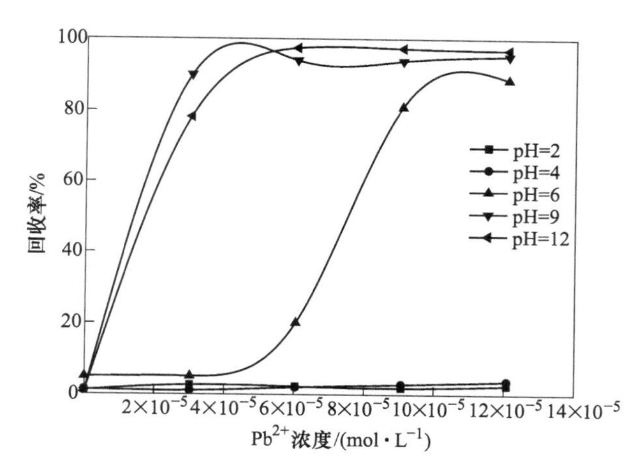

图 4-11 不同 pH 值和 Pb^{2+}浓度对白云母回收率的影响

由图 4-11 可知，随着 Pb^{2+}浓度的增大，当 pH 值小于 6 时，白云母的回收率变化不大；当 pH 值大于 6 时，白云母的回收率先增大后基本保持不变；当 pH 值为 9，Pb^{2+}浓度为 3.02×10^{-5} mol/L 时，白云母的回收率可达 90%；当进一步增加 Pb^{2+}的浓度时，白云母的回收率基本保持不变，为 95.00%左右。

4.1.4.6 Al^{3+}对白云母浮选行为影响试验

铝离子是白云母矿物的组成元素之一[78]。当矿浆中存在 Al^{3+}时，其可能对白云母的浮选行为产生一定的影响，为了研究 Al^{3+}对白云母可浮性的影响，研究进行了油酸钠体系下 Al^{3+}对白云母可浮性影响试验。试验条件为：白云母质量为 10.00 g，矿浆浓度为 13.33%，油酸钠的浓度为 9.20×10^{-4} mol/L，pH 值和 Al^{3+}浓度为变量，试验结果如图 4-12 所示。

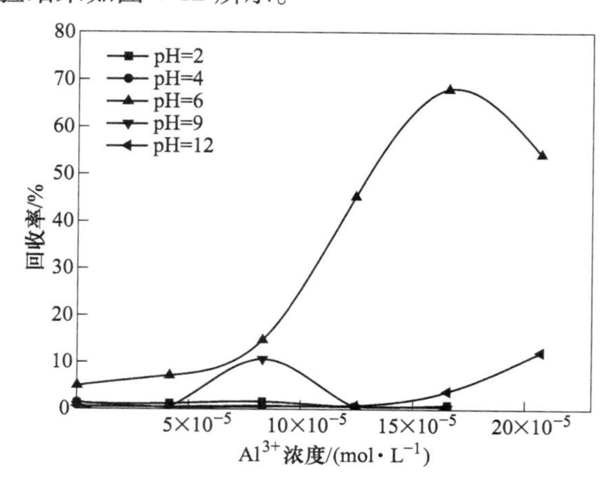

图 4-12 不同 pH 值和 Al^{3+}浓度对白云母回收率的影响

由图 4-12 可知，在 pH 值为 2、4、9、12 的条件下，随着 Al^{3+}浓度的增加，白云母的回收率变化不大，当 pH 值为 6 时，Al^{3+}浓度对白云母的回收率的影响明显。当 Al^{3+}浓度为 1.66×10^{-4} mol/L 时，白云母的回收率为 68.10%，进一步增加 Al^{3+}浓度后，白云母的回收率下降。

4.1.4.7　Fe^{3+}对白云母浮选行为影响试验

磨矿是矿物提纯过程中必不可少的作业，磨矿过程中水和药剂的腐蚀作用使铁质磨介被氧化，铁以离子形式进入矿浆中，进而对矿物的浮选指标造成一定的影响[79-82]。为了掌握铁离子对白云母可浮性的影响规律，在油酸钠体系下，进行了 Fe^{3+}对白云母浮选行为影响的试验，试验条件为：白云母质量为 10.00 g，调节矿浆浓度为 13.33%，油酸钠的浓度为 9.20×10^{-4} mol/L，pH 值和 Fe^{3+}浓度为变量，试验结果如图 4-13 所示。

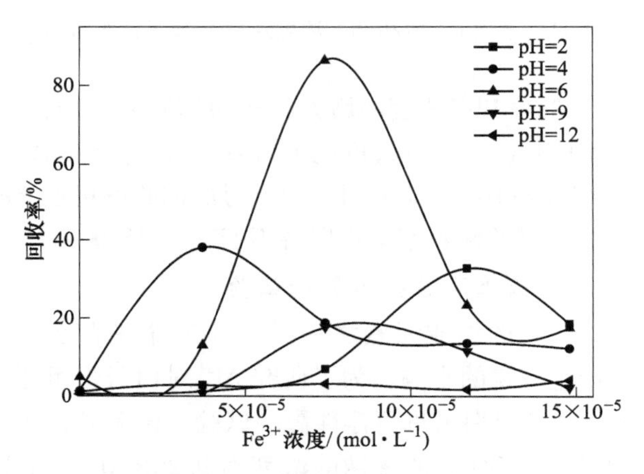

图 4-13　不同 pH 值和 Fe^{3+}浓度对白云母回收率的影响

由图 4-13 可知，白云母在 pH 值为 2、4、6、9 的条件下，其浮选效果比 pH 值为 12 的效果较好。此外，碱性条件下对白云母的浮选效果不及酸性条件下对白云母的浮选效果。当 pH 值为 6，Fe^{3+}的浓度为 7.40×10^{-5} mol/L 时，对白云母的活化效果最好，此时白云母的回收率达到 86.40%。在相同 pH 值条件下，白云母的回收率随着 Fe^{3+}浓度的增加呈现先增大后减少的变化趋势，但是当 pH 值为 12 时，Fe^{3+}浓度对白云母的浮选行为影响甚微。

4.1.5　有机调整剂对白云母可浮性影响试验

4.1.5.1　柠檬酸对白云母浮选行为影响试验

柠檬酸是一种广泛应用于矿物浮选过程中的调整剂[83]，本书做了柠檬酸与白云母可浮性的试验。试验条件为：白云母质量为 10.00 g，矿浆浓度为

13.33%，油酸钠浓度为 9.20×10^{-4} mol/L，矿浆 pH 值为 6，柠檬酸浓度为变量，试验结果如图 4-14 所示。

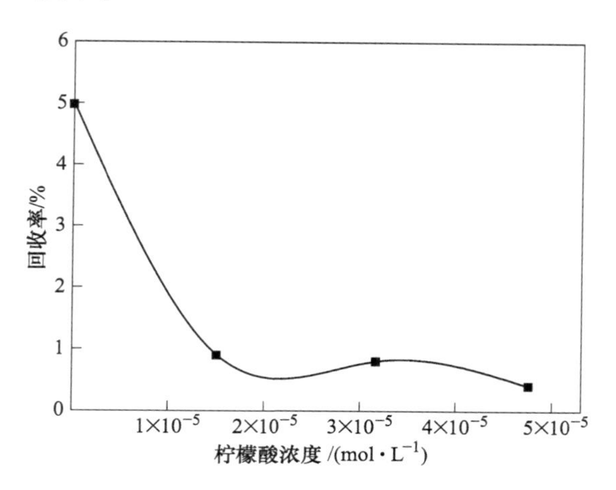

图 4-14 不同柠檬酸浓度对白云母回收率的影响

由图 4-14 可知，在 pH 值为 6，浓度为 9.20×10^{-4} mol/L 油酸钠体系下，随着柠檬酸浓度的增加，白云母的回收率逐渐减小，当柠檬酸浓度为 4.76×10^{-5} mol/L 白云母的回收率降至 0.40%，可知柠檬酸对白云母有抑制作用。

4.1.5.2 苹果酸对白云母浮选行为影响试验

苹果酸是 2-羟基丁二酸为短碳链羧基酸，在选矿过程中，苹果酸被广泛用作调整剂[84]，本书进行了苹果酸与白云母可浮性关系试验。试验条件为：白云母质量为 10.00 g，矿浆浓度为 13.33%，油酸钠的浓度为 9.20×10^{-4} mol/L，矿浆 pH 值为 6，苹果酸浓度为变量，试验结果如图 4-15 所示。

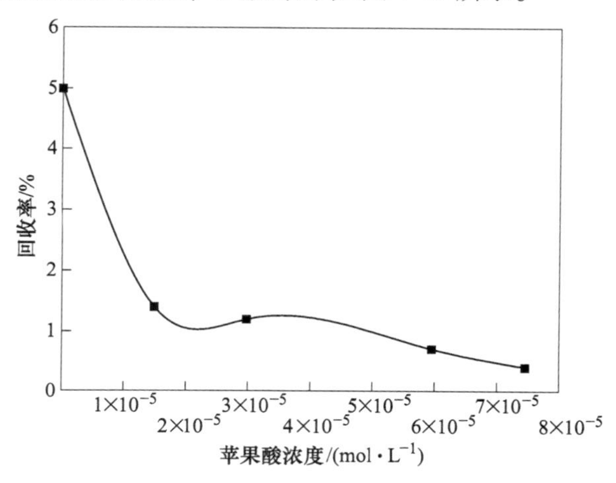

图 4-15 不同苹果酸浓度对白云母回收率的影响

由图 4-15 可知，油酸钠浓度为 9.20×10^{-4} mol/L 时，白云母的回收率随着苹果酸浓度的增加逐渐减小，仅在油酸钠作用下，白云母的回收率为 5.00%，当苹果酸浓度为 7.46×10^{-5} mol/L 时白云母的回收率为 0.40%，因此苹果酸对白云母有抑制作用。

4.1.5.3　酒石酸对白云母浮选行为影响试验

酒石酸是一种有机螯合剂，曾有人研究了酒石酸对被活化石英的浮选行为影响[85]，而关于其与白云母可浮性关系的研究报道较少，故进行了酒石酸与白云母可浮性关系试验。试验条件为：白云母质量为 10.00 g，矿浆浓度为 13.33%，油酸钠的浓度为 9.20×10^{-4} mol/L，矿浆 pH 值为 6，酒石酸浓度为变量，试验结果如图 4-16 所示。

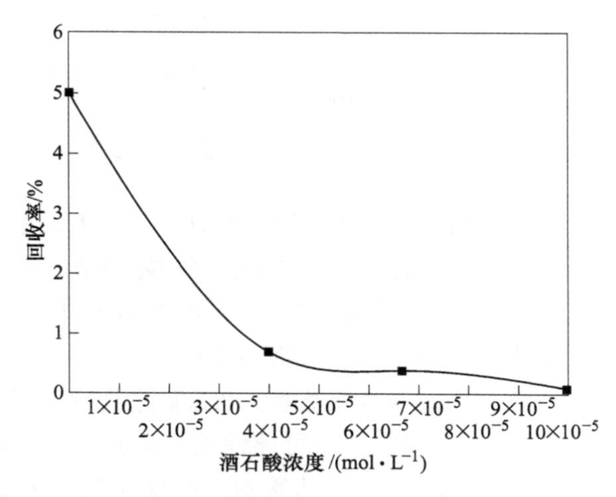

图 4-16　不同酒石酸浓度对白云母回收率的影响

由图 4-16 可知，当矿浆的 pH = 6，油酸钠浓度为 9.20×10^{-4} mol/L 时，白云母的回收率随着酒石酸浓度的增加逐渐减小，当只用油酸钠浮选白云母时，白云母的回收率为 5.00%，当酒石酸浓度为 9.99×10^{-5} mol/L 时白云母的回收率为 0.10%，可见酒石酸对白云母具有抑制作用。

4.1.5.4　糊精对白云母浮选行为影响试验

糊精是以 α-右旋葡萄糖为基本结构单元组成的高度分支的高分子，被广泛用到浮选药剂中[86-87]，为研究糊精与白云母可浮性的关系，进行了糊精与白云的浮选试验。试验条件为：白云母质量为 10.00 g，矿浆浓度为 13.33%，油酸钠的浓度为 9.20×10^{-4} mol/L，矿浆 pH 值为 6，糊精浓度为变量，试验结果如图 4-17 所示。

由图 4-17 可知，在矿浆 pH 值为 6，油酸钠浓度为 9.20×10^{-4} mol/L 时，白云母的回收率随着糊精浓度的增加而减小，当无糊精作用时，白云母的回收率为

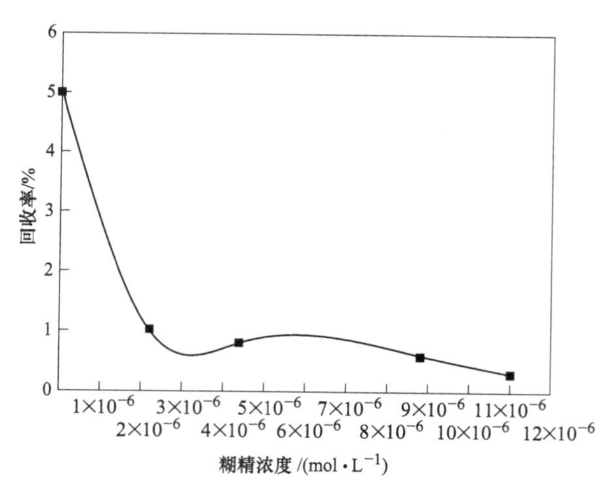

图 4-17 不同糊精浓度对白云母回收率的影响

5.00%，加入糊精后白云母的回收率下降，当糊精浓度为 1.10×10^{-5} mol/L 时，白云母的回收率为 0.30%，可见糊精对白云母具有抑制作用。

4.2 调整剂与白云母表面作用机理研究

4.2.1 油酸钠溶液化学分析

油酸钠是一种强碱弱酸盐，其在水溶液中水解形成油酸，水溶液中溶解的油酸 HOl(aq) 与不溶的液态油酸 HOl(l) 间形成饱和溶液，平衡关系[88]如下：

$$\mathrm{HOl(l)} \rightleftharpoons \mathrm{HOl(aq)} \qquad S = 10^{-7.6} \tag{4-1}$$

$$\mathrm{HOl(aq)} \rightleftharpoons \mathrm{H^+} + \mathrm{Ol^-} \qquad K_a = \frac{[\mathrm{H^+}][\mathrm{Ol^-}]}{[\mathrm{HOl(aq)}]} = 10^{-4.96} \tag{4-2}$$

$$2\mathrm{Ol^-} \rightleftharpoons (\mathrm{Ol})_2^{2-} \qquad K_d = \frac{[(\mathrm{Ol^-})_2^{2-}]}{[\mathrm{Ol^-}]^2} = 10^{4.0} \tag{4-3}$$

$$\mathrm{HOl(aq)} + \mathrm{Ol^-} \rightleftharpoons \mathrm{H(Ol)_2^-} \qquad K_m = \frac{[\mathrm{H(Ol^-)_2^-}]}{[\mathrm{HOl(aq)}][\mathrm{Ol^-}]} = 10^{4.7} \tag{4-4}$$

研究计算了浓度为 9.20×10^{-4} mol/L 的油酸钠在水溶液中各组分浓度与 pH 值的关系，并绘制了 lg$C$-pH 值图，结果如图 4-18 所示。

由图 4-18 可知，油酸钠在液相中存在的形态较多。当 pH 值小于 8.76 时，溶液中存在油酸分子、油酸根离子、油酸二聚合离子及油酸分子二聚合离子的配合物。其中，油酸分子不随 pH 值的增大而改变，而油酸根离子、油酸二聚合离子及油酸分子二聚合离子配合物的含量，随着 pH 值的增大而增大。当 pH 值为

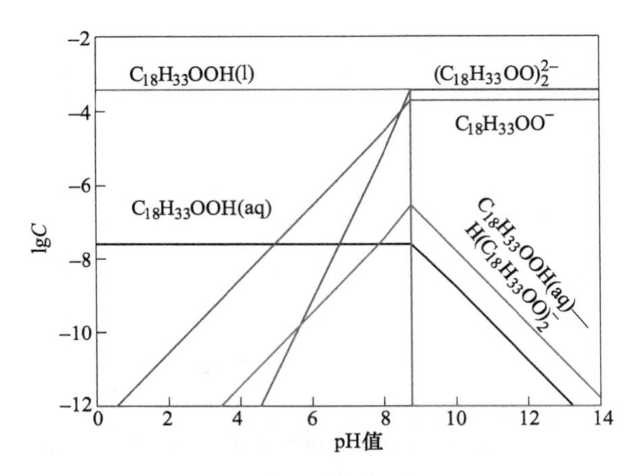

图 4-18　油酸钠溶液各组分的 lg*C*-pH 值图

8.76 时各自含量达到最大。当 pH 值大于 8.76 时，溶液中存在油酸分子、油酸根离子、油酸二聚合离子及油酸分子二聚合离子配合物。其中，油酸分子与油酸分子二聚合离子配合物的含量随着 pH 值的增大而减小，当 pH 值大于 13 后溶液中二者的含量为零，而油酸根离子与油酸二聚合离子含量不随 pH 值的改变而变化，始终保持着优势地位。

4.2.2　无机阴离子对白云母可浮性影响机理

4.2.2.1　S^{2-}对白云母浮选行为影响机理

A　S^{2-}溶液化学分析

Na_2S 在溶液中首先发生水解反应，水解产物 H_2S 再解离，具体反应过程如下：

$$Na_2S + H_2O \rightleftharpoons H_2S + 2NaOH \tag{4-5}$$

$$S^{2-} + H^+ \rightleftharpoons HS^- \qquad K_1^H = \frac{[HS^-]}{[S^{2-}][H^+]} = 10^{13.8} \tag{4-6}$$

$$HS^- + H^+ \rightleftharpoons H_2S \qquad K_2^H = \frac{[H_2S]}{[HS^-][H^+]} = 10^{7.02} \tag{4-7}$$

$$\beta_2^H = K_1^H K_2^H = 10^{20.82} \tag{4-8}$$

$$[S] = [S^{2-}] + [HS^-] + [H_2S] \tag{4-9}$$

定义分布系数：

$$\Phi_0 = \frac{[S^{2-}]}{[S]} = \frac{1}{1 + K_1^H[H^+] + \beta_2^H[H^+]^2} \tag{4-10}$$

$$\Phi_1 = \frac{[HS^-]}{[S]} = K_1^H \Phi_0 [H^+] \tag{4-11}$$

$$\Phi_2 = \frac{[H_2S]}{[S]} = \frac{\beta_2^H[H^+]^2}{1 + K_1[H^+] + \beta_2^H[H^+]^2} \tag{4-12}$$

代入相关数据进行计算并绘制了成分分布系数与 pH 值关系图，如图 4-19 所示。

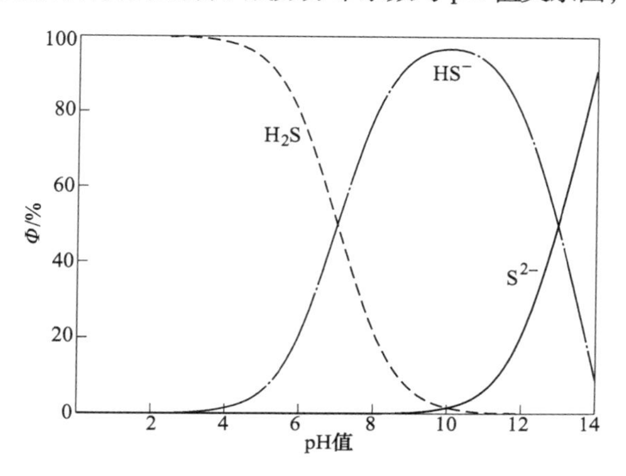

图 4-19 pH 值与 S^{2-} 成分分布系数图

由图 4-19 可知，硫化钠在溶液中存在的成分，随着 pH 值的变化而变化。当 pH 值小于 7 时，溶液中以 H_2S 为主；当 pH 值在 7~11 时溶液中的优势组分为 HS^-；随着 pH 值的进一步增大，溶液中的有效组分为 S^{2-}；当 pH 值为 6 时，溶液中的有效组分为 HS^-。

B Zeta 电位分析

在矿浆 pH 值为 6、油酸钠浓度为 9.20×10^{-4} mol/L 的条件下，不同 S^{2-} 浓度下白云母表面的 Zeta 电位结果如图 4-20 所示。

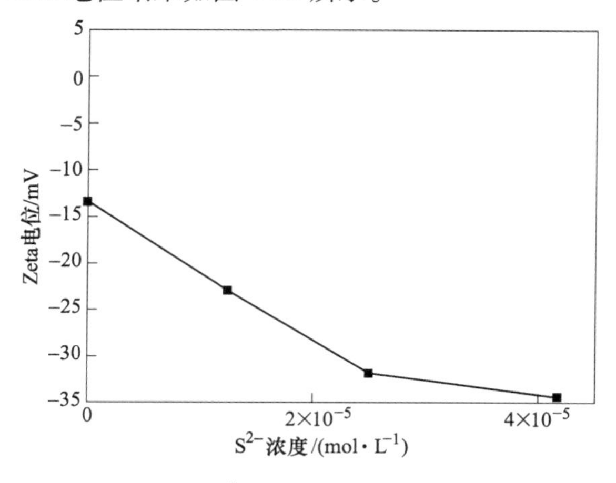

图 4-20 不同 S^{2-} 浓度下白云母表面 Zeta 电位

由图 4-20 可知，随着 S^{2-}浓度的增加，白云母表面的 Zeta 电位负向增大。这是由于 S^{2-}与白云母表面的 Al、Si 等活性点发生反应生成硫配合离子，从而使白云母表面 Zeta 电位负向增大，不利于油酸根等离子在白云母表面的静电吸附。

C 扫描电镜分析

对经 pH 值为 6、9.20×10^{-4} mol/L 的油酸钠及 4.17×10^{-5} mol/L 的 S^{2-}作用的白云母样品进行了［001］和［100］等断裂面的 SEM 表征，为了减小试验误差，每个晶面均用 EDS 检测了 3 次，并取 3 次结果的平均值作为分析结果，结果如图 4-21 和表 4-1 所示。

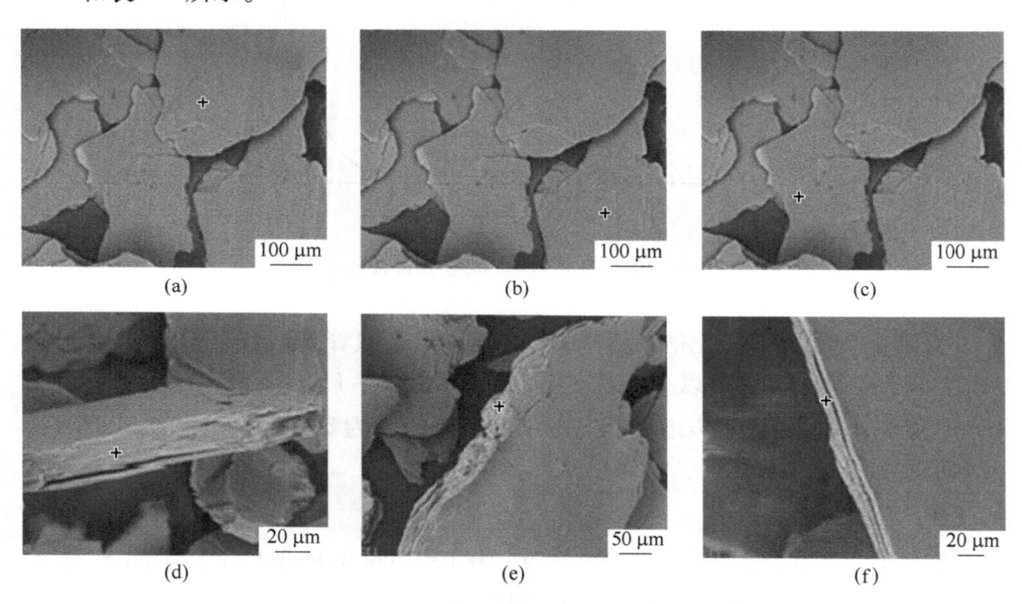

(a) (b) (c) (d) (e) (f)

图 4-21 S^{2-}作用后白云母 SEM 图

（a）位置 a；（b）位置 b；（c）位置 c；（d）位置 d；（e）位置 e；（f）位置 f

表 4-1 S^{2-}作用后白云母表面 EDS 分析

晶面		元素相对含量（质量分数）/%						
		C	O	Na	Al	Si	S	K
［001］面（解理面）	位置 a	0.87	42.64	0.42	18.93	27.01	0.08	10.06
	位置 b	1.17	41.3	0.63	20.34	26.95	0.19	9.43
	位置 c	1.40	40.14	0.64	20.75	27.18	0.18	9.71
	平均含量	1.15	41.36	0.56	20.00	27.05	0.15	9.73
［100］面、［001］面	位置 d	0.23	37.79	0.07	12.72	30.47	0.27	18.46
	位置 e	0.77	50.13	0.28	17.98	23.31	0.06	7.47
	位置 f	3.50	48.68	0.08	14.61	22.67	0.26	10.2
	平均含量	1.50	45.53	0.14	15.10	25.48	0.20	12.04

由图 4-21 和表 4-1 可知，经油酸钠与 S^{2-} 作用的白云母与油酸钠作用的白云母相比，白云母表面出现了 S 元素，且 S 元素在白云母的［001］和［100］等断裂面上的吸附量相当，在［001］面上 S 元素含量为 0.15%，Al 元素含量增加了 1.75 个百分点，Si 元素含量增加了 3.29 个百分点；在［100］等断裂面上 S 元素含量为 0.20%，Al 元素含量减少了 3.65 个百分点，Si 元素含量增加了 2.48 个百分点，结合图 4-3 可知，白云母［001］和［100］等断裂面上吸附 S^{2-}，Al 元素含量的减少是抑制白云母的主要因素。

D XPS 分析

为了研究 S^{2-} 在油酸钠体系下与白云母的作用机理，研究采用 XPS 表征了在 pH 值为 6 时，不同药剂作用后的白云母矿样，结果如图 4-22 所示。

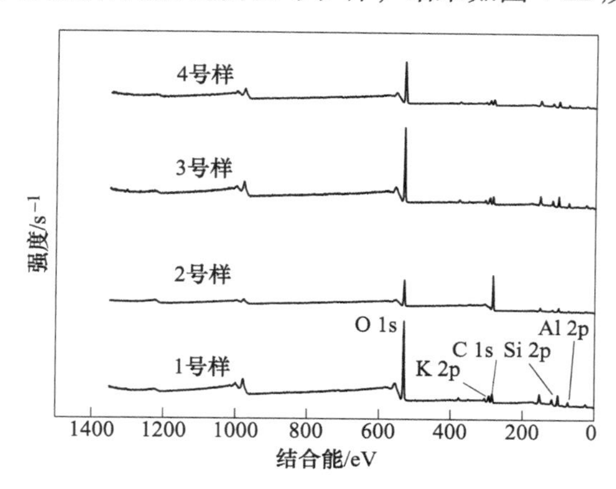

图 4-22 白云母样品的 XPS 全谱图

由图 4-22 可知，油酸钠作用后的白云母表面的 C 含量，明显高于油酸钠和硫化钠共同作用后白云母表面的 C 含量，这表明溶液中加入硫化钠，其阻碍了油酸根、油酸二聚合离子及油酸根-油酸聚合物等在白云母表面的吸附，故在该条件下白云母表面的碳含量降低。通过深入地分析 XPS 图谱，明确了白云母表面各元素相对含量和电子结合能，分析结果见表 4-2 和表 4-3。

表 4-2 白云母表面元素相对含量

白云母样品	pH 值	药剂浓度/(mol · L^{-1})		元素相对含量（质量分数）/%			
		油酸钠	S^{2-}	Si	Al	C	S
1 号样	—	0.00	0.00	19.57	11.30	14.82	—
2 号样	6	9.20×10^{-4}	0.00	9.37	4.51	61.29	—
3 号样	6	9.20×10^{-4}	1.25×10^{-5}	19.12	12.35	12.44	0.05
4 号样	6	9.20×10^{-4}	4.17×10^{-5}	18.17	13.65	16.51	27.62

表 4-3　白云母表面元素电子结合能

白云母样品	pH 值	药剂浓度/(mol · L^{-1})		Si 2p/eV	Al 2p/eV
		油酸钠	S^{2-}		
1 号样	—	0.00	0.00	102.16	74.03
2 号样	6	9.20×10^{-4}	0.00	101.33	73.47
3 号样	6	9.20×10^{-4}	1.25×10^{-5}	103.15	74.96
4 号样	6	9.20×10^{-4}	4.17×10^{-5}	103.65	75.29

由表 4-2 可知，与油酸钠作用后的白云母矿物相比，经油酸钠和 S^{2-} 作用后的白云母，其表面的 Al 和 Si 的相对含量增加，而 C 元素相对含量降低，同时出现了 S 元素。由表 4-3 可知，经油酸钠和 S^{2-} 共同作用的白云母矿物与仅在油酸钠作用后的白云母矿物相比，其表面的 Si、Al 元素的结合能增大。由此可知，白云母表面 Si 与 Al 的化学环境被 S^{2-} 改变，即增加了溶液中油酸根等离子在白云母表面吸附的难度。为了深入掌握 Al 和 Si 元素在白云母表面的存在形态，研究对 Al 和 Si 的 XPS 图谱进行了分峰处理，结果如图 4-23、图 4-24、表 4-4 和表 4-5 所示。

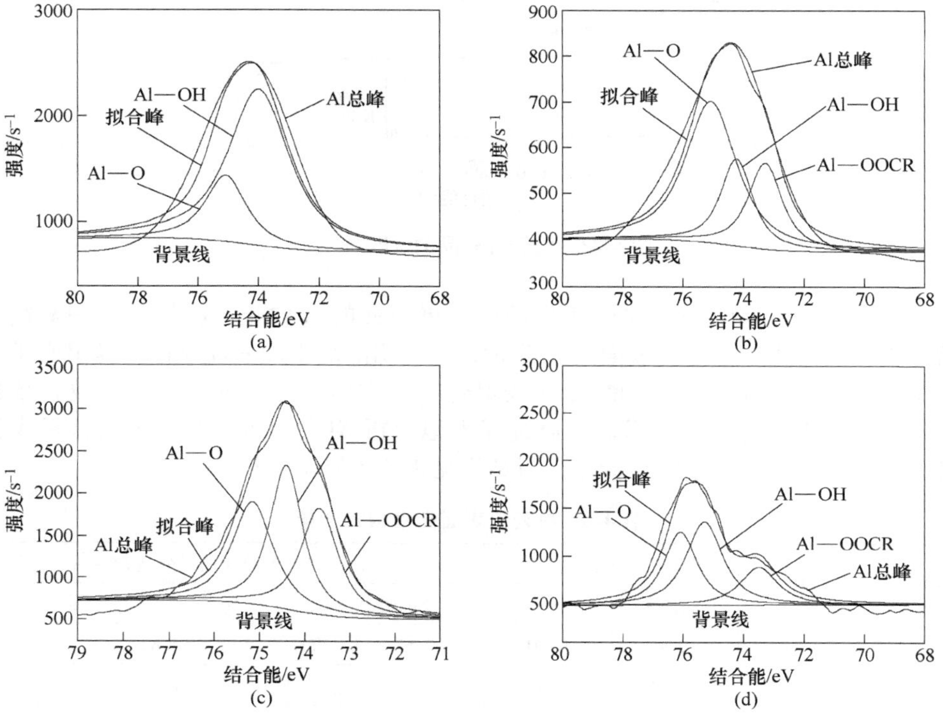

图 4-23　Al 2p 的高分辨扫描 XPS 图谱及分峰拟合图

(a) 1 号样；(b) 2 号样；(c) 3 号样；(d) 4 号样

表 4-4 分峰拟合各形态 Al 的分布比例

白云母样品	pH 值	药剂浓度 /(mol · L^{-1})		总峰面积	Al—O 面积	Al—OH 面积	Al—OOCR 面积	Al—O 相对含量/%	Al—OH 相对含量/%	Al—OOCR 相对含量/%
		油酸钠	S^{2-}							
1 号样	—	0.00	0.00	5704.81	1478.11	5226.70	0.00	25.91	74.09	0.00
2 号样	6	9.20×10^{-4}	0.00	1644.58	917.24	353.27	374.07	55.78	21.48	22.74
3 号样	6	9.20×10^{-4}	1.25×10^{-5}	5898.62	1908.67	2167.36	1822.59	27.67	36.74	35.59
4 号样	6	9.20×10^{-4}	4.17×10^{-5}	4220.08	1479.34	1872.28	68.46	35.05	44.37	20.58

(a)

(b)

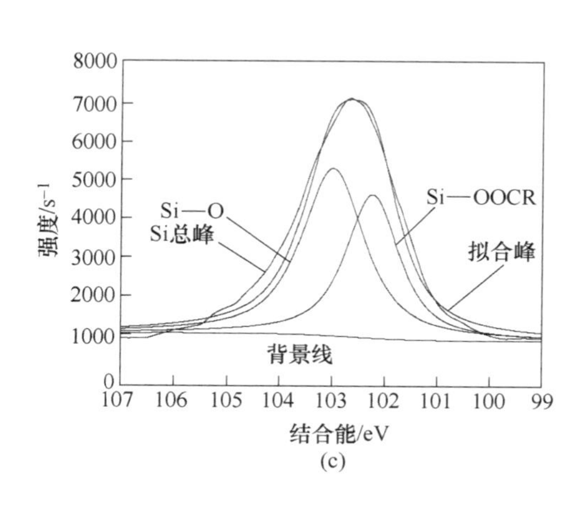

(c)

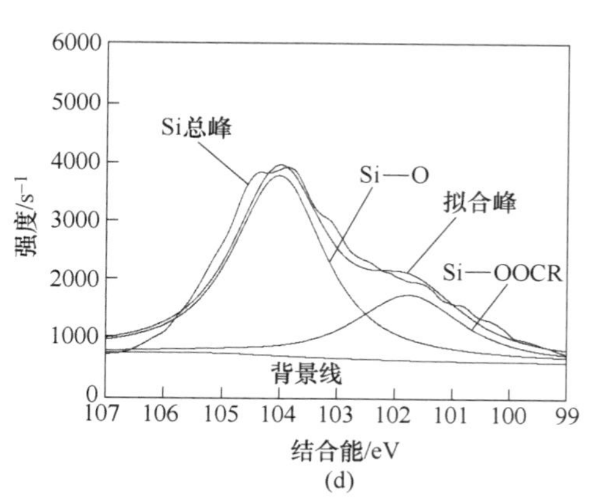

(d)

图 4-24 Si 2p 的高分辨扫描 XPS 图谱及分峰拟合图

(a) 1 号样;(b) 2 号样;(c) 3 号样;(d) 4 号样

表 4-5　分峰拟合各形态 Si 的分布比例

白云母样品	pH 值	药剂浓度/(mol · L⁻¹)		总峰面积	Si—O 面积	Si—OOCR 面积	Si—O 相对含量/%	Si—OOCR 相对含量/%
		油酸钠	S^{2-}					
1 号样	—	0.00	0.00	15966.96	15966.96	0.00	100.00	0.00
2 号样	6	9.20×10^{-4}	0.00	6604.82	4210.19	2394.63	63.74	36.26
3 号样	6	9.20×10^{-4}	1.25×10^{-5}	15648.49	9018.47	6630.02	57.63	42.37
4 号样	6	9.20×10^{-4}	4.17×10^{-5}	12075.79	8464.28	3611.51	70.09	29.91

由图 4-23、图 4-24、表 4-4 和表 4-5 可知，经油酸钠作用的白云母，其表面出现了 Al—OOCR 和 Si—OOCR 等价键，这表明白云母表面的 Si、Al 等活性点与矿浆中油酸根等离子发生了化学吸附。此外，由表 4-4 和表 4-5 还可知，在油酸钠体系下，经 S^{2-} 作用的白云母样品，其表面 Al—OOCR 和 Si—OOCR 基团的相对含量随着 S^{2-} 浓度的增大而减小，且白云母表面 S 元素的相对含量与溶液中 S^{2-} 浓度呈正相关关系。当 S^{2-} 浓度从 1.25×10^{-5} mol/L 增至 4.17×10^{-5} mol/L 时，白云母表面 Al—OOCR 基团、Si—OOCR 基团相对含量分别从 35.59%、42.37%降至 20.58%和 29.91%，S 元素相对含量从 0.05%增至 27.62%。结合图 4-20 可知，原因在于加入的 S^{2-} 与白云母表面的 Al、Si 作用形成含硫配合阴离子，其吸附在白云母的表面，使白云母表面的 Zeta 电位负向增大，使油酸根等离子与白云母表面的静电吸附作用减弱；此外，S^{2-} 与白云母表面 Al、Si 等活性点发生反应，使白云母表面能与油酸根等离子反应的活性点数量减少，降低了油酸根等离子与白云母表面作用的概率。在二者的共同作用下使白云母的可浮性显著降低。

4.2.2.2　SiO_3^{2-} 对白云母浮选行为的影响机理

A　SiO_3^{2-} 溶液化学分析

Na_2SiO_3 在溶液中存在下列平衡：

$$SiO_2 + 2H_2O \rightleftharpoons Si(OH)_4 \tag{4-13}$$

$$SiO_2(OH)_2^{2-} + H^+ \rightleftharpoons SiO(OH)_3^- \qquad K_1^H = \frac{[SiO(OH)_3^-]}{[SiO_2(OH)_2^{2-}][H^+]} = 10^{13.1} \tag{4-14}$$

$$SiO(OH)_3^- + H^+ \rightleftharpoons Si(OH)_4 \qquad K_2^H = \frac{[Si(OH)_4]}{[SiO(OH)_3^-][H^+]} = 10^{9.86} \tag{4-15}$$

$$\beta_2^H = K_1^H K_2^H = 10^{22.96} \tag{4-16}$$

$$[Si] = [SiO_2(OH)_2^{2-}] + [SiO(OH)_3^-] + [Si(OH)_4] \tag{4-17}$$

定义分布系数：

$$\Phi_0 = \frac{[SiO_2(OH)_2^{2-}]}{[Si]} = \frac{1}{1 + K_1^H[H^+] + \beta_2^H[H^+]^2} \tag{4-18}$$

$$\Phi_1 = \frac{[\mathrm{SiO(OH)_3^-}]}{[\mathrm{Si}]} = K_1^{\mathrm{H}}\Phi_0[\mathrm{H^+}] \tag{4-19}$$

$$\Phi_2 = \frac{[\mathrm{Si(OH)_4}]}{[\mathrm{Si}]} = \frac{\beta_2^{\mathrm{H}}[\mathrm{H^+}]^2}{1 + K_1[\mathrm{H^+}] + \beta_2^{\mathrm{H}}[\mathrm{H^+}]^2} \tag{4-20}$$

代入相关数据进行计算并绘制了成分分布系数与 pH 值关系图，如图 4-25 所示。

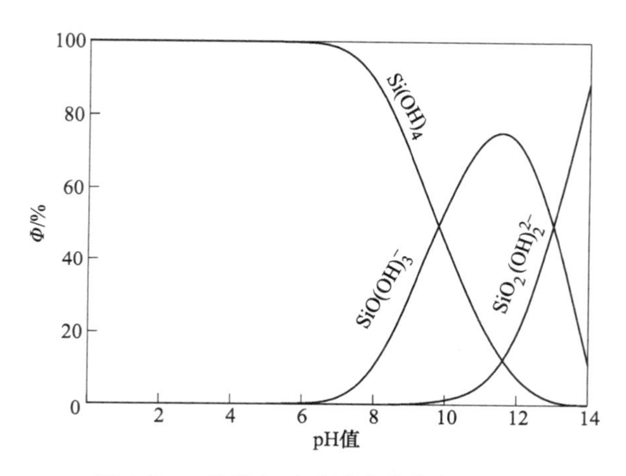

图 4-25 pH 值与硅酸钠成分分布系数图

由图 4-25 可知，硅酸钠在溶液中存在的形式与溶液的 pH 值有关。当 pH 值小于 6 时，溶液中以 $\mathrm{Si(OH)_4}$ 为主，当 pH 值在 10~13 时，溶液中的优势组分为 $\mathrm{SiO(OH)_3^-}$，当 pH 值大于 13 时溶液中的优势组分为 $\mathrm{SiO_2(OH)_2^{2-}}$。

B Zeta 电位分析

在矿浆 pH 值为 6、油酸钠浓度为 9.20×10^{-4} mol/L 的条件下，不同硅酸钠浓度作用后白云母表面的 Zeta 电位结果如图 4-26 所示。

由图 4-26 可知，随着硅酸钠浓度的增加，白云母表面的 Zeta 电位负向增大。在 pH 值为 6，油酸钠浓度为 9.20×10^{-4} mol/L 的条件下，当硅酸钠浓度为 0 mol/L 时，白云母表面的 Zeta 电位为−15.58 mV，当硅酸钠浓度增大至 3.53×10^{-5} mol/L 时，白云母表面的 Zeta 电位为−35.80 mV。

C 扫描电镜分析

为研究 $\mathrm{SiO_3^{2-}}$ 在白云母表面的吸附特点，对经 pH 值为 6、9.20×10^{-4} mol/L 的油酸钠及 3.53×10^{-5} mol/L 的 $\mathrm{SiO_3^{2-}}$ 作用后的白云母样品进行了［001］和［100］等断裂面的 SEM 表征，为了减小试验误差，每个晶面均用 EDS 检测了 3 次，并取 3 次结果的平均值作为分析结果，结果如图 4-27 和表 4-6 所示。

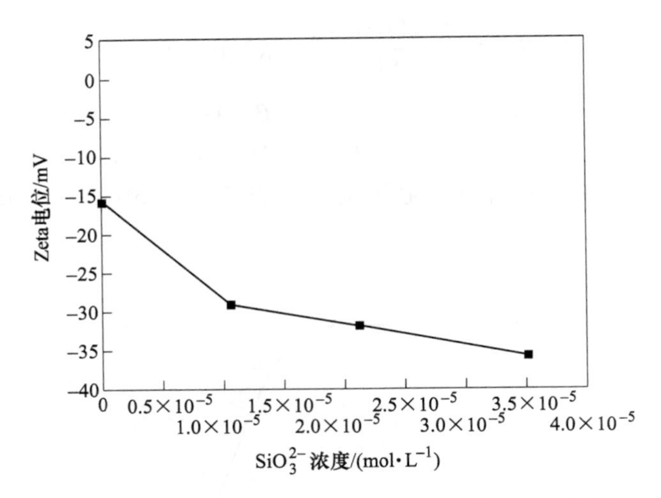

图 4-26　不同硅酸钠浓度作用后白云母表面 Zeta 电位

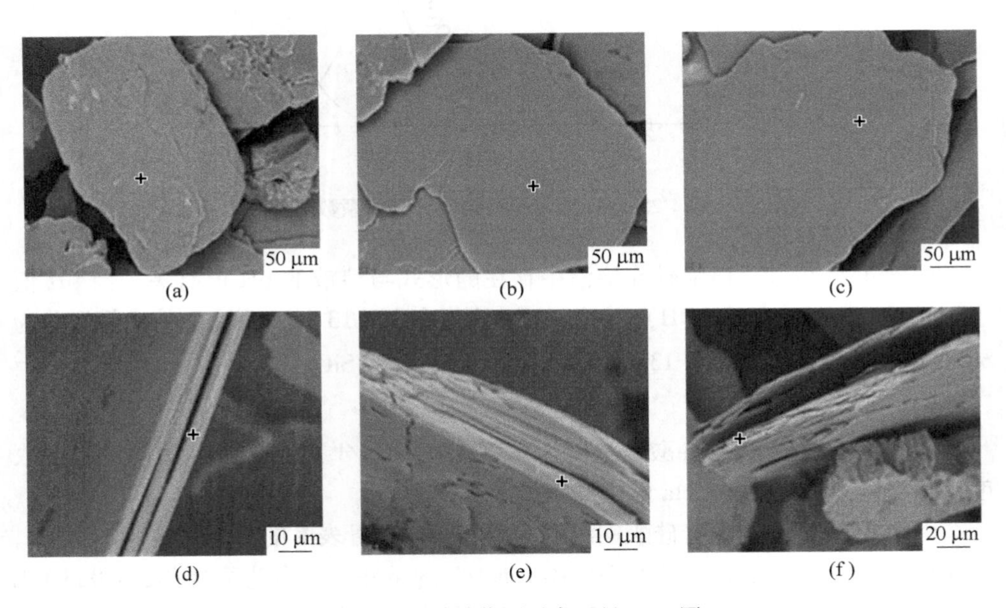

(a)　(b)　(c)　(d)　(e)　(f)

图 4-27　硅酸钠作用后白云母 SEM 图

(a) 位置 a；(b) 位置 b；(c) 位置 c；(d) 位置 d；(e) 位置 e；(f) 位置 f

由图 4-27 和表 4-6 可知，经油酸钠与 SiO_3^{2-} 作用的白云母与油酸钠作用的白云母相比，白云母表面 Si 素含量增加，其中［001］面上 Si 元素含量增加了 1.72 个百分点，Al 元素含量减少了 3.15 个百分点；在［100］等断裂面上 Si 元素含量增加了 1.65 个百分点，Al 元素含量增加了 1.31 个百分点。因此可知，白云母［001］和［100］等断裂面上吸附 SiO_3^{2-} 的能力相当，且白云母表面吸附了 SiO_3^{2-}，使白云母表面的 Al 的活性点数量减小，因此降低了白云母的可浮性。

表 4-6 硅酸钠作用后白云母表面 EDS 分析

晶面		相对含量（质量分数）/%					
		C	O	Na	Al	Si	K
［001］面（解理面）	位置 a	0.23	37.79	0.07	12.72	30.47	0.27
	位置 b	0.77	50.13	0.28	17.98	23.31	0.06
	位置 c	3.50	48.68	0.08	14.61	22.67	0.26
	平均含量	1.5	45.53	0.143	15.10	25.48	0.20
［100］面、［001］面	位置 d	0.81	49.08	1.01	18.75	23.75	6.6
	位置 e	0.67	45.01	0.69	19.87	25.63	8.13
	位置 f	2.46	42.55	0.62	19.03	24.56	10.77
	平均含量	1.31	45.55	0.77	19.22	24.65	8.50

D XPS 分析

研究采用 XPS 表征了在 pH 值为 6 时，不同药剂作用的白云母矿样，结果如图 4-28 所示。

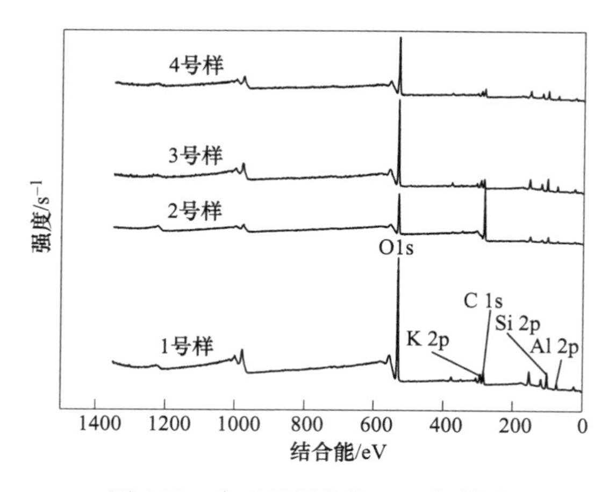

图 4-28 白云母样品的 XPS 全谱图

由图 4-28 可知，经油酸钠作用的白云母表面的 C 含量，明显高于油酸钠和硅酸钠共同作用下白云母表面的 C 含量，这表明加入硅酸钠后，其阻碍了油酸根、油酸二聚合离子及油酸根-油酸聚合物在白云母表面的吸附。XPS 分析结果见表 4-7 和表 4-8。

由表 4-7 可知，经油酸钠作用的白云母，其表面的 Si 和 Al 的相对含量与白云母纯矿物相比，分别减少了 10.20 个百分点和 6.79 个百分点，但 C 元素相对含量增加了 46.47 个百分点。与油酸钠作用后的白云母矿物相比，经油酸钠和硅酸钠作用后的白云母表面的 Si 和 Al 的相对含量增加，而 C 元素相对含量降低。

表 4-7　白云母表面元素相对含量

白云母样品	pH 值	药剂浓度/(mol · L^{-1})		相对含量（质量分数）/%		
		油酸钠	硅酸钠	Si	Al	C
1 号样	—	0.00	0.00	19.57	11.30	14.82
2 号样	6	9.20×10^{-4}	0.00	9.37	4.51	61.29
3 号样	6	9.20×10^{-4}	1.06×10^{-5}	19.48	12.34	11.56
4 号样	6	9.20×10^{-4}	3.52×10^{-5}	19.57	11.41	15.84

表 4-8　白云母表面元素电子结合能

白云母样品	pH 值	药剂浓度/(mol · L^{-1})		Si 2p/eV	Al 2p/eV
		油酸钠	硅酸钠		
1 号样	—	0.00	0.00	102.16	74.03
2 号样	6	9.20×10^{-4}	0.00	101.33	73.47
3 号样	6	9.20×10^{-4}	1.06×10^{-5}	103.23	75.02
4 号样	6	9.20×10^{-4}	3.52×10^{-5}	102.44	74.25

由表 4-8 可知，经油酸钠和硅酸钠作用的白云母矿物，与油酸钠作用后的白云母矿物相比，其表面的 Si、Al 元素的结合能增大。由此可知，白云母表面 Si 与 Al 的化学环境被硅酸钠改变，增加了白云母表面活性点与溶液中油酸根等离子发生化学反应的难度。为了深入掌握 Al 和 Si 元素在白云母表面的存在形态，研究对 Al 和 Si 的 XPS 图谱进行了分峰处理，结果如图 4-29、图 4-30、表 4-9 和表 4-10 所示。

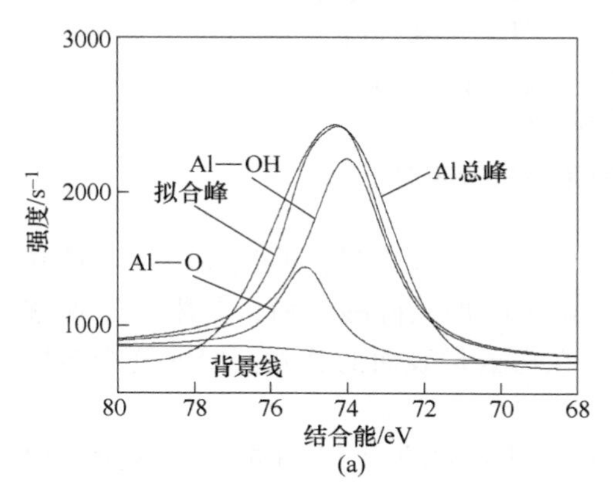

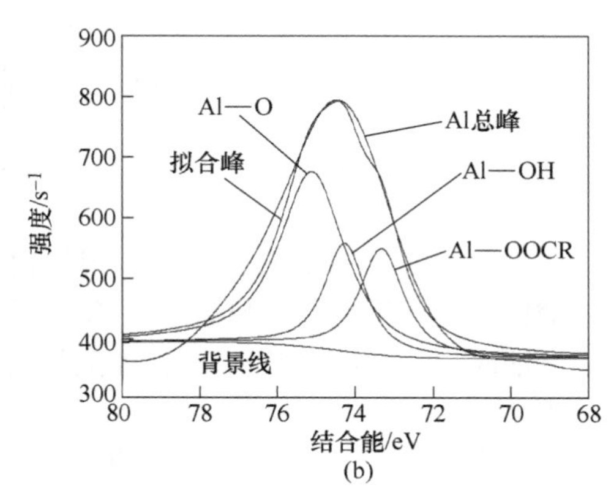

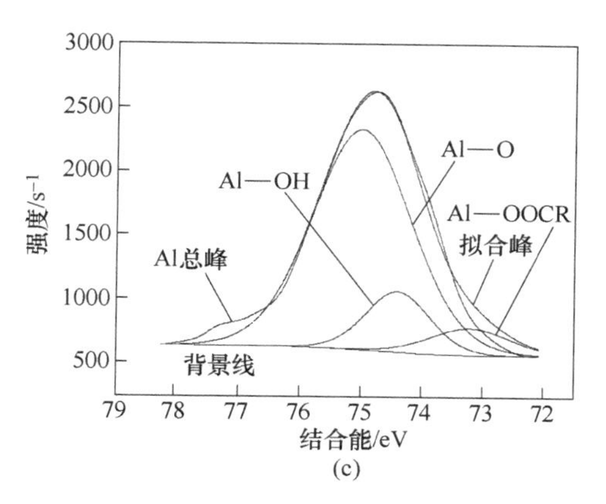

(c)

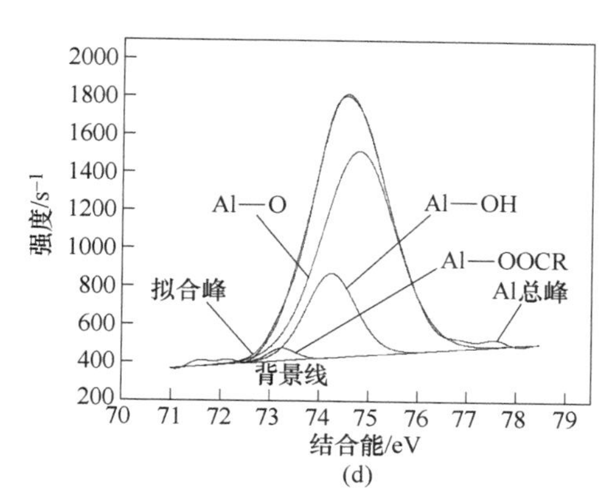

(d)

图 4-29 Al 2p 的高分辨扫描 XPS 图谱及分峰拟合图

(a) 1 号样；(b) 2 号样；(c) 3 号样；(d) 4 号样

表 4-9 分峰拟合各形态 Al 的分布比例

白云母样品	pH 值	药剂浓度/($mol \cdot L^{-1}$)		总峰面积	Al—O 面积	Al—OH 面积	Al—OOCR 面积	Al—O 相对含量/%	Al—OH 相对含量/%	Al—OOCR 相对含量/%
		油酸钠	SiO_3^{2-}							
1 号样	—	0.00	0.00	5704.81	1478.11	5226.70	0.00	25.91	74.09	0.00
2 号样	6	9.20×10^{-4}	0.00	1644.58	917.24	353.27	374.07	55.78	21.48	22.74
3 号样	6	9.20×10^{-4}	1.06×10^{-5}	4822.89	3775.63	674.59	372.67	78.29	13.99	7.72
4 号样	6	9.20×10^{-4}	3.52×10^{-5}	2873.87	2209.67	613.13	51.07	76.89	21.33	1.78

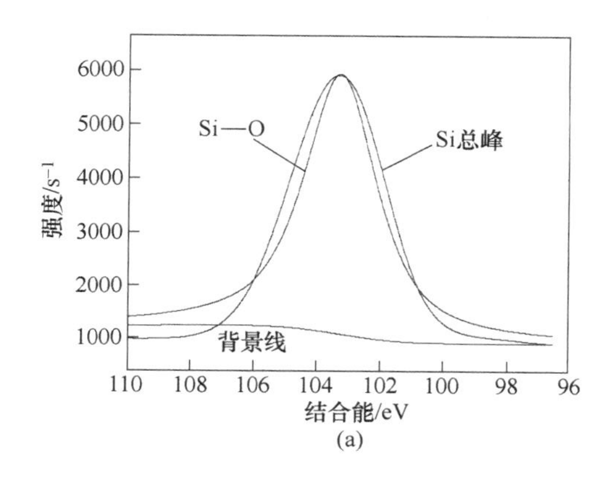

(a)

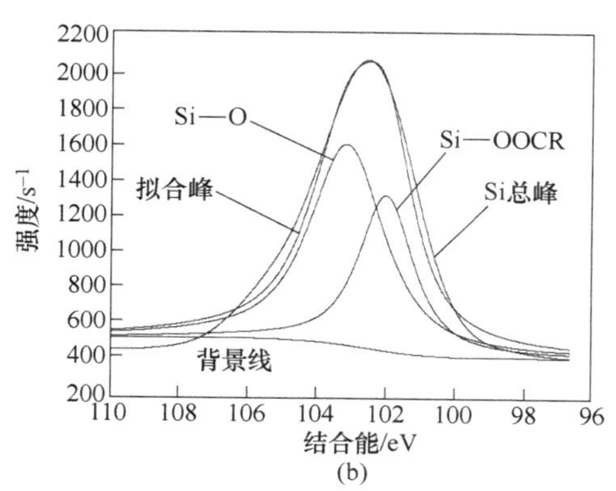

(b)

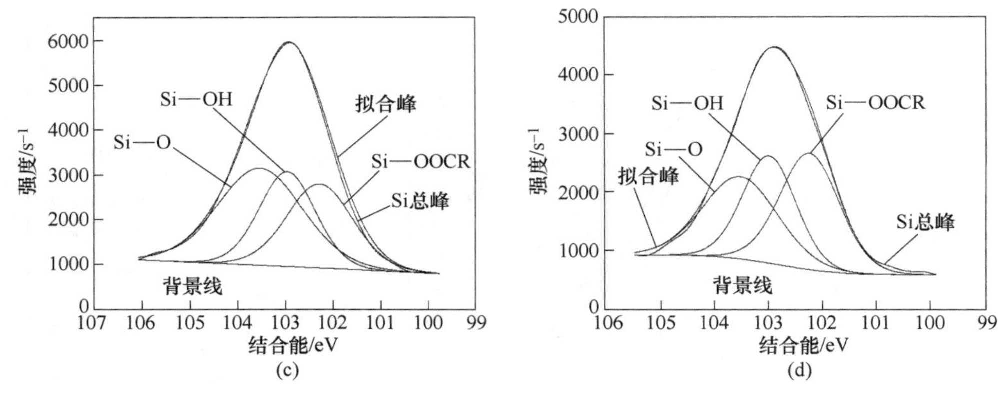

图 4-30　Si 2p 的高分辨扫描 XPS 图谱及分峰拟合图

（a）1 号样；（b）2 号样；（c）3 号样；（d）4 号样

表 4-10　分峰拟合各形态 Si 的分布比例

白云母样品	pH 值	药剂浓度/(mol · L⁻¹)		总峰面积	Si—O 面积	Si—OH 面积	Si—OOCR 面积	Si—O 相对含量/%	Si—OH 相对含量/%	Si—OOCR 相对含量/%
		油酸钠	SiO_3^{2-}							
1 号样	—	0.00	0.00	15966.96	15966.96	0.00	0.00	100.0	0.00	0.00
2 号样	6	9.20×10^{-4}	0.00	6604.82	4210.19	0.00	2394.63	63.74	0.00	36.26
3 号样	6	9.20×10^{-4}	1.06×10^{-5}	11572.34	3219.89	5001.76	3350.69	27.82	43.22	28.96
4 号样	6	9.20×10^{-4}	3.52×10^{-5}	7580.61	2309.20	2481.70	2789.71	30.46	32.74	36.80

由图 4-29 和图 4-30 可知，被油酸钠作用的白云母，其表面出现 Al—OOCR 和 Si—OOCR 价键，这说明白云母表面的 Si、Al 等活性点与油酸根等离子发生了化学吸附。此外，由表 4-9 和表 4-10 还可知，与油酸钠作用后的样品比较，经 1.06×10^{-5} mol/L 的硅酸钠作用的白云母样品，其表面 Al—OOCR 基团的相对含量减小了 15.02%，而 Si—OOCR 基团的相对含量减小了 7.30%，Si—OH 基团的含量增加了 43.22%，当硅酸钠浓度进一步增大到 3.52×10^{-5} mol/L 后，白云母表面的 Al—OOCR 基团的相对含量降低了 20.96%，而 Si—OH 基团的相对含量增加了 43.22%。结合图 4-25 和图 4-26 可知，原因在于加入硅酸钠后，SiO_3^{2-} 与白云母表面的 OH^- 作用形成 $SiO_2(OH)_2^{2-}$、$SiO(OH)_3^-$、$Si(OH)_4$ 等基团，其吸附在白云母的表面，阻碍了油酸根等离子在白云母表面的吸附；此外，白云母表面吸附的 $SiO_2(OH)_2^{2-}$、$SiO(OH)_3^-$、$Si(OH)_4$ 等基团使白云母表面的 Zeta 电位负向增

大，导致白云母表面的局部正电区域减少，削弱了油酸根等离子在白云母表面的静电吸附作用。在上述两者原因的共同作用下使白云母的可浮性下降。

4.2.2.3 SiF_6^{2-} 对白云母浮选行为的影响机理

A Zeta 电位分析

在矿浆 pH 值为 6、油酸钠浓度为 9.20×10^{-4} mol/L 条件下，不同六氟硅酸钠浓度作用的白云母表面的 Zeta 电位结果如图 4-31 所示。

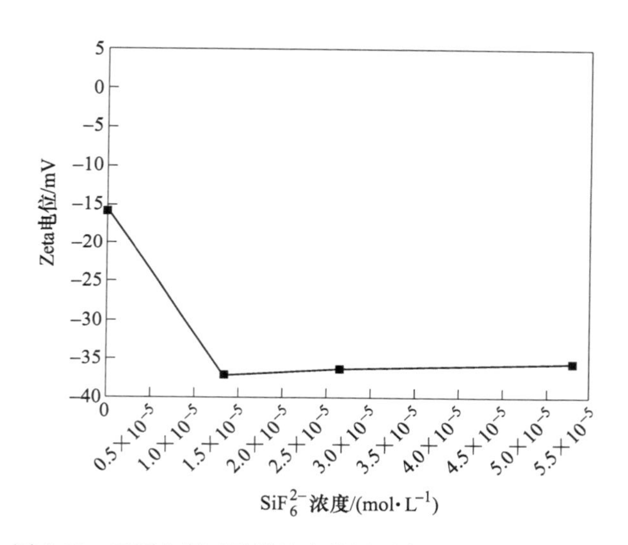

图 4-31 不同六氟硅酸钠浓度作用后白云母表面 Zeta 电位

由图 4-31 可知，随着六氟硅酸钠浓度的增大，白云母表面的 Zeta 电位先负向增大后基本不变。在 pH 值为 6，油酸钠浓度为 9.20×10^{-4} mol/L 的条件下，当六氟硅酸钠浓度从 0 mol/L 增到 5.32×10^{-5} mol/L 时白云母表面的 Zeta 电位从 −15.58 mV 负向增到−35.6 mV。结合图 4-5 可知，这可能是由于 F 的电负性较大，与白云母表面 OH^-形成氢键，使 SiF_6^{2-} 吸附在白云母表面，增强了白云母表面的负电性，削弱了油酸根等离子在白云母表面的静电吸附作用，故六氟硅酸钠对白云母有抑制作用。

B 扫描电镜分析

对经 pH 值为 6、9.20×10^{-4} mol/L 的油酸钠及 5.32×10^{-5} mol/L 的 SiF_6^{2-} 作用的白云母样品进行了［001］和［100］等断裂面的 SEM 表征，为了减小试验误差，每个晶面均用 EDS 检测了 3 次，并取 3 次结果的平均值作为分析结果，结果如图 4-32 和表 4-11 所示。

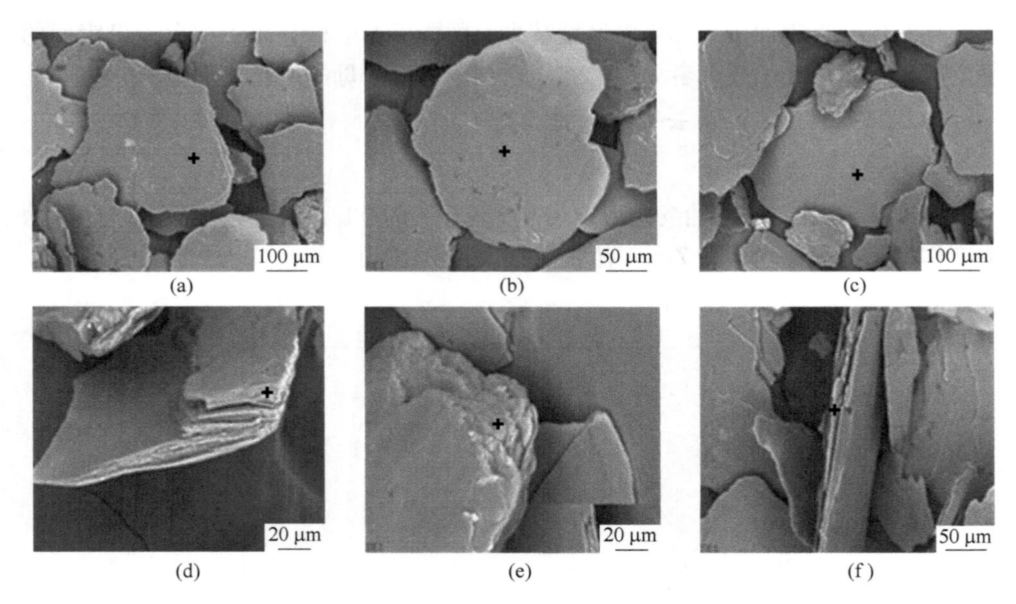

(a)　(b)　(c)　(d)　(e)　(f)

图 4-32　六氟硅酸钠作用后白云母 SEM 图
(a) 位置 a；(b) 位置 b；(c) 位置 c；(d) 位置 d；(e) 位置 e；(f) 位置 f

表 4-11　六氟硅酸钠作用后白云母表面 EDS 分析

晶面		相对含量 (质量分数)/%						
		C	O	F	Na	Al	Si	K
[001] 面 (解理面)	位置 a	4.04	26.05	0.31	0.12	20.6	32.05	16.84
	位置 b	1.14	36.74	0.37	0.38	21.13	29.25	10.99
	位置 c	1.6	36.75	0.30	0.68	21.46	29.18	10.04
	平均含量	2.26	33.18	0.33	0.40	21.06	30.16	12.62
[100] 面、[001] 面	位置 d	0.55	44.09	0.31	0.00	17.48	29.62	7.96
	位置 e	0.83	52.87	1.30	0.16	13.45	16.43	14.97
	位置 f	0.80	54.34	0.41	0.30	16.36	22.51	5.29
	平均含量	0.73	50.43	0.67	0.15	15.76	22.85	9.41

由图 4-32 和表 4-11 可知，经油酸钠与 SiF_6^{2-} 作用的白云母与油酸钠作用的白云母相比，白云母表面出现了 F 元素，其中 [001] 面上 F 元素含量为 0.33%，Si 元素含量增加了 6.40 个百分点，Al 元素含量增加了 2.81 个百分点；在 [100] 等断裂面上 F 元素含量为 0.67%，Si 元素含量减少了 0.15 个百分点，Al 元素含量减少了 2.15 个百分点。由此可知，SiF_6^{2-} 吸附于白云母 [100] 等断裂面的能力较强，故吸附于白云母 [100] 等断裂面的 SiF_6^{2-}，是抑制白云母的主要

原因。

4.2.2.4 $(NaPO_3)_6$ 对白云母浮选行为的影响机理

A $(NaPO_3)_6$ 溶液化学分析

六偏磷酸钠在水溶液中水解生成 H_3PO_4。而生成 H_3PO_4 不是一步完成，具体水解过程如下所示。

$$(NaPO_3)_6 + 12H_2O \rightleftharpoons 6NaOH + 6H_3PO_4 \tag{4-21}$$

$$PO_4^{3-} + H^+ \rightleftharpoons HPO_4^{2-} \qquad K_1^H = \frac{[HPO_4^{2-}]}{[PO_4^{3-}][H^+]} = 10^{12.35} \tag{4-22}$$

$$HPO_4^{2-} + H^+ \rightleftharpoons H_2PO_4^- \qquad K_2^H = \frac{[H_2PO_4^-]}{[HPO_4^{2-}][H^+]} = 10^{7.20} \tag{4-23}$$

$$H_2PO_4^- + H^+ \rightleftharpoons H_3PO_4 \qquad K_3^H = \frac{[H_3PO_4]}{[H_2PO_4^-][H^+]} = 10^{2.15} \tag{4-24}$$

$$\beta_2^H = K_1^H K_2^H = 10^{19.55} \tag{4-25}$$

$$\beta_3^H = K_1^H K_2^H K_3^H = 10^{21.70} \tag{4-26}$$

$$[P] = [PO_4^{3-}] + [HPO_4^{2-}] + [H_2PO_4^-] + [H_3PO_4] \tag{4-27}$$

定义分布系数：

$$\Phi_0 = \frac{[PO_4^{3-}]}{[P]} = \frac{1}{1 + K_1^H[H^+] + \beta_2^H[H^+]^2 + \beta_3^H[H^+]^3} \tag{4-28}$$

$$\Phi_1 = \frac{[HPO_4^{2-}]}{[P]} = K_1^H\Phi_0[H^+] \tag{4-29}$$

$$\Phi_2 = \frac{[H_2PO_4^-]}{[P]} = \beta_2^H\Phi_0[H^+]^2 \tag{4-30}$$

$$\Phi_3 = \frac{[H_3PO_4]}{[P]} = \beta_3^H\Phi_0[H^+]^3 \tag{4-31}$$

代入相关数据进行计算并绘制了成分分布系数与 pH 值关系图，如图 4-33 所示。

由图 4-33 可知，六偏磷酸钠在水溶液中的存在成分与 pH 值有关。当 $pH<2.26$ 时，溶液中存在 H_3PO_4 和 $H_2PO_4^-$，其中 H_3PO_4 为溶液中的优势组分；当 $2.26<pH<7.11$ 时，溶液中存在 H_3PO_4、$H_2PO_4^-$ 和 HPO_4^{2-}，其中以 $H_2PO_4^-$ 成分为主；当 $7.11<pH<12.51$ 时，溶液中存在 $H_2PO_4^-$、HPO_4^{2-} 和 PO_4^{3-}，其中主要成分为 HPO_4^{2-}；当 $12.51<pH$ 时，溶液中的优势组分为 PO_4^{3-}。

B Zeta 电位分析

在矿浆 pH 值为 6、油酸钠浓度为 9.20×10^{-4} mol/L 的条件下，不同六偏磷酸钠浓度作用的白云母表面的 Zeta 电位表征结果如图 4-34 所示。

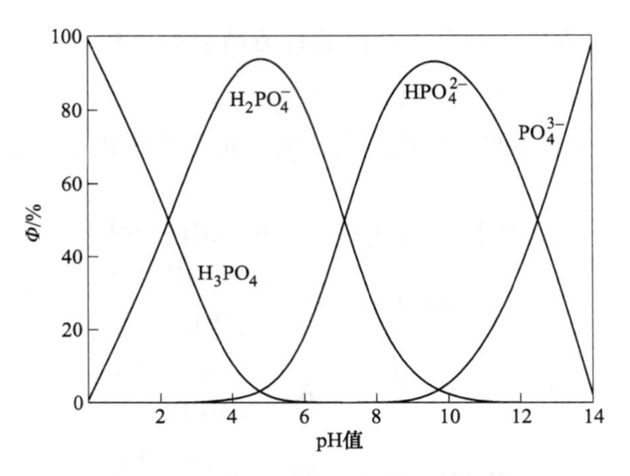

图 4-33　pH 值与六偏磷酸钠成分分布系数图

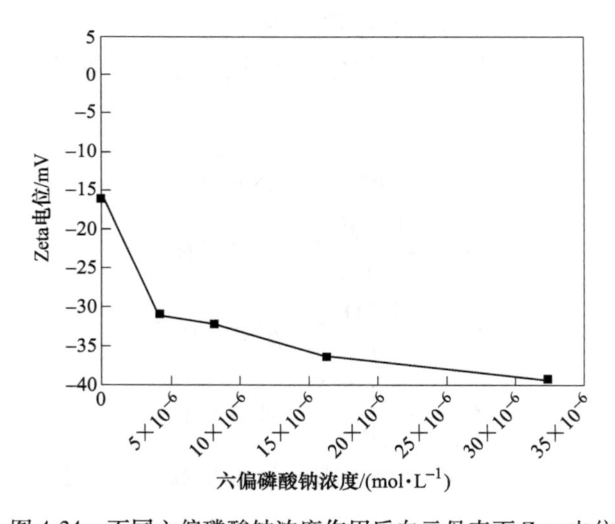

图 4-34　不同六偏磷酸钠浓度作用后白云母表面 Zeta 电位

由图 4-34 可知，随着六偏磷酸钠浓度的增大，白云母表面的 Zeta 电位负向增大。在 pH 值为 6，油酸钠浓度为 9.20×10^{-4} mol/L 的条件下，六偏磷酸钠浓度从 0 mol/L 增到 3.26×10^{-5} mol/L 时，白云母表面的 Zeta 电位从−15.58 mV 负向增至−39.36 mV。

C　XPS 分析

为了进一步研究六偏磷酸钠在油酸钠体系下与白云母的作用机理，研究采用 XPS 表征了在 pH 值为 6 的油酸钠体系下，不同浓度六偏磷酸钠作用的白云母矿样，结果如图 4-35 所示。

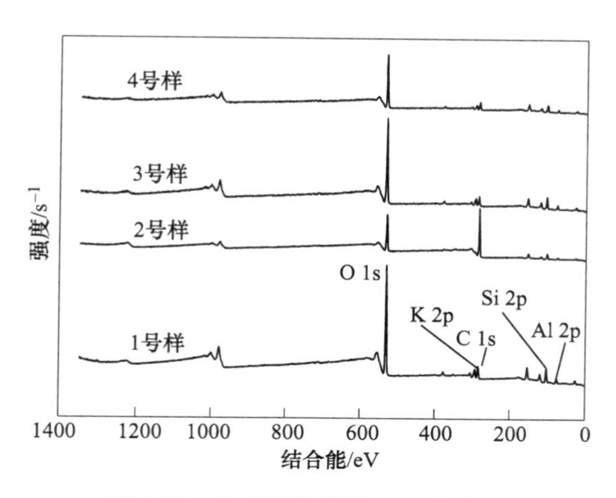

图 4-35 白云母样品的 XPS 全谱图

由图 4-35 可知，经油酸钠作用的白云母表面的 C 含量明显高于油酸钠和六偏磷酸钠共同作用后白云母表面的 C 含量，这表明加入的六偏磷酸钠，使油酸根、油酸二聚合离子及油酸根-油酸聚合物，在白云母表面的吸附作用减弱。XPS 分析结果见表 4-12 和表 4-13。

表 4-12 白云母表面元素相对含量

白云母样品	pH 值	药剂浓度/($mol \cdot L^{-1}$)		相对含量（质量分数）/%			
		油酸钠	$(NaPO_3)_6$	Si	Al	C	P
1 号样	—	0.00	0.00	19.57	11.30	14.82	—
2 号样	6	9.20×10^{-4}	0.00	9.37	4.51	61.29	—
3 号样	6	9.20×10^{-4}	4.07×10^{-6}	18.96	12.65	12.81	0.49
4 号样	6	9.20×10^{-4}	3.26×10^{-5}	18.80	11.69	15.54	0.78

由表 4-12 可知，经油酸钠作用的白云母，其表面的 Si 和 Al 的相对含量与白云母纯矿物相比，分别减少了 10.20 个百分点和 6.79 个百分点，C 元素相对含量增加了 46.47 个百分点。与油酸钠作用后的白云母矿物相比，经油酸钠和六偏磷酸钠作用的白云母表面的 Si 和 Al 的相对含量增加，而 C 元素相对含量降低，此外，加入六偏磷酸钠后白云母表面出现了 P 元素，这说明六偏磷酸钠吸附在白云母表面，使油酸根等离子与白云母表面 Al 和 Si 等活性点的吸附作用减弱，故白云母表面的 Al 和 Si 的相对含量增加，C 元素相对含量降低。

表 4-13　白云母表面元素电子结合能

白云母样品	pH 值	药剂浓度/($mol \cdot L^{-1}$)		Si 2p/eV	Al 2p/eV
		油酸钠	$(NaPO_3)_6$		
1 号样	—	0.00	0.00	102.16	74.03
2 号样	6	9.20×10^{-4}	0.00	101.33	73.47
3 号样	6	9.20×10^{-4}	4.07×10^{-6}	103.04	74.90
4 号样	6	9.20×10^{-4}	3.26×10^{-5}	103.42	75.23

由表 4-13 可知，经油酸钠和六偏磷酸钠作用的白云母矿物与油酸钠作用的白云母矿物相比，其表面的 Al、Si 元素的结合能增大。由此可见，六偏磷酸钠明显地改变了白云母表面 Al 与 Si 的化学环境，即六偏磷酸钠使白云母表面活性点与溶液中的油酸根等离子发生反应的难度增加。为了深入掌握 Al 和 Si 元素在白云母表面的存在形态，对 Al 和 Si 的 XPS 图谱进行了分峰处理，XPS 分析结果如图 4-36、图 4-37、表 4-14 和表 4-15 所示。

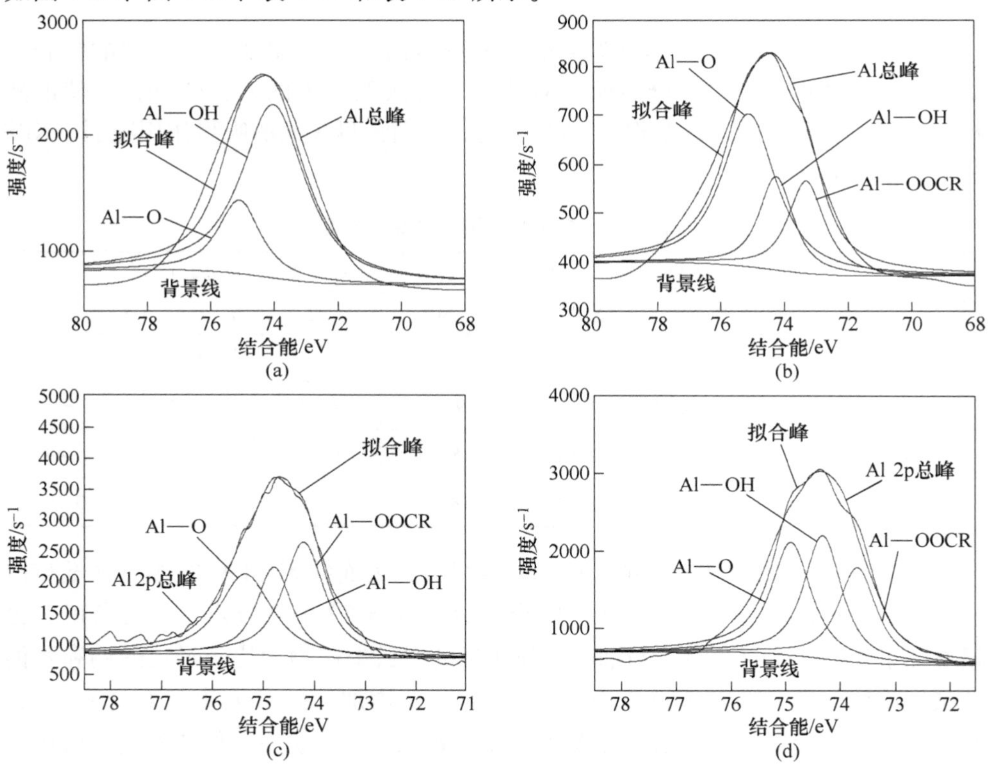

图 4-36　Al 2p 的高分辨扫描 XPS 图谱及分峰拟合图

(a) 1 号样；(b) 2 号样；(c) 3 号样；(d) 4 号样

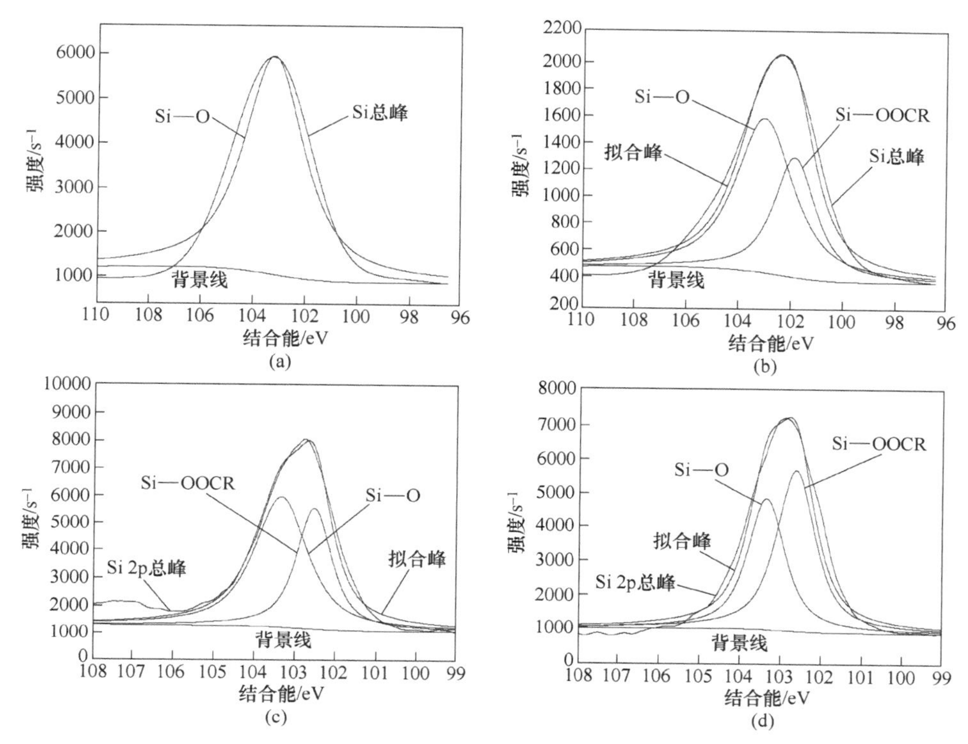

图 4-37 Si 2p 的高分辨扫描 XPS 图谱及分峰拟合图

(a) 1 号样；(b) 2 号样；(c) 3 号样；(d) 4 号样

表 4-14 分峰拟合各形态 Al 的分布比例

白云母样品	pH 值	药剂浓度/($mol \cdot L^{-1}$)		总峰面积	Al—O 面积	Al—OH 面积	Al—OOCR 面积	Al—O 相对含量/%	Al—OH 相对含量/%	Al—OOCR 相对含量/%
		油酸钠	$(NaPO_3)_6$							
1 号样	—	0.00	0.00	5704.81	1478.11	5226.70	0.00	25.91	74.09	0.00
2 号样	6	9.20×10^{-4}	0.00	1644.58	917.24	353.27	374.07	55.78	21.48	22.74
3 号样	6	9.20×10^{-4}	4.07×10^{-6}	6604.98	2329.88	1677.36	2597.74	35.27	25.40	39.33
4 号样	6	9.20×10^{-4}	32.60×10^{-6}	5252.41	1857.22	1912.97	1482.22	35.36	36.42	28.22

表 4-15 分峰拟合各形态 Si 的分布比例

白云母样品	pH 值	药剂浓度/($mol \cdot L^{-1}$)		总峰面积	Si—O 面积	Si—OOCR 面积	Si—O 相对含量/%	Si—OOCR 相对含量/%
		油酸钠	$(NaPO_3)_6$					
1 号样	—	0.00	0.00	15966.96	15966.96	0.00	100.00	0.00
2 号样	6	9.20×10^{-4}	0.00	6604.82	4210.19	2394.63	63.74	36.26

续表 4-15

白云母样品	pH 值	药剂浓度/(mol · L^{-1})		总峰面积	Si—O 面积	Si—OOCR 面积	Si—O 相对含量/%	Si—OOCR 相对含量/%
		油酸钠	$(NaPO_3)_6$					
3 号样	6	9.20×10^{-4}	4.07×10^{-6}	17649.74	10903.30	6746.44	61.78	38.22
4 号样	6	9.20×10^{-4}	3.26×10^{-5}	14940.27	6571.77	8368.50	43.99	56.01

由图 4-36 和图 4-37 可知，无药剂作用的白云母表面含有 Al—OH，Al—O 和 Si—O 等价键，经油酸钠作用的白云母表面出现了 Al—OOCR 和 Si—OOCR 等价键，这说明了白云母表面的 Si、Al 等活性点与矿浆中油酸根等离子发生了化学吸附[69]。此外，由表 4-14 和表 4-15 可知，与油酸钠作用后的样品比较，经 4.07×10^{-6} mol/L 的六偏磷酸钠作用的白云母样品，其表面 Al—OOCR 基团的相对含量增加 16.59%，Si—OOCR 基团的相对含量增加了 1.96%，当六偏磷酸钠浓度增大至 3.26×10^{-5} mol/L 后，白云母表面的 Al—OOCR 基团的相对含量增加了 5.48%，Si—OOCR 基团的含量增加了 19.75%。结合图 4-33 可知，此时溶液中主要组分为 $H_2PO_4^-$ 和 HPO_4^{2-}，其与白云母表面的 Al、Si 等活性点作用，从而吸附在白云母表面，使白云母表面的电性负向增大，削弱了油酸根等离子在白云母表面的吸附，因此白云母被抑制。此外，虽然经六偏磷酸钠作用后的白云母表面的 Al—OOCR 基团相对含量增加，但是其与油酸钠作用的白云母表面 Al—OOCR 基团相对含量相比增幅不大，对白云母回收率的提升作用微弱，故白云母被抑制。

4.2.3 金属阳离子对白云母可浮性影响机理

4.2.3.1 K^+ 对白云母浮选行为的影响机理

为了掌握 K^+ 对白云母表面电性的影响规律，在矿浆 pH 值为 6、油酸钠浓度为 9.2×10^{-4} mol/L 条件下，对不同 K^+ 浓度作用的白云母表面的 Zeta 电位进行了表征，结果如图 4-38 所示。

由图 4-38 可知，随着 K^+ 浓度的增大，白云母表面的 Zeta 电位开始变化较小，当 K^+ 浓度大于 1.72×10^{-4} mol/L 时，Zeta 电位正向增大。这是由于随着矿浆中的 K^+ 浓度的增加，阻止了白云母表面 K^+ 的溶解，因此白云母表面的 Zeta 电位正向增大。在 pH 值为 6 的条件下，当矿浆中存在 K^+ 时，白云母的回收率下降，这可能是由于一方面油酸根及其聚合物首先与 K^+ 发生反应形成油酸钾物质，从而消耗了油酸根及其聚合物离子，导致白云母回收率的下降；另一方面是由于矿浆中的 K^+ 阻止白云母矿物表面 K^+ 的溶释，虽然白云母表面的 K^+ 与油酸根及其聚合物形成油酸盐，但是其容易脱离白云母表面，导致白云母回收率基本不变。

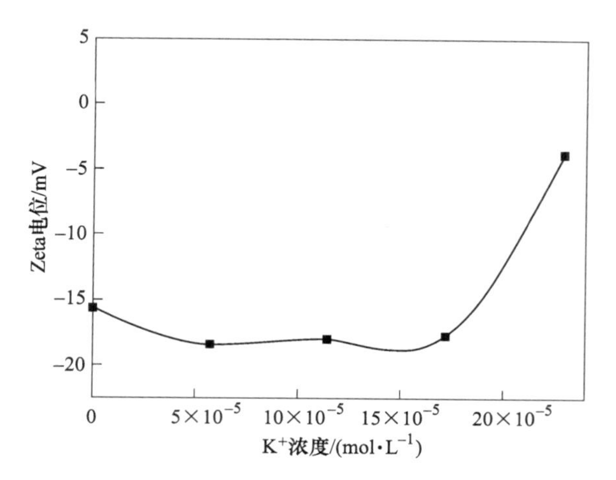

图 4-38 不同 K^+浓度下白云母表面 Zeta 电位

4.2.3.2 Mg^{2+}对白云母浮选行为的影响机理

A Mg^{2+}溶液化学分析

Mg^{2+}在溶液中发生的主要反应如下：

$$Mg^{2+} + OH^- \rightleftharpoons Mg(OH)^+ \qquad K_1 = \frac{[Mg(OH)^+]}{[OH^-][Mg^{2+}]} = 10^{2.58} \tag{4-32}$$

$$Mg^{2+} + 2OH^- \rightleftharpoons Mg(OH)_2 \qquad K_2 = \frac{[Mg(OH)_2]}{[OH^-]^2[Mg^{2+}]} = 10^{11.5} \tag{4-33}$$

$$[Mg] = [Mg(OH)^+] + [Mg(OH)_2] + [Mg^{2+}] \tag{4-34}$$

定义分布系数：

$$\Phi_0 = \frac{[Mg^{2+}]}{[Mg]} = \frac{1}{1 + K_1[OH^-] + K_2[OH^-]^2} \tag{4-35}$$

$$\Phi_1 = \frac{[Mg(OH)^+]}{[Mg]} = \frac{1}{\frac{1}{K_1[OH^-]} + 1 + [OH^-]\frac{K_2}{K_1}} \tag{4-36}$$

$$\Phi_2 = \frac{[Mg(OH)_2]}{[Mg]} = \frac{1}{\frac{1}{K_2[OH^-]^2} + 1 + [OH^-]\frac{K_1}{K_2}} \tag{4-37}$$

代入相关数据进行计算并绘制了成分分布系数与 pH 值关系图，如图 4-39 所示。

由图 4-39 可知，当 pH 值在 0~12 时，溶液中存在 Mg^{2+}，当 pH 值大于 4.6 时 Mg^{2+}含量随着 pH 值的增大而逐渐减小，当 pH 值为 12 时，溶液中 Mg^{2+}消失；当 pH 值大于 4.6 时溶液中开始有 $Mg(OH)_2$ 形成，且其含量随着 pH 值的增大而增加，当 pH 值为 12 时，溶液中其含量接近 100%。

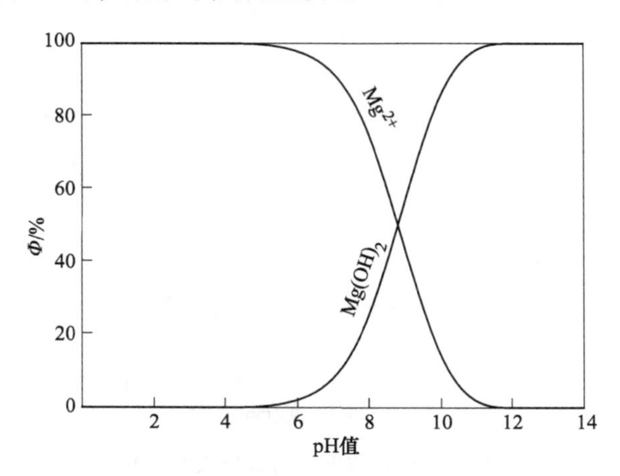

图 4-39　pH 值与 Mg^{2+} 成分分布系数图

B　Zeta 电位分析

在矿浆 pH 值为 12、油酸钠浓度为 9.20×10^{-4} mol/L 条件下，对不同 Mg^{2+} 浓度作用的白云母表面 Zeta 电位进行了表征，结果如图 4-40 所示。

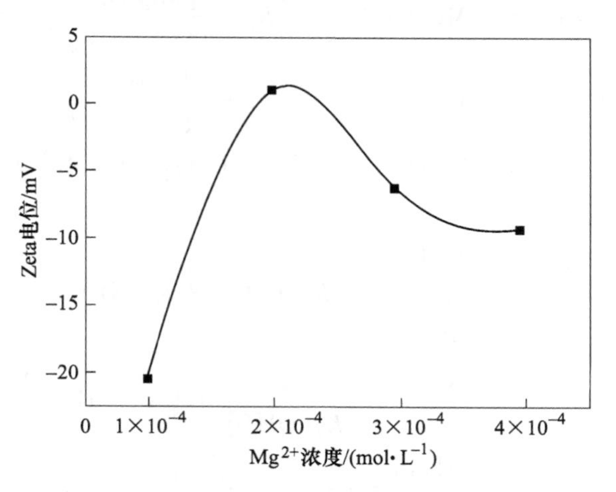

图 4-40　不同 Mg^{2+} 浓度作用的白云母表面 Zeta 电位

由图 4-40 可知，随着 Mg^{2+} 浓度的增加，白云母表面的 Zeta 电位先正向增大后负向减小，当 Mg^{2+} 浓度为 1.97×10^{-4} mol/L 时，白云母的 Zeta 电位为 1.07 mV。Mg^{2+} 浓度小时，溶液中的 Mg^{2+} 可与白云母表面的 OH^- 反应，使白云母的 Zeta 电位正向增大。结合图 4-39 可知，当 pH = 12 时，矿浆中 Mg^{2+} 主要以 $Mg(OH)_2$ 形式存在，Mg^{2+} 可与白云母表面的 Si—OH 反应形成 $Mg(OH)_2$ 覆盖在白云母表面，使其 Zeta 电位负向增大。

C 扫描电镜分析

为研究 Mg^{2+} 在白云母表面的吸附特点，对经 pH 值为 12、9.20×10^{-4} mol/L 的油酸钠及 3.94×10^{-4} mol/L 的 Mg^{2+} 作用的白云母样品进行了［001］和［100］等断裂面的 SEM 表征，为了减小试验误差，每个晶面均用 EDS 检测了 3 次，并取 3 次结果的平均值作为分析结果，结果如图 4-41 和表 4-16 所示。

(a) (b) (c) (d) (e) (f)

图 4-41 Mg^{2+} 作用后白云母 SEM 图

(a) 位置 a；(b) 位置 b；(c) 位置 c；(d) 位置 d；(e) 位置 e；(f) 位置 f

表 4-16 Mg^{2+} 作用后白云母表面 EDS 分析

晶面		相对含量（质量分数）/%						
		C	O	Na	Mg	Al	Si	K
［001］面（解理面）	位置 a	2.75	30.69	0.63	0.73	22.39	30.52	12.29
	位置 b	3.17	27.02	0.52	0.74	22.11	32.75	13.7
	位置 c	1.38	32.96	0.54	0.55	22.4	30.47	11.69
	平均含量	2.43	30.22	0.56	0.67	22.30	31.25	12.56
［100］面、［001］面	位置 d	1.01	44.61	0.33	0.72	19.84	25.4	8.1
	位置 e	0.8	45.59	0.13	1.45	17.58	27.17	7.29
	位置 f	5.55	43.56	0.12	1.15	13.06	21.26	15.32
	平均含量	2.45	44.58	0.19	1.10	16.82	24.61	10.23

由图 4-41 和表 4-16 可知，经油酸钠与 Mg^{2+} 作用的白云母与油酸钠作用的白云母相比，在［001］面上 Mg 元素含量增加了 0.24 个百分点，Al 元素含量增加了 4.05 个百分点，Si 元素含量增加了 7.49 个百分点；在［100］等断裂面上 Mg 元素含量增加了 0.37 个百分点，Al 元素含量减少了 1.09 个百分点，Si 元素含量增加了 1.61 个百分点。由此可知，Mg^{2+} 在白云母［100］等断裂面上的吸附量高于［001］面上的吸附量，此外，当 Mg^{2+} 吸附在白云母［001］面上时，白云母在［001］面上暴露更多的 Si、Al 活性点；当 Mg^{2+} 吸附在白云母［100］等断裂面上，对该面上 Si、Al 活性点数量的影响较小，但 Mg^{2+} 与油酸根生成油酸镁提高白云母可浮性。

D XPS 表征及分析

为了研究油酸钠体系下 Mg^{2+} 对白云母的活化机理，对不同药剂作用的白云母样品进行了 XPS 表征，表征结果如图 4-42 所示。

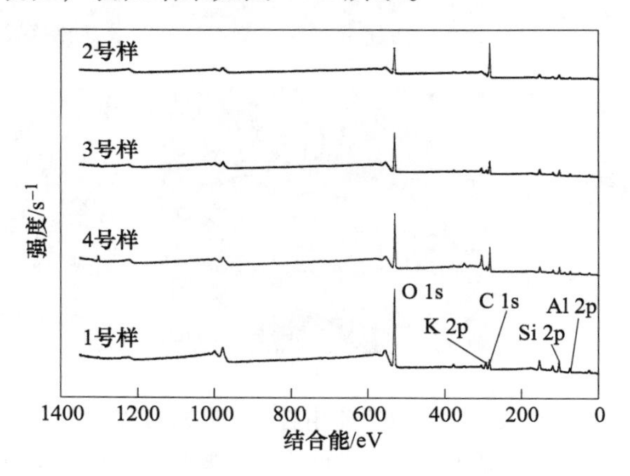

图 4-42 白云母样品的 XPS 全谱图

由图 4-42 可知，样品中存在 K、Si、O、Al、C 等元素。通过对不同 Mg^{2+} 浓度作用的白云母与白云母纯矿物 XPS 图谱对比，发现 C、O 特征峰有了较大的变化，其他元素的特征峰亦有不同程度的变化。白云母表面主要元素的电子结合能和原子相对含量见表 4-17 和表 4-18。

表 4-17 白云母表面元素相对含量

白云母样品	pH 值	药剂浓度/(mol · L⁻¹)		相对含量（质量分数）/%			
		油酸钠	Mg^{2+}	Si	Al	Mg	C
1 号样	—	0.00	0.00	19.57	11.30	0.00	14.82
2 号样	6	9.20×10^{-4}	0.00	9.37	4.51	0.00	61.29
3 号样	12	9.20×10^{-4}	1.97×10^{-4}	15.05	8.89	1.94	34.60
4 号样	12	9.20×10^{-4}	3.44×10^{-4}	12.26	7.63	3.09	39.82

由表 4-17 可知，经油酸钠作用的白云母样品与白云母纯矿物样品相比，其表面的 Si、Al 等元素相对含量减少，碳元素相对含量增加。当 pH=12 时，经 Mg^{2+} 作用的白云母与油酸钠作用的白云母样品相比，Si、Al 元素相对含量增加，Mg 元素的相对含量增加。

表 4-18　白云母表面元素电子结合能

白云母样品	pH 值	药剂浓度/($mol \cdot L^{-1}$)		Si 2p/eV	Al 2p/eV
		油酸钠	Mg^{2+}		
1 号样	—	0.00	0.00	102.16	74.03
2 号样	6	9.20×10^{-4}	0.00	101.33	73.47
3 号样	12	9.20×10^{-4}	1.97×10^{-4}	101.53	73.32
4 号样	12	9.20×10^{-4}	3.44×10^{-4}	101.33	73.19

由表 4-18 可知，经油酸钠和 Mg^{2+} 作用后，白云母表面 Al、Si 元素的结合能都不同程度地减小，且减小的幅度随着 Mg^{2+} 浓度的增大而增大。油酸钠作用后白云母表面 Al 2p 的结合能减小了 0.56 eV，Mg^{2+} 作用后 Al 2p 的结合能减小了 0.84 eV，可见 Mg^{2+} 可使白云母表面 Al 的化学环境发生较大变化，也即提高了白云母表面 Al 的活性，更有利于其与溶液中的油酸根等离子发生化学反应。研究对 Al 和 Si 元素 XPS 图谱进行了分峰处理，结果如图 4-43、图 4-44、表 4-19 和表 4-20 所示。

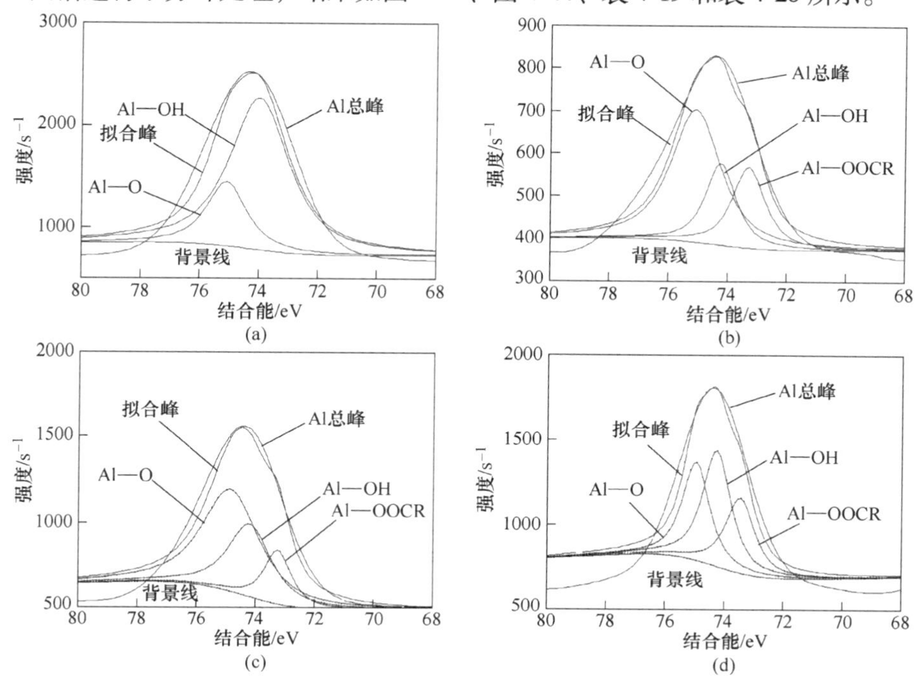

图 4-43　白云母表面铝元素 XPS 分峰图
(a) 1 号样；(b) 2 号样；(c) 3 号样；(d) 4 号样

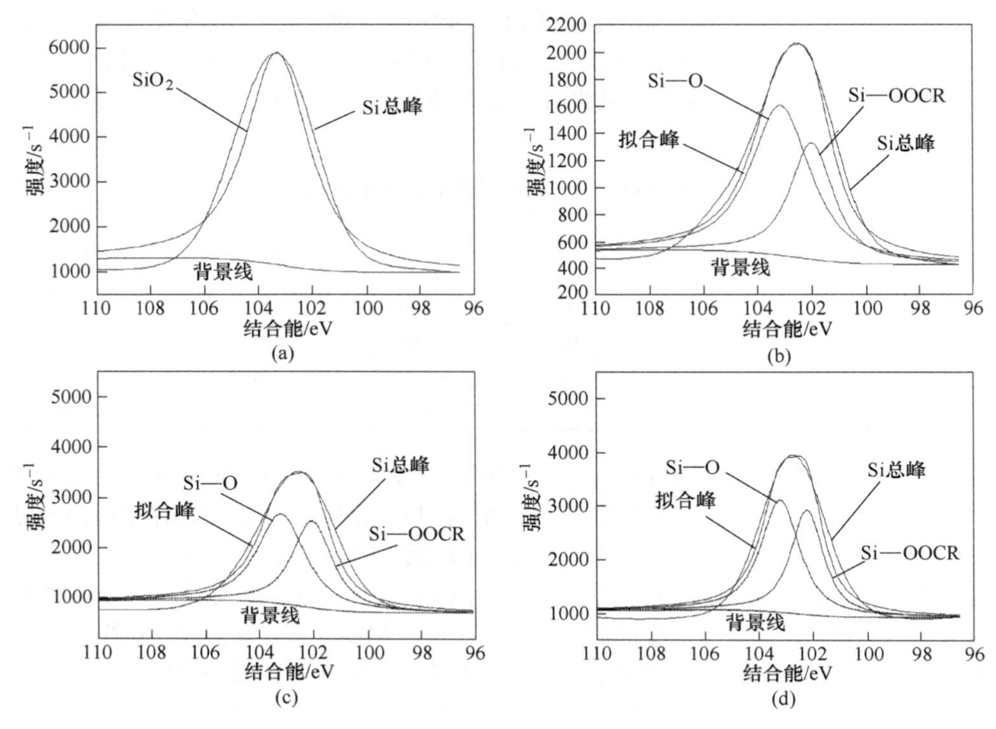

图 4-44　白云母表面硅元素 XPS 分峰图
（a）1 号样；（b）2 号样；（c）3 号样；（d）4 号样

表 4-19　白云母表面含铝化合物种类及含量

白云母样品	pH 值	药剂浓度/(mol · L^{-1})		总峰面积	Al—O 面积	Al—OH 面积	Al—OOCR 面积	Al—O 相对含量/%	Al—OH 相对含量/%	Al—OOCR 相对含量/%
		油酸钠	Mg^{2+}							
1 号样	—	0.00	0.00	5704.81	1478.11	5226.70	0.00	25.91	74.09	0.00
2 号样	6	9.20×10^{-4}	0.00	1644.58	917.24	353.27	374.07	55.78	21.48	22.74
3 号样	12	9.20×10^{-4}	1.97×10^{-4}	3468.93	923.05	1402.05	1143.83	26.61	40.42	32.97
4 号样	12	9.20×10^{-4}	3.44×10^{-4}	2883.08	936.58	1158.3	788.20	32.49	40.18	27.32

表 4-20　白云母表面含硅化合物种类及含量

白云母样品	pH 值	药剂浓度/(mol · L^{-1})		总峰面积	Si—O 面积	Si—OOCR 面积	Si—O 相对含量/%	Si—OOCR 相对含量/%
		油酸钠	Mg^{2+}					
1 号样	—	0.00	0.00	15966.96	15966.96	0.00	100.00	0.00
2 号样	6	9.20×10^{-4}	0.00	6604.82	4210.19	2394.63	63.74	36.26

续表 4-20

白云母样品	pH 值	药剂浓度/(mol · L^{-1})		总峰面积	Si—O 面积	Si—OOCR 面积	Si—O 相对含量/%	Si—OOCR 相对含量/%
		油酸钠	Mg^{2+}					
3 号样	12	9.20×10^{-4}	1.97×10^{-4}	9982.94	5531.18	4451.76	55.41	44.59
4 号样	12	9.20×10^{-4}	3.44×10^{-4}	7411.39	5173.01	2238.38	69.80	30.20

结合图 4-43、图 4-44、表 4-19 和表 4-20 可知，纯白云母矿物表面含有 Al—OH、Al—O 和 Si—O 价键，经油酸钠作用白云母表面，出现了相对含量为 22.74%的 Al—OOCR 和 36.26%的 Si—OOCR，原因在于矿浆中油酸根等离子与白云母表面的 Si、Al 等活性点发生了化学反应。此外，溶液中的油酸根等离子还可在白云母表面的局部正电区域发生静电吸附[89]。油酸根等离子在白云母表面发生碳链背向矿物外部的排列，因而可提高白云母表面的疏水性。

由图 4-43、图 4-44、表 4-19 和表 4-20 还可知，与 pH 值为 6 油酸钠作用的白云母相比，在 pH = 12，经油酸钠和 1.97×10^{-4} mol/L 的 Mg^{2+}作用后的白云母，其表面 Al—OOCR 和 Si—OOCR 的相对含量分别增加了 10.23 个百分点和 8.33 个百分点，证明加入 Mg^{2+}可增加白云母表面 Al 和 Si 离子与油酸根等离子的反应概率。结合 Zeta 电位分析还可知，此时白云母的 Zeta 电位正向增大，这将导致白云母表面正电区域的增大，并增强油酸根等离子在白云母表面的静电吸附作用。由 Mg^{2+}的溶液化学分析可知，此时 Mg^{2+}以 $Mg(OH)_2$ 的形式覆盖在白云母 [100] 和 [001] 面，并与白云母表面的 Al—OH 和 Si—OH 作用[90]，溶液中的油酸根离子可进一步与 Mg 反应生成疏水的油酸镁。在上述三种作用下，白云母的可浮性得到了很大改善，其回收率达到了 82.20%。

此外，经油酸钠和 3.44×10^{-4} mol/L 的 Mg^{2+}作用的白云母，其表面的 Al—OOCR 基团相对含量为 27.32%，而 Si—OOCR 基团相对含量为 30.20%，与 1.97×10^{-4} mol/L 的 Mg^{2+}作用的白云母相比，白云母表面 Al—OOCR 与 Si—OOCR 相对含量减小，但是 Mg 的相对含量增加了 1.05 个百分点，这部分 Mg 可生成更多的油酸镁并增强白云母表面的疏水性，故在这两种 Mg^{2+}浓度作用下的白云母，其回收率变化不大。

4.2.3.3 Ca^{2+}对白云母浮选行为的影响机理

A Ca^{2+}溶液化学分析

Ca^{2+}在溶液中发生的主要反应如下：

$$Ca^{2+} + OH^- \rightleftharpoons Ca(OH)^+ \qquad K_1 = \frac{[Ca(OH)^+]}{[OH^-][Ca^{2+}]} = 10^{1.4} \tag{4-38}$$

$$Ca^{2+} + 2OH^- \rightleftharpoons Ca(OH)_2 \qquad K_2 = \frac{[Ca(OH)_2]}{[OH^-]^2[Ca^{2+}]} = 10^{5.22} \tag{4-39}$$

$$[Ca] = [Ca(OH)^+] + [Ca(OH)_2] + [Ca^{2+}] \tag{4-40}$$

定义分布系数：

$$\Phi_0 = \frac{[Ca^{2+}]}{[Ca]} = \frac{1}{1 + K_1[OH^-] + K_2[OH^-]^2} \tag{4-41}$$

$$\Phi_1 = \frac{[Ca(OH)^+]}{[Ca]} = \frac{1}{\frac{1}{K_1[OH^-]} + 1 + [OH^-]\frac{K_2}{K_1}} \tag{4-42}$$

$$\Phi_2 = \frac{[Ca(OH)_2]}{[Ca]} = \frac{1}{\frac{1}{K_1[OH^-]^2} + 1 + [OH^-]\frac{K_1}{K_2}} \tag{4-43}$$

代入相关数据进行计算并绘制了成分分布系数与 pH 值关系图，如图 4-45 所示。

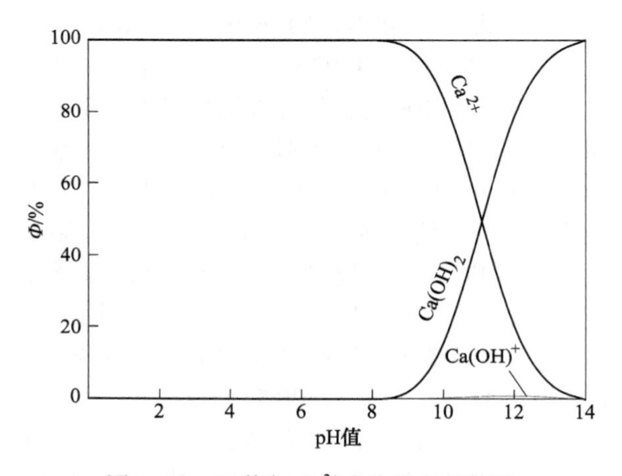

图 4-45　pH 值与 Ca^{2+} 成分分布系数图

由图 4-45 可知，在整个 pH 值范围内均存在 Ca^{2+}，当 pH 值介于 0~8 时，溶液中的 Ca^{2+} 相对含量接近 100%，随后随着 pH 值的增大溶液中的 Ca^{2+} 含量逐渐减小；当 pH 值为 8 时溶液中开始形成 $Ca(OH)_2$ 且随着 pH 值的增大其含量也随之增加，而溶液中 $Ca(OH)^+$ 较少。

B　Zeta 电位分析

在矿浆 pH 值为 12、油酸钠浓度为 9.20×10^{-4} mol/L 的条件下，不同 Ca^{2+} 浓度下白云母表面 Zeta 电位结果如图 4-46 所示。

由图 4-46 可知，随着 Ca^{2+} 含量的增大白云母表面的 Zeta 电位先负向增大，后正向增大，最后基本不变。当 Ca^{2+} 含量为 9.01×10^{-5} mol/L 时，白云母表面的 Zeta 电位为−28.68 mV，此后随着 Ca^{2+} 浓度增大白云母表面的 Zeta 电位正向增大，当 Ca^{2+} 含量为 2.70×10^{-4} mol/L 时，白云母表面的 Zeta 电位为 −7.73 mV，当进一步增大 Ca^{2+} 含量到 3.60×10^{-4} mol/L 时白云母表面的 Zeta 电位为 −6.6 mV，Zeta 电位变化较小。

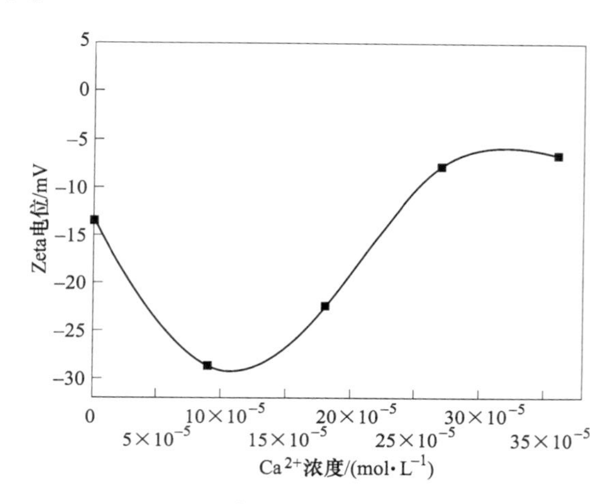

图 4-46 不同 Ca^{2+} 浓度下白云母表面 Zeta 电位

C 扫描电镜分析

为了研究 Ca^{2+} 在白云母表面的吸附特点，对经 pH 值为 12、9.20×10^{-4} mol/L 的油酸钠及 3.60×10^{-4} mol/L 的 Ca^{2+} 作用后的白云母样品进行了 [001] 和 [100] 等断裂面的 SEM 表征，为了减小试验误差，每个晶面均用 EDS 检测了 3 次，并取 3 次结果的平均值作为分析结果，结果如图 4-47 和表 4-21 所示。

图 4-47 Ca^{2+} 作用后白云母 SEM 图

(a) 位置 a；(b) 位置 b；(c) 位置 c；(d) 位置 d；(e) 位置 e；(f) 位置 f

由图 4-47 和表 4-21 可知，经油酸钠与 Ca^{2+} 作用后的白云母与油酸钠作用的白云母相比，白云母表面出现了 Ca 元素，在［001］面上 Ca 元素含量为 0.04%，Al 元素含量增加了 3.29 个百分点，Si 元素含量增加了 5.45 个百分点；在［100］等断裂面上 Ca 元素含量为 0.53%，Al 元素含量减少了 1.44 个百分点，Si 元素含量增加了 2.67 个百分点。由此可知，Ca^{2+} 主要吸附在［100］等断裂面上，此外，当 Ca^{2+} 吸附在白云母［001］面上，其使白云母在［001］面上暴露的 Si、Al 活性点数量增多；当 Ca^{2+} 吸附在白云母［100］等断裂面上，使该面上 Al 活性点数量减少，而 Si 活性点的数量增加，但二者变化幅度较小，可见为 Ca^{2+} 对白云母［100］等断裂面上活性点数量的影响较小。由于 Ca^{2+} 可与油酸根离子生成难溶于水的油酸钙，进一步提高白云母的可浮性。

表 4-21　Ca^{2+} 作用后白云母表面 EDS 分析

晶面		元素相对含量（质量分数）/%						
		C	O	Na	Al	Si	K	Ca
［001］面（解理面）	位置 a	1.17	33.93	0.82	22.33	30.37	11.39	0.00
	位置 b	1.24	42.69	0.18	20.04	26.92	8.93	0.00
	位置 c	2.89	30.08	0.64	22.25	30.34	13.68	0.12
	平均含量	1.77	35.57	0.55	21.54	29.21	11.33	0.04
［100］面、［001］面	位置 d	1.28	52.38	0.31	17.31	22.31	6.41	0.00
	位置 e	0.86	48.83	0	16.2	26.79	6.71	0.59
	位置 f	1.31	44.73	0.1	15.9	27.9	9.06	1.01
	平均含量	1.15	48.64	0.14	16.47	25.67	7.40	0.53

D　XPS 分析

为了研究在油酸钠体系下 Ca^{2+} 对白云母的作用机理，采用 XPS 表征了 pH 值为 12 时，经不同药剂作用的白云母矿样，表征结果如图 4-48 所示。

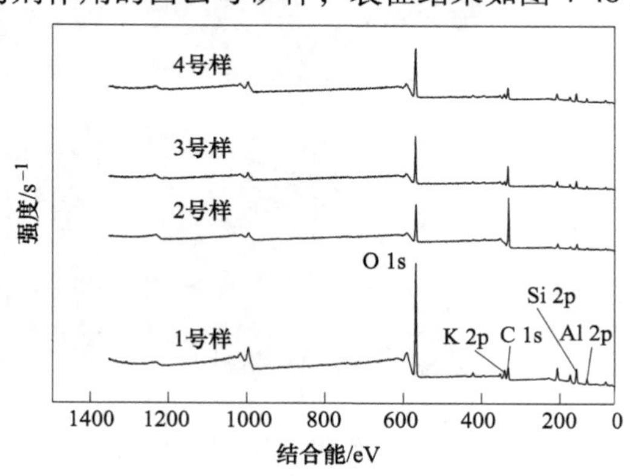

图 4-48　白云母样品的 XPS 全谱图

由图 4-48 可知，与白云母纯矿物相比，经药剂作用的白云母，其表面 O 1s 的特征峰强度减弱，其他元素的特征峰强度也发生了不同程度的变化。为了确定白云母表面各元素的相对含量，对主要元素进行了含量分析，分析结果见表 4-22。

表 4-22 白云母表面元素相对含量

白云母样品	pH 值	药剂浓度/(mol·L^{-1})		相对含量（质量分数）/%			
		油酸钠	Ca^{2+}	Si	Al	C	Ca
1 号样	—	0.00	0.00	19.57	11.30	14.82	0.00
2 号样	6	9.20×10^{-4}	0.00	9.37	4.51	61.29	0.00
3 号样	12	9.20×10^{-4}	9.01×10^{-5}	14.78	8.46	41.46	0.18
4 号样	12	9.20×10^{-4}	2.70×10^{-4}	17.11	11.44	23.68	0.30

由表 4-22 可知，油酸钠作用的白云母表面的 Si 和 Al 的相对含量与白云母纯矿物相比，其相对含量分别减少了 10.20 个百分点和 6.79 个百分点，C 元素相对含量增加了 46.47 个百分点。经油酸钠和 Ca^{2+} 作用的白云母，其表面出现了 Ca 元素，且含量随着 Ca^{2+} 浓度的增大而增加。

为了深入掌握 Al、Si 及 Ca 元素在白云母表面的存在形态，研究对 Al、Si 及 Ca 的 XPS 图谱进行了分峰处理，结果如图 4-49～图 4-51 和表 4-23～表 4-25 所示。

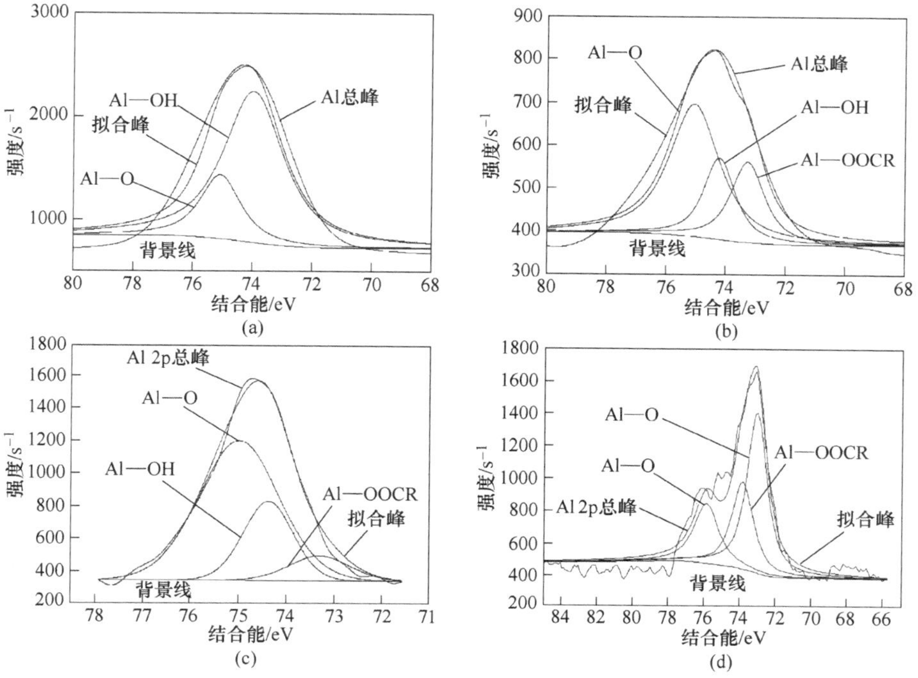

图 4-49 Al 2p 的高分辨扫描 XPS 图谱及分峰拟合图
(a) 1 号样；(b) 2 号样；(c) 3 号样；(d) 4 号样

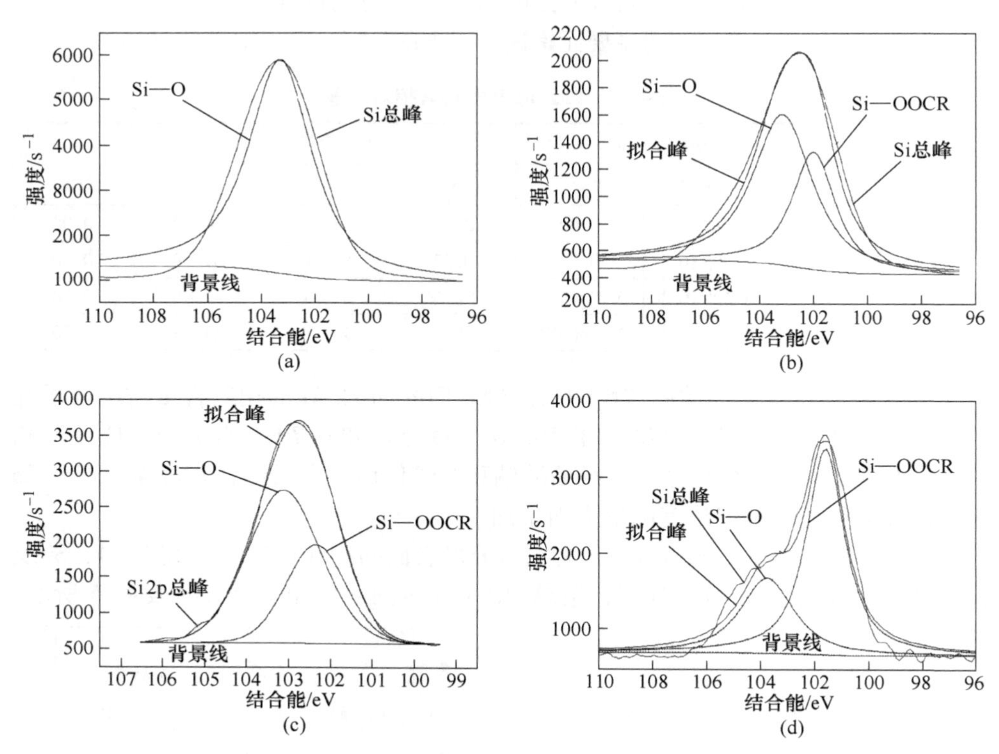

图 4-50　Si 2p 的高分辨扫描 XPS 图谱及分峰拟合图

(a) 1 号样；(b) 2 号样；(c) 3 号样；(d) 4 号样

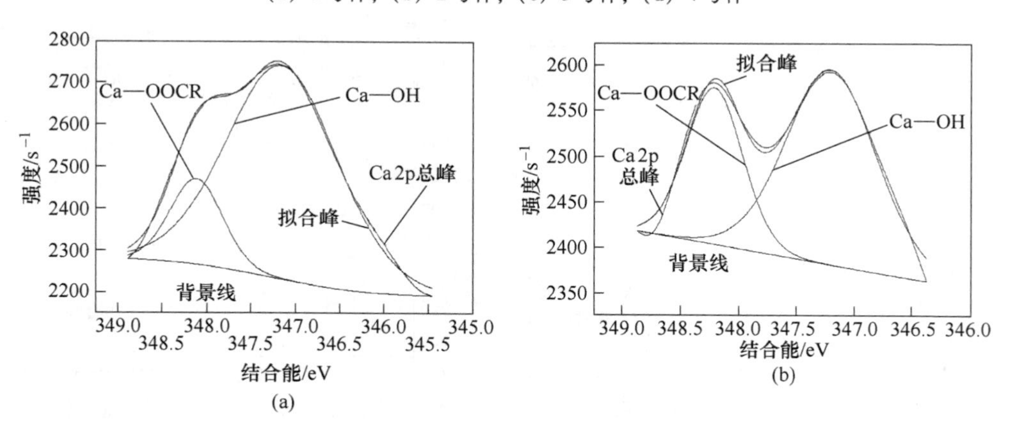

图 4-51　Ca 2p 的高分辨扫描 XPS 图谱及分峰拟合图

(a) 3 号样；(b) 4 号样

表 4-23 分峰拟合各形态 Al 的分布比例

白云母样品	pH 值	药剂浓度/($mol \cdot L^{-1}$)		总峰面积	Al—O 面积	Al—OH 面积	Al—OOCR 面积	Al—O 相对含量/%	Al—OH 相对含量/%	A—OOCR 相对含量/%
		油酸钠	Ca^{2+}							
1 号样	—	0.00	0.00	5704.81	1478.11	5226.70	0.00	25.91	74.09	0.00
2 号样	6	9.20×10^{-4}	0	1644.58	917.24	353.27	374.07	55.78	21.48	22.74
3 号样	12	9.20×10^{-4}	9.01×10^{-5}	2686.17	1802.68	636.38	247.11	67.11	23.69	9.20
4 号样	12	9.20×10^{-4}	27.0×10^{-5}	3966.52	2834.93	—	131.59	71.47	—	28.53

表 4-24 分峰拟合各形态 Si 的分布比例

白云母样品	pH 值	药剂浓度/($mol \cdot L^{-1}$)		总峰面积	Si—O 面积	Si—OOCR 面积	Si—O 相对含量/%	Si—OOCR 相对含量/%
		油酸钠	Ca^{2+}					
1 号样	—	0.00	0.00	15966.96	15966.96	0.00	100.00	0.00
2 号样	6	9.20×10^{-4}	0.00	6604.82	4210.19	2394.63	63.74	36.26
3 号样	12	9.20×10^{-4}	9.01×10^{-5}	7190.16	4731.19	2458.97	65.80	34.20
4 号样	12	9.20×10^{-4}	2.70×10^{-4}	8944.28	2309.20	6635.08	25.82	74.18

表 4-25 分峰拟合各形态 Ca 的分布比例

白云母样品	pH 值	药剂浓度/($mol \cdot L^{-1}$)		总峰面积	Ca—OH 面积	Ca—OOCR 面积	Ca—O 相对含量/%	Ca—OOCR 相对含量/%
		油酸钠	Ca^{2+}					
3 号样	12	9.20×10^{-4}	9.01×10^{-5}	935.62	787.60	148.02	84.18	15.82
4 号样	12	9.20×10^{-4}	2.70×10^{-4}	319.66	212.95	106.71	66.62	33.38

由图 4-49、图 4-50 和图 4-51 可知，被油酸钠作用的白云母，表面出现了 Al—OOCR、Si—OOCR、Ca—O 及 Ca—OOCR 等键，这表明白云母表面吸附了 Ca^{2+}，白云母表面的 Ca、Si、Al 等活性点与矿浆中油酸根等离子发生了化学吸附。此外，由表 4-23、表 4-24 和表 4-25 还可知，与油酸钠作用后的样品相比，经 9.01×10^{-5} mol/L 的 Ca^{2+} 作用的白云母样品，其表面 Al—OOCR 基团的相对含量减小了 13.54%，Si—OOCR 基团的相对含量减小了 2.06%，而出现了相对含量为 15.82%的 Ca—OOCR 基团；当 Ca^{2+} 浓度进一步增大到 2.70×10^{-4} mol/L，白云母表面的 Al—OOCR 基团相对含量增加了 5.79%，而 Si—OH 基团的相对含量增加了 37.92%，此时 Ca—OOCR 基团的相对含量为 33.38%。结合图 4-45 及表 4-21 可知，此时溶液中的 Ca^{2+} 主要以 $Ca(OH)_2$ 和 $Ca(OH)^+$ 形式存在，当溶液中加入 Ca^{2+} 后，其中一部分 Ca^{2+} 优先与白云母［100］等断裂面吸附的 OH^- 反应生成

$Ca(OH)^+$，从而导致白云母表面的 Zeta 电位正向增大，促进了油酸根等离子在白云母表面的静电吸附作用；此外，Ca^{2+}吸附在白云母表面增加了白云母表面的活性点数量，即增加了溶液中的油酸根等离子与白云母表面的 Ca、Al、Si 活性点发生化学吸附的概率，最后吸附于白云母表面的 $Ca(OH)_2$ 和 $Ca(OH)^+$还可以与油酸根反应生成疏水油酸钙。在上述三者因素的共同作用下，较大地改善了白云母表面的可浮性。

在酸性条件下 Ca^{2+}难以与白云母表面的 OH^-反应生成 $Ca(OH)^+$，因此在酸性条件下 Ca^{2+}对白云母没有活化作用。

4.2.3.4 Cu^{2+}对白云母浮选行为的影响机理

A Cu^{2+}溶液化学分析

Cu^{2+}在溶液中发生的主要反应如下：

$$Cu^{2+} + OH^- \rightleftharpoons Cu(OH)^+ \qquad K_1 = \frac{[Cu(OH)^+]}{[OH^-][Cu^{2+}]} = 10^{6.3} \tag{4-44}$$

$$Cu^{2+} + 2OH^- \rightleftharpoons Cu(OH)_2 \qquad K_2 = \frac{[Cu(OH)_2]}{[OH^-]^2[Cu^{2+}]} = 10^{12.8} \tag{4-45}$$

$$Cu^{2+} + 3OH^- \rightleftharpoons Cu(OH)_3^- \qquad K_3 = \frac{[Cu(OH)_3^-]}{[OH^-]^3[Cu^{2+}]} = 10^{14.5} \tag{4-46}$$

$$Cu^{2+} + 4OH^- \rightleftharpoons Cu(OH)_4^{2-} \qquad K_4 = \frac{[Cu(OH)_4^{2-}]}{[OH^-]^4[Cu^{2+}]} = 10^{16.4} \tag{4-47}$$

$$[Cu] = [Cu(OH)^+] + [Cu(OH)_2] + [Cu^{2+}] + [Cu(OH)_3^-] + [Cu(OH)_4^{2-}] \tag{4-48}$$

定义分布系数：

$$\Phi_0 = \frac{[Cu^{2+}]}{[Cu]} = \frac{1}{1 + K_1[OH^-] + K_2[OH^-]^2 + K_3[OH^-]^3 + K_4[OH^-]^4} \tag{4-49}$$

$$\Phi_1 = \frac{[Cu(OH)^+]}{[Cu]} = \frac{1}{\frac{K_3}{K_1}[OH^-]^2 + \frac{K_4}{K_1}[OH^-]^3 + \frac{1}{K_1[OH^-]} + 1 + [OH^-]\frac{K_2}{K_1}} \tag{4-50}$$

$$\Phi_2 = \frac{[Cu(OH)_2]}{[Cu]} = \frac{1}{\frac{K_3}{K_2}[OH^-] + \frac{K_4}{K_2}[OH^-]^2 + \frac{1}{K_2[OH^-]^2} + 1 + [OH^-]\frac{K_1}{K_2}} \tag{4-51}$$

$$\Phi_3 = \frac{[Cu(OH)_3^-]}{[Cu]} = \frac{1}{\dfrac{K_2}{[OH^-]K_3} + \dfrac{K_1}{[OH^-]^2K_3} + \dfrac{1}{K_3[OH^-]^3} + 1 + [OH^-]\dfrac{K_4}{K_3}} \tag{4-52}$$

$$\Phi_4 = \frac{[Cu(OH)_4^{2-}]}{[Cu]} = \frac{1}{\dfrac{K_2}{[OH^-]^2K_4} + \dfrac{K_1}{[OH^-]^3K_4} + \dfrac{1}{K_4[OH^-]^4} + 1 + [OH^-]\dfrac{K_3}{K_4}} \tag{4-53}$$

代入相关数据进行计算并绘制了成分分布系数与 pH 值关系图，如图 4-52 所示。

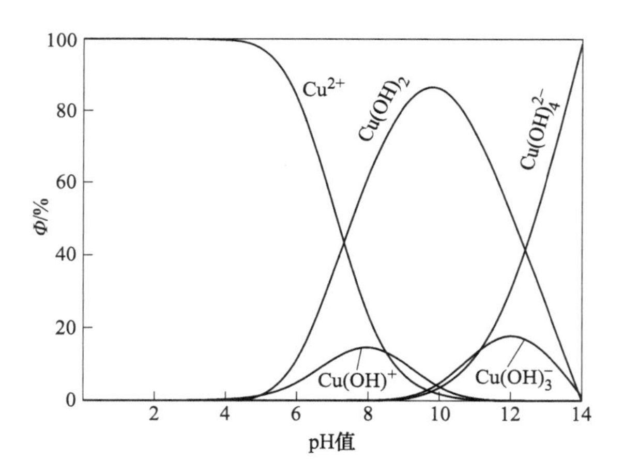

图 4-52 pH 值与 Cu^{2+} 成分分布系数图

由图 4-52 可知，Cu^{2+} 在溶液中以 Cu^{2+}、$Cu(OH)^+$、$Cu(OH)_2$、$Cu(OH)_3^-$、$Cu(OH)_4^{2-}$ 形式存在。当 pH<4 时溶液中仅存在 Cu^{2+}，当 4<pH<11 时，随着 pH 值增大 Cu^{2+} 含量逐渐减小直至消失；当 pH 值为 4 时，开始形成 $Cu(OH)^+$、$Cu(OH)_2$，其中 $Cu(OH)^+$ 相对含量较小，存在于 pH 值为 4~11 时，$Cu(OH)_2$ 相对含量较高，存在于 pH 值为 4~14 时。此外，当 pH 值大于 9 时，溶液中存在 $Cu(OH)_3^-$、$Cu(OH)_4^{2-}$ 组分，随着 pH 值增大 $Cu(OH)_4^{2-}$ 相对含量逐渐占优势，而 $Cu(OH)_3^-$ 相对含量逐渐减小。

B Zeta 电位检测

研究表征了在 pH 值为 12 和油酸钠浓度为 9.2×10^{-4} mol/L 的条件下，不同 Cu^{2+} 浓度下白云母表面的 Zeta 电位，结果如图 4-53 所示。

由图 4-53 可知，当 Cu^{2+} 浓度增大，白云母表面的 Zeta 电位呈抛物线趋势变

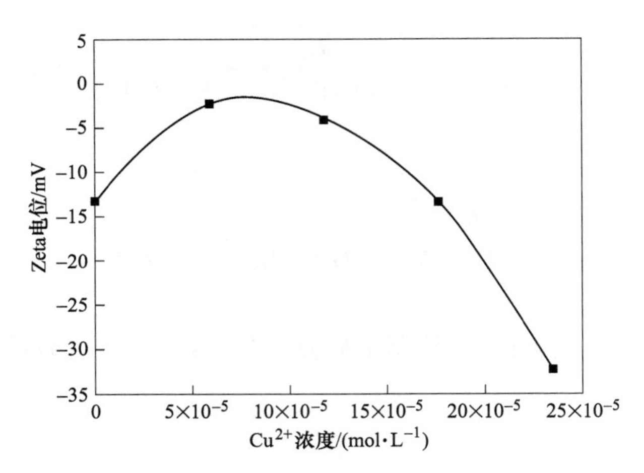

图 4-53　不同 Cu^{2+}浓度下白云母表面 Zeta 电位

化。当 Cu^{2+}浓度为 5.88×10^{-5} mol/L 时，其 Zeta 电位达到最大值-2.19 mV，此后随着 Cu^{2+}浓度增大，白云母表面的 Zeta 电位负向增大，当 Cu^{2+}含量为 2.35×10^{-4} mol/L 时白云母表面的 Zeta 电位为-32.38 mV。结合图 4-52 可知，溶液中存在 $Cu(OH)_3^-$、$Cu(OH)_4^{2-}$ 和 $Cu(OH)_2$ 物质，当 Cu^{2+}浓度较小时，其优先与白云母表面发生化学吸附反应，形成带正电的 $Cu(OH)^+$物质，导致白云母表面的 Zeta 电位正向增大，但随着 Cu^{2+}浓度的增大，其与溶液中的 OH^-反应生成 $Cu(OH)_3^-$、$Cu(OH)_4^{2-}$ 和 $Cu(OH)_2$ 吸附在白云母表面，导致白云母表面的 Zeta 电位负向增大。

C　扫描电镜分析

为研究 Cu^{2+}在白云母表面的吸附特点，对经 pH 值为 12、9.20×10^{-4} mol/L 的油酸钠及 1.76×10^{-4} mol/L Cu^{2+}作用的白云母样品进行了［001］和［100］等断裂面的SEM 表征，为了减小试验误差，每个晶面均用EDS 检测了3 次，并取3 次结果的平均值作为分析结果，结果如图 4-54 和表 4-26 所示。

表 4-26　Cu^{2+}作用后白云母表面 EDS 分析

晶面		相对含量（质量分数）/%						
		C	O	Na	Al	Si	K	Cu
［001］面（解理面）	位置 a	8.88	50.55	0.41	13.88	17.52	7.03	1.74
	位置 b	0.67	38.39	0.81	21.72	28.5	9.59	0.31
	位置 c	0.86	39.75	0.59	21.32	28.03	9.27	0.17
	平均含量	3.47	42.89	0.60	18.97	24.68	8.63	0.74

续表 4-26

晶面		相对含量(质量分数)/%						
		C	O	Na	Al	Si	K	Cu
[100] 面、[001] 面	位置 d	2.6	35.93	0	16.78	30.96	12.4	1.34
	位置 e	2.52	54.95	0.26	15.21	21.13	5.67	0.26
	位置 f	5.03	50.55	0.59	15.4	22.36	5.82	0.25
	平均含量	3.38	47.14	0.28	15.79	24.81	7.96	0.61

图 4-54 Cu^{2+}作用后白云母的 SEM 图

(a) 位置 a;(b) 位置 b;(c) 位置 c;(d) 位置 d;(e) 位置 e;(f) 位置 f

由图 4-54 和表 4-26 可知,经油酸钠与 Cu^{2+}作用后的白云母与油酸钠作用的白云母相比,白云母表面出现了 Cu 元素,在 [001] 面上 Cu 元素含量为 0.74%,Al 元素含量增加了 0.62 个百分点,Si 元素含量增加了 0.92 个百分点;在 [100] 等断裂面上 Cu 元素含量为 0.61%,Al 元素含量减少了 0.12 个百分点,Si 元素含量增加了 1.81 个百分点。由此可知,Cu^{2+}吸附在白云母的 [001] 面上,能使白云母在 [001] 面上暴露的 Si、Al 活性点数量增多;当 Cu^{2+}吸附在白云母 [100] 等断裂面上,使该面上 Al 活性点数量减小,而 Si 活性点的数量增加。此外,对比 [001] 和 [100] 等断裂面上 Cu、Al、Si 元素含量还可知,Cu^{2+}对白云母的 [001] 和 [100] 等断裂面上 Al、Si 活性点数量影响较小,且 Cu^{2+}主要吸附于白云母 [001] 面上,其次吸附于白云母 [100] 等断裂面上。

D　XPS 分析

为了揭示在油酸钠体系下 Cu^{2+} 与白云母的作用机理，研究采用 XPS 表征了不同药剂作用后的白云母矿样，结果如图 4-55 所示。

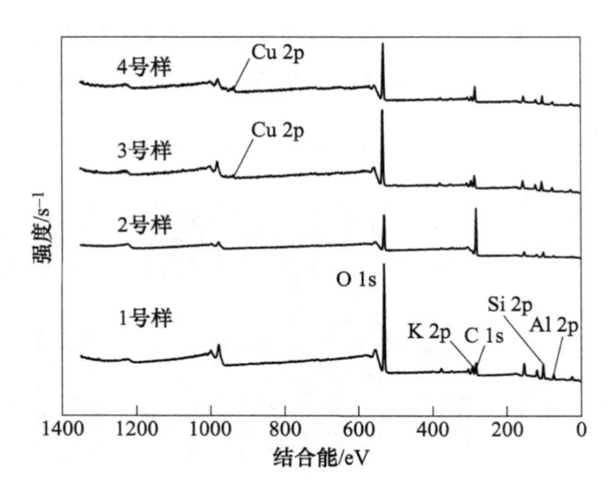

图 4-55　白云母样品的 XPS 全谱图

由图 4-55 可知，经 Cu^{2+} 作用的白云母，其表面的各元素的特征峰发生了不同程度变化。研究对 XPS 图谱进行深入分析，分析了白云母表面各元素的相对含量和电子结合能，分析结果见表 4-27 和表 4-28。

表 4-27　白云母表面元素相对含量

白云母样品	pH 值	药剂浓度/(mol · L^{-1})		相对含量（质量分数）/%			
		油酸钠	Cu^{2+}	Si	Al	C	Cu
1 号样	—	0.00	0.00	19.57	11.30	14.82	0.00
2 号样	6	9.20×10^{-4}	0.00	9.37	4.51	61.29	0.00
3 号样	12	9.20×10^{-4}	1.18×10^{-4}	17.07	11.75	18.66	0.76
4 号样	12	9.20×10^{-4}	2.36×10^{-4}	14.08	11.75	31.25	2.01

由表 4-27 可知，与白云母纯矿物相比，经油酸钠作用白云母表面的 Si 和 Al 的相对含量分别减少了 10.20%和 6.79%，C 元素相对含量增加了 46.47%，这是油酸根等离子吸附在白云母表面引起的。Cu^{2+} 作用的白云母与油酸钠作用的白云母矿物相比，表面的 Si 和 Al 的相对含量增加，同时白云母表面出现 Cu 元素，且其相对含量随着溶液中 Cu^{2+} 浓度的增大而增大，这表明白云母表面吸附了 Cu 离子，使白云母表面的活性点数量增多。

表 4-28 白云母表面元素电子结合能

白云母样品	pH 值	药剂浓度/($mol \cdot L^{-1}$)		Si 2p/eV	Al 2p/eV
		油酸钠	Cu^{2+}		
1 号样	—	0.00	0.00	102.16	74.03
2 号样	6	9.20×10^{-4}	0.00	101.33	73.47
3 号样	12	9.20×10^{-4}	1.18×10^{-4}	102.74	74.39
4 号样	12	9.20×10^{-4}	2.36×10^{-4}	102.50	74.89

由表 4-28 可知，与白云母纯矿物相比，经油酸钠作用的白云母矿物，其表面的 Si、Al 元素的结合能减小，这表明油酸根等离子在白云母表面发生了化学吸附，而加入 Cu^{2+} 后白云母表面的 Si、Al 元素的结合能增大，这表明溶液中的油酸根等离子与白云母表面的 Si、Al 元素吸附作用减小，但白云母表面吸附了 Cu^{2+}，油酸根等离子与 Cu^{2+} 作用，从而起到活化作用。研究对 Al、Si 和 Cu 的 XPS 图谱进行了分峰处理，结果如图 4-56～图 4-58 和表 4-29～表 4-31 所示。

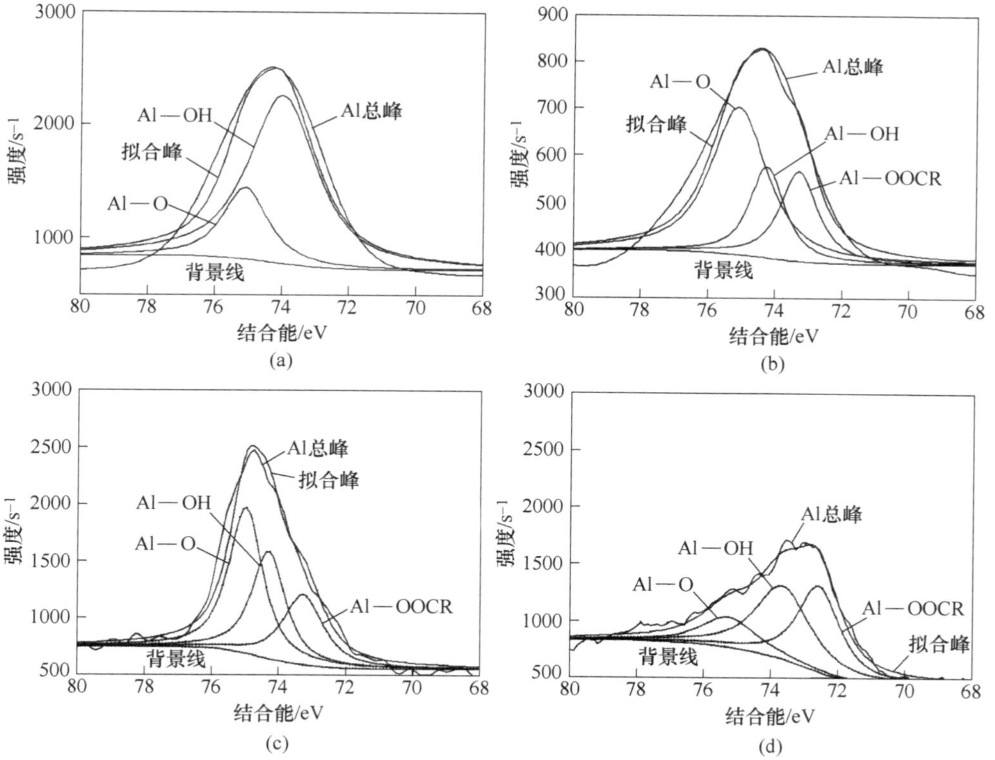

图 4-56 Al 2p 的高分辨扫描 XPS 图谱及分峰拟合图
(a) 1 号样；(b) 2 号样；(c) 3 号样；(d) 4 号样

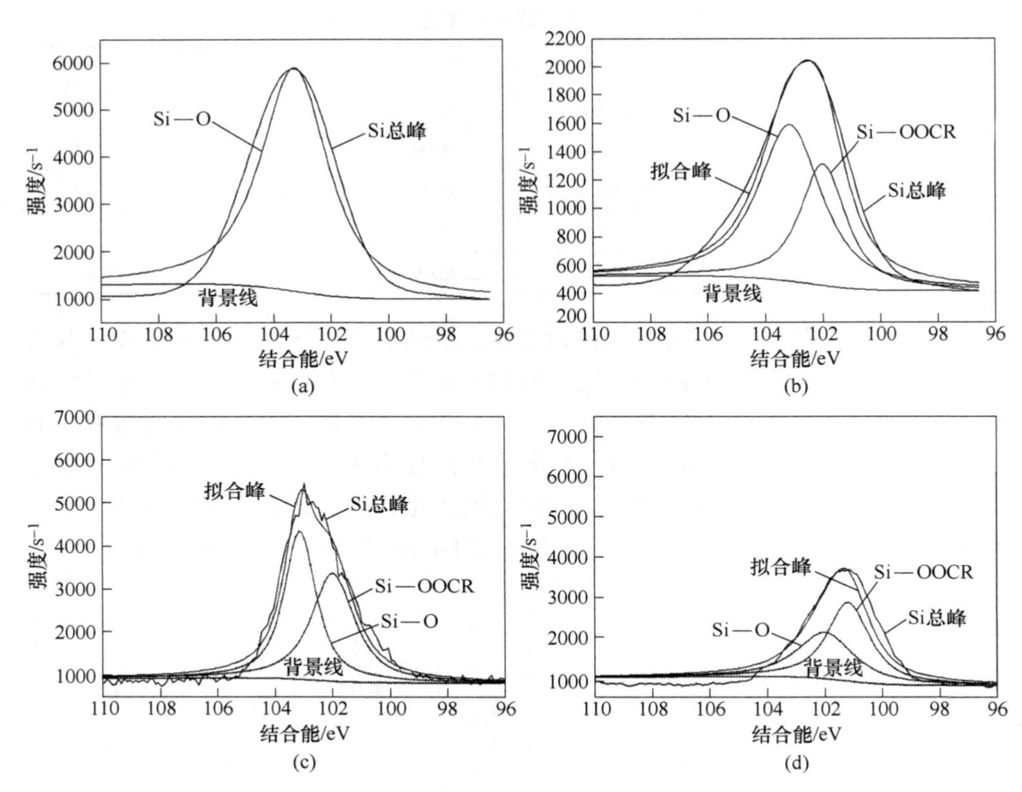

图 4-57　Si 2p 的高分辨扫描 XPS 图谱及分峰拟合图

(a) 1 号样；(b) 2 号样；(c) 3 号样；(d) 4 号样

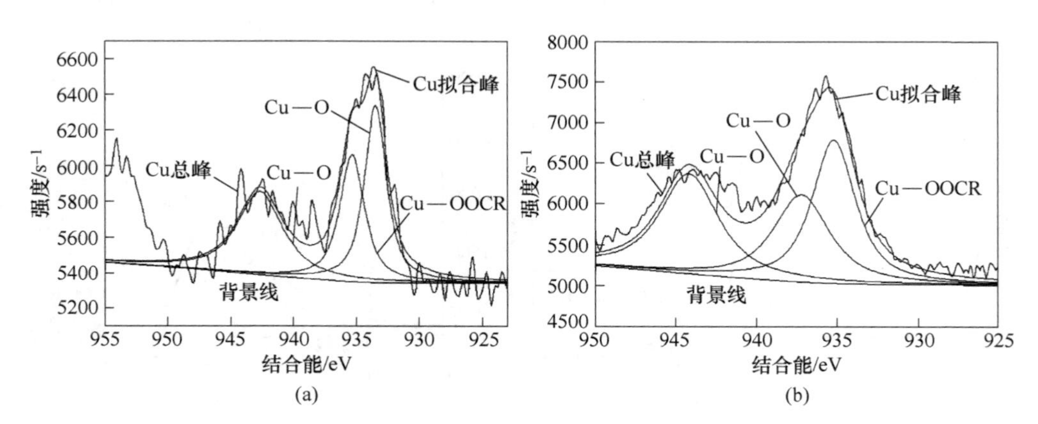

图 4-58　Cu 2p 的高分辨扫描 XPS 图谱及分峰拟合图

(a) 3 号样；(b) 4 号样

表 4-29 分峰拟合各形态 Al 的分布比例

白云母样品	pH 值	药剂浓度/($mol \cdot L^{-1}$)		总峰面积	Al—O 面积	Al—OH 面积	Al—OOCR 面积	Al—O 相对含量/%	Al—OH 相对含量/%	Al—OOCR 相对含量/%
		油酸钠	Cu^{2+}							
1 号样	—	0.00	0.00	5704.81	1478.11	5226.70	0.00	25.91	74.09	0.00
2 号样	6	9.20×10^{-4}	0.00	1644.58	917.24	353.27	374.07	55.78	21.48	22.74
3 号样	12	9.20×10^{-4}	1.18×10^{-4}	6013.85	2263.40	1662.46	1308.60	37.19	27.64	35.17
4 号样	12	9.20×10^{-4}	2.36×10^{-4}	7215.71	766.35	1855.95	1669.82	10.62	25.72	63.66

表 4-30 分峰拟合各形态 Si 的分布比例

白云母样品	pH 值	药剂浓度/($mol \cdot L^{-1}$)		总峰面积	Si—O 面积	Si—OOCR 面积	Si—O 相对含量/%	Si—OOCR 相对含量/%
		油酸钠	Cu^{2+}					
1 号样	—	0.00	0.00	15966.96	15966.96	0.00	100.00	0.00
2 号样	6	9.20×10^{-4}	0.00	6604.82	4210.19	2394.63	63.74	36.26
3 号样	12	9.20×10^{-4}	1.18×10^{-4}	13235.57	6688.87	6546.70	50.54	49.46
4 号样	12	9.20×10^{-4}	2.36×10^{-4}	9107.68	3995.29	5112.39	43.87	56.13

表 4-31 分峰拟合各形态 Cu 的分布比例

白云母样品	pH 值	药剂浓度/($mol \cdot L^{-1}$)		总峰面积	Cu—O 面积	Cu—OOCR 面积	Cu—O 相对含量/%	Cu—OOCR 相对含量/%
		油酸钠	Cu^{2+}					
1 号样	—	0.00	0.00	0.00	0.00	0.00	0.00	0.00
2 号样	6	9.20×10^{-4}	0.00	0.00	0.00	0.00	0.00	0.00
3 号样	12	9.20×10^{-4}	1.18×10^{-4}	8449.37	5416.59	3032.78	64.10	25.90
4 号样	12	9.20×10^{-4}	2.36×10^{-4}	22557.08	14298.45	8258.63	63.39	26.61

由图 4-56、图 4-57 和图 4-58 可知，经 Cu^{2+} 与油酸钠作用的白云母表面出现了 Al—OOCR、Si—OOCR 和 Cu—OOCR 等价键，这是由于矿浆中油酸根等离子与白云母表面的 Al、Si、Cu 等活性点发生了化学反应。此外，由表 4-29 和表 4-30 还可知，与油酸钠作用的样品相比，经 1.18×10^{-4} mol/L 的 Cu^{2+} 作用的样品，其表面 Al—OOCR 和 Si—OOCR 的相对含量分别增加了 12.43 个百分点和 13.20 个百分点，当 Cu^{2+} 浓度增大到 2.36×10^{-4} mol/L 后，白云母表面的 Al—OOCR 和 Si—OOCR 的相对含量分别增加了 40.92 个百分点和 19.87 个百分点。同时，结

合表 4-31 可知，当矿浆中加入 Cu^{2+}后白云母表面出现了一定含量的 Cu—OOCR，且其含量随着矿浆中 Cu^{2+}浓度的增大而增大。结合图 4-54 和表 4-26 可知，加入的 Cu^{2+}优先与白云母［001］和［100］等断裂面的 OH^-作用形成 $Cu(OH)^+$，即增加了白云母表面的活性点的数量，使油酸根等离子与白云母的作用概率增大；此外，溶液中加入 Cu^{2+}后可促进油酸根等离子与白云母表面的 Al 和 Si 等发生化学吸附；随着 Cu^{2+}浓度的增大，Cu^{2+}与溶液中的 OH^-反应生成 $Cu(OH)_3^-$、$Cu(OH)_4^{2-}$ 和 $Cu(OH)_2$ 吸附在白云母表面，导致油酸根等离子与白云母表面吸附作用减弱，从而使白云母的回收率下降。

4.2.3.5 Pb^{2+}对白云母浮选行为的影响机理

A Pb^{2+}溶液化学分析

Pb^{2+}在溶液中发生的主要反应如下：

$$Pb^{2+} + OH^- \rightleftharpoons Pb(OH)^+ \qquad K_1 = \frac{[Pb(OH)^+]}{[OH^-][Pb^{2+}]} = 10^{6.3} \tag{4-54}$$

$$Pb^{2+} + 2OH^- \rightleftharpoons Pb(OH)_2 \qquad K_2 = \frac{[Pb(OH)_2]}{[OH^-]^2[Pb^{2+}]} = 10^{10.9} \tag{4-55}$$

$$Pb^{2+} + 3OH^- \rightleftharpoons Pb(OH)_3^- \qquad K_3 = \frac{[Pb(OH)_3^-]}{[OH^-]^3[Pb^{2+}]} = 10^{13.9} \tag{4-56}$$

$$[Pb] = [Pb(OH)^+] + [Pb(OH)_2] + [Pb^{2+}] + [Pb(OH)_3^-] \tag{4-57}$$

定义分布系数：

$$\Phi_0 = \frac{[Pb^{2+}]}{[Pb]} = \frac{1}{1 + K_1[OH^-] + K_2[OH^-]^2 + K_3[OH^-]^3} \tag{4-58}$$

$$\Phi_1 = \frac{[Pb(OH)^+]}{[Pb]} = \frac{1}{\frac{K_3}{K_1}[OH^-]^2 + \frac{1}{K_1[OH^-]} + 1 + [OH^-]\frac{K_2}{K_1}} \tag{4-59}$$

$$\Phi_2 = \frac{[Pb(OH)_2]}{[Pb]} = \frac{1}{\frac{K_1}{[OH^-]K_2} + \frac{K_3}{K_2}[OH^-] + \frac{1}{K_2[OH^-]^2} + 1} \tag{4-60}$$

$$\Phi_3 = \frac{[Pb(OH)_3^-]}{[Pb]} = \frac{1}{\frac{K_2}{[OH^-]K_3} + \frac{K_1}{[OH^-]^2K_3} + \frac{1}{K_3[OH^-]^3} + 1} \tag{4-61}$$

代入相关数据进行计算并绘制了成分分布系数与 pH 值关系图，如图 4-59 所示。

由图 4-59 可知，铅主要以 Pb^{2+}、$Pb(OH)^+$、$Pb(OH)_2$、$Pb(OH)_3^-$ 的形式存在于溶液中。当 $0<pH<5$ 时溶液中的优势组分为 Pb^{2+}[69]；当 $5<pH<9.12$ 时

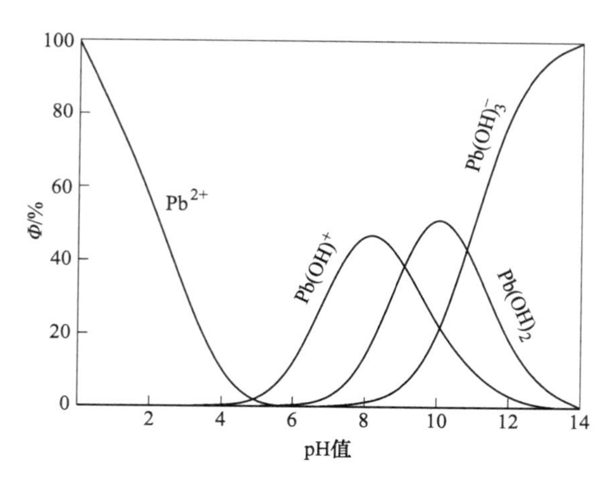

图 4-59 pH 值与铅离子成分分布系数图

$Pb(OH)^+$是溶液中的优势组分；当 9.12<pH<10.83 时溶液中的优势组分为 $Pb(OH)_2$；当 pH>10.83 时溶液中以 $Pb(OH)_3^-$ 形式为主。

B Zeta 电位分析

为了解 Pb^{2+}对白云母表面电性的影响，在矿浆 pH 值为 9、油酸钠浓度为 9.2×10^{-4} mol/L 的条件下，对不同 Pb^{2+}浓度作用后白云母表面的电位进行计算，结果如图 4-60 所示。

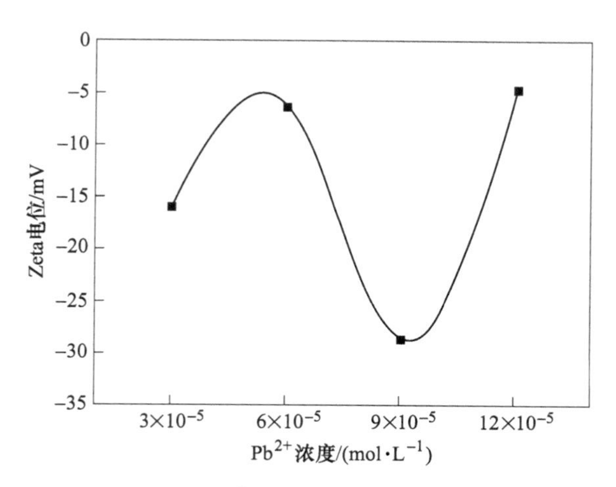

图 4-60 不同 Pb^{2+}浓度下白云母表面 Zeta 电位

由图 4-60 可知，当 Pb^{2+}浓度为 6.04×10^{-5} mol/L 时，白云母表面 Zeta 电位

从−15.97 mV 正向增到−6.43 mV，原因是白云母表面的 K^+ 易溶于溶液中，而 K^+ 与 Pb^{2+} 半径相近[59]，故 Pb^{2+} 易置换 K^+ 使白云母表面 Zeta 电位正向增大；随着 Pb^{2+} 浓度进一步增大，白云母表面 Zeta 电位负向减小到−28.64 mV，其原因在于白云母表面形成 $Pb(OH)_2$ 沉淀的 pH 值受 Pb^{2+} 浓度的影响[59]，结合溶液化学分析可知，Pb^{2+} 浓度为 9.06×10^{-5} mol/L 时，白云母表面会形成 $Pb(OH)_3^-$ 使白云母表面 Zeta 电位减小；当 Pb^{2+} 浓度继续增加到 1.21×10^{-4} mol/L 时，白云母表面 Zeta 电位正向增到−4.74 mV，是由于白云母表面覆盖的 $Pb(OH)_2$ 增多，白云母表面呈现 $Pb(OH)_2$ 的性质所致。

C　XPS 分析

为了研究 Pb^{2+} 在油酸钠体系下对白云母的活化机理，研究采用 XPS 检测了不同药剂作用后的白云母矿样，结果如图 4-61 所示。

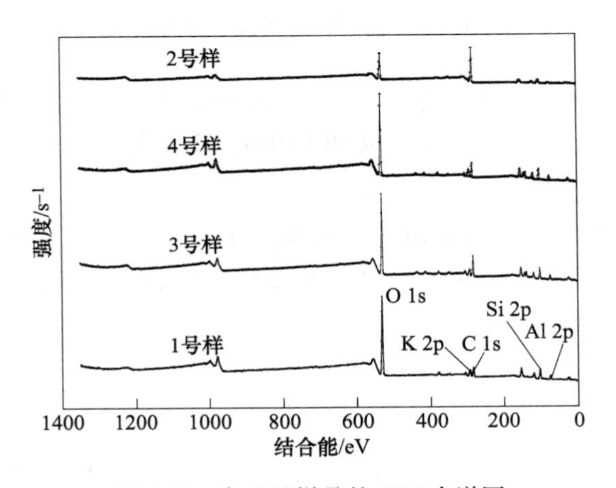

图 4-61　白云母样品的 XPS 全谱图

由图 4-61 可知，样品中含有 K、Si、O、Al、C 等元素。经药剂作用后的白云母与白云母纯矿物相比，其表面的各元素的特征峰有一定程度的变化。通过对 XPS 图进一步的分析，确定了白云母表面各元素的相对含量和电子结合能，分析结果见表 4-32 和表 4-33。

由表 4-32 可知，与白云母纯矿物相比，油酸钠作用后其表面的 Si 和 Al 的相对含量分别减少了 10.20% 和 6.79%，而 C 元素相对含量增加了 46.47%。与油酸钠作用后的白云母矿物相比，油酸钠和 Pb^{2+} 作用后其表面的 Si 和 Al 的相对含量都有所增加，同时 Pb 原子含量增加。对比药剂作用后的样品发现，经 Pb^{2+} 作用后白云母表面的 Si、Al 金属阳离子相对含量与氧相对含量之比依次增大，分别为 0.23、0.25，这表明添加 Pb^{2+} 可增加白云母表面的活性点，使其与油酸根离子的作用概率增大。

表 4-32 白云母表面元素相对含量

白云母样品	pH 值	药剂浓度/(mol · L^{-1})		相对含量（质量分数）/%				阳离子相对含量与氧相对含量之比
		油酸钠	Pb^{2+}	Si	Al	C	Pb	
1 号样	—	0.00	0.00	19.57	11.30	14.82	0.00	0.22
2 号样	6	9.20×10^{-4}	0.00	9.37	4.51	61.29	0.00	0.18
3 号样	9	9.20×10^{-4}	3.02×10^{-5}	15.07	8.88	32.98	0.46	0.23
4 号样	9	9.20×10^{-4}	9.06×10^{-5}	18.00	11.32	18.65	0.60	0.25

表 4-33 白云母表面元素电子结合能

白云母样品	pH 值	药剂浓度/(mol · L^{-1})		Si 2p/eV	Al 2p/eV
		油酸钠	Pb^{2+}		
1 号样	—	0.00	0.00	102.16	74.03
2 号样	6	9.20×10^{-4}	0.00	101.33	73.47
3 号样	9	9.20×10^{-4}	3.02×10^{-5}	101.21	73.07
4 号样	9	9.20×10^{-4}	9.06×10^{-5}	101.33	73.16

由表 4-33 可知，经药剂作用的白云母矿物，其表面的 Si、Al 元素的结合能减小，但 Al 的结合能减小的幅度较大。其中经 Pb^{2+} 作用的样品与仅有油酸钠作用后的样品相比 Al 的结合能漂移了 0.40 eV。可见 Pb^{2+} 可以明显地改变白云母表面 Al 的化学环境，即 Pb^{2+} 强化了白云母表面 Al 的活性，使其易与溶液中的油酸根离子发生化学反应，并生成油酸铅覆盖在白云母表面。为了解 Al 和 Si 元素在白云母表面的存在形态，对 Al 和 Si 的光电子能谱进行了分峰处理，结果分别如图 4-62 和图 4-63、表 4-34 和表 4-35 所示。

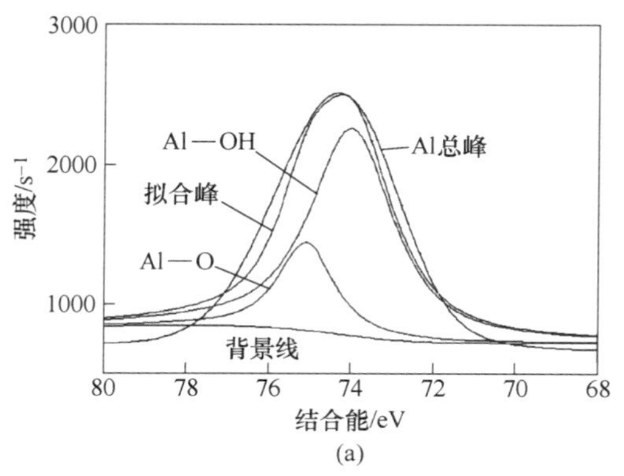

(a)

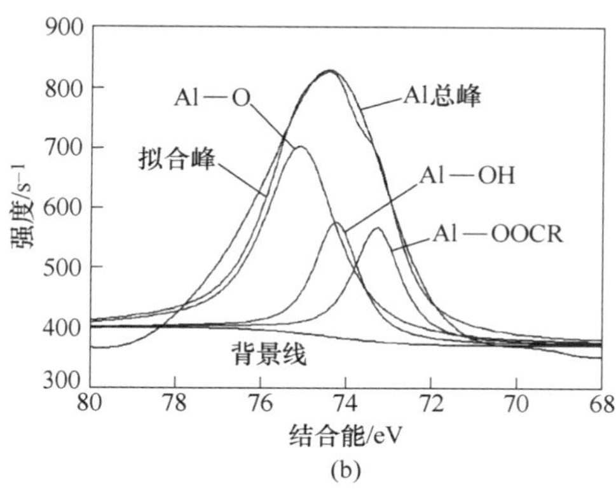

(b)

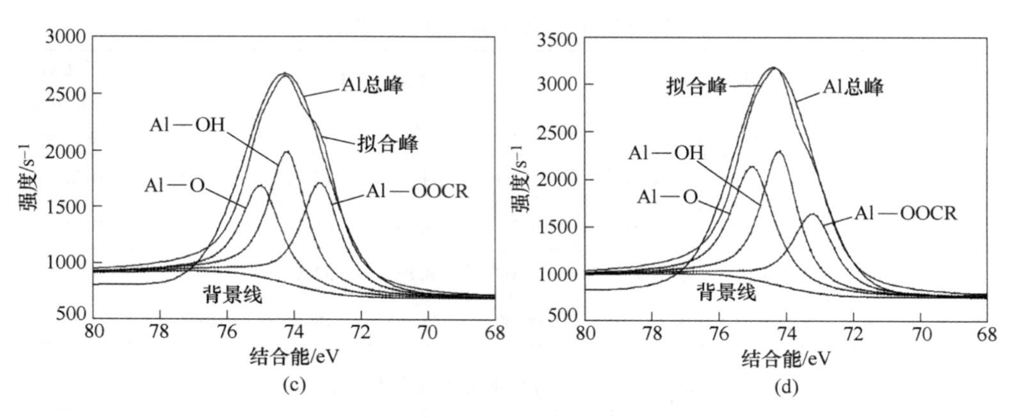

图 4-62　Al 2p 的高分辨扫描 XPS 图谱及分峰拟合图

（a）1 号样；（b）2 号样；（c）3 号样；（d）4 号样

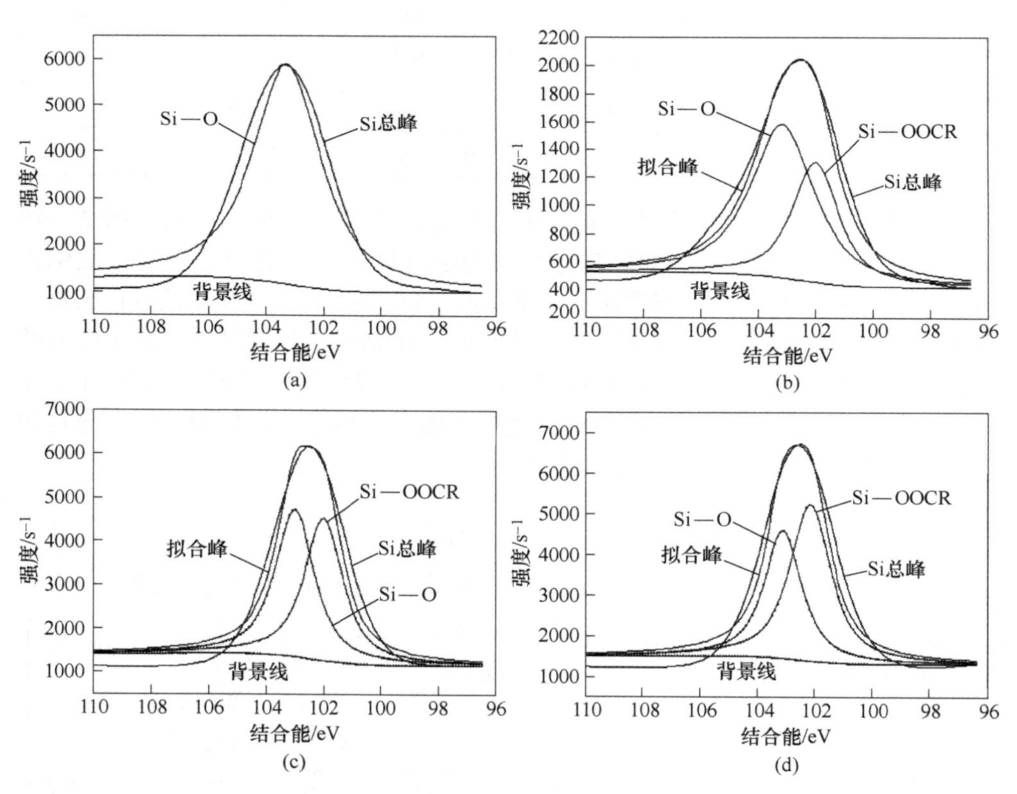

图 4-63　Si 2p 的高分辨扫描 XPS 图谱及分峰拟合图

（a）1 号样；（b）2 号样；（c）3 号样；（d）4 号样

由图 4-62 和图 4-63 可知，白云母试样表面含有 Al—OH，Al—O 和 Si—O 等价键，而经油酸钠作用的白云母试样表面新出现了 Al—OOCR 和 Si—OOCR 等价键，这是由于矿浆中油酸根及其双聚物等与白云母表面的 Al、Si 等活性点发生了化学反应。

表 4-34 分峰拟合各形态 Al 的分布比例

白云母样品	pH 值	药剂浓度/(mol·L^{-1})		总峰面积	Al—O 面积	Al—OH 面积	Al—OOCR 面积	Al—O 相对含量/%	Al—OH 相对含量/%	A—OOCR 相对含量/%
		油酸钠	Pb^{2+}							
1 号样	—	0.00	0.00	5704.81	1478.11	5226.70	0.00	25.91	74.09	0.00
2 号样	6	9.20×10^{-4}	0.00	1644.58	917.24	353.27	374.07	55.78	21.48	22.74
3 号样	9	9.20×10^{-4}	3.02×10^{-5}	6013.85	1681.97	2339.77	992.11	27.97	38.91	33.12
4 号样	9	9.20×10^{-4}	9.06×10^{-5}	7215.71	2643.23	2722.64	1849.84	36.63	37.73	25.64

表 4-35 分峰拟合各形态 Si 的分布比例

白云母样品	pH 值	药剂浓度/(mol·L^{-1})		总峰面积	Si—O 面积	Si—OOCR 面积	Si—O 相对含量/%	Si—OOCR 相对含量/%
		油酸钠	Pb^{2+}					
1 号样	—	0.00	0.00	15966.96	15966.96	0.00	100.00	0.00
2 号样	6	9.20×10^{-4}	0.00	6604.82	4210.19	2394.63	63.74	36.26
3 号样	9	9.20×10^{-4}	3.02×10^{-5}	12436.74	7953.07	4483.67	63.95	36.05
4 号样	9	9.20×10^{-4}	9.06×10^{-5}	16825.92	9392.06	7433.86	55.82	44.18

此外，由表 4-34 和表 4-35 还可知，与油酸钠作用的样品相比，经 3.02×10^{-5} mol/L 的Pb^{2+}作用的样品，其表面 Al—OOCR 的相对含量增加了 10.38 个百分点，而 Si—OOCR 的相对含量变化甚微，当 Pb^{2+} 浓度增大为 9.06×10^{-5} mol/L 后，白云母表面的 Si—OOCR 的相对含量增加了 7.92 个百分点。原因在于加入 Pb^{2+}后白云母表面形成的 $Pb(OH)_2$ 破坏了白云母表面的水化层[79]，使白云母表面暴露更多的 Al 和 Si，增加了油酸根及其双聚物等与白云母的反应概率[91]。由 Pb^{2+}的溶液化学分析可知，此时 Pb^{2+} 主要以 $Pb(OH)_2$ 的形式存在，主要与白云母表面的 Al—OH作用并吸附在白云母表面[92]，溶液中的油酸根及其双聚物等可进一步与 Pb^{2+}反应生成疏水的油酸铅物质，并明显增强白云母的疏水性。

此外，经 3.02×10^{-5} mol/L 和 9.06×10^{-5} mol/L 的 Pb^{2+}作用后的白云母，其表面 Al—OOCR 和 Si—OOCR 总的含量几乎无变化，其分别为 69.17%和 69.82%，这是 Pb^{2+}浓度继续增大而白云母回收率变化不大的主要原因。

4.2.3.6 Al^{3+}对白云母浮选行为的影响机理

A Al^{3+}溶液化学分析

Al^{3+}在溶液中发生的主要反应如下：

$$Al^{3+} + OH^- \rightleftharpoons Al(OH)^{2+} \qquad K_1 = \frac{[Al(OH)^{2+}]}{[OH^-][Al^{3+}]} = 10^{9.01} \tag{4-62}$$

$$Al^{3+} + 2OH^- \rightleftharpoons Al(OH)_2^+ \qquad K_2 = \frac{[Al(OH)_2^+]}{[OH^-]^2[Al^{3+}]} = 10^{18.7} \tag{4-63}$$

$$Al^{3+} + 3OH^- \rightleftharpoons Al(OH)_3 \qquad K_3 = \frac{[Al(OH)_3]}{[OH^-]^3[Al^{3+}]} = 10^{27.0} \tag{4-64}$$

$$Al^{3+} + 4OH^- \rightleftharpoons Al(OH)_4^- \qquad K_4 = \frac{[Al(OH)_4^-]}{[OH^-]^4[Al^{3+}]} = 10^{33.0} \tag{4-65}$$

$$[Al] = [Al(OH)_2^+] + [Al(OH)_3] + [Al^{3+}] + [Al(OH)^{2+}] + [Al(OH)_4^-] \tag{4-66}$$

定义分布系数：

$$\Phi_0 = \frac{[Al^{3+}]}{[Al]} = \frac{1}{1 + K_1[OH^-] + K_2[OH^-]^2 + K_3[OH^-]^3 + K_4[OH^-]^4} \tag{4-67}$$

$$\Phi_1 = \frac{[Al(OH)^{2+}]}{[Al]} = \frac{1}{\frac{K_3}{K_1}[OH^-]^2 + \frac{K_4}{K_1}[OH^-]^3 + \frac{1}{K_1[OH^-]} + 1 + [OH^-]\frac{K_2}{K_1}} \tag{4-68}$$

$$\Phi_2 = \frac{[Al(OH)_2^+]}{[Al]} = \frac{1}{\frac{K_3}{K_2}[OH^-] + \frac{K_4}{K_2}[OH^-]^2 + \frac{1}{K_2[OH^-]^2} + 1 + [OH^-]\frac{K_1}{K_2}} \tag{4-69}$$

$$\Phi_3 = \frac{[Al(OH)_3]}{[Al]} = \frac{1}{\frac{K_2}{[OH^-]K_3} + \frac{K_1}{[OH^-]^2K_3} + \frac{1}{K_3[OH^-]^3} + 1 + [OH^-]\frac{K_4}{K_3}} \tag{4-70}$$

$$\Phi_4 = \frac{[Al(OH)_4^-]}{[Al]} = \frac{1}{\frac{K_2}{[OH^-]^2K_4} + \frac{K_1}{[OH^-]^3K_4} + \frac{1}{K_4[OH^-]^4} + 1 + [OH^-]\frac{K_3}{K_4}} \tag{4-71}$$

代入相关数据进行计算并绘制了成分分布系数与 pH 值关系图，如图 4-64 所示。

由图 4-64 可知，铝在溶液中主要以 Al^{3+}、$Al(OH)^{2+}$、$Al(OH)_2{}^+$、$Al(OH)_3$、$Al(OH)_4^-$ 形式存在。当 $0<pH<7$ 时溶液中存在 Al^{3+}，$pH<3.7$ 时 Al^{3+} 含量占优势；

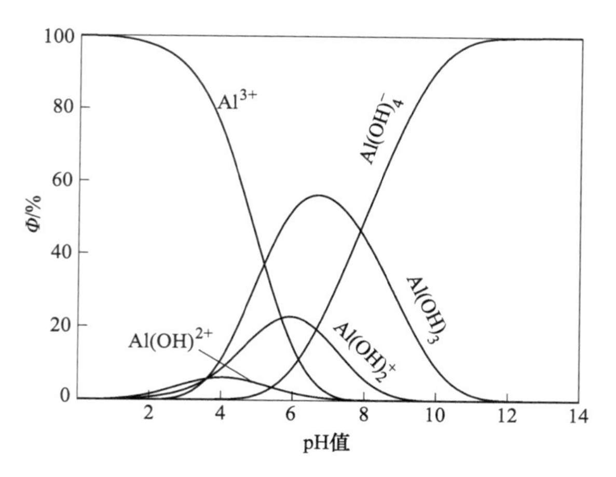

图 4-64 pH 值与 Al^{3+}成分分布系数图

$Al(OH)^{2+}$相对含量较少，且其在 pH 值为 1~7 时存在；当 pH 值为 1~9 时溶液中存在 $Al(OH)_2^+$，但其相对含量少；$Al(OH)_3$ 存在于 pH 值为 1~12 的范围内，其中当 3.7<pH<8 时其为溶液中的优势组分；当 pH 值大于 4 时 $Al(OH)_4^-$ 开始形成，其含量随着 pH 值的升高而增加，当 pH 值大于 8 时其为溶液中的优势组分。

B Zeta 电位分析

在矿浆 pH 值为 6、油酸钠浓度为 9.2×10^{-4} mol/L 的条件下，不同 Al^{3+}浓度下白云母表面的 Zeta 电位结果如图 4-65 所示。

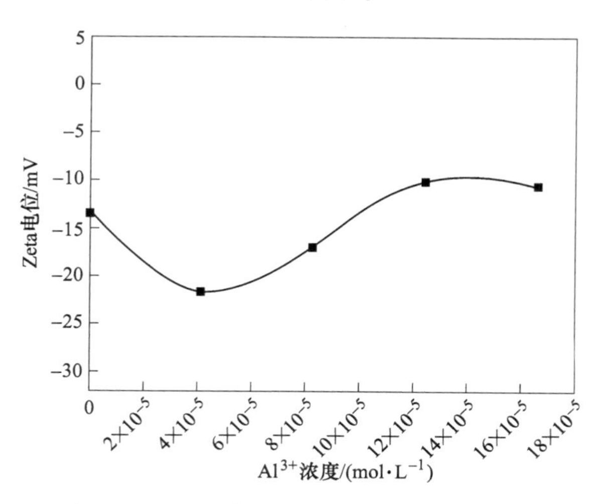

图 4-65 不同 Al^{3+}浓度下白云母表面 Zeta 电位

由图 4-65 可知，随着 Al^{3+}浓度的增加，白云母表面的 Zeta 电位先负向增大，后正向增大，但是白云母表面的 Zeta 电位变化不大。这是由于 Al^{3+} 与白云母表面的羟基发生特性吸附，并形成带正电的铝的羟基化物，这强化了矿浆中的油酸根等离子在白云母表面的静电吸附作用。

C　扫描电镜分析

为了研究 Al^{3+} 在白云母表面的吸附特点，对经 pH 值为 6、9.20×10^{-4} mol/L 的油酸钠及 1.76×10^{-4} mol/L 的 Al^{3+} 作用的白云母样品进行了［001］和［100］等断裂面的 SEM 表征，为了减小试验误差，每个晶面均用 EDS 检测了 3 次，并取 3 次结果的平均值作为分析结果，结果如图 4-66 和表 4-36 所示。

(a)　(b)　(c)　(d)　(e)　(f)

图 4-66　Al^{3+} 作用后白云母 SEM 图

（a）位置 a；（b）位置 b；（c）位置 c；（d）位置 d；（e）位置 e；（f）位置 f

表 4-36　Al^{3+} 作用后白云母表面 EDS 分析

晶面		相对含量（质量分数）/%					
		C	O	Na	Al	Si	K
［001］面（解理面）	位置 a	0.70	45.24	0.52	19.54	26.41	7.59
	位置 b	1.49	35.03	0.53	21.64	29.94	11.37
	位置 c	1.52	46.02	0.93	19.86	24.51	7.17
	平均含量	1.24	42.10	0.66	20.35	26.95	8.71

续表 4-36

晶面		相对含量（质量分数）/%					
		C	O	Na	Al	Si	K
[100] 面、[001] 面	位置 d	0.98	43.06	0.20	18.35	28.27	9.13
	位置 e	2.16	37.64	0.05	18.63	30.24	11.28
	位置 f	0.67	43.01	0.39	19.93	27.25	8.74
	平均含量	1.27	41.23	0.21	18.97	28.59	9.72

由图 4-66 和表 4-36 可知，经油酸钠与 Al^{3+} 作用后的白云母与油酸钠作用的白云母相比，在 [001] 面上 Al 元素相对含量增加了 2.10 个百分点，Si 元素相对含量增加了 3.19 个百分点；在 [100] 等断裂面上 Al 元素相对含量增加了 1.06 个百分点，Si 元素相对含量增加了 5.59 个百分点。由此可知，Al^{3+} 吸附在白云母的 [001] 和 [100] 等断裂面上，能使白云母表面上暴露的 Si 活性点数量增多，其中 Al^{3+} 对白云母 [100] 等断裂面上 Si 活性点数量的影响较大。

D XPS 表征及分析

为了研究在油酸钠体系下，Al^{3+} 对白云母的活化机理，研究借助 XPS 表征了 Al^{3+} 作用后的白云母矿样，结果如图 4-67 所示。

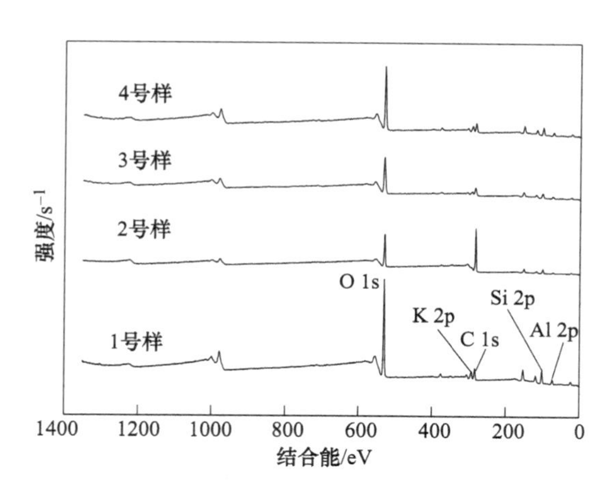

图 4-67 白云母样品的 XPS 全谱图

由图 4-67 可知，样品表面主要元素为 K、Si、O、Al、C。经药剂作用后的白云母表面的各元素的特征峰发生了不同程度的变化。研究对 XPS 图谱进行深入分析，分析了白云母表面各元素的相对含量和电子结合能，分析结果见表 4-37 和表 4-38。

表 4-37　白云母表面元素相对含量

白云母样品	pH 值	药剂浓度/(mol · L^{-1})		相对含量（质量分数）/%		
		油酸钠	Al^{3+}	Si	Al	C
1 号样	—	0.00	0.00	19.57	11.30	14.82
2 号样	6	9.20×10^{-4}	0.00	9.37	4.51	61.29
3 号样	6	9.20×10^{-4}	8.28×10^{-5}	16.33	10.31	22.94
4 号样	6	9.20×10^{-4}	1.66×10^{-4}	17.38	11.02	17.29

表 4-38　白云母表面元素电子结合能

白云母样品	pH 值	药剂浓度/(mol · L^{-1})		Si 2p/eV	Al 2p/eV
		油酸钠	Al^{3+}		
1 号样	—	0.00	0.00	102.16	74.03
2 号样	6	9.20×10^{-4}	0.00	101.33	73.47
3 号样	6	9.20×10^{-4}	8.28×10^{-5}	102.95	74.78
4 号样	6	9.20×10^{-4}	1.66×10^{-4}	102.79	74.51

由表 4-37 可知，与白云母纯矿物相比，经 8.28×10^{-5} mol/L 的 Al^{3+}和油酸钠作用的白云母，其表面的 Si 和 Al 的相对含量分别减少了 3.24%和 0.99%，C 元素相对含量增加了 8.12%；当 Al^{3+}浓度增大至 1.66×10^{-4} mol/L 时，白云母表面的 Si 和 Al 的相对含量变化不大，其相对含量为 17.38%和 11.02%。由表 4-38 可知，由于 Al^{3+}对白云母的作用，使白云母表面的 Si、Al 元素的结合能增大。经 8.28×10^{-5} mol/L 的 Al^{3+}作用的样品与油酸钠作用的样品相比，Al 的结合能漂移了 1.31 eV，Si 的结合能漂移了 1.62 eV。可见白云母表面 Si 与 Al 的化学环境被 Al^{3+}改变，即油酸钠与其发生了化学吸附。

研究对 Al 等的 XPS 图谱进行了分峰处理，结果如图 4-68、图 4-69、表 4-39 和表 4-40 所示。

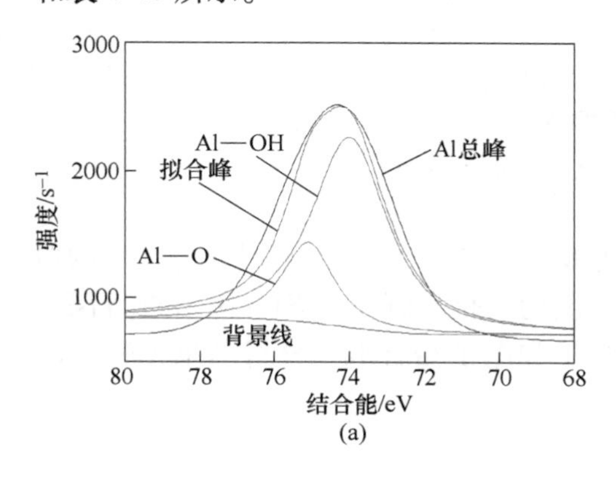

(a)

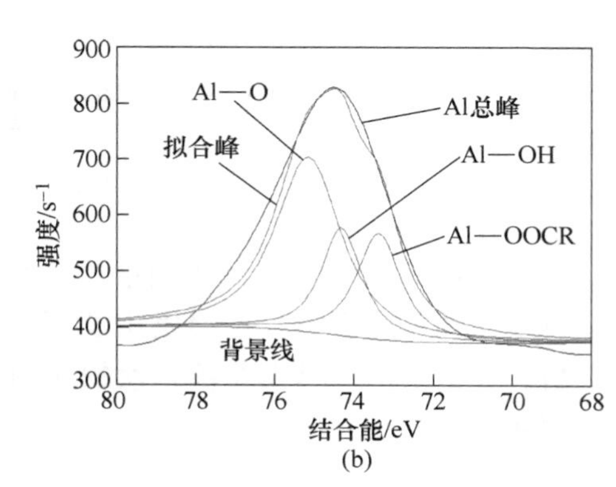

(b)

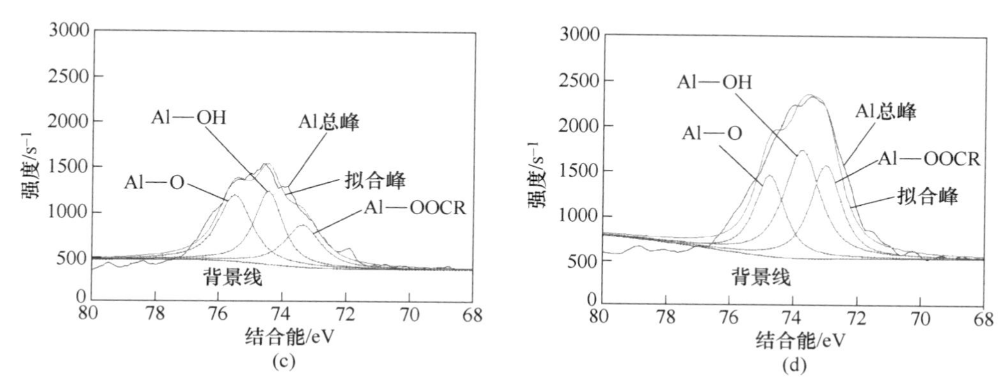

图 4-68 Al 2p 的高分辨扫描 XPS 图谱及分峰拟合图

(a) 1 号样；(b) 2 号样；(c) 3 号样；(d) 4 号样

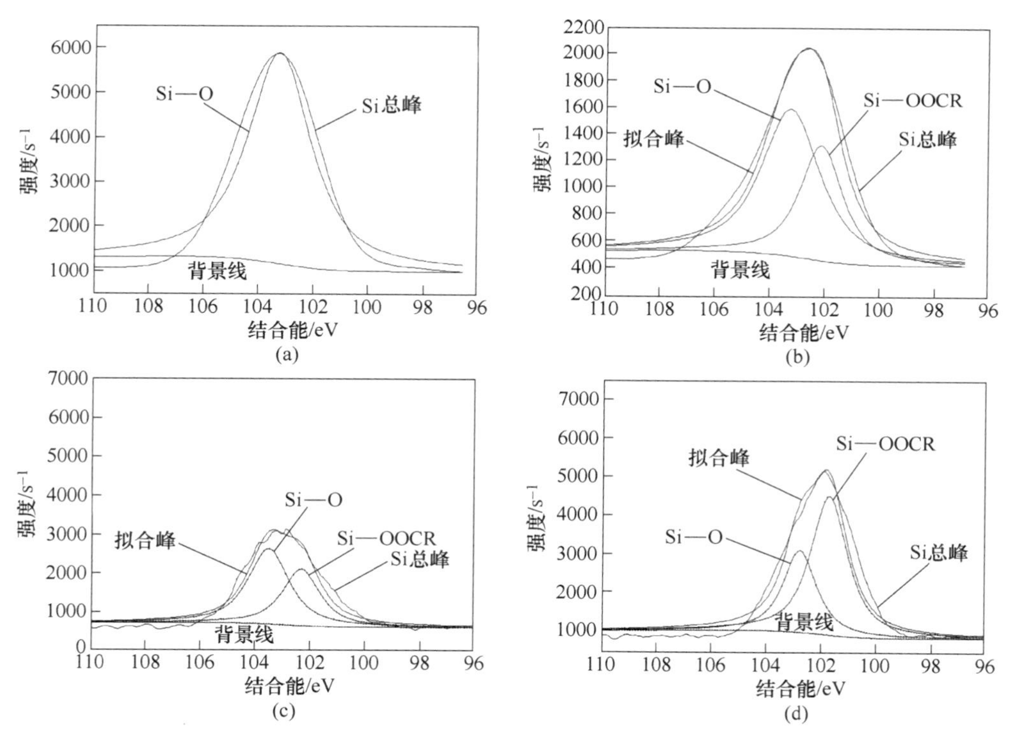

图 4-69 Si 2p 的高分辨扫描 XPS 图谱及分峰拟合图

(a) 1 号样；(b) 2 号样；(c) 3 号样；(d) 4 号样

由图 4-68 和图 4-69 可知，白云母试样表面 Al 和 Si 以 Al—OH，Al—O、Si—O 等形式存在，经油酸钠作用后其表面出现了 Al—OOCR 和 Si—OOCR 等价键，这表明矿浆中油酸根等离子与白云母表面的 Al、Si 等活性点产生了化学吸附。

表 4-39　分峰拟合各形态 Al 的分布比例

白云母样品	pH 值	药剂浓度/($mol\cdot L^{-1}$)		总峰面积	Al—O 面积	Al—OH 面积	Al—OOCR 面积	Al—O 相对含量/%	Al—OH 相对含量/%	Al—OOCR 相对含量/%
		油酸钠	Al^{3+}							
1 号样	—	0.00	0.00	5704.81	1478.11	5226.70	0.00	25.91	74.09	0.00
2 号样	6	9.20×10^{-4}	0.00	1644.58	917.24	353.27	374.07	55.78	21.48	22.74
3 号样	6	9.20×10^{-4}	8.28×10^{-5}	3683.43	1412.55	1304.39	966.49	38.35	35.41	26.27
4 号样	6	9.20×10^{-4}	16.56×10^{-5}	5975.33	1553.22	2537.88	1884.23	25.99	39.46	35.45

表 4-40　分峰拟合各形态 Si 的分布比例

白云母样品	pH 值	药剂浓度/($mol\cdot L^{-1}$)		总峰面积	Si—O 面积	Si—OOCR 面积	Si—O 相对含量/%	Si—OOCR 相对含量/%
		油酸钠	Al^{3+}					
1 号样	—	0.00	0.00	15966.96	15966.96	0.00	100.00	0.00
2 号样	6	9.20×10^{-4}	0.00	6604.82	4210.19	2394.63	63.74	36.26
3 号样	6	9.20×10^{-4}	8.28×10^{-5}	8728.97	5172.86	3556.11	59.26	40.74
4 号样	6	9.20×10^{-4}	1.66×10^{-4}	13533	8803.23	4729.77	65.10	34.90

此外，由表 4-39 和表 4-40 还可知，与油酸钠作用的样品相比，经 Al^{3+} 作用后的白云母表面的 Al—OOCR 物质相对含量明显增加，其中经 8.28×10^{-5} mol/L 的 Al^{3+} 作用的白云母，其表面 Al—OOCR、Si—OOCR 的相对含量分别增加了 4.53 个百分点、4.48 个百分点，当 Al^{3+} 浓度增至 1.66×10^{-4} mol/L 后，白云母表面的 Al—OOCR 的相对含量增加了 12.71 个百分点，Si—OOCR 的相对含量减少了 1.36 个百分点。结合图 4-64 和表 4-36 可知，原因在于加入 Al^{3+} 后，在白云母 [001] 和 [100] 等断裂面首先形成 $Al(OH)_2^+$ 物质，溶液中油酸根等离子与白云母表面的 $Al(OH)_2^+$ 作用，形成疏水油酸盐，此外，Al^{3+} 吸附在白云母表面，有利于油酸根等离子在白云母表面的静电吸附。随着 Al^{3+} 浓度的增大，白云母表面的 $Al(OH)_2^+$ 转变为 $Al(OH)_3$，使得白云母的疏水性降低，活化效果下降。

4.2.3.7　Fe^{3+} 对白云母浮选行为的影响机理

A　Fe^{3+} 溶液化学分析

Fe^{3+} 在溶液中发生的主要反应如下：

$$Fe^{3+} + OH^- \rightleftharpoons Fe(OH)^{2+} \qquad K_1 = \frac{[Fe(OH)^{2+}]}{[OH^-][Fe^{3+}]} = 10^{11.81} \tag{4-72}$$

$$Fe^{3+} + 2OH^- \rightleftharpoons Fe(OH)_2^+ \qquad K_2 = \frac{[Fe(OH)_2^+]}{[OH^-]^2[Fe^{3+}]} = 10^{22.3} \tag{4-73}$$

$$Fe^{3+} + 3OH^- \rightleftharpoons Fe(OH)_3 \qquad K_3 = \frac{[Fe(OH)_3]}{[OH^-]^3[Fe^{3+}]} = 10^{32.05} \tag{4-74}$$

$$Fe^{3+} + 4OH^- \rightleftharpoons Fe(OH)_4^- \qquad K_4 = \frac{[Fe(OH)_4^-]}{[OH^-]^4[Fe^{3+}]} = 10^{34.3} \tag{4-75}$$

$$[Fe] = [Fe(OH)_2^+] + [Fe(OH)_3] + [Fe^{3+}] + [Fe(OH)^{2+}] + [Fe(OH)_4^-] \tag{4-76}$$

定义分布系数：

$$\Phi_0 = \frac{[Fe^{3+}]}{[Fe]} = \frac{1}{1 + K_1[OH^-] + K_2[OH^-]^2 + K_3[OH^-]^3 + K_4[OH^-]^4} \tag{4-77}$$

$$\Phi_1 = \frac{[Fe(OH)^{2+}]}{[Fe]} = \frac{1}{\frac{K_3}{K_1}[OH^-]^2 + \frac{K_4}{K_1}[OH^-]^3 + \frac{1}{K_1[OH^-]} + 1 + [OH^-]\frac{K_2}{K_1}} \tag{4-78}$$

$$\Phi_2 = \frac{[Fe(OH)_2^+]}{[Fe]} = \frac{1}{\frac{K_3}{K_2}[OH^-] + \frac{K_4}{K_2}[OH^-]^2 + \frac{1}{K_2[OH^-]^2} + 1 + [OH^-]\frac{K_1}{K_2}} \tag{4-79}$$

$$\Phi_3 = \frac{[Fe(OH)_3]}{[Fe]} = \frac{1}{\frac{K_2}{[OH^-]K_3} + \frac{K_1}{[OH^-]^2K_3} + \frac{1}{K_3[OH^-]^3} + 1 + [OH^-]\frac{K_4}{K_3}} \tag{4-80}$$

$$\Phi_4 = \frac{[Fe(OH)_4^-]}{[Fe]} = \frac{1}{\frac{K_2}{[OH^-]^2K_4} + \frac{K_1}{[OH^-]^3K_4} + \frac{1}{K_4[OH^-]^4} + 1 + [OH^-]\frac{K_3}{K_4}} \tag{4-81}$$

代入相关数据进行计算并绘制了成分分布系数与 pH 值关系图，如图 4-70 所示。

由图 4-70 可知，Fe^{3+}在不同的 pH 值体系中，存在的状态也不同，当 pH<3.0 时溶液中优势组分为 Fe^{3+}，当 3.0<pH<4.0 时溶液中的优势组分为 $Fe(OH)_2^+$，当 4.0<pH<11.6 时 $Fe(OH)_3$ 为溶液中的优势组分，当 pH 值大于 11.6 时溶液中的优势组分为 $Fe(OH)_4^-$。

B　Zeta 电位分析

在矿浆 pH 值为 6、油酸钠浓度为 9.20×10^{-4} mol/L 的条件下，不同 Fe^{3+}浓度作用后白云母的表面 Zeta 电位结果如图 4-71 所示。

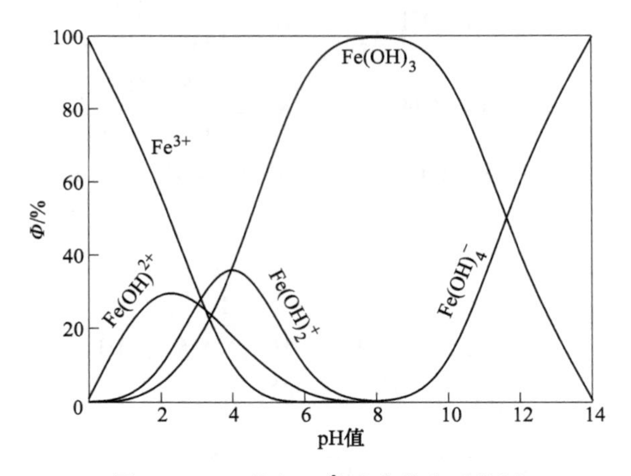

图 4-70　pH 值与 Fe^{3+} 成分分布系数图

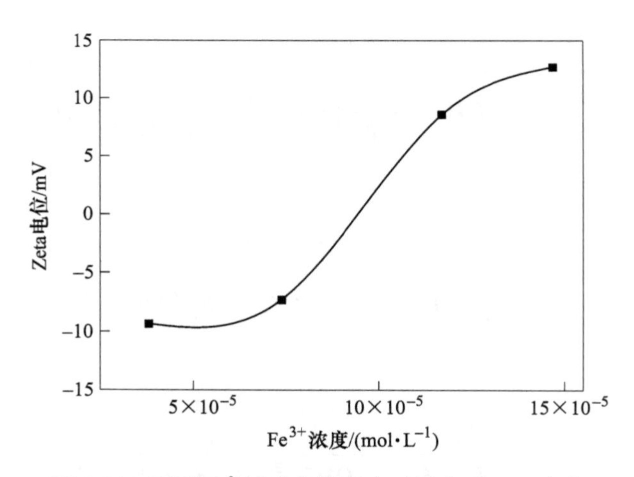

图 4-71　不同 Fe^{3+} 浓度作用后白云母表面 Zeta 电位

由图 4-71 可知，随着 Fe^{3+} 浓度的增加，白云母表面的 Zeta 电位正向增大，当 Fe^{3+} 浓度为 9. 40×10⁻⁵ mol/L 时，白云母表面的电位由负变正。这是由于 Fe^{3+} 首先与白云母表面的羟基发生特性吸附，并形成带正电的铁的羟基化物。随着 Fe^{3+} 浓度的增大，Fe^{3+} 在白云母表面吸附量也增加，导致白云母表面的 Zeta 电位从−9. 30 mV 正向增到 12. 78 mV，这强化了溶液中的油酸根等离子在白云母表面的静电吸附。

C　扫描电镜分析

为研究 Fe^{3+} 在白云母表面的吸附特点，对经 pH 值为 6、9. 20×10⁻⁴ mol/L 的油酸钠及 1.17×10^{-4} mol/L Fe^{3+}作用后的白云母样品进行了［001］和［100］等断裂面的SEM表征，为了减小试验误差，每个晶面均用EDS检测了3次，并取3次结果的平均值作为分析结果，结果如图4-72和表4-41所示。

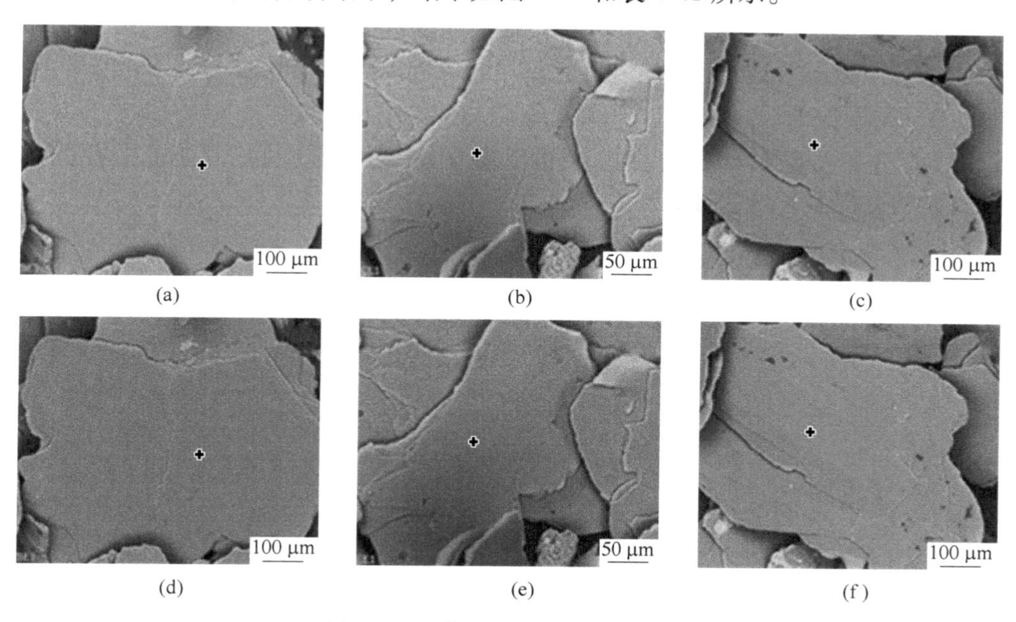

图 4-72 Fe^{3+}作用后白云母SEM图

（a）位置a；（b）位置b；（c）位置c；（d）位置d；（e）位置e；（f）位置f

表 4-41 Fe^{3+}作用后白云母表面EDS分析

晶面		相对含量（质量分数）/%						
		C	O	Na	Al	Si	K	Fe
［001］面（解理面）	位置 a	0.93	45.79	0.75	19.64	23.97	7.74	1.17
	位置 b	1.26	43.64	0.7	19.84	24.94	8.29	1.32
	位置 c	1.66	32.01	0.52	21.85	28.46	12.8	2.68
	平均含量	1.28	40.48	0.66	20.44	25.79	9.61	1.72
［100］面、［001］面	位置 d	12.54	56.08	0.28	11.16	14.7	3.46	12.54
	位置 e	1.5	52.22	0.31	17.31	21.48	6.17	1.5
	位置 f	2.02	40.71	0.11	18.24	25.69	10.79	2.02
	平均含量	5.35	49.67	0.23	15.57	20.62	6.81	5.35

由图4-72和表4-41可知，经油酸钠与Fe^{3+}作用后的白云母与油酸钠作用的白云母相比，白云母表面出现了Fe元素，且Fe元素在白云母［100］等断裂面上的吸附量较多。在［001］面上Fe元素相对含量为1.72%，Al元素相对含量

增加了 2. 19 个百分点，Si 元素相对含量增加了 2. 03 个百分点；在［100］等断裂面上 Fe 元素相对含量为 5. 35%，Al 元素相对含量减少了 2. 34 个百分点，Si 元素相对含量减少了 2. 38 个百分点。由此可知，吸附在白云母［001］面上的 Fe^{3+}，能使白云母［001］面上暴露的 Si、Al 活性点数量增多；吸附在白云母［100］等断裂面上的 Fe^{3+}，使该面上 Si、Al 活性点数量减小。

D　XPS 分析

为了进一步研究 Fe^{3+} 活化白云母的机理，对白云母纯矿物及经药剂作用的白云母矿物进行了 XPS 表征，结果如图 4-73 所示。

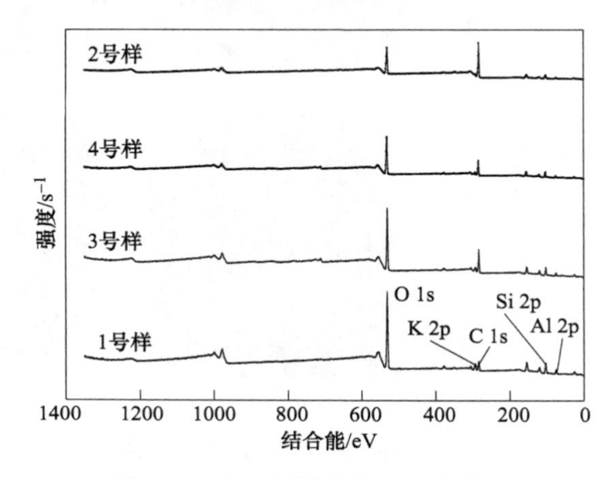

图 4-73　白云母样品的 XPS 全谱图

由图 4-73 可知，经药剂作用后的白云母表面，各元素的特征峰均发生了变化，为了进一步确定白云母表面各元素的相对含量和结合能情况，研究对 XPS 图谱进行了详细的分析，分析结果见表 4-42 和表 4-43。

表 4-42　白云母表面元素相对含量

白云母样品	pH 值	药剂浓度/(mol · L^{-1})		相对含量（质量分数）/%				
		油酸钠	Fe^{3+}	K	Si	Al	C	Fe
1 号样	—	0. 00	0. 00	3. 02	19. 57	11. 30	14. 82	0. 00
2 号样	6	9.20×10^{-4}	0. 00	0. 00	9. 37	4. 51	61. 29	0. 00
3 号样	6	9.20×10^{-4}	7.41×10^{-5}	1. 66	13. 33	7. 55	37. 15	1. 55
4 号样	6	9.20×10^{-4}	1.48×10^{-4}	1. 45	14. 62	7. 55	38. 21	1. 34

由表 4-42 可知，与原矿样相比，经 9.20×10^{-4} mol/L 油酸钠作用的矿样，其表面的 Al 和 Si 的相对含量分别减少了 6. 79 个百分点和 10. 20 个百分点。与油酸钠作用的矿样相比，油酸钠和 Fe^{3+} 作用后白云母表面的 Al 和 Si 相对含量均增加，

且最大增加量分别为 3.04 个百分点和 5.25 个百分点，此外，在白云母表面检测到了 Fe。可见，白云母表面吸附了 Fe^{3+}，同时白云母表面的 Al、Si 离子相对含量增大，即增大了白云母与油酸根离子作用的概率。

表 4-43 白云母表面元素电子结合能

白云母样品	pH 值	药剂浓度/(mol · L^{-1})		Si 2p/eV	Al 2p/eV
		油酸钠	Fe^{3+}		
1 号样	—	0.00	0.00	102.16	74.03
2 号样	6	9.20×10^{-4}	0.00	101.33	73.47
3 号样	6	9.20×10^{-4}	7.41×10^{-5}	101.73	73.37
4 号样	6	9.20×10^{-4}	1.48×10^{-4}	101.54	73.39

由表 4-43 可知，Fe^{3+}和油酸钠作用的白云母样品，与油酸钠作用的样品相比，Al 的结合能减小而 Si 的结合能增大。可见，白云母表面 Al、Si 的化学环境被 Fe^{3+} 改变。为了深入掌握 Al 和 Si 元素在白云母表面的存在形态，研究对 Al、Si 的 XPS 图谱进行了分峰处理，结果如图 4-74、图 4-75 及表 4-44、表 4-45 所示。

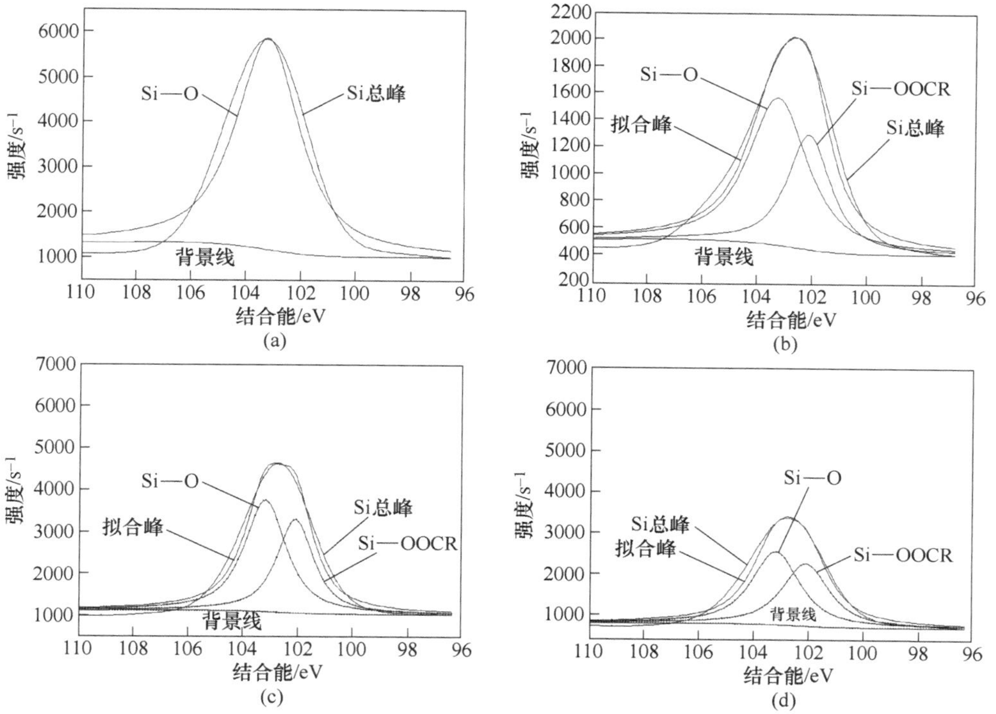

图 4-74 Si 2p 的高分辨扫描 XPS 图谱及分峰拟合图

(a) 1 号样；(b) 2 号样；(c) 3 号样；(d) 4 号样

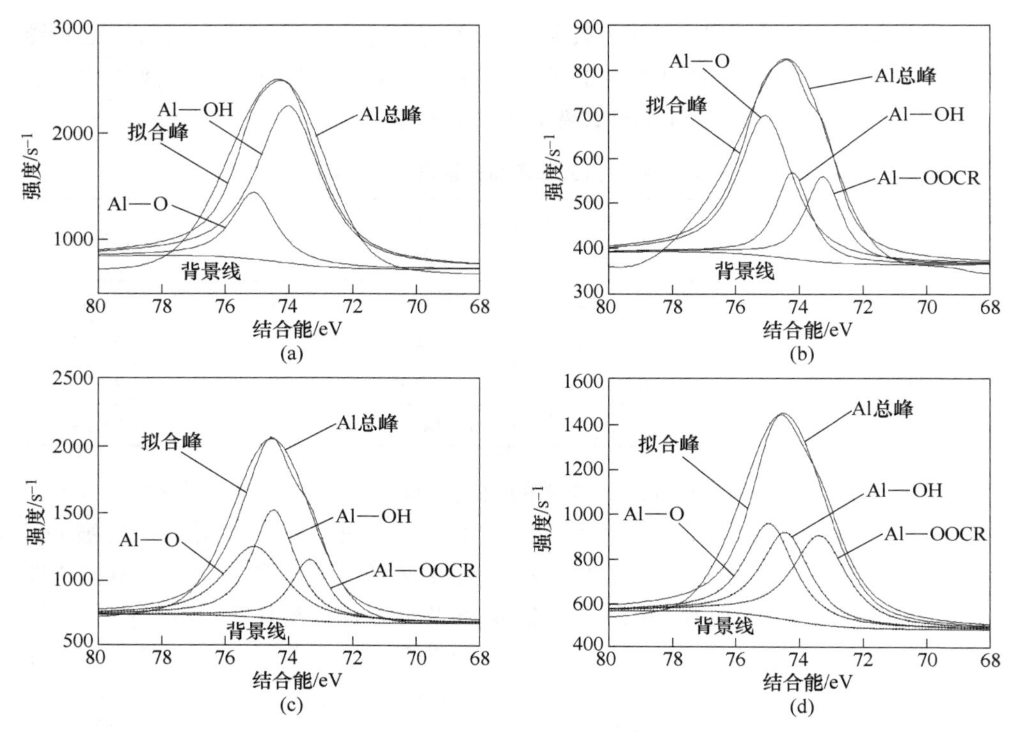

图 4-75　Al 2p 的高分辨扫描 XPS 图谱及分峰拟合图

（a）1 号样；（b）2 号样；（c）3 号样；（d）4 号样

表 4-44　分峰拟合各形态 Si 的分布比例

白云母样品	pH 值	药剂浓度/(mol · L^{-1})		总峰面积	Si—O 面积	Si—OOCR 面积	Si—O 相对含量/%	Si—OOCR 相对含量/%
		油酸钠	Fe^{3+}					
1 号样	—	0.00	0.00	15966.96	15966.96	—	100.00	0.00
2 号样	6	9.20×10^{-4}	0.00	6604.82	4210.19	2394.63	63.74	36.26
3 号样	6	9.20×10^{-4}	7.41×10^{-5}	10592.50	7170.96	3421.54	67.70	32.30
4 号样	6	9.20×10^{-4}	1.48×10^{-4}	10058.87	6900.38	3158.49	68.60	31.40

表 4-45　分峰拟合各形态 Al 的分布比例

白云母样品	pH 值	药剂浓度/(mol · L^{-1})		总峰面积	Al—O 面积	Al—OH 面积	Al—OOCR 面积	Al—O 相对含量/%	Al—OH 相对含量/%	A—OOCR 相对含量/%
		油酸钠	Fe^{3+}							
1 号样	—	0.00	0.00	5704.81	1478.11	5226.70	—	25.91	74.09	—
2 号样	6	9.20×10^{-4}	0.00	1644.58	917.24	353.27	74.07	55.78	21.48	22.74

续表 4-45

白云母样品	pH 值	药剂浓度/(mol · L^{-1})		总峰面积	Al—O 面积	Al—OH 面积	Al—OOCR 面积	Al—O 相对含量/%	Al—OH 相对含量/%	A—OOCR 相对含量/%
		油酸钠	Fe^{3+}							
3 号样	6	9.20×10^{-4}	7.41×10^{-5}	4627.64	1779.82	1902.23	45.59	38.46	41.11	20.43
4 号样	6	9.20×10^{-4}	14.8×10^{-5}	4627.64	1675.99	1961.15	990.50	36.22	42.38	21.40

由图 4-74、图 4-75、表 4-44 和表 4-45 可知，油酸钠作用的白云母表面，出现了 Al—OOCR 和 Si—OOCR 等价键，这是由于矿浆中油酸根等离子与白云母表面局部正电区域发生静电吸附，经油酸钠与 Fe^{3+} 作用的矿样，其表面的 Al—OOCR 和 Si—OOCR 相对含量下降，这是由于 Fe^{3+} 与白云母作用吸附在白云母表面，其减弱了油酸根与白云母表面 Al、Si 的静电吸附。当 pH≤6 时，Fe^{3+} 对白云母活化作用明显，当 pH=6 时，其对白云母的活化效果最佳，当 pH>6 时，随着 pH 值逐渐增大，Fe^{3+} 对白云母的活化作用逐渐减弱。结合已有研究可知，由于 $K_{sp(油酸铁)}=10^{-34.2}$，$K_{sp(氢氧化铁)}=2.8\times10^{-39}$，故 Fe^{3+} 优先与白云母表面的羟基发生反应，并形成带正电的含铁羟基配合物，该配合物与溶液中的油酸根等离子发生反应，增强了白云母表面的疏水性。但随着 Fe^{3+} 浓度的进一步增大，白云母表面形成带正电的含铁羟基配合物达到饱和，此时 Fe^{3+} 会消耗溶液中的油酸根，进而减弱了铁离子对白云母的活化效果。此外，当 6<pH<12 时，Fe^{3+} 优先与溶液中的 OH^- 生成 $Fe(OH)_3$ 罩盖在白云母表面上，减弱了油酸根与白云母表面的作用，当 pH≥12 时，白云母表面的 $Fe(OH)_3$ 溶解生成 $Fe(OH)_4^-$，从而降低了白云母表面的疏水性。

4.2.4 有机调整剂对白云母可浮性影响机理

4.2.4.1 柠檬酸对白云母浮选行为影响机理

A 柠檬酸溶液化学分析

柠檬酸是三元羧酸，其具体水解反应如下列反应式所示。

$$C_6H_5O_7^{3-} + 3H^+ \rightleftharpoons C_6H_8O_7 \tag{4-82}$$

$$C_6H_5O_7^{3-} + H^+ \rightleftharpoons C_6H_6O_7^{2-} \qquad K_1^H = \frac{[C_6H_6O_7^{2-}]}{[C_6H_5O_7^{3-}][H^+]} = 10^{6.40} \tag{4-83}$$

$$C_6H_5O_7^{2-} + H^+ \rightleftharpoons C_6H_7O_7^- \qquad K_2^H = \frac{[C_6H_7O_7^-]}{[C_6H_5O_7^{2-}][H^+]} = 10^{4.76} \tag{4-84}$$

$$C_6H_7O_7^- + H^+ \rightleftharpoons C_6H_8O_7 \qquad K_3^H = \frac{[C_6H_8O_7]}{[C_6H_7O_7^-][H^+]} = 10^{3.13} \tag{4-85}$$

$$\beta_2^H = K_1^H K_2^H = 10^{11.16} \tag{4-86}$$

$$\beta_3^H = K_1^H K_2^H K_3^H = 10^{14.29} \tag{4-87}$$

$$[C] = [C_6H_5O_7^{3-}] + [C_6H_6O_7^{2-}] + [C_6H_7O_7^-] + [C_6H_8O_7] \tag{4-88}$$

定义分布系数：

$$\Phi_0 = \frac{[C_6H_5O_7^{3-}]}{[C]} = \frac{1}{1 + K_1^H[H^+] + \beta_2^H[H^+]^2 + \beta_3^H[H^+]^3} \tag{4-89}$$

$$\Phi_1 = \frac{[C_6H_6O_7^{2-}]}{[C]} = K_1^H \Phi_0[H^+] \tag{4-90}$$

$$\Phi_2 = \frac{[C_6H_7O_7^-]}{[C]} = \beta_2^H \Phi_0[H^+]^2 \tag{4-91}$$

$$\Phi_3 = \frac{[C_6H_8O_7]}{[C]} = \beta_3^H \Phi_0[H^+]^3 \tag{4-92}$$

代入相关数据进行计算并绘制了成分分布系数与 pH 值关系图，如图 4-76 所示。

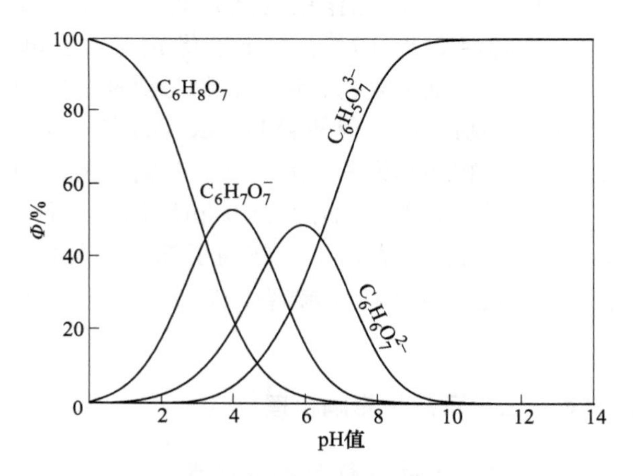

图 4-76　pH 值与柠檬酸成分分布系数图

由图 4-76 可知，当 pH<3 时，溶液中存在 $C_6H_8O_7$、$C_6H_7O_7^-$ 和 $C_6H_6O_7^{2-}$，其中 $C_6H_8O_7$ 为该溶液中的优势组分；当 3<pH<5.00 时，溶液中存在 $C_6H_8O_7$、$C_6H_7O_7^-$、$C_6H_6O_7^{2-}$ 和 $C_6H_5O_7^{3-}$，其中以 $C_6H_7O_7^-$ 组分为主；当 5<pH<6.38 时，溶液中存在 $C_6H_7O_7^-$、$C_6H_6O_7^{2-}$ 和 $C_6H_5O_7^{3-}$，其中主要成分为 $C_6H_6O_7^{2-}$；当 pH>6.38 时，溶液中的优势组分为 $C_6H_5O_7^{3-}$。

B　Zeta 电位分析

在矿浆 pH 值为 6、油酸钠浓度为 9.20×10^{-4} mol/L 的条件下，不同柠檬酸浓度作用的白云母表面的 Zeta 电位结果如图 4-77 所示。

由图 4-77 可知，随着柠檬酸浓度的增大，白云母表面的 Zeta 电位负向增大

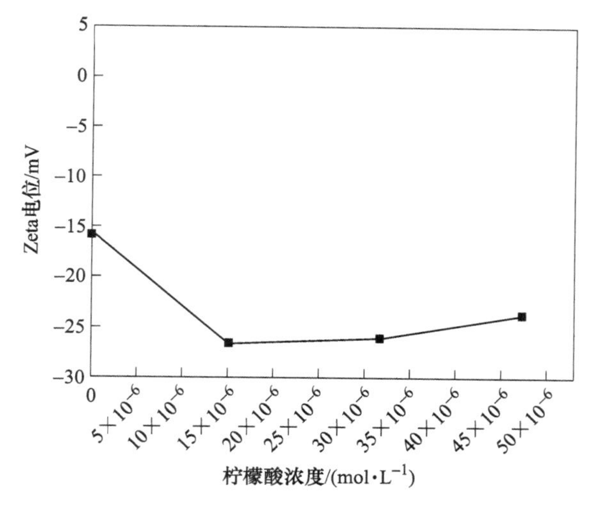

图 4-77 不同柠檬酸浓度作用后白云母表面 Zeta 电位

至基本不变。在 pH 值为 6，油酸钠浓度为 9.20×10^{-4} mol/L 的条件下，当柠檬酸浓度从 0 mol/L 增至 1.74×10^{-5} mol/L 时，白云母表面的 Zeta 电位从−15.58 mV 负向增到−26.66 mV，此后随着柠檬酸浓度的增加，白云母表面的 Zeta 电位基本保持不变。由图 4-77 可知，此时溶液中主要存在 $C_6H_7O_7^-$、$C_6H_6O_7^{2-}$ 和 $C_6H_5O_7^{3-}$ 组分，其与白云母表面作用，柠檬酸吸附在白云母表面，使白云母表面的 Zeta 电位负向增大，此后由于柠檬酸在白云母表面吸附饱和，导致白云母表面的 Zeta 电位基本不变。

C XPS 分析

为研究在油酸钠体系下柠檬酸与白云母的作用机理，采用 XPS 表征了在 pH 值为 6 时，不同药剂作用后的白云母矿样，结果如图 4-78 所示。

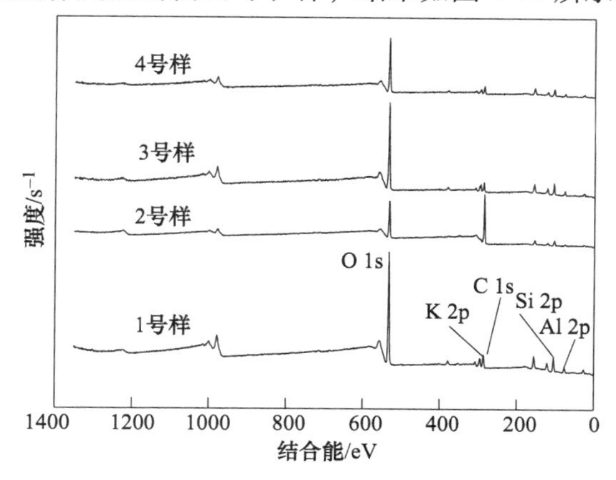

图 4-78 白云母样品的 XPS 全谱图

由图 4-78 可知，经油酸钠作用的白云母表面的 C 含量，明显高于油酸钠和柠檬酸共同作用后白云母表面的 C 含量，这表明加入柠檬酸后，使油酸根、油酸二聚合离子及油酸根-油酸聚合物在白云母表面的吸附作用减弱。白云母表面元素相对含量和电子结合能分析结果见表 4-46 和表 4-47。

表 4-46　白云母表面元素相对含量

白云母样品	pH 值	药剂浓度/(mol · L^{-1})		相对含量（质量分数）/%		
		油酸钠	柠檬酸	Si	Al	C
1 号样	—	0.00	0.00	19.57	11.30	14.82
2 号样	6	9.20×10^{-4}	0.00	9.37	4.51	61.29
3 号样	6	9.20×10^{-4}	1.51×10^{-5}	17.82	11.56	16.66
4 号样	6	9.20×10^{-4}	4.76×10^{-5}	18.80	11.69	15.54

表 4-47　白云母表面元素电子结合能

白云母样品	pH 值	药剂浓度/(mol · L^{-1})		Si 2p/eV	Al 2p/eV
		油酸钠	柠檬酸		
1 号样	—	0.00	0.00	102.16	74.03
2 号样	6	9.20×10^{-4}	0.00	101.33	73.47
3 号样	6	9.20×10^{-4}	1.51×10^{-5}	103.04	74.86
4 号样	6	9.20×10^{-4}	4.76×10^{-5}	103.42	75.23

由表 4-46 可知，经油酸钠作用的白云母，其表面的 Si 和 Al 的相对含量与白云母纯矿物相比，分别减少了 10.20 个百分点和 6.79 个百分点，C 元素相对含量增加了 46.47 个百分点。与油酸钠作用的白云母矿物相比，经油酸钠和柠檬酸作用的白云母表面 Si 和 Al 的相对含量增加，C 元素相对含量降低，这说明油酸根等离子与白云母表面 Al 和 Si 等活性点的吸附作用减弱。由表 4-47 可知，经油酸钠和柠檬酸作用的白云母矿物与油酸钠作用的白云母矿物相比，其表面的 Al、Si 元素的结合能增大。由此可知，柠檬酸明显地改变了白云母表面 Al 与 Si 的化学环境，即柠檬酸降低了白云母表面 Al、Si 的活性，增加了溶液中油酸根等离子与白云母表面 Al、Si 发生化学反应的难度。研究对 Al 和 Si 的 XPS 图谱进行分峰处理，结果如图 4-79、图 4-80、表 4-48 和表 4-49 所示。

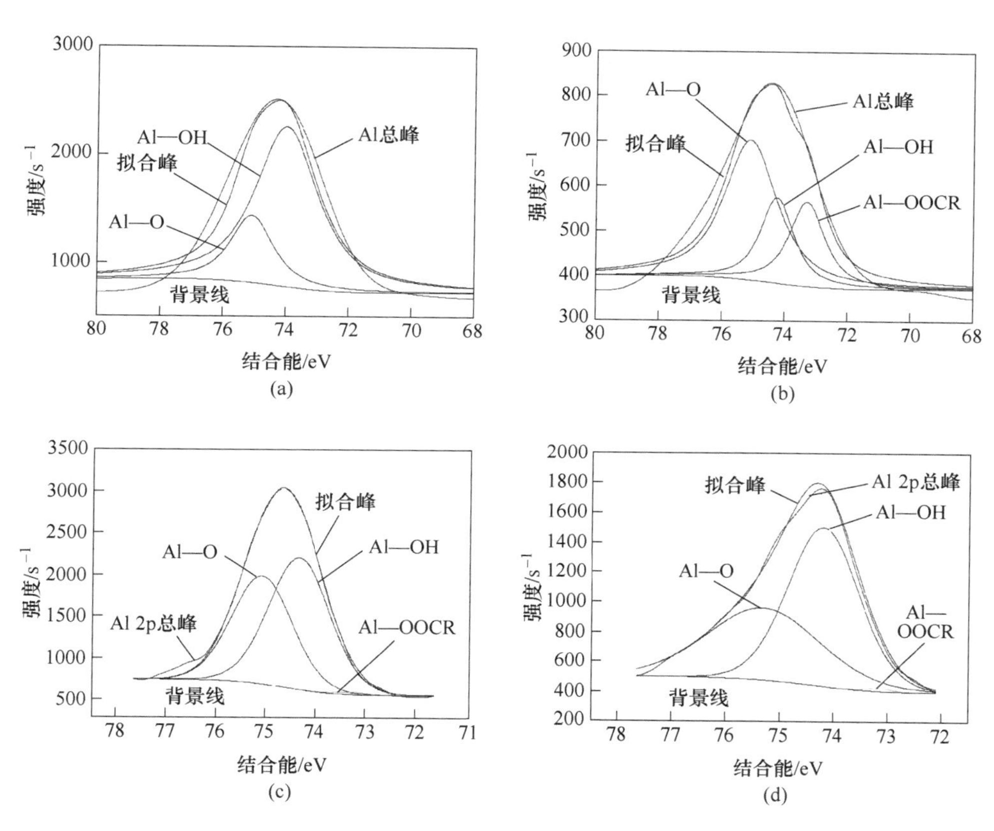

图 4-79 Al 2p 的高分辨扫描 XPS 图谱及分峰拟合图
（a）1 号样；（b）2 号样；（c）3 号样；（d）4 号样

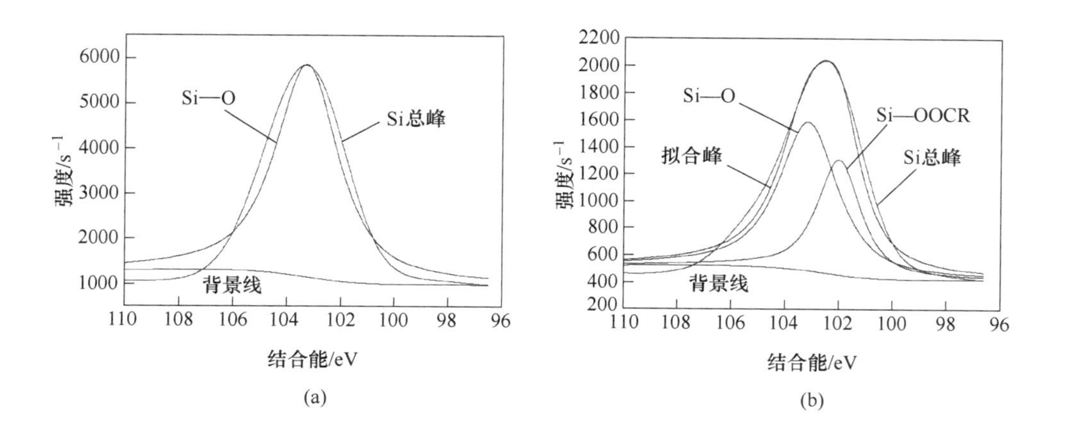

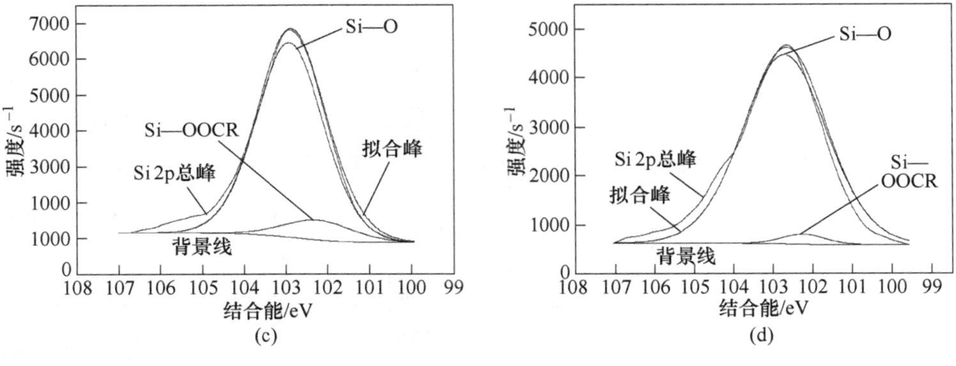

图 4-80 Si 2p 的高分辨扫描 XPS 图谱及分峰拟合图

（a）1号样；（b）2号样；（c）3号样；（d）4号样

表 4-48 分峰拟合各形态 Al 的分布比例

白云母样品	pH 值	药剂浓度/(mol·L^{-1})		总峰面积	Al—O面积	Al—OH面积	Al—OOCR面积	Al—O相对含量/%	Al—OH相对含量/%	Al—OOCR相对含量/%
		油酸钠	柠檬酸							
1号样	—	0.00	0.00	5704.81	1478.11	5226.70	0.00	25.91	74.09	0.00
2号样	6	9.20×10^{-4}	0.00	1644.58	917.24	353.27	374.07	55.78	21.48	22.74
3号样	6	9.20×10^{-4}	1.51×10^{-5}	4541.76	2020.98	2496.16	24.62	44.50	54.96	0.54
4号样	6	9.20×10^{-4}	4.76×10^{-5}	3178.54	1837.57	1329.38	11.59	57.82	41.82	0.36

表 4-49 分峰拟合各形态 Si 的分布比例

白云母样品	pH 值	药剂浓度/(mol·L^{-1})		总峰面积	Si—O面积	Si—OOCR面积	Si—O相对含量/%	Si—OOCR相对含量/%
		油酸钠	柠檬酸					
1号样	—	0.00	0.00	15966.96	15966.96	0.00	100.00	0.00
2号样	6	9.20×10^{-4}	0.00	6604.82	4210.19	2394.63	63.74	36.26
3号样	6	9.20×10^{-4}	1.51×10^{-5}	12029.75	10909.09	1120.66	90.68	9.32
4号样	6	9.20×10^{-4}	4.76×10^{-5}	10687.72	10405.24	282.48	97.36	2.64

由图 4-79 和图 4-80 可知，被油酸钠作用的白云母表面出现了 Al—OOCR 和 Si—OOCR 等价键，这表明白云母表面的 Si、Al 等活性点，与矿浆中油酸根等离子发生了化学吸附。此外，由表 4-48 和表 4-49 可知，与油酸钠作用后的样品相比，经 1.51×10^{-5} mol/L 的柠檬酸作用的白云母，其表面 Al—OOCR 基团的相对含量减小了 22.20%，Si—OOCR 基团的相对含量减小了 26.94%，当柠檬酸浓度进一步增大到 4.76×10^{-5} mol/L 后，白云母表面的 Al—OOCR 基团的相对含量降

低了 22.38%，Si—OOCR 基团的相对含量降低了 33.62%。由于柠檬酸带有—OH 和—COOH 基团，其中—OH 基团亲水，而—COOH 基团既亲固又亲水，当其中一个或几个极性基吸附在白云母表面，从而使白云母表面亲水。

4.2.4.2 苹果酸对白云母浮选行为的影响机理

A 苹果酸溶液化学分析

苹果酸是二元羧酸有机物，其具体水解反应如下列反应式所示。

$$C_4H_4O_5^{2-} + 2H^+ \rightleftharpoons C_4H_6O_5 \quad (4\text{-}93)$$

$$C_4H_4O_5^{2-} + H^+ \rightleftharpoons C_4H_5O_5^- \qquad K_1^H = \frac{[C_4H_5O_5^-]}{[C_4H_4O_5^{2-}][H^+]} = 10^{5.10} \quad (4\text{-}94)$$

$$C_4H_5O_5^- + H^+ \rightleftharpoons C_4H_6O_5 \qquad K_2^H = \frac{[C_4H_6O_5]}{[C_4H_5O_5^-][H^+]} = 10^{3.46} \quad (4\text{-}95)$$

$$\beta_2^H = K_1^H K_2^H = 10^{8.56} \quad (4\text{-}96)$$

$$[C] = [C_4H_6O_5] + [C_4H_4O_5^{2-}] + [C_4H_5O_5^-] \quad (4\text{-}97)$$

定义分布系数：

$$\Phi_0 = \frac{[C_4H_4O_5^{2-}]}{[C]} = \frac{1}{1 + K_1^H[H^+] + \beta_2^H[H^+]^2} \quad (4\text{-}98)$$

$$\Phi_1 = \frac{[C_4H_5O_5^-]}{[C]} = K_1^H \Phi_0[H^+] \quad (4\text{-}99)$$

$$\Phi_2 = \frac{[C_4H_6O_5]}{[C]} = \beta_2^H \Phi_0[H^+]^2 \quad (4\text{-}100)$$

代入相关数据进行计算并绘制了成分分布系数与 pH 值关系图，如图 4-81 所示。

由图 4-81 可知，在不同 pH 值的水溶液中，苹果酸的存在状态及相对含量也不同。当 pH<3 时，溶液中存在 $C_4H_6O_5$、$C_4H_5O_5^-$ 和 $C_4H_4O_5^{2-}$，其中 $C_4H_6O_5$ 是优势组分；当 3<pH<5.00 时，溶液中存在 $C_4H_6O_5$、$C_4H_5O_5^-$ 和 $C_4H_4O_5^{2-}$，其中以 $C_4H_5O_5^-$ 成分为主；当 pH>5 时，溶液中存在 $C_4H_6O_5$、$C_4H_5O_5^-$ 和 $C_4H_4O_5^{2-}$，其中主要成分为 $C_4H_4O_5^{2-}$，此外，随着 pH 值的增大 $C_4H_6O_5$ 和 $C_4H_5O_5^-$ 组分含量逐渐减少，当 pH 值大于 9 时，溶液中仅存 $C_4H_4O_5^{2-}$ 组分。

B Zeta 电位分析

在矿浆 pH=6、油酸钠浓度为 9.2×10^{-4} mol/L 的条件下，不同苹果酸浓度作用后白云母表面的 Zeta 电位结果如图 4-82 所示。

由图 4-82 可知，随着苹果酸浓度的增大，白云母表面的 Zeta 电位先负向增大，随后基本不变。在 pH 值为 6、油酸钠浓度为 9.20×10^{-4} mol/L 的条件下，当苹果酸浓度从 0 mol/L 增到 1.49×10^{-5} mol/L 时，白云母表面的 Zeta 电位从

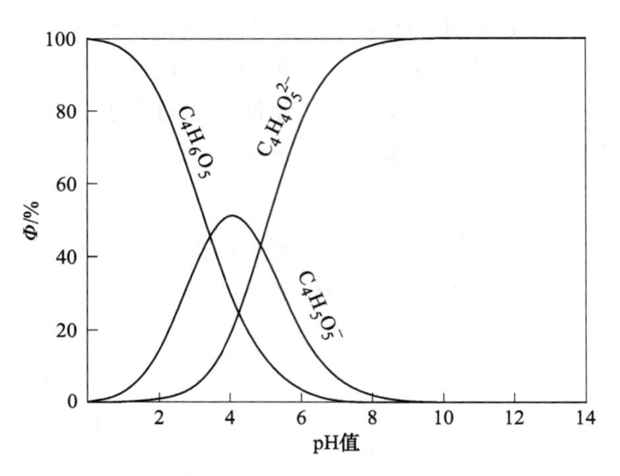

图 4-81　pH 值与苹果酸成分分布系数图

-15. 58 mV 负向增到-26. 2 mV，此后，当苹果酸浓度进一步增大，白云母表面的 Zeta 电位几乎不变，当苹果酸浓度为 1. 49×10^{-5} mol/L 时白云母表面的 Zeta 电位为-21. 14 mV。由图 4-81 可知，此时溶液中主要存在 $C_4H_6O_5$、$C_4H_5O_5^-$ 和 $C_4H_4O_5^{2-}$ 组分，其与白云母表面作用，使苹果酸吸附在白云母表面，导致白云母表面的 Zeta 电位负向增大，此后由于苹果酸在白云母表面吸附饱和，导致白云母表面的 Zeta 电位基本不变。

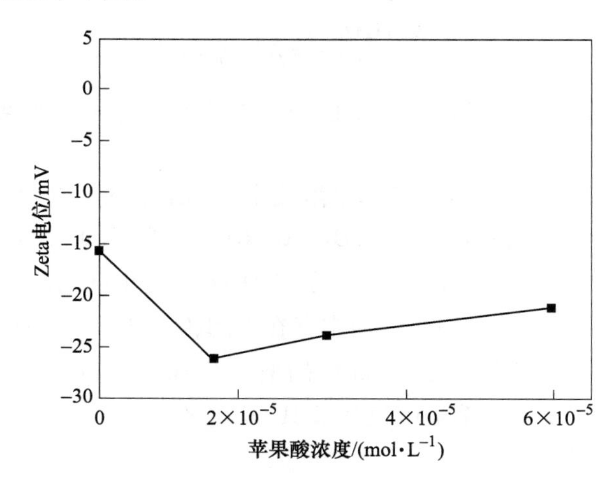

图 4-82　不同苹果酸浓度作用后白云母表面的 Zeta 电位

C　XPS 分析

为了研究在油酸钠体系下，苹果酸与白云母的作用机理，采用 XPS 表征了在 pH 值为 6 时，不同药剂作用后的白云母矿样，结果如图 4-83 所示。

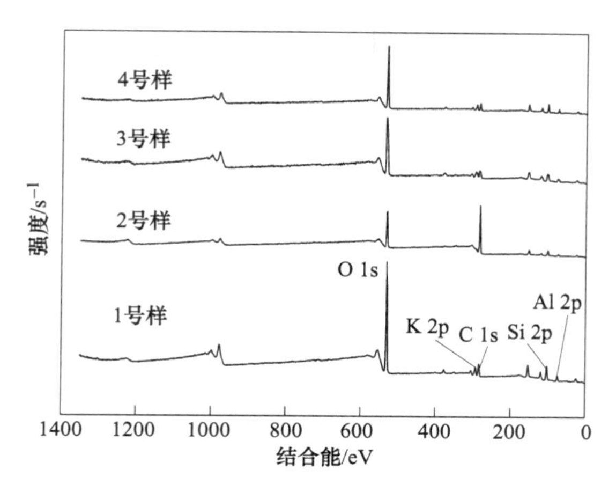

图 4-83 白云母样品的 XPS 全谱图

由图 4-83 可知，经油酸钠作用的白云母表面的 C 含量，明显高于油酸钠和苹果酸作用的白云母表面的 C 含量，这表明加入苹果酸后，导致油酸根、油酸二聚合离子及油酸根-油酸聚合物在白云母表面的吸附作用减弱。为了明确白云母表面各元素相对含量和电子结合能，进行分析，结果见表 4-50 和表 4-51。

表 4-50 白云母表面元素相对含量

白云母样品	pH 值	药剂浓度/($mol \cdot L^{-1}$)		相对含量（质量分数）/%		
		油酸钠	苹果酸	Si	Al	C
1 号样	—	0.00	0.00	19.57	11.30	14.82
2 号样	6	9.20×10^{-4}	0.00	9.37	4.51	61.29
3 号样	6	9.20×10^{-4}	1.49×10^{-5}	18.80	12.19	14.51
4 号样	6	9.20×10^{-4}	7.46×10^{-5}	18.89	12.61	14.95

由表 4-50 可知，经油酸钠作用的白云母，其表面的 Si 和 Al 的相对含量与白云母纯矿物相比，分别减少了 10.20 个百分点和 6.79 个百分点，C 元素相对含量增加了 46.47 个百分点。与油酸钠作用的白云母矿物相比，经油酸钠和苹果酸作用的白云母表面的 Si 和 Al 的相对含量增加，C 元素相对含量降低，这表明油酸根等离子与白云母表面 Al 和 Si 等活性点的吸附作用减弱。

表 4-51 白云母表面元素电子结合能

白云母样品	pH 值	药剂浓度/($mol \cdot L^{-1}$)		Si 2p/eV	Al 2p/eV
		油酸钠	苹果酸		
1 号样	—	0.00	0.00	102.16	74.03
2 号样	6	9.20×10^{-4}	0.00	101.33	73.47

续表 4-51

白云母样品	pH 值	药剂浓度/(mol·L^{-1})		Si 2p/eV	Al 2p/eV
		油酸钠	苹果酸		
3 号样	6	9.20×10^{-4}	1.49×10^{-5}	103.43	75.22
4 号样	6	9.20×10^{-4}	7.46×10^{-5}	103.06	74.91

由表 4-51 可知，经油酸钠和苹果酸作用的白云母矿物与油酸钠作用的白云母矿物相比，其表面的 Al、Si 元素的结合能增大。由此可知，苹果酸明显地改变了白云母表面 Al 与 Si 的电子结合能，即苹果酸弱化了白云母表面 Al、Si 的活性，增加了溶液中的油酸根等离子与白云母表面 Al、Si 发生化学反应的难度。为了深入掌握 Al 和 Si 元素在白云母表面的存在形态，研究对 Al 和 Si 的 XPS 图谱进行了分峰处理，结果如图 4-84、图 4-85、表 4-52 和表 4-53 所示。

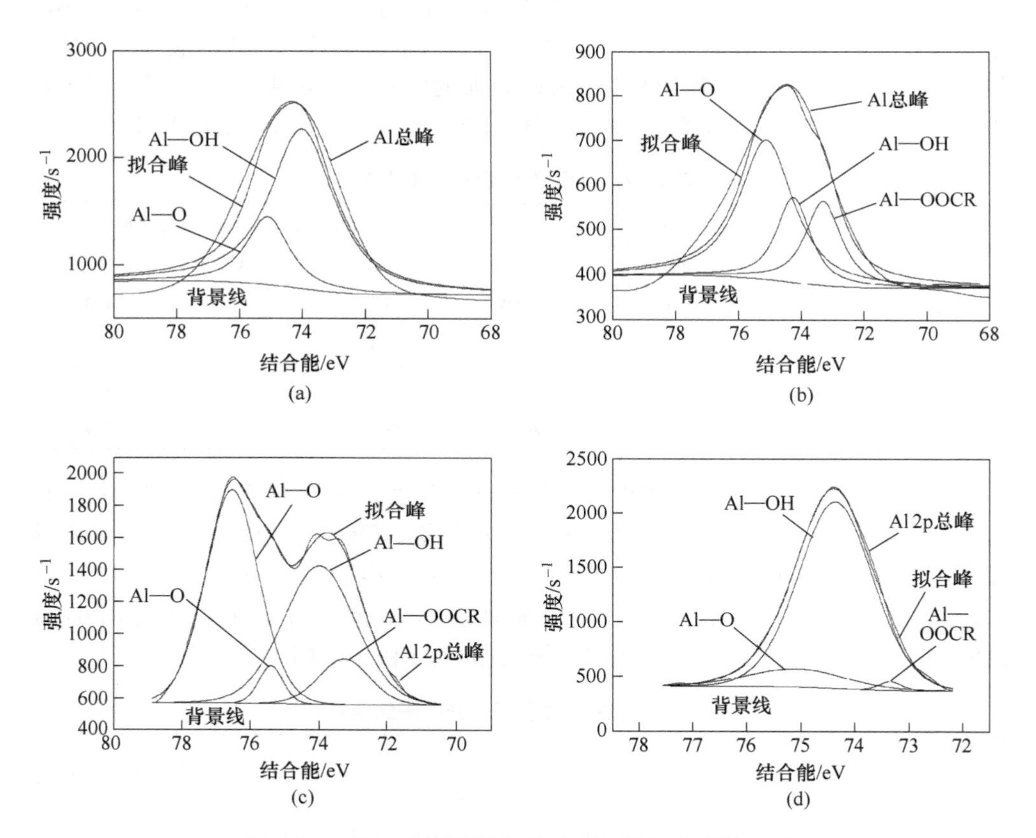

图 4-84　Al 2p 的高分辨扫描 XPS 图谱及分峰拟合图

(a) 1 号样；(b) 2 号样；(c) 3 号样；(d) 4 号样

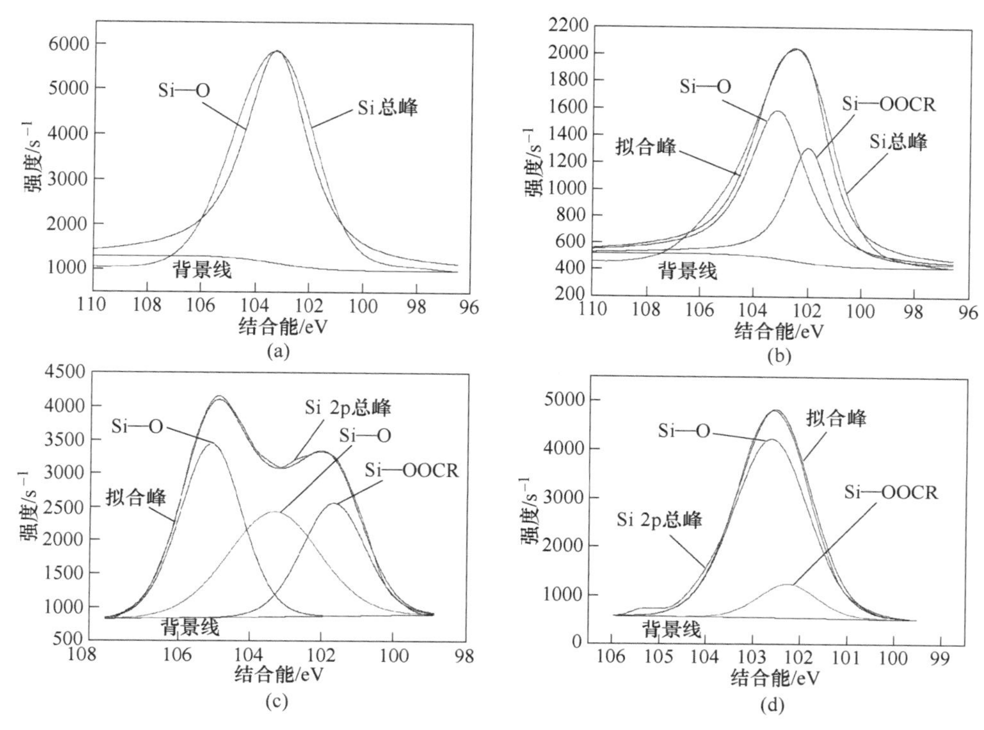

图 4-85 Si 2p 的高分辨扫描 XPS 图谱及分峰拟合图

（a）1 号样；（b）2 号样；（c）3 号样；（d）4 号样

表 4-52 分峰拟合各形态 Al 的分布比例

白云母样品	pH 值	药剂浓度/(mol · L^{-1})		总峰面积	Al—O 面积	Al—OH 面积	Al—OOCR 面积	Al—O 相对含量/%	Al—OH 相对含量/%	Al—OOCR 相对含量/%
		油酸钠	苹果酸							
1 号样	—	0.00	0.00	5704.81	1478.11	5226.70	0.00	25.91	74.09	0.00
2 号样	6	9.20×10^{-4}	0.00	1644.58	917.24	353.27	374.07	55.78	21.48	22.74
3 号样	6	9.20×10^{-4}	1.49×10^{-5}	5672.51	2839.52	2300.20	532.79	50.06	40.55	9.39
4 号样	6	9.20×10^{-4}	7.46×10^{-5}	3447.6	377.48	3026.68	43.44	10.95	87.79	1.26

表 4-53 分峰拟合各形态 Si 的分布比例

白云母样品	pH 值	药剂浓度/(mol · L^{-1})		总峰面积	Si—O 面积	Si—OOCR 面积	Si—O 相对含量/%	Si—OOCR 相对含量/%
		油酸钠	苹果酸					
1 号样	—	0.00	0.00	15966.96	15966.96	0.00	100.0	0.00
2 号样	6	9.20×10^{-4}	0.00	6604.82	4210.19	2394.63	63.74	36.26

续表 4-53

白云母样品	pH 值	药剂浓度/(mol · L^{-1})		总峰面积	Si—O 面积	Si—OOCR 面积	Si—O 相对含量/%	Si—OOCR 相对含量/%
		油酸钠	苹果酸					
3 号样	6	9.20×10^{-4}	1.49×10^{-5}	13716.46	10143.35	3573.11	73.95	26.05
4 号样	6	9.20×10^{-4}	7.46×10^{-5}	8615.64	7429.77	1185.87	86.24	13.76

由图 4-84 和图 4-85 可知，被油酸钠作用的白云母，其表面出现了 Al—OOCR 和 Si—OOCR 等价键，这表明白云母表面的 Si、Al 等活性点，与矿浆中油酸根等离子发生了化学吸附。此外，由表 4-52 和表 4-53 可知，与油酸钠作用后的样品比较，经 1.49×10^{-5} mol/L 的苹果酸作用的白云母，其表面 Al—OOCR 基团的相对含量减小了 13.35%，Si—OOCR 基团的相对含量减小了 10.21%，当苹果酸浓度进一步增至 7.46×10^{-5} mol/L 后，白云母表面的 Al—OOCR 基团的相对含量降低了 21.48%，Si—OOCR 基团的相对含量降低了 22.50%。原因在于苹果酸带有—OH 和—COOH 基团，其中—OH 基团亲水，而—COOH 基团既亲固又亲水，当其中一个或几个极性基吸附在白云母表面，另一些极性背离白云母表面分布，从而使白云母表面亲水。

4.2.4.3　酒石酸对白云母浮选行为的影响机理

A　酒石酸溶液化学分析

酒石酸是二元羧酸有机物，其具体水解反应如下列反应式所示。

$$C_4H_4O_6^{2-} + 2H^+ \rightleftharpoons C_4H_6O_6 \tag{4-101}$$

$$C_4H_4O_6^{2-} + H^+ \rightleftharpoons C_4H_5O_6^- \qquad K_1^H = \frac{[C_4H_5O_6^-]}{[C_4H_4O_6^{2-}][H^+]} = 10^{4.37} \tag{4-102}$$

$$C_4H_5O_6^- + H^+ \rightleftharpoons C_4H_6O_6 \qquad K_2^H = \frac{[C_4H_6O_6]}{[C_4H_5O_6^-][H^+]} = 10^{3.93} \tag{4-103}$$

$$\beta_2^H = K_1^H K_2^H = 10^{8.30} \tag{4-104}$$

$$[C] = [C_4H_6O_6] + [C_4H_4O_6^{2-}] + [C_4H_5O_6^-] \tag{4-105}$$

定义分布系数：

$$\Phi_0 = \frac{[C_4H_4O_6^{2-}]}{[C]} = \frac{1}{1 + K_1^H[H^+] + \beta_2^H[H^+]^2} \tag{4-106}$$

$$\Phi_1 = \frac{[C_4H_5O_6^-]}{[C]} = K_1^H \Phi_0 [H^+] \tag{4-107}$$

$$\Phi_2 = \frac{[C_4H_6O_6]}{[C]} = \beta_2^H \Phi_0 [H^+]^2 \tag{4-108}$$

代入数据计算并绘制了成分分布系数与 pH 值关系图，如图 4-86 所示。

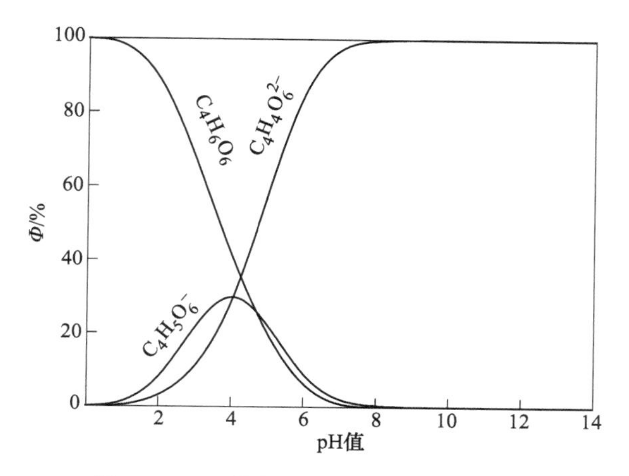

图 4-86 pH 值与酒石酸成分分布系数图

由图 4-86 可知，受不同 pH 值的影响，酒石酸的存在形式及相对含量也不同，其中主要存在三种不同组分，分别为 $C_4H_6O_6$、$C_4H_5O_6^-$ 和 $C_4H_4O_6^{2-}$。当 pH<4.23 时溶液中的优势组分为 $C_4H_6O_6$，此后随着 pH 值的增大，$C_4H_5O_6^-$ 和 $C_4H_6O_6$ 的相对含量逐渐减少，当 pH 值为 8 时，二者的相对含量基本为 0%。$C_4H_4O_6^{2-}$ 的相对含量随着 pH 值的增大而增加，当 pH>8 时，其在溶液中相对含量为 100%。

B Zeta 电位分析

在矿浆 pH 值为 6、油酸钠浓度为 9.20×10^{-4} mol/L 的条件下，不同酒石酸浓度作用的白云母表面的 Zeta 电位结果如图 4-87 所示。

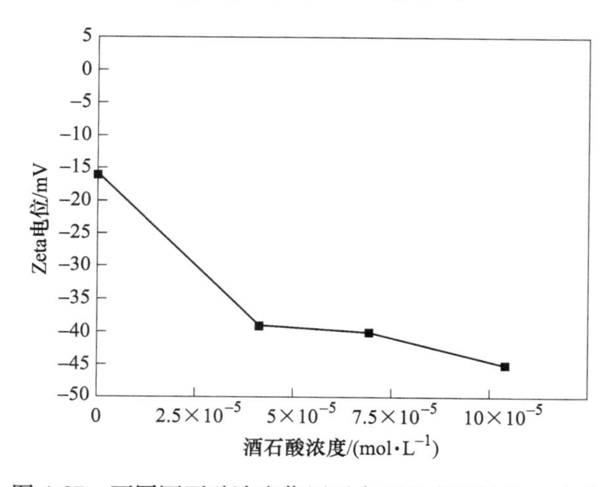

图 4-87 不同酒石酸浓度作用后白云母表面的 Zeta 电位

由图 4-87 可知，随着酒石酸浓度的增大，白云母表面的 Zeta 电位负向增大。在 pH 值为 6，油酸钠浓度为 9.20×10^{-4} mol/L 的条件下，当酒石酸浓度从 0 mol/L 增到 9.99×10^{-5} mol/L 时，白云母表面的 Zeta 电位从 −15.58 mV 负向增到 −45.13 mV，可见其变化幅度较大。结合图 4-86 可知，当 pH 值为 6 时，此时溶液中主要存在 $C_4H_6O_6$、$C_4H_5O_6^-$ 和 $C_4H_4O_6^{2-}$ 与白云母表面作用，酒石酸吸附在白云母表面，导致白云母表面的 Zeta 电位负向增大。

C　XPS 分析

为了研究在油酸钠体系下，酒石酸与白云母的作用机理，采用 XPS 表征了在 pH 值为 6 时，不同药剂作用后的白云母矿样，结果如图 4-88 所示。

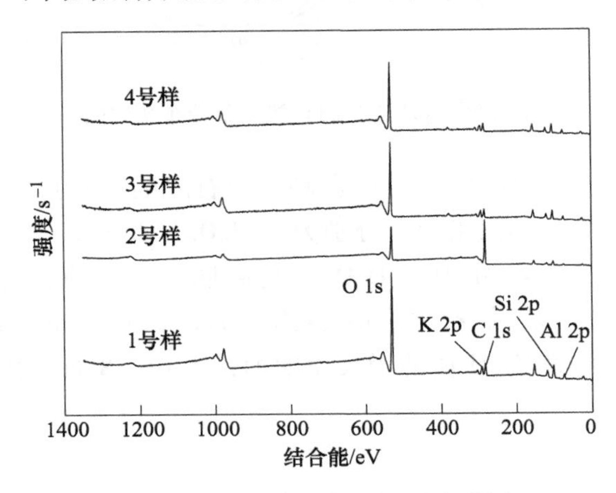

图 4-88　白云母样品的 XPS 全谱图

由图 4-88 可知，经油酸钠作用的白云母表面的 C 含量，明显高于油酸钠和酒石酸作用后白云母表面的 C 含量。通过深入地分析 XPS 图谱，明确了白云母表面各元素相对含量和电子结合能，分析结果见表 4-54 和表 4-55。

表 4-54　白云母表面元素相对含量

白云母样品	pH 值	药剂浓度/(mol · L⁻¹)		相对含量（质量分数）/%		
		油酸钠	酒石酸	Si	Al	C
1 号样	—	0.00	0.00	19.57	11.30	14.82
2 号样	6	9.20×10^{-4}	0.00	9.37	4.51	61.29
3 号样	6	9.20×10^{-4}	4.00×10^{-5}	17.51	11.06	18.83
4 号样	6	9.20×10^{-4}	9.99×10^{-5}	19.23	12.50	14.57

由表 4-54 可知，与油酸钠作用的白云母矿物相比，经油酸钠和酒石酸作用的白云母表面 Si 和 Al 的相对含量增加，而 C 元素相对含量降低，这表明油酸根

等离子与白云母表面 Al 和 Si 等活性点的吸附作用减弱。

表 4-55 白云母表面元素电子结合能

白云母样品	pH 值	药剂浓度/(mol·L^{-1})		Si 2p/eV	Al 2p/eV
		油酸钠	酒石酸		
1 号样	—	0.00	0.00	102.16	74.03
2 号样	6	9.20×10^{-4}	0.00	101.33	73.47
3 号样	6	9.20×10^{-4}	4.00×10^{-5}	102.88	74.43
4 号样	6	9.20×10^{-4}	9.99×10^{-5}	103.20	75.00

由表 4-55 可知，经油酸钠和酒石酸作用的白云母矿物与油酸钠作用的白云母矿物相比，其表面的 Al 与 Si 元素的结合能增大。由此可见，白云母表面 Al 与 Si 的化学环境被酒石酸改变，即增加了白云母表面 Al、Si 元素与溶液中的油酸根等离子发生化学反应的难度。研究对 Al 和 Si 的 XPS 进行了分峰处理，结果如图 4-89、图 4-90、表 4-56 和表 4-57 所示。

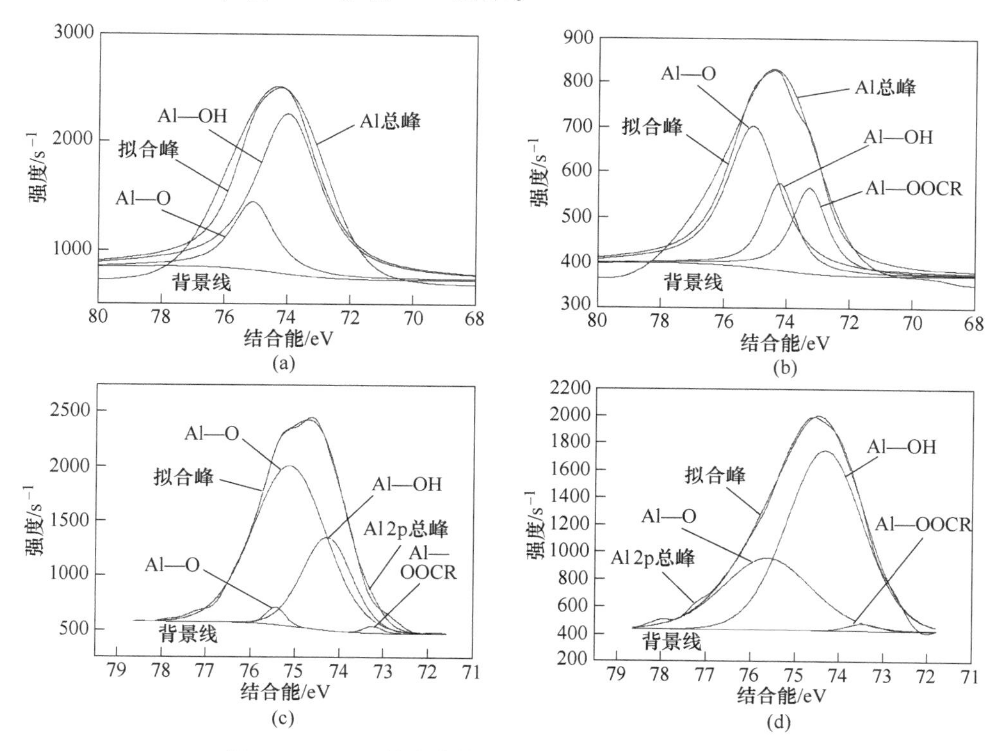

图 4-89 Al 2p 的高分辨扫描 XPS 图谱及分峰拟合图

(a) 1 号样；(b) 2 号样；(c) 3 号样；(d) 4 号样

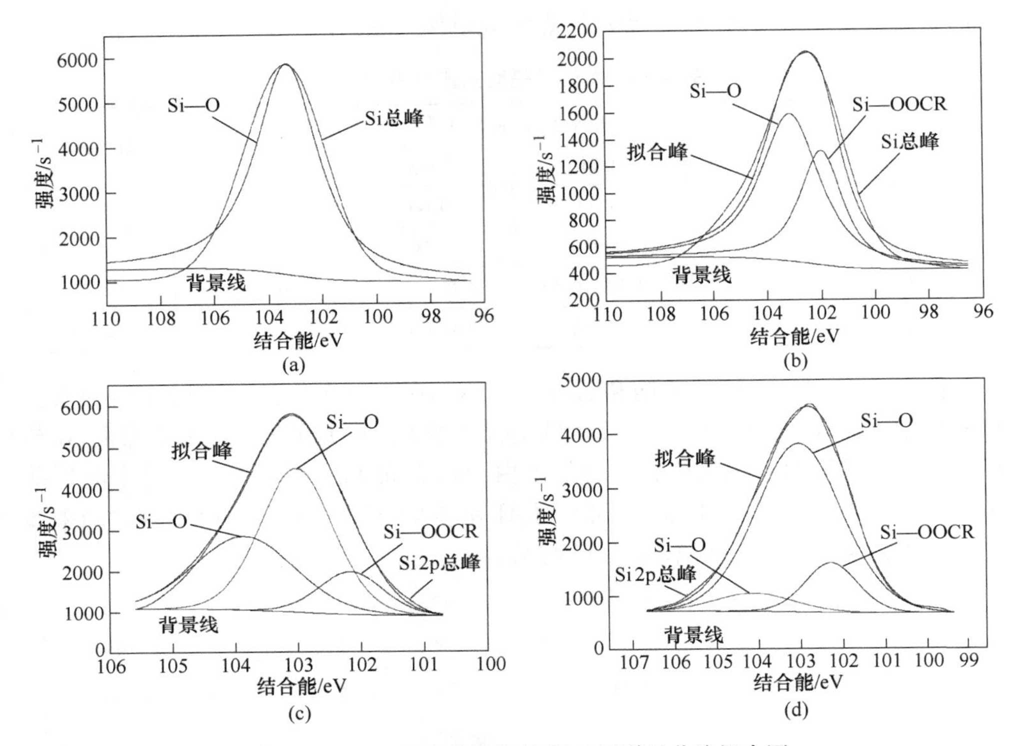

图 4-90　Si 2p 的高分辨扫描 XPS 图谱及分峰拟合图

（a）1 号样；（b）2 号样；（c）3 号样；（d）4 号样

表 4-56　分峰拟合各形态 Al 的分布比例

白云母样品	pH 值	药剂浓度/(mol · L^{-1})		总峰面积	Al—O 面积	Al—OH 面积	Al—OOCR 面积	Al—O 相对含量/%	Al—OH 相对含量/%	Al—OOCR 相对含量/%
		油酸钠	酒石酸							
1 号样	—	0.00	0.00	5704.81	1478.11	5226.70	0.00	25.91	74.09	0.00
2 号样	6	9.20×10^{-4}	0.00	1644.58	917.24	353.27	374.07	55.78	21.48	22.74
3 号样	6	9.20×10^{-4}	4.00×10^{-5}	4416.66	3153.73	1227.79	35.14	71.40	27.80	0.80
4 号样	6	9.20×10^{-4}	9.99×10^{-5}	4231.37	1326.22	2858.74	46.41	31.34	67.56	1.10

表 4-57　分峰拟合各形态 Si 的分布比例

白云母样品	pH 值	药剂浓度/(mol · L^{-1})		总峰面积	Si—O 面积	Si—OOCR 面积	Si—O 相对含量/%	Si—OOCR 相对含量/%
		油酸钠	酒石酸					
1 号样	—	0.00	0.00	15966.96	15966.96	0.00	100.00	0.00
2 号样	6	9.20×10^{-4}	0.00	6604.82	4210.19	2394.63	63.74	36.26

续表 4-57

白云母样品	pH 值	药剂浓度/(mol · L^{-1})		总峰面积	Si—O 面积	Si—OOCR 面积	Si—O 相对含量/%	Si—OOCR 相对含量/%
		油酸钠	酒石酸					
3 号样	6	9.20×10^{-4}	4.00×10^{-5}	10228.49	8865.45	1363.04	86.67	13.33
4 号样	6	9.20×10^{-4}	9.99×10^{-5}	10376.39	8911.93	1464.46	85.89	14.11

由图 4-89 和图 4-90 可知，经油酸钠作用的白云母表面出现了 Al—OOCR 和 Si—OOCR 等价键，这表明了白云母表面的 Si、Al 等活性点，与矿浆中油酸根等离子发生了化学吸附。此外，由表 4-56 和表 4-57 可知，与油酸钠作用的样品相比，经 4.00×10^{-5} mol/L 的酒石酸作用的白云母，其表面 Al—OOCR 基团的相对含量减小了 21.94%，Si—OOCR 基团的相对含量减小了 22.93%，当酒石酸浓度进一步增大到 9.99×10^{-5} mol/L 时，白云母表面的 Al—OOCR 基团的相对含量降到 1.10%，Si—OOCR 基团的相对含量降至 14.11%。原因在于酒石酸带有—OH 和—COOH 基团，其中—OH 基团亲水，而—COOH 基团既亲固又亲水，当其中一个或几个极性基吸附在白云母表面，另一些极性背离白云母表面分布，从而使白云母表面亲水。

4.2.4.4 糊精对白云母浮选行为的影响机理

A Zeta 电位分析

在矿浆 pH 值为 6、油酸钠浓度为 9.20×10^{-4} mol/L 的条件下，不同糊精浓度作用后白云母表面的 Zeta 电位结果如图 4-91 所示。

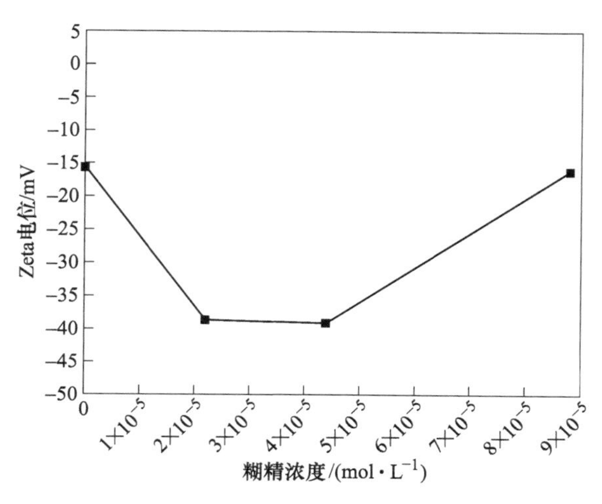

图 4-91 不同糊精浓度作用后白云母表面的 Zeta 电位

由图 4-91 可知，随着糊精浓度的增加，白云母表面的 Zeta 电位先负向增大，接着保持平稳，最后又正向增大。当糊精浓度为 2.22×10^{-5} mol/L 时，白云母表面的 Zeta 电位为−38.61 mV，当糊精浓度为 4.40×10^{-5} mol/L 时，白云母表面的 Zeta 电位为−39.08 mV，当糊精浓度为 8.81×10^{-5} mol/L 时，白云母表面的 Zeta 电位为−16.15 mV。出现该现象的原因是，白云母表面存在 Al 和 Si 等活性点，糊精与 Al 和 Si 反应从而吸附在白云母表面，从而使白云母表面的 Zeta 电位负向增大；但随着糊精浓度的增加，糊精在白云母表面吸附饱和后，糊精溶于矿浆中，导致白云母表面与溶液的电势差减小，故 Zeta 电位正向增大。

B　XPS 分析

为了研究在油酸钠体系下，糊精与白云母的作用机理，采用 XPS 检测了在 pH 值为 6 时，不同浓度糊精作用后的白云母矿样，检测结果如图 4-92 所示。

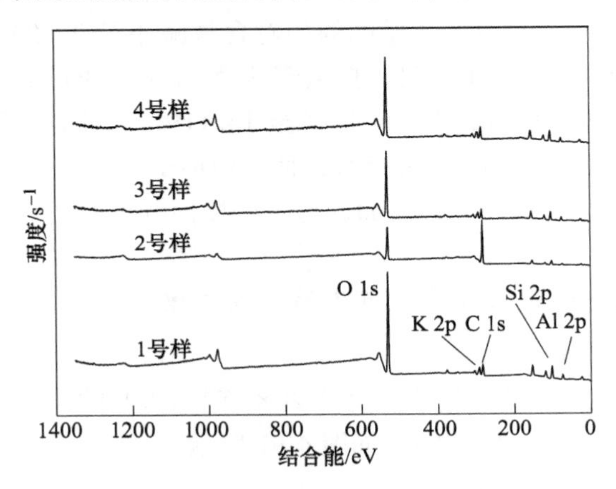

图 4-92　白云母样品的 XPS 全谱图

由图 4-92 可知，经油酸钠作用的白云母表面的 C 元素含量，明显高于油酸钠和糊精作用后白云母表面的 C 元素含量，可见糊精作用后可使矿浆中油酸根、油酸二聚合离子及油酸根-油酸聚合物在白云母表面的吸附含量减少，因此经糊精作用后白云母表面的碳含量降低。不同元素在白云母表面含量的 XPS 分析结果见表 4-58 和表 4-59。

表 4-58　白云母表面元素相对含量

白云母样品	pH 值	药剂浓度/(mol · L^{-1})		相对含量（质量分数）/%		
		油酸钠	糊精	Si	Al	C
1 号样	—	0.00	0.00	19.57	11.30	14.82
2 号样	6	9.20×10^{-4}	0.00	9.37	4.51	61.29
3 号样	6	9.20×10^{-4}	2.22×10^{-6}	17.51	11.06	18.83
4 号样	6	9.20×10^{-4}	1.11×10^{-5}	19.23	12.50	14.57

由表 4-58 可知，与白云母纯矿物相比，经油酸钠作用的白云母表面的 Si 和 Al 的相对含量分别减少了 10.20 个百分点和 6.79 个百分点，同时增加了 46.47 个百分点的 C 元素。与油酸钠作用的白云母矿物相比，经油酸钠和糊精作用的白云母表面的 Si 和 Al 的相对含量增加，而 C 元素相对含量降低，这表明油酸根等离子与白云母表面 Al 和 Si 等活性点的吸附作用减弱。

表 4-59 白云母表面元素电子结合能

白云母样品	pH 值	药剂浓度/(mol · L^{-1})		Si 2p/eV	Al 2p/eV
		油酸钠	糊精		
1 号样	—	0.00	0.00	102.16	74.03
2 号样	6	9.20×10^{-4}	0.00	101.33	73.47
3 号样	6	9.20×10^{-4}	2.22×10^{-6}	102.88	74.43
4 号样	6	9.20×10^{-4}	1.11×10^{-5}	103.20	75.00

由表 4-59 可知，对比经药剂作用的白云母样品，发现经糊精作用后白云母表面的 Al 与 Si 元素的结合能增大。由此可知，白云母表面 Al 与 Si 的化学环境被糊精改变，即增加了油酸根等离子与白云母表面活性点发生化学反应的难度。为了深入掌握 Al 和 Si 元素在白云母表面的存在形态，研究对 Al 和 Si 的 XPS 图谱进行了分峰处理，结果如图 4-93 和图 4-94 所示。

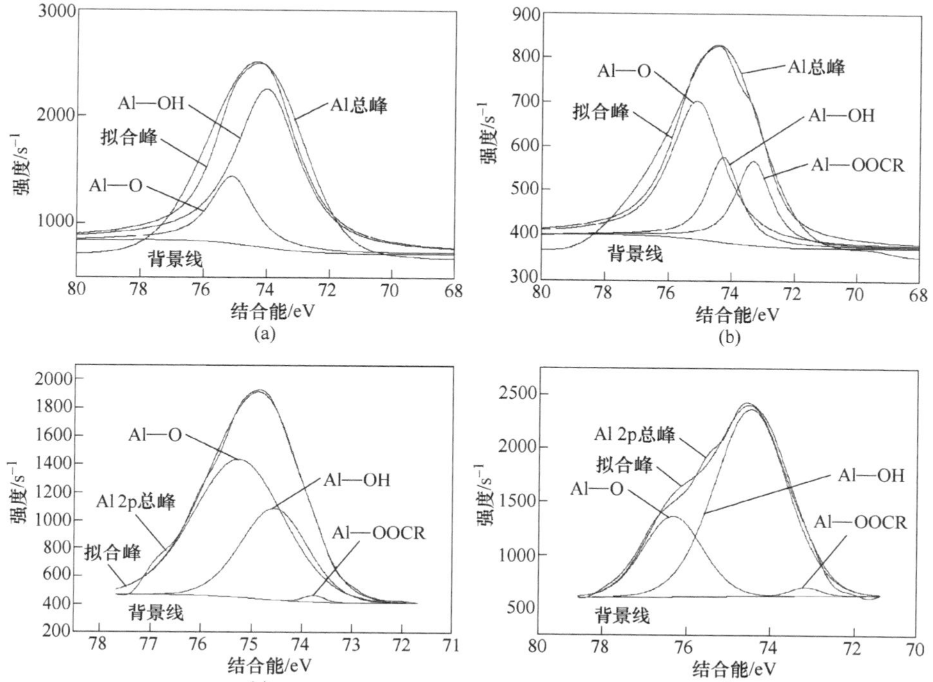

图 4-93 Al 2p 的高分辨扫描 XPS 图谱及分峰拟合图

(a) 1 号样；(b) 2 号样；(c) 3 号样；(d) 4 号样

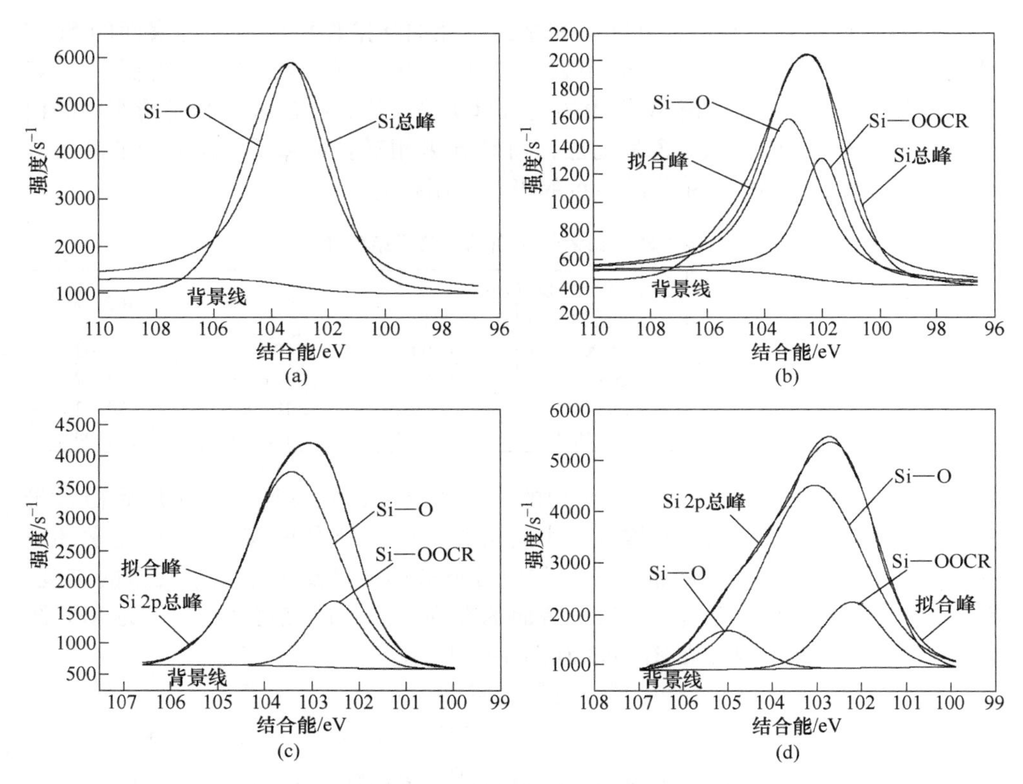

图 4-94　Si 2p 的高分辨扫描 XPS 图谱及分峰拟合图

（a）1 号样；（b）2 号样；（c）3 号样；（d）4 号样

由图 4-93 和图 4-94 可知，经药剂作用的白云母表面，出现了 Al—OOCR 和 Si—OOCR 等价键，这表明白云母表面的 Al 与 Si 等活性点与矿浆中油酸根等离子发生了化学吸附。为了解白云母表面 Al 和 Si 元素与油酸钠作用前后的基团相对含量变化，对其进行了积分处理，结果分别见表 4-60 和表 4-61。

表 4-60　分峰拟合各形态 Al 的分布比例

白云母样品	pH 值	药剂浓度/(mol·L^{-1})		总峰面积	Al—O 面积	Al—OH 面积	Al—OOCR 面积	Al—O 相对含量/%	Al—OH 相对含量/%	Al—OOCR 相对含量/%
		油酸钠	糊精							
1 号样	—	0.00	0.00	5704.81	1478.11	5226.70	0.00	25.91	74.09	0.00
2 号样	6	9.20×10^{-4}	0.00	1644.58	917.24	353.27	374.07	55.78	21.48	22.74
3 号样	6	9.20×10^{-4}	2.22×10^{-6}	3372.76	2243.15	1104.31	25.30	66.51	32.74	0.75
4 号样	6	9.20×10^{-4}	11.1×10^{-6}	5328.46	1376.11	3872.65	79.70	25.82	72.68	1.50

表 4-61 分峰拟合各形态 Si 的分布比例

白云母样品	pH 值	药剂浓度/($mol \cdot L^{-1}$)		总峰面积	Si—O 面积	Si—OOCR 面积	Si—O 相对含量/%	Si—OOCR 相对含量/%
		油酸钠	糊精					
1 号样	—	0.00	0.00	15966.96	15966.96	0.00	100.00	0.00
2 号样	6	9.20×10^{-4}	0.00	6604.82	4210.19	2394.63	63.74	36.26
3 号样	6	9.20×10^{-4}	2.22×10^{-6}	9255.89	7696.30	1559.59	83.15	16.85
4 号样	6	9.20×10^{-4}	1.11×10^{-5}	13834.89	11536.31	2298.58	83.39	16.61

此外，由表 4-60 和表 4-61 可知，与油酸钠作用后的样品比较，经 2.22×10^{-6} mol/L 的糊精作用的白云母样品，其表面 Al—OOCR 基团的相对含量减小了 21.99%，Si—OOCR 基团的相对含量减小了 19.41%，当糊精浓度进一步增大到 1.11×10^{-5} mol/L 时，白云母表面的 Al—OOCR 基团的相对含量降低到 1.50%，Si—OOCR 基团的相对含量降低至 16.61%。刘奇等人[86]认为矿物表面金属离子成分的存在，是糊精吸附的决定因素。糊精之所以能抑制白云母是由于白云母表面存在 Al 和 Si 等活性点，糊精与 Al 和 Si 反应，吸附在白云母表面，阻止了矿浆中油酸根等离子与白云母表面活性点的反应；此外，糊精还可通过氢键作用吸附在白云母表面。在上述二者共同作用下，降低了白云母的可浮性。

4.3 本 章 小 结

（1）在油酸钠体系下，随着 pH 值的增大，白云母的回收率先增大后减小，当 pH 值为 6 时，白云母的回收效果最佳。当油酸钠浓度增加时，白云母的回收率随之增加，当矿浆中油酸钠浓度为 9.20×10^{-4} mol/L 时，白云母回收率最佳为 5.00%。

（2）在 9.20×10^{-4} mol/L 的油酸钠体系下，Mg^{2+}、Ca^{2+}、Cu^{2+}、Pb^{2+}、Al^{3+}、Fe^{3+}在适当的条件下，对白云母都有不同程度的活化作用。当 pH = 12 时，3.44×10^{-4} mol/L 的 Mg^{2+}可使白云母的回收率达到 82.20%，2.70×10^{-4} mol/L 的 Ca^{2+}可使白云母回收率达到 65.20%，1.18×10^{-4} mol/L 的 Cu^{2+}可使白云母的回收率达到 55.70%。当 pH = 9 时，9.06×10^{-5} mol/L 的 Pb^{2+} 可使白云母的回收率达到 95.00%左右；当 pH = 6 时，1.66×10^{-4} mol/L 的 Al^{3+} 可使白云母回收率达到 68.10%，7.41×10^{-5} mol/L 的 Fe^{3+}可使白云母的回收率达到 86.40%。

（3）在 pH = 6，9.20×10^{-4} mol/L 的油酸钠体系下，Na_2S、Na_2SiO_3、Na_2SiF_6、$(NaPO_3)_6$ 等无机阴离子对白云母具有抑制作用。其中 4.17×10^{-5} mol/L 的 Na_2S 作用后，白云母的回收率为 0.40%；3.53×10^{-4} mol/L 的 Na_2SiO_3 作用后，白云母的回收率为 0.10%；5.32×10^{-5} mol/L 的 Na_2SiF_6 作用后，白云母的回收率

为0.50%；在3.26×10^{-5} mol/L的$(NaPO_3)_6$作用后，白云母的回收率为0.20%。

（4）在pH=6，9.20×10^{-4} mol/L的油酸钠体系下，柠檬酸、苹果酸、酒石酸、糊精等有机物对白云母都具有抑制作用。5.21×10^{-5} mol/L的柠檬酸作用后，白云母的回收率为0.40%；7.46×10^{-5} mol/L的苹果酸作用后，白云母的回收率为0.40%；9.99×10^{-5} mol/L酒石酸作用后，白云母的回收率为0.10%；1.10×10^{-5} mol/L的糊精作用后，白云母的回收率为0.30%。

（5）不同金属离子对白云母活化能力不同，作用机理也不尽相同。其中Mg^{2+}和Ca^{2+}主要吸附在白云母［100］等断裂面，使白云母表面电位正向增大，进而强化油酸根在白云母表面局部正电区域的静电吸附作用。它们还可增加白云母表面Al和Si离子与油酸根离子的反应概率。此外，矿浆中的Mg^{2+}以$Mg(OH)_2$的形式与白云母表面的Al—OH和Si—OH作用，使Mg离子裸露在白云母表面，并与矿浆中的油酸根反应生成疏水的油酸镁。Ca^{2+}则与白云母表面的OH^-反应生成$Ca(OH)^+$，进而与油酸根生成更难溶于水的油酸钙。在上述作用下，白云母的可浮性得到了显著的改善。

（6）适当浓度（2.35×10^{-4} mol/L）的Cu^{2+}可在碱性条件下使白云母Zeta电位正向增大，进而强化油酸根及其双聚物在白云母表面的静电吸附；Cu^{2+}可破坏白云母［001］和［100］等断裂面的水化层并与OH^-作用形成$Cu(OH)^+$，从而增加白云母表面的活性点的数量，促进油酸根等离子与白云母表面的Al和Si等发生化学吸附。随着Cu^{2+}浓度的增大，Cu^{2+}与矿浆中的OH^-反应生成$Cu(OH)_3^-$、$Cu(OH)_4^{2-}$和$Cu(OH)_2$吸附在白云母表面，导致油酸根等离子与白云母表面吸附作用减弱，从而使白云母的回收率下降。

（7）Pb^{2+}与K^+发生置换作用并吸附在白云母表面，导致白云母表面Zeta电位正向增大，进而强化油酸根及其双聚物在白云母表面的静电吸附；$Pb(OH)_2$沉淀可破坏白云母表面的水化层，使白云母表面暴露更多的Al和Si等活性点，并提高其与油酸根及其双聚物的反应概率；白云母表面的Pb^{2+}可进一步与矿浆中的油酸根及其双聚物反应生成疏水的油酸铅。在以上各效应的共同作用下，白云母表面形成了较多疏水基团，可明显改善白云母的可浮性。

（8）溶液中的Al^{3+}可通过同离子效应抑制白云母表面铝离子的溶解，强化白云母表面的活性点铝离子的数量，同时还可在白云母的［001］和［100］晶面形成$Al(OH)_2^+$，进而与油酸根形成疏水油酸盐，最终增强白云母的可浮性。但是Al^{3+}浓度大于1.66×10^{-4} mol/L后可在白云母表面生成$Al(OH)_3$，使得白云母的疏水性降低，活化效果下降。

（9）铁离子在酸性条件下对白云母活化能力较强。当pH≤6时，Fe^{3+}主要与白云母［100］等断裂面的羟基反应生成带正电的含铁配合物，其与矿浆中的油酸根发生化学反应生成疏水的油酸铁物质，同时部分油酸根与白云母表面的局部正电区域发生静电吸附，在二者的共同作用下可明显提高白云母的疏水性。当 $6<pH<12$ 时，Fe^{3+} 与矿浆中的 OH^- 作用生成 $Fe(OH)_3$ 罩盖在白云母表面上，活化能力变小，当 pH≥12 后，白云母表面沉淀的 $Fe(OH)_3$ 转变为溶于水的 $Fe(OH)_4^-$，从而使白云母的疏水性进一步降低。

（10）无机阴离子抑制白云母的主要原因为：无机阴离子吸附在白云母表面，使白云母表面电位负向增大，削弱了矿浆中油酸根等离子在白云母表面的静电吸附作用。此外，无机阴离子与油酸根等离子发生竞争吸附，使白云母表面能与油酸根离子作用的活性点数量减小。

（11）有机调整剂抑制白云母的主要原因为：柠檬酸、苹果酸、酒石酸中含有—OH 或—COOH 等亲水性基团，其中—COOH 既亲水又亲固，当—COOH 集团吸附在白云母表面，使得其他亲水基团背离白云母表面排布，从而增强了白云母表面的亲水性。糊精与白云母表面的 Al、Si 等活性点作用，阻止了矿浆中油酸根等离子与白云母表面活性点的反应，此外糊精还可通过氢键作用吸附在白云母表面，增强了白云母表面的亲水性。

5 电化学改性浮选药剂对白云母可浮性影响试验

5.1 浮选试验

5.1.1 电化学预处理对油酸钠捕收性能影响试验

5.1.1.1 电化学处理前后油酸钠对白云母捕收性能的影响

前期的研究结果表明，在油酸钠浓度为 9.20×10^{-4} mol/L 的条件下，白云母的回收率相对较高。为了解电化学预处理对油酸钠捕收性能的影响，进行了不同矿浆 pH 值时预处理前后油酸钠对白云母捕收性能的对比试验，试验条件：白云母质量为 10.00 g，矿浆浓度为 13.33%，电化学预处理电流大小为 0.05 A，处理时间为 5 min，极板间距为 4.5 cm，极板材料为不锈钢板（阳极）-铅板（阴极），油酸钠浓度为 9.20×10^{-4} mol/L，试验结果如图 5-1 所示。

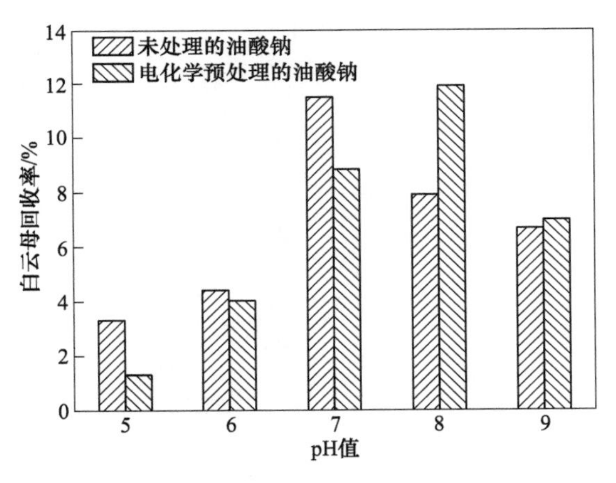

图 5-1 油酸钠在不同 pH 值下对白云母捕收性能的影响

由图 5-1 可知，在矿浆 pH 值 5~9 的范围内，不管电化学处理与否，油酸钠对白云母的捕收能力都随着矿浆 pH 值的升高先增强后减弱[93]。当矿浆 pH 值为 7 时，未预处理油酸钠对白云母的捕收性能最佳，此时白云母的回收率为 11.45%。而预处理油酸钠对白云母的捕收性能在矿浆 pH 值为 8 时达到最佳，此时白云母的回收率为 11.90%，可见电化学处理后的油酸钠对白云母的捕收性能达到最佳时的矿浆 pH 值从 7 漂移到了 8，并且在矿浆 pH 值为 5~7 时，未经处理的油酸钠对白云母的捕收性能比处理后的高，当矿浆 pH 值为 8~9 时，未经处理的油酸钠的捕收性能比处理后的低。

5.1.1.2 不同电化学预处理条件下的油酸钠对白云母捕收性能影响

在电化学预处理油酸钠过程中影响油酸钠捕收性能的因素较多，如电解电流、电解时间、极板间距，极板材料等，为了解不同预处理条件下的油酸钠对白云母捕收能力的影响，研究在矿浆 pH 值为 8 的条件下，进行了不同预处理条件下的油酸钠对白云母捕收性能影响试验。试验条件为：白云母质量为 10.00 g，矿浆浓度为 13.33%，油酸钠浓度为 9.20×10^{-4} mol/L，电化学预处理条件见表 5-1，试验结果如图 5-2 所示。

表 5-1 电化学预处理条件

试验编号	电化学预处理条件			
	电解电流/A	电解时间/min	极板间距/cm	极板材料类型（阳极-阴极）
(a)	变量	5	4.5	不锈钢板-铅板
(b)	0.05	变量	4.5	不锈钢板-铅板
(c)	0.05	5	变量	不锈钢板-铅板
(d)	0.05	5	4.5	变量

由图 5-2（a）可知，当电解电流从 0.025 A 增大到 0.075 A 时，白云母的回收率随着电解电流的增大先上升后下降，这说明油酸钠对白云母的捕收性能基本随着电解电流的增大先增强后减弱，当电解电流为 0.05 A 时，白云母的回收率达到最大，为 11.90%，此时油酸钠对白云母的捕收性能相对达到最佳，继续增大电解电流则会使油酸钠对白云母的捕收性能降低。由图 5-2（b）可知，当电解时间由 5 min 增大到 20 min 时，白云母的回收率从 11.90%下降到 0.90%，可见油酸钠对白云母的捕收性能随着电解的时间增大而逐渐减弱。由图 5-2（c）可知，当极板间距由 4.5 cm 增大到 7.5 cm 时，白云母的回收率从 11.90%下降到 5.00%，这表明油酸钠对白云母的捕收性能随着极板间距的增大而逐渐减弱。由图 5-2（d）可知，极板材料类型对油酸钠的捕收性能影响较大，当极板阳极材料为铜、铅时，白云母的回收率相对较低，当极板阳极材料为石墨板、不锈钢板时，白云母的回收率相对较高，这表明用铜、铅材料作阳极能明显降低油酸钠的捕收性能。

5.1.2 电化学预处理金属阳离子对白云母浮选行为影响试验

5.1.2.1 电化学预处理前后的 Fe^{3+} 对白云母浮选行为影响试验

A 未经电化学预处理的 Fe^{3+} 对白云母浮选行为影响试验

磨矿作业是矿物选别过程中不可或缺的环节，在磨矿过程中铁质磨介经常会

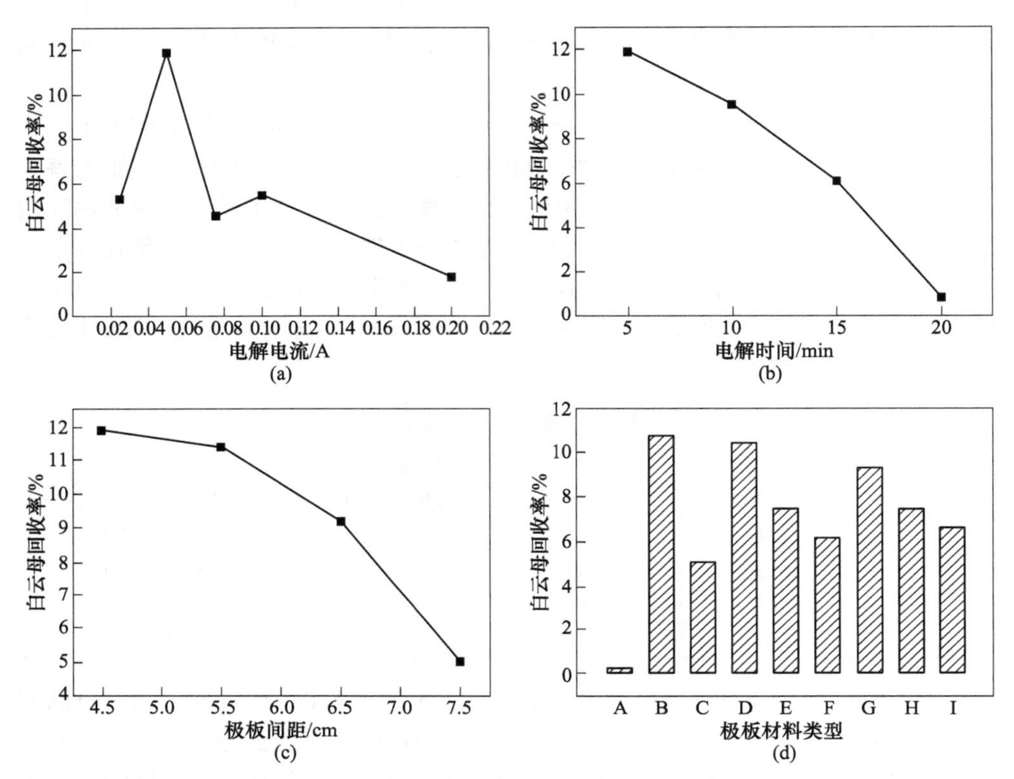

图 5-2 不同电化学预处理条件下的油酸钠对白云母捕收性能的影响

(a) 电解电流；(b) 电解时间；(c) 极板间距；(d) 极板材料类型

A—铜板-铜板；B—石墨板-石墨板；C—铅板-铅板；D—不锈钢板-不锈钢板；E—不锈钢板-铜板；F—不锈钢板-石墨板；G—石墨板-铅板；H—石墨板-铜板；I—石墨板-铜板

在水和药剂的作用下被氧化，难免会造成一部分铁离子进入矿浆中，从而对矿物的浮选指标有一定的影响[79-81]。在前期的研究中发现在油酸钠体系下铁离子可提高白云母的可浮性，对白云母有一定活化作用[94]。由于矿石来源地不同，为对比电化学预处理前后铁离子对白云母可浮性的影响，进行了不同浓度 Fe^{3+} 对白云母可浮性影响试验，试验条件为：白云母质量为 10.00 g，矿浆浓度为 13.33%，矿浆 pH 值为 12，油酸钠的浓度为 9.20×10^{-4} mol/L（未进行预处理），铁离子浓度为变量，试验结果如图 5-3 所示。

从图 5-3 可知，白云母的回收率随着矿浆中 Fe^{3+} 浓度的增大而先增大后减小，当 Fe^{3+} 浓度为 3.7×10^{-5} mol/L 时，白云母的回收率为 20.10%，当 Fe^{3+} 浓度进一步增大到 1.11×10^{-4} mol/L 时，白云母的回收率到达最大值，为 80.70%，由此可知，Fe^{3+} 对白云母具有较好的活化作用。

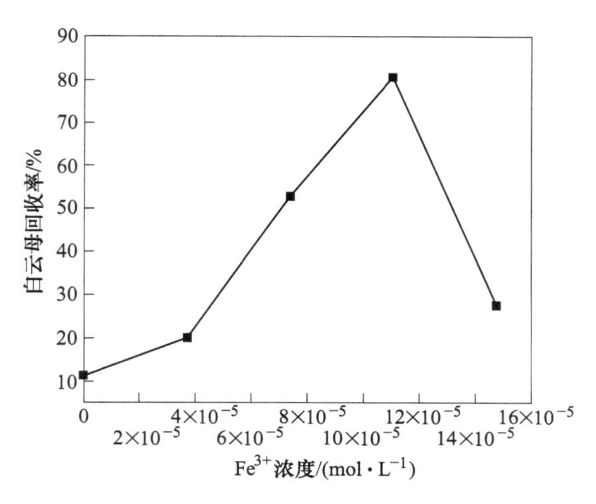

图 5-3 不同 Fe^{3+}浓度对白云母回收率的影响

B 电化学预处理 Fe^{3+}对白云母浮选行为的影响

为研究不同预处理条件下的 Fe^{3+}对白云母可浮性的影响，在矿浆 pH 值为 12 的条件下，进行了不同预处理条件下的 Fe^{3+}对白云母可浮性影响试验。试验条件为：白云母质量为 10.00 g，矿浆浓度为 13.33%，Fe^{3+}浓度为 1.11×10^{-4} mol/L，油酸钠（未经预处理）浓度为 9.20×10^{-4} mol/L，电化学预处理条件见表 5-2，试验结果如图 5-4 所示。

表 5-2 电化学预处理条件

试验编号	电化学预处理条件			
	电解电流/A	电解时间/min	极板间距/cm	极板材料类型（阳极-阴极）
(a)	变量	5	4.5	石墨板-石墨板
(b)	0.3	变量	4.5	石墨板-石墨板
(c)	0.3	5	变量	石墨板-石墨板
(d)	0.3	5	4.5	变量

由图 5-4（a）可知，当电化学预处理电流从 0 A 增大到 0.1 A 时，白云母的回收率从 80.70%下降到 53.70%，当电化学预处理电流从 0.1 A 增大到 0.5 A 时，白云母的回收率随着电化学预处理电流的增大而先增大后基本保持不变，这表明，在一定电流范围内，对 Fe^{3+}进行电化学预处理能够削弱其对白云母的活化作用。由图 5-4（b）可知，当预处理时间由 5 min 增大到 10 min 时，白云母的回收率基本没有发生变化，当预处理时间由 10 min 增大到 20 min 时，白云母回收率先下降后上升，呈波浪线趋势变化，当预处理时间为 15 min 和 25 min 时，白云母的回收率分别为 59.90%和 52.10%，由此可见，在一定时间范围内，电化学

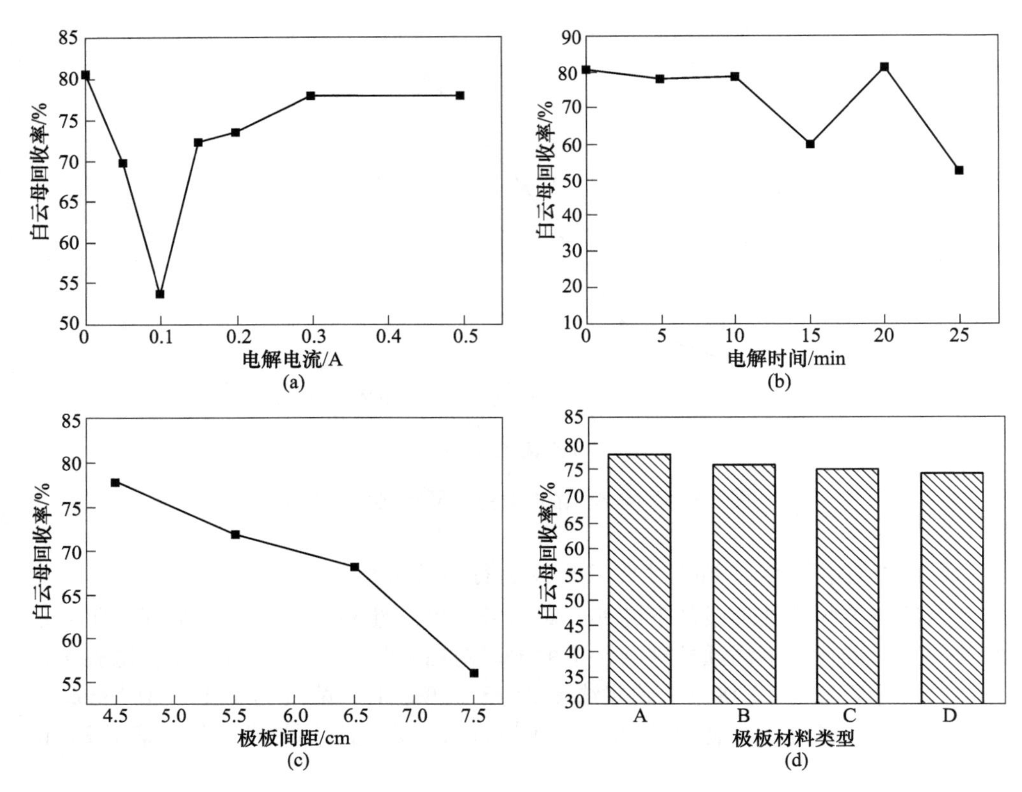

图 5-4　不同电化学预处理条件下的 Fe^{3+} 对白云母可浮性影响

（a）电解电流；（b）电解时间；（c）极板间距；（d）极板材料类型

A—石墨板-石墨板；B—铜板-石墨板；C—铅板-石墨板；D—不锈钢板-石墨板

预处理会弱化 Fe^{3+} 对白云母的活化作用。由图 5-4（c）可知，白云母回收率随着极板间距的增大而逐渐减小，并且当极板间距为 7.5 cm 时，白云母的回收率仅为 56.00%，这表明 Fe^{3+} 对白云母的活化作用随着极板间距的增大而逐渐减弱。由图 5-4（d）可知，极板材料类型对 Fe^{3+} 的活化性能影响不大。

5.1.2.2　电化学预处理前后的 Cu^{2+} 对白云母浮选行为影响试验

A　未经电化学预处理 Cu^{2+} 对白云母浮选行为的影响

在有色金属矿选矿中铜离子是常用的活化剂之一，白云母常常作为脉石矿物存在于部分有色金属矿中，因此回收金属矿尾矿中的白云母时，就需要考虑尾矿中残留的铜离子可能会对白云母的浮选造成一定的影响[79]。在前期的研究中发现油酸钠体系下铜离子可改善白云母的可浮性，对白云母有一定活化作用[95]。由于矿石来源地不同，为对比电化学预处理前后铜离子对白云母可浮性的影响，进行了不同浓度 Cu^{2+} 对白云母可浮性影响试验，试验条件为：白云母质量为

10.00 g，矿浆浓度为 13.33%，矿浆 pH 值为 12，油酸钠的浓度为 9.20×10^{-4} mol/L（未进行预处理），铜离子浓度为变量，试验结果如图 5-5 所示。

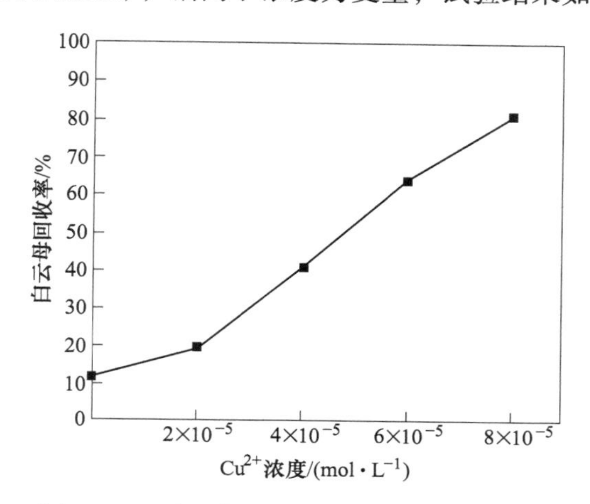

图 5-5 不同 Cu^{2+}浓度对白云母回收率的影响

由图 5-5 可知，随着 Cu^{2+}浓度的逐渐增加，白云母回收率也逐渐增大，当 Cu^{2+}浓度为 2×10^{-5} mol/L 时，白云母的回收率为 19.50%，当 Cu^{2+}浓度继续增大到 8×10^{-5} mol/L 时，白云母的回收率为 80.90%，由此可见铜离子能够有效改善白云母的可浮性。

B 不同电化学预处理条件下的 Cu^{2+}对白云母浮选行为影响试验

为研究不同电化学预处理条件下的 Cu^{2+}对白云母可浮性的影响，在矿浆 pH 值为 12 的条件下，进行了不同电化学预处理条件下的 Cu^{2+}对白云母可浮性影响试验。试验条件为：白云母质量为 10.00 g，矿浆浓度为 13.33%，Cu^{2+}浓度为 6×10^{-5} mol/L，油酸钠（未经预处理）浓度为 9.20×10^{-4} mol/L，电化学预处理条件见表 5-3，试验结果如图 5-6 所示。

表 5-3 电化学预处理条件

试验编号	电化学预处理条件			
	电解电流/A	电解时间/min	极板间距/cm	极板材料类型（阳极-阴极）
(a)	变量	5	4.5	石墨板-石墨板
(b)	0.1	变量	4.5	石墨板-石墨板
(c)	0.1	5	变量	石墨板-石墨板
(d)	0.1	5	4.5	变量

由图 5-6（a）可知，当电化学预处理电流从 0 A 增大到 0.05 A 时，白云母的回收率基本无变化，当电化学预处理电流从 0.05 A 增大到 0.2 A 时，白云母

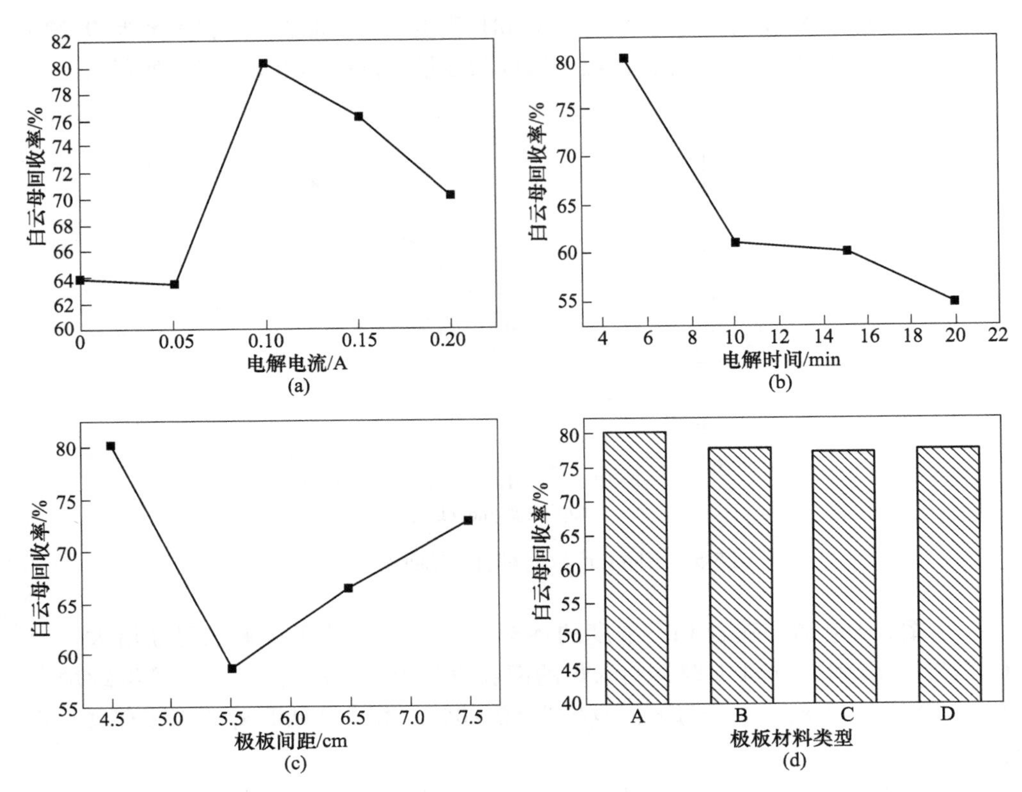

图 5-6　不同电化学预处理条件下的 Fe^{3+} 对白云母可浮性的影响

（a）电解电流；（b）电解时间；（c）极板间距；（d）极板材料类型

A—石墨板-石墨板；B—铜板-石墨板；C—铅板-石墨板；D—不锈钢板-石墨板

的回收率随着电化学预处理电流的增大而先增大后减小，并且当电化学预处理电流为 0.1 A 时，白云母回收率达到最大，为 80.40%，这表明在合适电流范围内，对 Cu^{2+} 进行电化学预处理能够强化其对白云母的活化作用。

由图 5-6（b）可知，白云母的回收率随着电化学预处理时间的增加而减小，当预处理时间从 5 min 增大到 20 min 时，白云母的回收率从 80.40% 下降到 54.70%，由此可见，延长电化学预处理时间不利于强化 Cu^{2+} 对白云母的活化作用。由图 5-6（c）可知，白云母的回收率随着极板间距的增大而先减小后增大，并且当极板间距为 5.5 cm 时，白云母的回收率下降到了 58.60%，这说明在合适极板间距范围内，电化学预处理可强化 Cu^{2+} 的活化性能。由图 5-6（d）可知，极板材料类型对 Cu^{2+} 的活化性能影响不大。

5.1.2.3　电化学预处理前后的 Pb^{2+} 对白云母浮选行为影响试验

A　未经处理的 Pb^{2+} 对白云母浮选行为影响试验

在前期的研究中发现油酸钠体系下铅离子可改善白云母的可浮性，对白云母有一定活化作用。由于矿石来源地不同，为对比电化学预处理前后铅离子对白云母可浮性的影响，进行了不同浓度 Pb^{2+} 对白云母可浮性影响试验，试验条件为：白云母质量为 10.00 g，矿浆浓度为 13.33%，矿浆 pH 值为 12，油酸钠的浓度为 9.20×10^{-4} mol/L（未进行预处理），铅离子浓度为变量，试验结果如图 5-7 所示。

由图 5-7 可知，白云母的回收率随着铅离子浓度的增大而先增大后基本保持不变，当铅离子浓度为 1.51×10^{-5} mol/L 时，白云母的回收率为 52.90%，当铅离子浓度进一步增大到 6.04×10^{-5} mol/L 时，白云母的回收率增大到了 89.70%，可见适量的铅离子对白云母有一定活化作用。

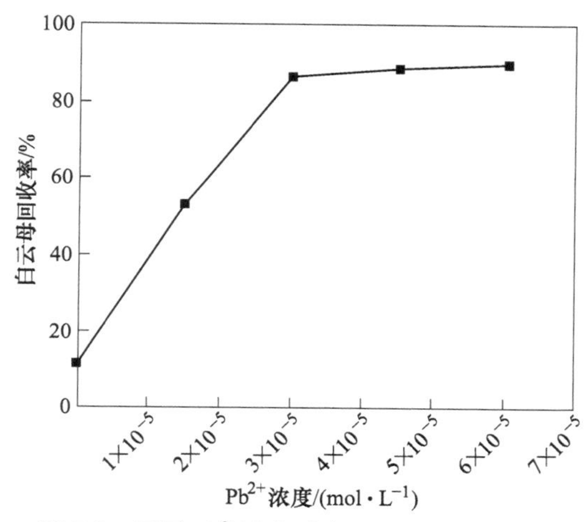

图 5-7 不同 Pb^{2+} 浓度对白云母回收率的影响

B 不同电化学预处理条件下的 Pb^{2+} 对白云母浮选行为影响试验

为研究不同电化学预处理条件下的 Pb^{2+} 对白云母可浮性的影响，在矿浆 pH 值为 12 的条件下，进行了不同电化学预处理条件下的 Pb^{2+} 对白云母可浮性影响试验。试验条件为：白云母质量为 10.00 g，矿浆浓度为 13.33%，Pb^{2+} 浓度为 1.51×10^{-5} mol/L，油酸钠（未经预处理）浓度为 9.20×10^{-4} mol/L，电化学预处理条件见表 5-4，试验结果如图 5-8 所示。

表 5-4 电化学预处理条件

试验编号	电化学预处理条件			
	电解电流/A	电解时间/min	极板间距/cm	极板材料类型（阳极-阴极）
(a)	变量	5	4.5	石墨板-石墨板
(b)	0.05	变量	4.5	石墨板-石墨板
(c)	0.05	5	变量	石墨板-石墨板
(d)	0.05	5	4.5	变量

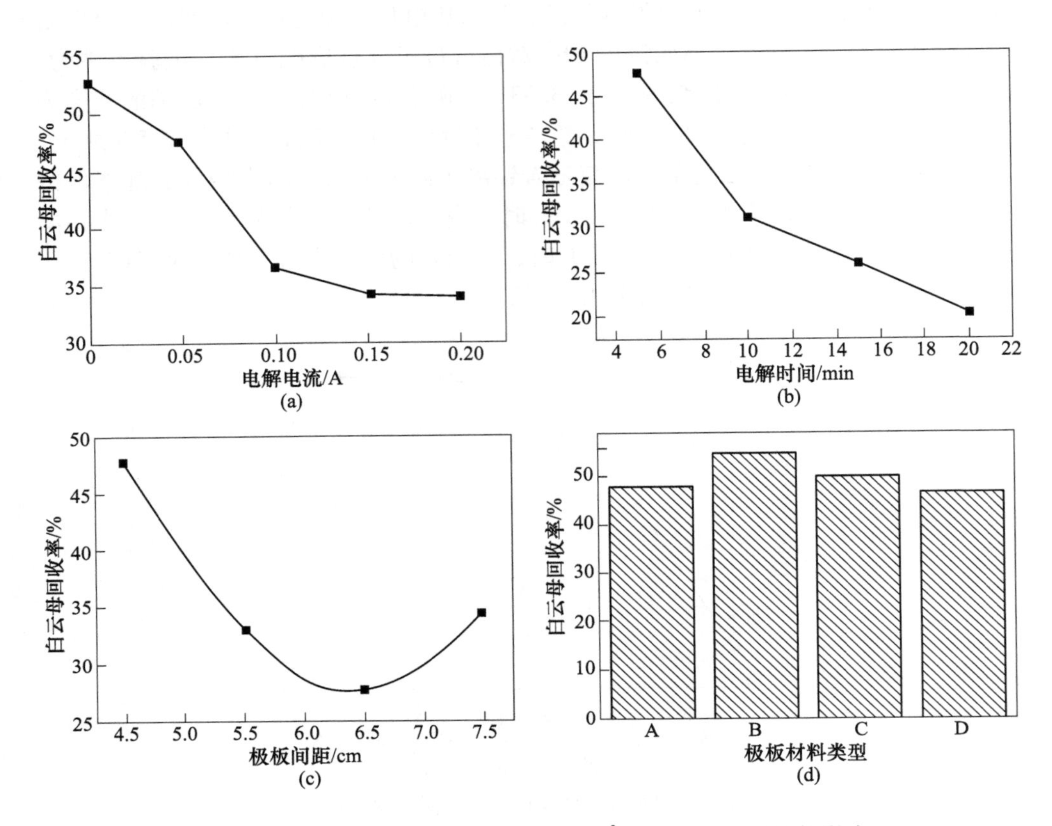

图 5-8　不同电化学预处理条件下的 Pb^{2+} 对白云母可浮性的影响

(a) 电解电流；(b) 电解时间；(c) 极板间距；(d) 极板材料类型

A—石墨板-石墨板；B—铜板-石墨板；C—铅板-石墨板；D—不锈钢板-石墨板

由图 5-8（a）可知，当电化学预处理电流从 0 A 增大到 0.2 A 时，白云母的回收率随着电化学预处理电流的增大而减小，并且此时白云母的回收率从 52.90%下降到了 34.00%，这表明对 Pb^{2+} 进行电化学预处理能明显弱化其对白云母的活化作用，并且弱化程度随着电化学预处理电流的增大而增大。由图 5-8（b）可知，白云母的回收率随着电化学预处理时间的增加而减小，当预处理时间从 5 min 增大到 20 min 时，白云母的回收率从 47.60%下降到 20.40%，由此可见，延长电化学预处理时间也可明显弱化 Pb^{2+} 对白云母的活化作用。由图 5-8（c）可知，白云母的回收率随着极板间距的增大而先减小后略微增大，并且当极板间距为 6.5 cm 时，白云母的回收率下降到了 27.70%，这说明在一定极板间距范围内，电化学预处理可弱化 Pb^{2+} 的活化性能。由图 5-8（d）可知，极板材料类型对 Pb^{2+} 的活化性能影响较小。

5.1.2.4 电化学预处理前后的 Ca^{2+} 对白云母浮选行为影响试验

A 未经电化学预处理的 Ca^{2+} 对白云母浮选行为影响试验

选矿用水中常常存在一些钙离子等难免离子，这些离子往往会对白云母的浮选指标产生一定影响。前期的研究中发现油酸钠体系下钙离子可改善白云母的可浮性，对白云母有一定活化作用[96]。由于矿石来源地不同，为对比电化学预处理前后钙离子对白云母可浮性的影响，进行了不同浓度钙离子对白云母可浮性影响试验，试验条件为：白云母质量为 10.00 g，矿浆浓度为 13.33%，浮选机转速为 1750 r/min，矿浆 pH 值为 12，油酸钠的浓度为 9.20×10^{-4} mol/L（未进行预处理），钙离子浓度为变量，试验结果如图 5-9 所示。

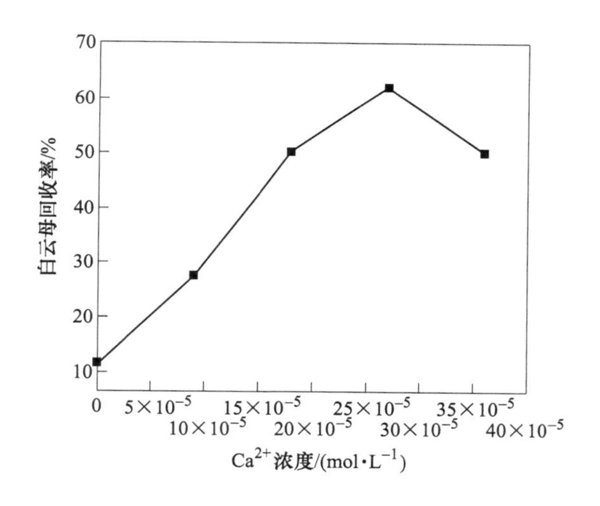

图 5-9 不同 Ca^{2+} 浓度对白云母回收率的影响

由图 5-9 可知，白云母的回收率随着矿浆中 Ca^{2+} 浓度的增大而先增大后减小，当 Ca^{2+} 浓度为 9.00×10^{-5} mol/L 时，白云母的回收率为 27.50%，当 Ca^{2+} 浓度进一步增大到 2.70×10^{-4} mol/L 时，白云母的回收率到达最大值，为 62.10%，由此可知，Ca^{2+} 对白云母具有一定的活化作用。

B 不同电化学预处理条件下的 Ca^{2+} 对白云母浮选行为影响试验

为研究不同电化学预处理条件下的 Ca^{2+} 对白云母可浮性的影响，在矿浆 pH 值为 12 的条件下，进行了不同电化学预处理条件下的 Ca^{2+} 对白云母可浮性影响试验。试验条件为：白云母质量为 10.00 g，矿浆浓度为 13.33%，Ca^{2+} 浓度为 2.70×10^{-4} mol/L，油酸钠（未经预处理）浓度为 9.20×10^{-4} mol/L，电化学预处理条件见表 5-5，试验结果如图 5-10 所示。

表 5-5　电化学预处理条件

试验编号	电化学预处理条件			
	电解电流/A	电解时间/min	极板间距/cm	极板材料类型（阳极-阴极）
(a)	变量	5	4.5	石墨板-石墨板
(b)	0.05	变量	4.5	石墨板-石墨板
(c)	0.05	5	变量	石墨板-石墨板
(d)	0.05	5	4.5	变量

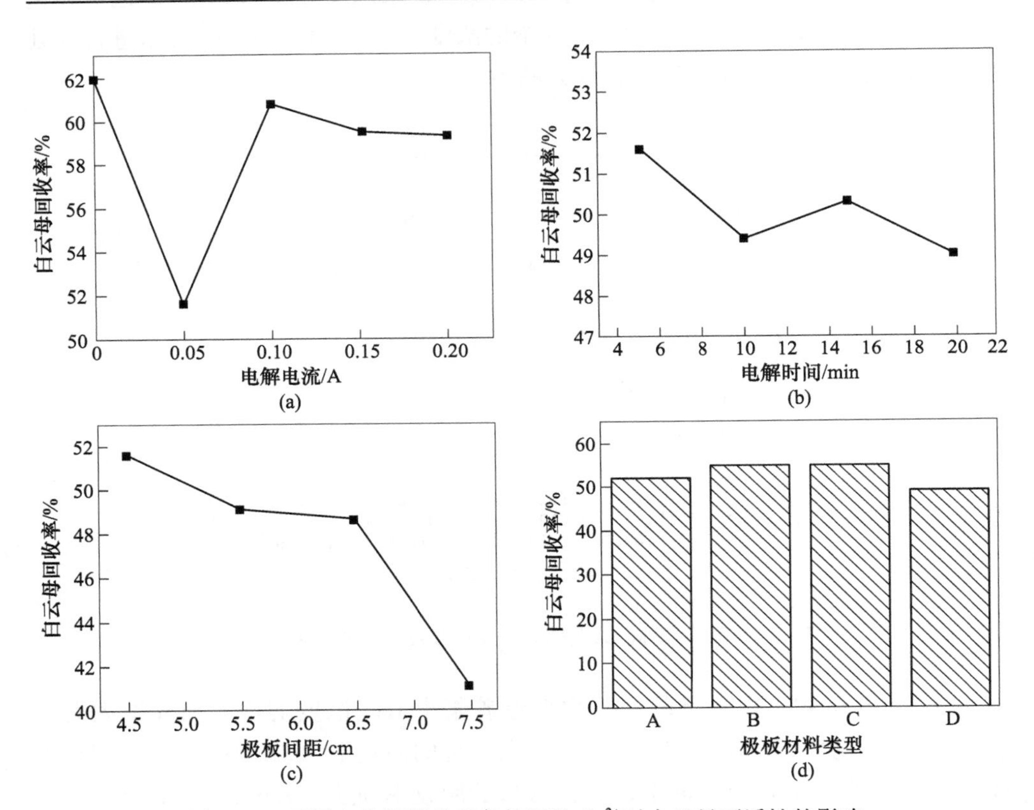

图 5-10　不同电化学预处理条件下的 Ca^{2+} 对白云母可浮性的影响

(a) 电解电流；(b) 电解时间；(c) 极板间距；(d) 极板材料类型

A—石墨板-石墨板；B—铜板-石墨板；C—铅板-石墨板；D—不锈钢板-石墨板

由图 5-10（a）可知，当电化学预处理电流从 0 A 增大到 0.05 A 时，白云母的回收率由 62.10%下降到了 51.60%，当电化学预处理电流从 0.05 A 增大到 0.2 A时，白云母的回收率随着电化学预处理电流的增大而先增大后基本保持不变，并且当电化学预处理电流为 0.2 A 时，白云母的回收率仍低于预处理电流为 0 A 时的回收率，这表明电化学预处理对钙离子的活化性能有一定削弱作用。由

图 5-10（b）可知，白云母的回收率随着电化学预处理时间的增加而减小，当预处理时间从 5 min 增大到 20 min 时，白云母的回收率从 51.60%下降到 49.00%，由此可见，延长电化学预处理时间也可弱化 Ca^{2+} 对白云母的活化作用。由图 5-10（c）可知，白云母的回收率随着极板间距的增大而减小，并且当极板间距为 7.5 cm 时，白云母的回收率下降到了 41.10%，这说明增大极板间距也可弱化 Ca^{2+} 对白云母的活化作用。由图 5-10（d）可知，极板材料类型对 Ca^{2+} 的活化性能影响不大。

5.1.2.5 电化学预处理前后的 K^+ 对白云母浮选行为影响试验

A 未经电化学预处理的 K^+ 对白云母浮选行为影响试验

白云母矿物的组成元素中包含钾元素，在白云母浮选过程中其层间的钾以钾离子的形式溶解于矿浆中，这些可能会对白云母的浮选指标造成一定影响。在前期的研究中发现，油酸钠体系下钾离子对白云母具有较弱的抑制作用。由于矿石来源地不同，为对比电化学预处理前后钾离子对白云母可浮性的影响，进行了不同浓度钾离子对白云母可浮性影响试验，试验条件为：钾离子浓度为变量，白云母质量为 10.00 g，矿浆浓度为 13.33%，矿浆 pH 值为 7，油酸钠的浓度为 9.20×10^{-4} mol/L（未进行预处理），试验结果如图 5-11 所示。

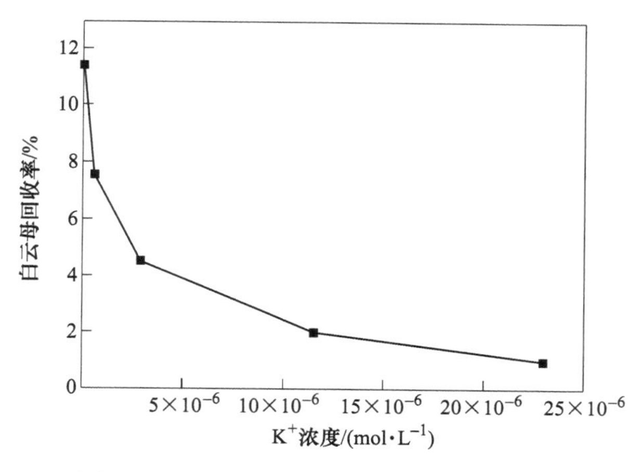

图 5-11 不同 K^+ 浓度对白云母回收率的影响

由图 5-11 可知，白云母的回收率随着矿浆中 K^+ 浓度的增大而减小，当 K^+ 浓度为 5.74×10^{-7} mol/L 时，白云母的回收率为 7.50%，当 K^+ 浓度进一步增大到 2.30×10^{-5} mol/L 时，白云母的回收率仅为 1.00%，由此可知，K^+ 对白云母具有一定的抑制作用。

B 不同电化学预处理条件下的 K^+ 对白云母浮选行为影响试验

为研究不同电化学预处理条件下的 K^+ 对白云母可浮性的影响，进行了不同电化学预处理条件下的 K^+ 对白云母可浮性影响试验。试验条件为：白云母质量为 10.00 g，矿浆浓度为 13.33%，矿浆 pH 值为 7，K^+ 浓度为 5.74×10^{-7} mol/L，油酸钠（未经预处理）浓度为 9.20×10^{-4} mol/L，电化学预处理条件见表 5-6，试验结果如图 5-12 所示。

表 5-6 电化学预处理条件

试验编号	电化学预处理条件			
	电解电流/A	电解时间/min	极板间距/cm	极板材料类型（阳极-阴极）
(a)	变量	5	4.5	石墨板-石墨板
(b)	0.05	变量	4.5	石墨板-石墨板
(c)	0.05	5	变量	石墨板-石墨板
(d)	0.05	5	4.5	变量

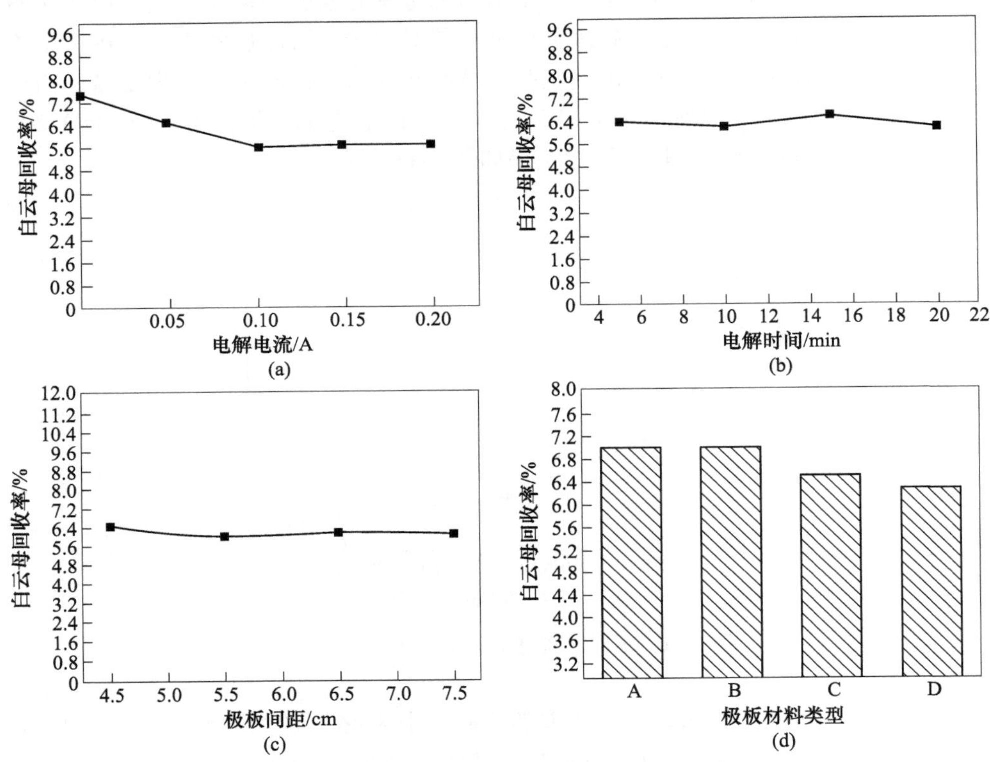

图 5-12 不同电化学预处理条件下的 K^+ 对白云母可浮性的影响

（a）电解电流；（b）电解时间；（c）极板间距；（d）极板材料类型

A—铜板-石墨板；B—铅板-石墨板；C—石墨板-石墨板；D—不锈钢板-石墨板

由图 5-12 可知，预处理电流、预处理时间、极板间距及极板材料类型对白云母的回收率影响很小，这说明电化学预处理对 K^+ 的抑制性能影响不大。

5.1.3 电化学预处理无机阴离子对白云母浮选行为影响试验

5.1.3.1 电化学预处理前后的硅酸钠对白云母浮选行为影响试验

A 未经电化学预处理的硅酸钠对白云母浮选行为影响试验

在金属矿选矿中，硅酸钠常作为抑制剂来抑制硅酸盐等脉石矿物，白云母常作为一种脉石矿物存在于金属矿石中，因此在选别金属矿时需要将其抑制，进而达到目的矿物与脉石矿物的有效分离，在前期的研究中发现油酸钠体系下硅酸钠对白云母具有一定的抑制作用[97]，由于矿石来源地不同，为对比电化学预处理前后硅酸钠对白云母可浮性的影响，进行了不同浓度硅酸钠对白云母可浮性影响试验，试验条件为：硅酸钠浓度为变量，白云母质量为 10.00 g，矿浆浓度为 13.33%，矿浆 pH 值为 7，油酸钠的浓度为 9.20×10^{-4} mol/L（未进行预处理），试验结果如图 5-13 所示。

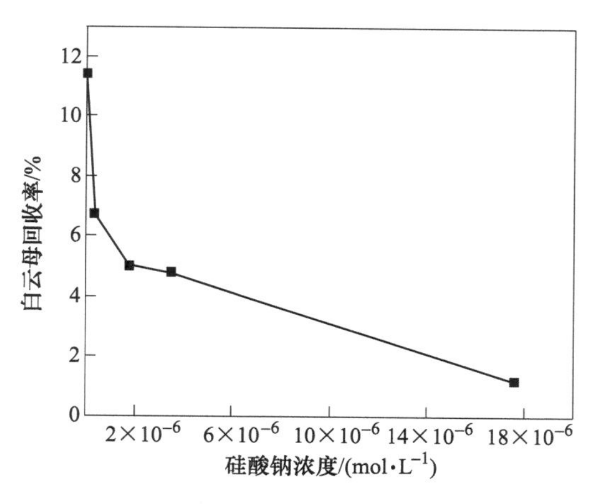

图 5-13 硅酸钠浓度对白云母回收率的影响

从图 5-13 可知，白云母的回收率随着硅酸钠浓度的增加而逐渐减小，当硅酸钠浓度从 0 mol/L 增大到 1.76×10^{-5} mol/L 时，白云母的回收率从 11.45%下降到了 1.20%，这说明硅酸钠能够抑制白云母的可浮性。

B 不同电化学预处理条件下的硅酸钠对白云母浮选行为影响试验

为研究不同电化学预处理条件下的硅酸钠对白云母可浮性的影响，进行了不同电化学预处理条件下的硅酸钠对白云母可浮性影响试验。试验条件为：白云母质量为 10.00 g，矿浆浓度为 13.33%，矿浆 pH 值为 7，硅酸钠浓度为 3.52×10^{-7} mol/L，油酸钠（未经预处理）浓度为 9.20×10^{-4} mol/L，电化学预处理条件见表 5-7，试验结果如图 5-14 所示。

表 5-7　电化学预处理条件

试验编号	电化学预处理条件			
	电解电流/A	电解时间/min	极板间距/cm	极板材料类型（阳极-阴极）
(a)	变量	5	4.5	石墨板-石墨板
(b)	0.05	变量	4.5	石墨板-石墨板
(c)	0.05	5	变量	石墨板-石墨板
(d)	0.05	5	4.5	变量

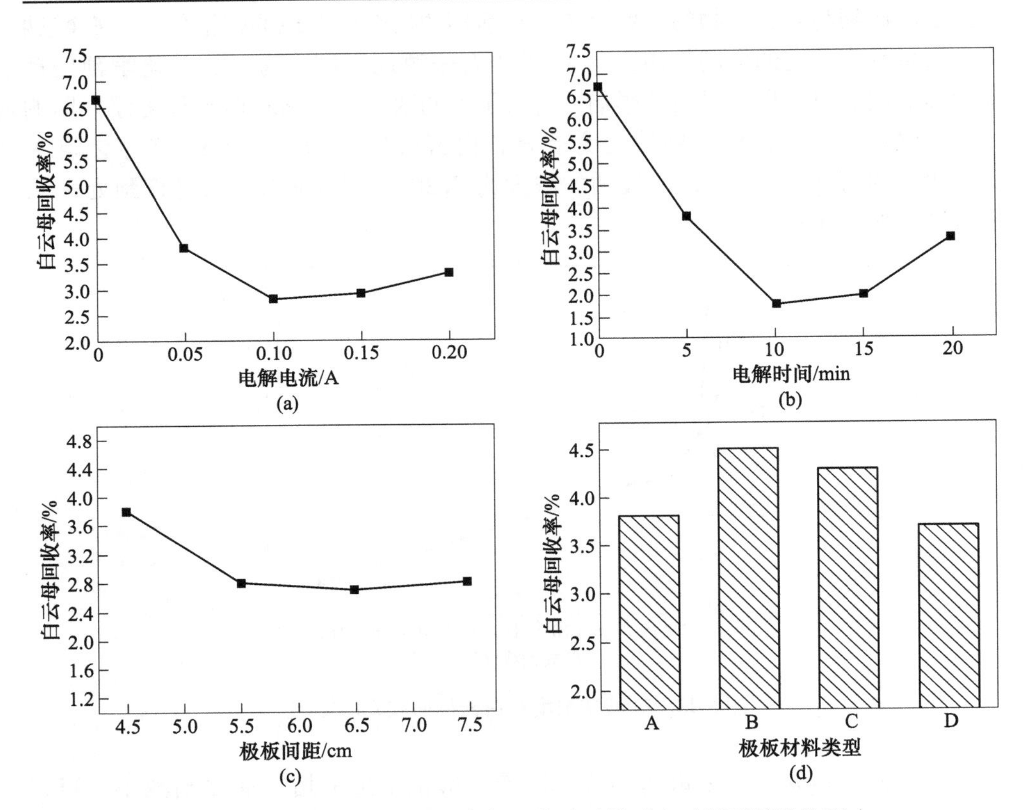

图 5-14　不同电化学预处理条件下的硅酸钠对白云母可浮性的影响

(a) 电解电流；(b) 电解时间；(c) 极板间距；(d) 极板材料类型

A—石墨板-石墨板；B—铜板-石墨板；C—铅板-石墨板；D—不锈钢板-石墨板

由图 5-14（a）可知，当电化学预处理电流从 0 A 增大到 0.2 A 时，白云母的回收率随着电化学预处理电流的增大而先减小后基本保持不变，并且当电化学预处理电流为 0.1 A 时，白云母的回收率仅为 2.80%，由此可见，电化学预处理能够强化硅酸钠对白云母的抑制作用。由图 5-14（b）可知，白云母的回收率随着电化学预处理时间的增加而先减小后略微有所增大，当预处理时间从 0 min 增大到 10 min 时，白云母的回收率从 6.70%下降到 1.80%，由此可见，在合适的电化学预处理时间范围内，硅酸钠对白云母的抑制作用明显增强。由图 5-14（c）可知，极板间距变化对白云母的回收率影响很小，这说明极板间距对硅酸钠的抑制性能影响不大。由图 5-14（d）可知，改变极板材料类型，白云母回收率变化不大，可见极板材料类型对硅酸钠的抑制性能影响很小。

由于硅酸钠对白云母有抑制作用使得白云母的回收率较低，在白云母回收率较低的情况下，为进一步证明电化学预处理的效果及对比在最佳电化学预处理条件下更小浓度的硅酸钠对白云母的抑制效果，进行了最佳电化学预处理条件下不同浓度硅酸钠对白云母可浮性影响试验，浮选试验条件不变，电化学预处理条件：预处理电流为 0.1 A，预处理时间 10 min，极板间距 5.5 cm，极板材料类型为石墨板-石墨板，硅酸钠浓度为变量，试验结果如图 5-15 所示。

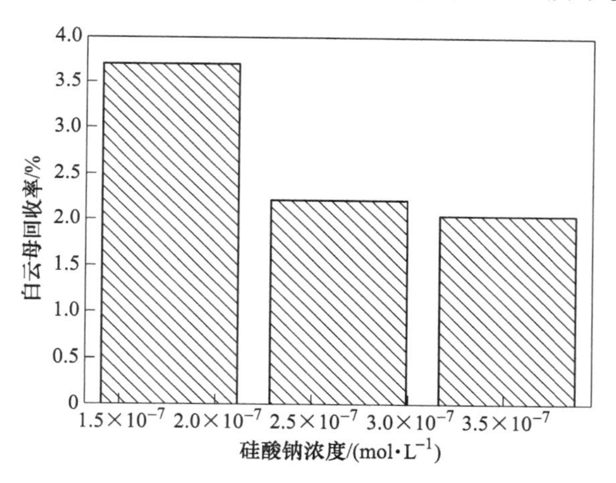

图 5-15 最佳电化学预处理条件下硅酸钠浓度对白云母可浮性的影响

从图 5-15 可知，在最佳电化学预处理条件下，当硅酸钠浓度从 3.52×10^{-7} mol/L降低到 2.64×10^{-7} mol/L 时，白云母的回收率变化不大，当硅酸钠浓度继续降低时，白云母回收率有所增大，这说明在最佳电化学预处理条件下，适当降低硅酸钠浓度也能够达到有效抑制白云母的目的，即电化学预处理硅酸钠能够在保持抑制白云母效果的同时，能够节省 25%左右硅酸钠的用量。

5.1.3.2 电化学预处理前后的六偏磷酸钠对白云母浮选行为影响试验

A 未经电化学预处理的六偏磷酸钠对白云母浮选行为影响试验

在浮选过程中，六偏磷酸钠主要被用于抑制剂硅酸盐和碳酸盐矿物，在前期的研究中发现油酸钠体系下六偏磷酸钠对白云母具有一定的抑制作用，由于矿石来源地不同，为对比电化学预处理前后六偏磷酸钠对白云母可浮性的影响，进行了不同浓度六偏磷酸钠对白云母可浮性影响试验，试验条件为：白云母质量为 10.00 g，矿浆浓度为 13. 33%，矿浆 pH 值为 7，油酸钠的浓度为 9. 20 $\times10^{-4}$ mol/L（未进行预处理），六偏磷酸钠浓度为变量，试验结果如图 5-16 所示。

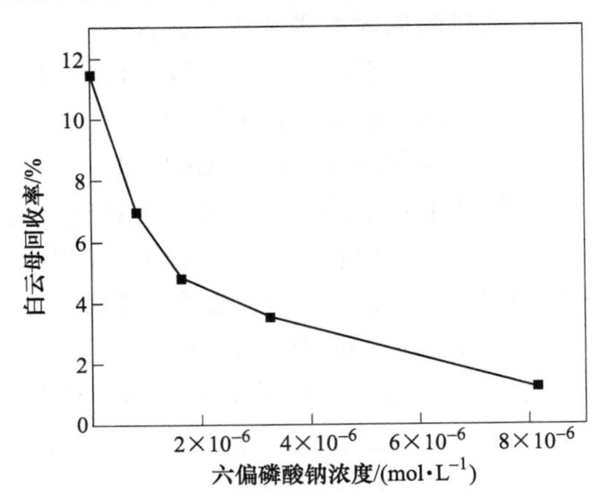

图 5-16　六偏磷酸钠浓度对白云母回收率的影响

从图 5-16 可知，当矿浆 pH 值为 7 时，白云母的回收率随着六偏磷酸钠浓度的增加而逐渐减小。当六偏磷酸钠浓度从 0 mol/L 增大到 8. 17$\times10^{-6}$ mol/L 时，白云母的回收率从 11. 45%下降到了 1. 20%，这说明六偏磷酸钠能够抑制白云母的可浮性。

B　不同电化学预处理条件下的六偏磷酸钠对白云母浮选行为影响试验

为研究不同电化学预处理条件下的六偏磷酸钠对白云母可浮性的影响，进行了不同电化学预处理条件下的六偏磷酸钠对白云母可浮性影响试验。试验条件为：白云母质量为 10. 00 g，矿浆浓度为 13. 33%，矿浆 pH 值为 7，六偏磷酸钠（未经预处理）浓度为 8. 17$\times10^{-7}$ mol/L，油酸钠浓度为 9. 20$\times10^{-4}$ mol/L，电化学预处理条件见表 5-8，试验结果如图 5-17 所示。

表 5-8　电化学预处理条件

试验编号	电化学预处理条件			
	电解电流/A	电解时间/min	极板间距/cm	极板材料类型（阳极-阴极）
(a)	变量	5	4. 5	石墨板-石墨板
(b)	0. 05	变量	4. 5	石墨板-石墨板
(c)	0. 05	5	变量	石墨板-石墨板
(d)	0. 05	5	4. 5	变量

由图 5-17（a）可知，当电化学预处理电流从 0 A 增大到 0. 2 A 时，白云母的回收率随着电化学预处理电流的增大而先减小后基本保持不变，并且当电化学

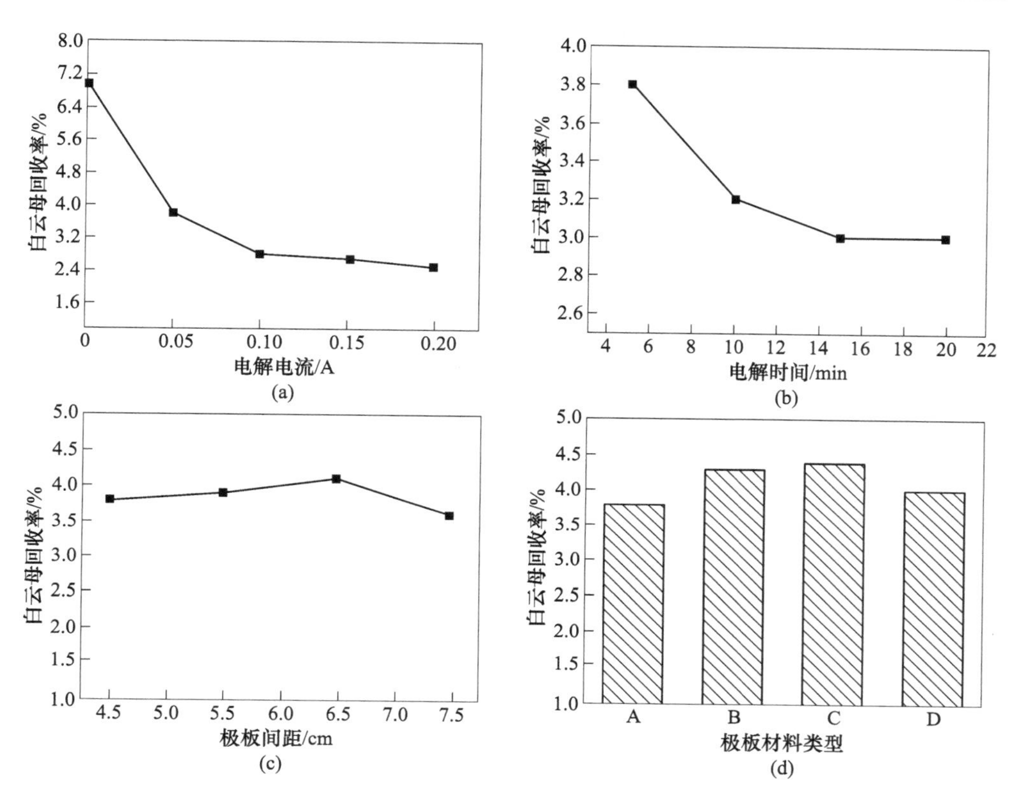

图 5-17 不同电化学预处理条件下的六偏磷酸钠对白云母可浮性的影响

（a）电解电流；（b）电解时间；（c）极板间距；（d）极板材料类型

A—石墨板-石墨板；B—铜板-石墨板；C—铅板-石墨板；D—不锈钢板-石墨板

预处理电流为 0. 1 A 时，白云母的回收率仅为 2. 80%，由此可见，电化学预处理能够强化六偏磷酸钠对白云母的抑制作用。由图 5-17（b）和图 5-17（a）可知，白云母的回收率随着电化学预处理时间的增加而先减小后基本保持不变，当预处理时间从 0 min 增大到 15 min 时，白云母的回收率从 7. 00%下降到 3. 00%，由此可见，在合适的电化学预处理时间范围内，六偏磷酸钠对白云母的抑制作用明显增强。由图 5-17（c）可知，极板间距变化对白云母的回收率基本无影响，这说明极板间距对六偏磷酸钠的抑制性能影响不大。由图 5-17（d）可知，改变极板材料类型，白云母回收率变化不大，可见极板材料类型对六偏磷酸钠的抑制性能影响很小。

由于六偏磷酸钠对白云母有抑制作用使得白云母的回收率较低，在白云母回收率较低的情况下，为进一步证明电化学预处理的效果及对比在最佳电化学预处理条件下更小浓度的六偏磷酸钠对白云母的抑制效果，进行了最佳电化学预处理条件下不同浓度六偏磷酸钠对白云母可浮性影响试验，浮选试验条件不变，电化学预处理条件：预处理电流为 0.15 A，预处理时间 15 min，极板间距 4.5 cm，极板材料类型为石墨板-石墨板，六偏磷酸钠浓度为变量，试验结果如图 5-18 所示。

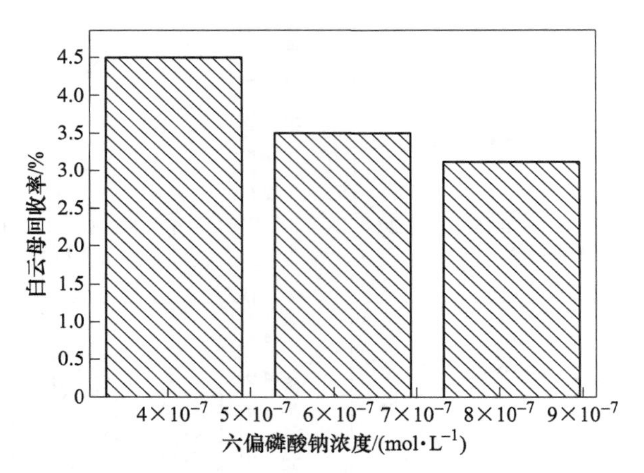

图 5-18　最佳电化学预处理条件下六偏磷酸钠浓度对白云母可浮性的影响

从图 5-18 可知，在最佳电化学预处理条件下，当六偏磷酸钠浓度从 8.17×10^{-7} mol/L 降低到 6.13×10^{-7} mol/L 时，白云母的回收率变化不大，当六偏磷酸钠浓度继续降低时，白云母回收率有所增大，这说明在最佳电化学预处理条件下，适当降低六偏磷酸钠浓度也能够达到有效抑制白云母的目的，即电化学预处理六偏磷酸钠能够在保持抑制白云母效果的同时，能够节省 20%左右六偏磷酸钠的用量。

5.1.4　电化学预处理有机调整剂对白云母浮选行为影响试验

5.1.4.1　电化学预处理前后的柠檬酸对白云母浮选行为影响试验

A　未经电化学预处理的柠檬酸对白云母浮选行为影响试验

柠檬酸作为一种有机羧酸，其在选矿中常被用作调整剂使用，在前期的研究中发现油酸钠体系下柠檬酸对白云母具有一定的抑制作用，由于矿石来源地不同，为对比电化学预处理前后柠檬酸对白云母可浮性的影响，进行了不同浓度柠檬酸对白云母可浮性影响试验，试验条件为：柠檬酸浓度为变量，白云母质量为 10.00 g，矿浆浓度为 13.33%，矿浆 pH 值为 7，油酸钠的浓度为 9.20×10^{-4} mol/L（未进行预处理），试验结果如图 5-19 所示。

由图 5-19 可知，白云母的回收率随着柠檬酸浓度的增加而逐渐减小。当柠檬酸浓度从 0 mol/L 增大到 2.38×10^{-5} mol/L 时，白云母的回收率从 11.45%下降到了 1.21%，这说明柠檬酸能够抑制白云母的可浮性。

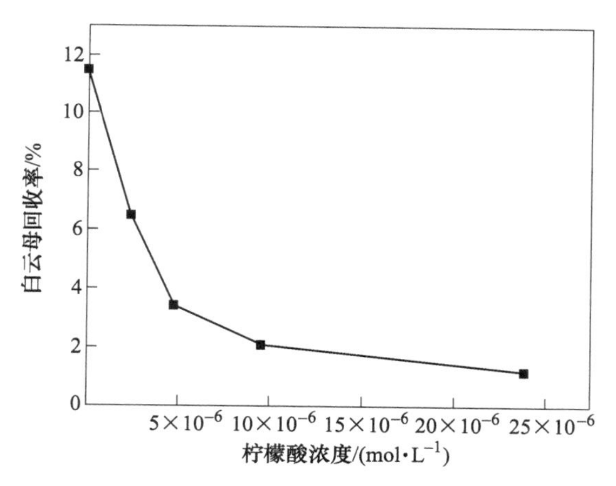

图 5-19 柠檬酸浓度对白云母回收率的影响

B 不同电化学预处理条件下的柠檬酸对白云母浮选行为影响试验

为研究不同电化学预处理条件下的柠檬酸对白云母可浮性的影响，进行了不同电化学预处理条件下的柠檬酸对白云母可浮性影响试验。试验条件为：白云母质量为 10.00 g，矿浆浓度为 13.33%，矿浆 pH 值为 7，柠檬酸浓度为 2.38×10^{-6} mol/L，油酸钠（未经预处理）浓度为 9.20×10^{-4} mol/L，电化学预处理条件见表 5-9，试验结果如图 5-20 所示。

表 5-9 电化学预处理条件

试验编号	电化学预处理条件			
	电解电流/A	电解时间/min	极板间距/cm	极板材料类型（阳极-阴极）
(a)	变量	5	4.5	石墨板-石墨板
(b)	0.05	变量	4.5	石墨板-石墨板
(c)	0.05	5	变量	石墨板-石墨板
(d)	0.05	5	4.5	变量

由图 5-20（a）可知，当电化学预处理电流从 0 A 增大到 0.2 A 时，白云母的回收率随着电化学预处理电流的增大而减小，并且当电化学预处理电流为 0.2 A 时，白云母的回收率仅为 3.70%，由此可见，电化学预处理能够强化柠檬酸对白云母的抑制作用。由图 5-20（b）和图 5-20（a）可知，白云母的回收率随着电化学预处理时间的增加而先减小后基本保持不变，当预处理时间从 0 min 增大到 15 min 时，白云母的回收率从 6.50%下降到 3.30%，由此可见，在合适的电化学预处理时间范围内，柠檬酸对白云母的抑制作用有所增强。由图 5-20（c）可知，极板间距变化对白云母的回收率基本无影响，这说明极板间

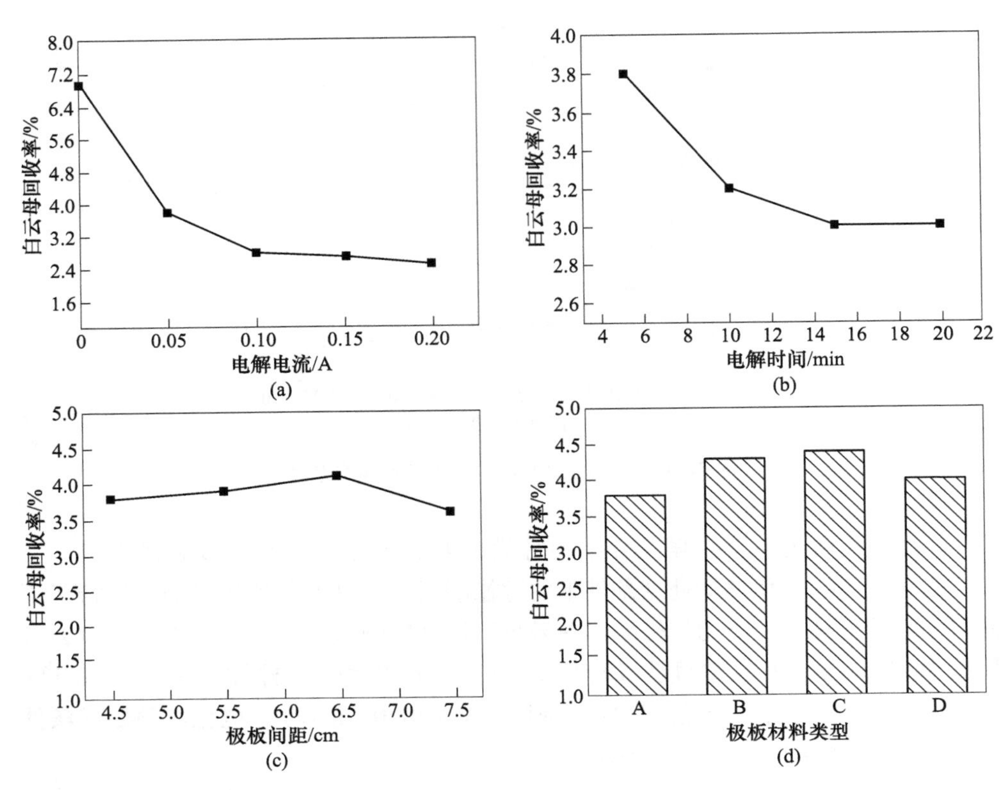

图 5-20　不同电化学预处理条件下的柠檬酸对白云母可浮性的影响
（a）电解电流；（b）电解时间；（c）极板间距；（d）极板材料类型
A—石墨板-石墨板；B—铜板-石墨板；C—铅板-石墨板；D—不锈钢板-石墨板

距对柠檬酸的抑制性能影响不大。由图 5-20（d）可知，改变极板材料类型，白云母回收率有一定变化，可见极板材料类型对柠檬酸的抑制性能有一定影响。

由于柠檬酸对白云母有抑制作用使得白云母的回收率较低，在白云母回收率较低的情况下，为进一步证明电化学预处理的效果及对比在最佳电化学预处理条件下更小浓度的柠檬酸对白云母的抑制效果，进行了最佳电化学预处理条件下不同浓度柠檬酸对白云母可浮性影响试验，浮选试验条件不变，电化学预处理条件：预处理电流为 0.2 A，预处理时间 15 min，极板间距 4.5 cm，极板材料类型为石墨板-石墨板，柠檬酸浓度为变量，试验结果如图 5-21 所示。

从图 5-21 可知，在最佳电化学预处理条件下，当柠檬酸浓度从 2.38×10^{-6} mol/L降低到 1.79×10^{-6} mol/L 时，白云母的回收率变化不大，当柠檬酸浓度继续降低时，白云母回收率有所增大，这说明在最佳电化学预处理条件下，适当降低柠檬酸浓度也能够达到有效抑制白云母的目的，即电化学预处理柠檬酸能够在保持抑制白云母效果的同时，能够节省柠檬酸 20%左右的用量。

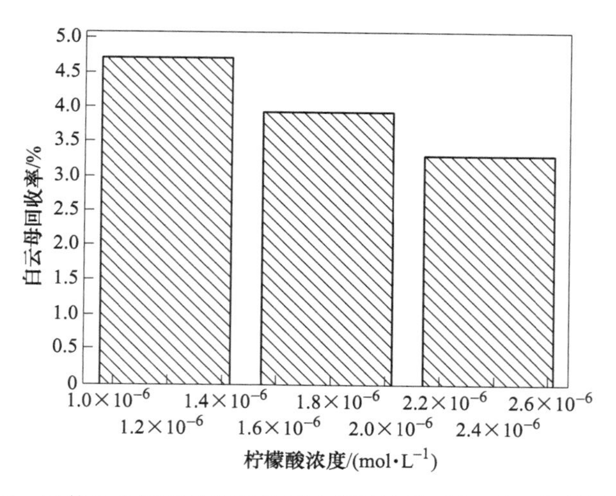

图 5-21 最佳电化学预处理条件下柠檬酸浓度对白云母可浮性的影响

5.1.4.2 电化学预处理前后的酒石酸对白云母浮选行为影响试验

A 未经电化学预处理的酒石酸对白云母浮选行为影响试验

酒石酸是一种有机螯合剂，在前期的研究中发现油酸钠体系下酒石酸对白云母具有一定的抑制作用，由于矿石来源地不同，为对比电化学预处理前后酒石酸对白云母可浮性的影响，进行了不同浓度酒石酸对白云母可浮性影响试验，试验条件为：酒石酸浓度为变量，白云母质量为10.00 g，矿浆浓度为13.33%，矿浆pH值为7，油酸钠的浓度为9.20×10^{-4} mol/L（未进行预处理），试验结果如图5-22所示。

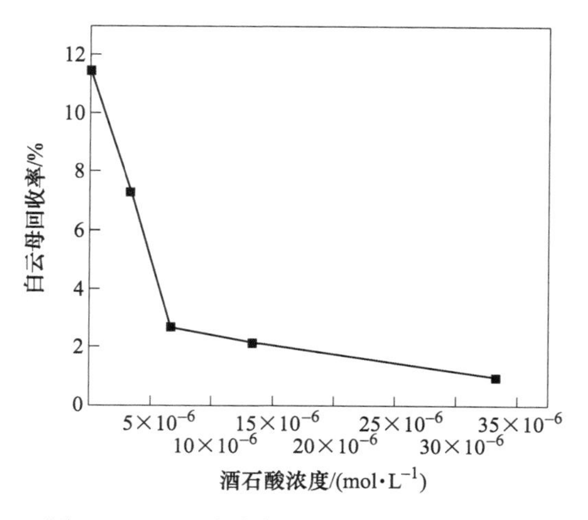

图 5-22 酒石酸浓度对白云母回收率的影响

由图 5-22 可知，白云母的回收率随着酒石酸浓度的增加而逐渐减小。当酒石酸浓度从 0 mol/L 增大到 3.33×10^{-5} mol/L 时，白云母的回收率从 11.45%下降到了 1.00%，这表明酒石酸能够抑制白云母的可浮性。

B　不同电化学预处理条件下的酒石酸对白云母浮选行为影响试验

为研究不同电化学预处理条件下的酒石酸对白云母可浮性的影响，进行了不同电化学预处理条件下的酒石酸对白云母可浮性影响试验。试验条件为：白云母质量为 10.00 g，矿浆浓度为 13.33%，矿浆 pH 值为 7，酒石酸浓度为 3.33×10^{-6} mol/L，油酸钠（未经预处理）浓度为 9.20×10^{-4} mol/L，电化学预处理条件见表 5-10，试验结果如图 5-23 所示。

表 5-10　电化学预处理条件

试验编号	电化学预处理条件			
	电解电流/A	电解时间/min	极板间距/cm	极板材料类型（阳极-阴极）
(a)	变量	5	4.5	石墨板-石墨板
(b)	0.05	变量	4.5	石墨板-石墨板
(c)	0.05	5	变量	石墨板-石墨板
(d)	0.05	5	4.5	变量

由图 5-23（a）可知，当电化学预处理电流从 0 A 增大到 0.2 A 时，白云母的回收率随着电化学预处理电流的增大而减小，并且当电化学预处理电流为 0.2 A时，白云母的回收率仅为 2.10%，由此可见，电化学预处理能够强化酒石酸对白云母的抑制作用。由图 5-23（b）和图 5-23（a）可知，白云母的回收率随着电化学预处理时间的增加而先减小后基本保持不变，当预处理时间从 0 min 增大到 15 min 时，白云母的回收率从 7.30%下降到 3.50%，由此可见，在合适的电化学预处理时间范围内，酒石酸对白云母的抑制作用明显增强。由图 5-23（c）可知，极板间距变化对白云母的回收率基本无影响，这说明极板间距对酒石酸的抑制性能影响不大。由图 5-23（d）可知，极板材料类型对酒石酸的抑制性能影响不大。

由于酒石酸对白云母有抑制作用使得白云母的回收率较低，在白云母回收率较低的情况下，为进一步证明电化学预处理的效果及对比在最佳电化学预处理条件下更小浓度的酒石酸对白云母的抑制效果，进行了最佳电化学预处理条件下不同浓度酒石酸对白云母可浮性影响试验，浮选试验条件不变，电化学预处理条件：预处理电流为 0.15 A，预处理时间 15 min，极板间距 4.5 cm，极板材料类型为石墨板-石墨板，酒石酸浓度为变量，试验结果如图 5-24 所示。

从图 5-24 可知，在最佳电化学预处理条件下，当酒石酸浓度从 3.33×10^{-6} mol/L 降低到 2.50×10^{-6} mol/L 时，白云母的回收率变化不大，当酒石酸浓

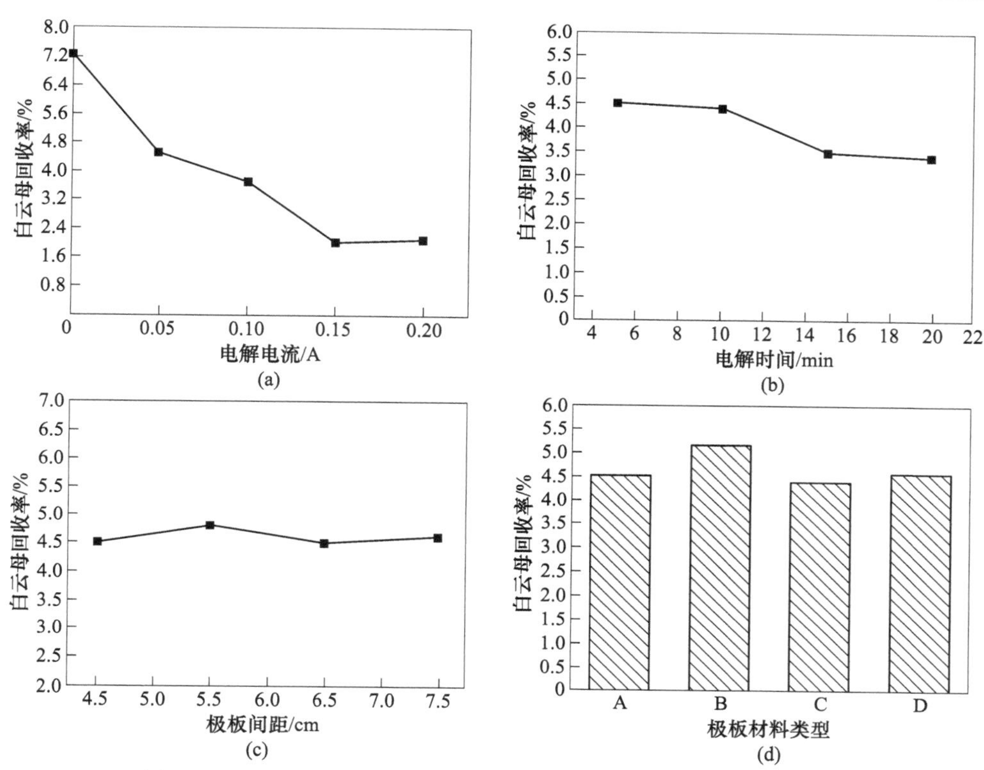

图 5-23 不同电化学预处理条件下的酒石酸对白云母可浮性的影响

(a) 电解电流；(b) 电解时间；(c) 极板间距；(d) 极板材料类型

A—石墨板-石墨板；B—铜板-石墨板；C—铅板-石墨板；D—不锈钢板-石墨板

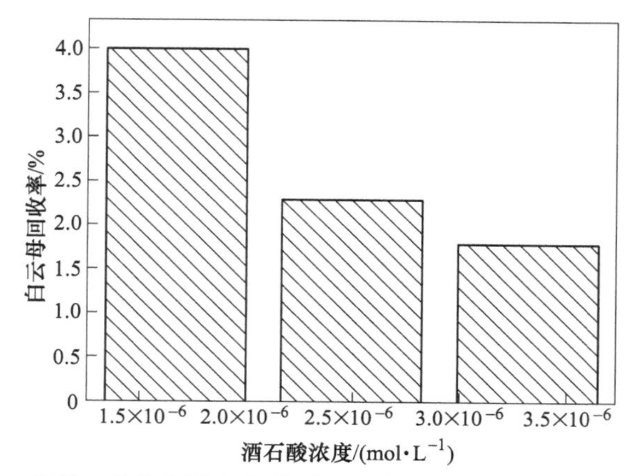

图 5-24 最佳电化学预处理条件下酒石酸浓度对白云母可浮性的影响

度继续降低时，白云母回收率有所增大，这说明在最佳电化学预处理条件下，适当降低酒石酸浓度也能够达到有效抑制白云母的目的，即电化学预处理酒石酸能够在保持抑制白云母效果的同时可节省酒石酸20%左右用量。

5.2　电化学预处理浮选药剂对白云母可浮性影响机理研究

研究利用溶液pH值、溶液电导率、Zeta电位、FITR、XPS等手段，对白云母样品进行了检测，系统全面地分析了电化学预处理对浮选药剂溶液性质的影响及电化学预处理不同浮选药剂对白云母表面性质的影响规律，在此基础上阐明了电化学预处理不同浮选药剂与白云母的作用机理。

5.2.1　电化学预处理对油酸钠溶液性质影响研究

5.2.1.1　电化学预处理条件对油酸钠溶液pH值影响

油酸钠是一种强碱弱酸盐，在溶液中其常常以油酸根离子、油酸分子、油酸二聚合离子等形式存在，为了解不同电化学预处理条件对油酸钠溶液pH值的影响，利用酸度计对不同条件预处理后的油酸钠溶液的pH值进行了检测。结果如图5-25所示。

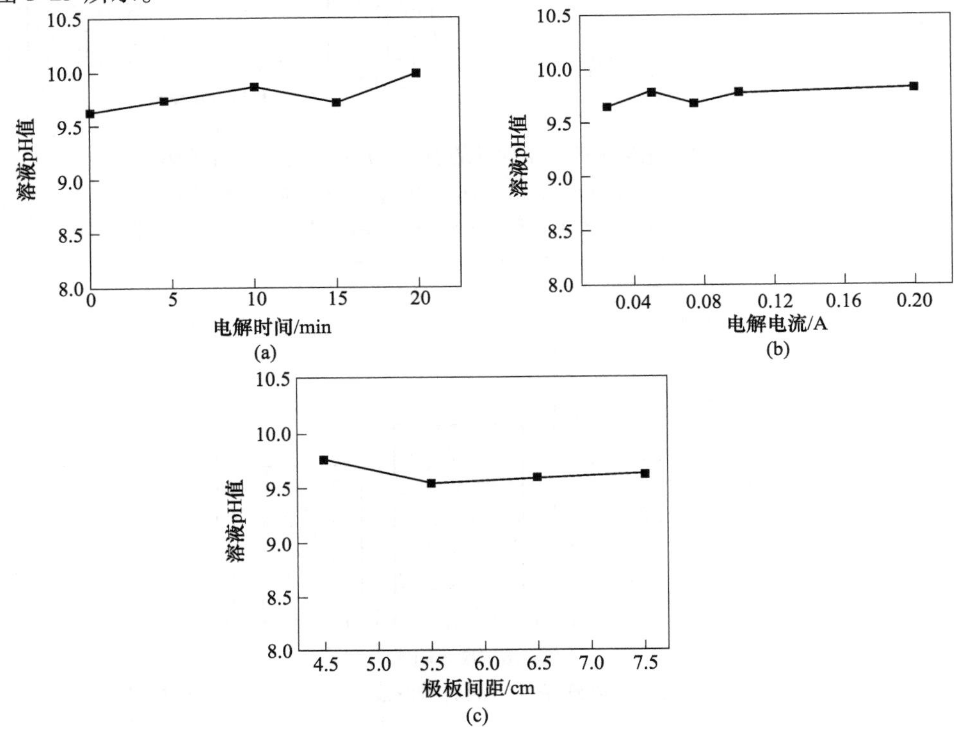

图5-25　电化学预处理对油酸钠溶液pH值的影响

(a) 电解时间；(b) 电解电流；(c) 极板间距

由图 5-25（a）可知，未经电化学预处理油酸钠时，其溶液的 pH 值为 9.63，随着电解时间的增加，油酸钠溶液的 pH 值有升高的趋势，但升高幅度较小，当电解时间为 15 min 时，油酸钠溶液的 pH 值为 9.72，与未经电化学预处理的油酸钠溶液 pH 值相比，升高了 0.09。由图 5-25（b）可知，随着电解电流的增大，油酸钠溶液的 pH 值也有升高的趋势，当电解电流为 0.075 A 时，油酸钠溶液的 pH 值为 9.64，与未经电化学预处理的油酸钠溶液 pH 值相比，升高了 0.01。由图 5-25（c）可知，随着极板间距的增大，油酸钠溶液的 pH 值基本无变化，当极板间距为 4.5 cm 时，油酸钠溶液的 pH 值为 9.75，与未经电化学预处理的油酸钠溶液 pH 值相比，升高了 0.12，由此可见，电化学预处理会使油酸钠溶液的 pH 值升高。

5.2.1.2 不同电化学预处理条件对油酸钠溶液电导率影响

为了解不同电化学预处理条件对油酸钠溶液电导率的影响，利用电导仪对不同电解条件预处理后的油酸钠溶液的电导率进行了检测。检测结果如图 5-26 所示。

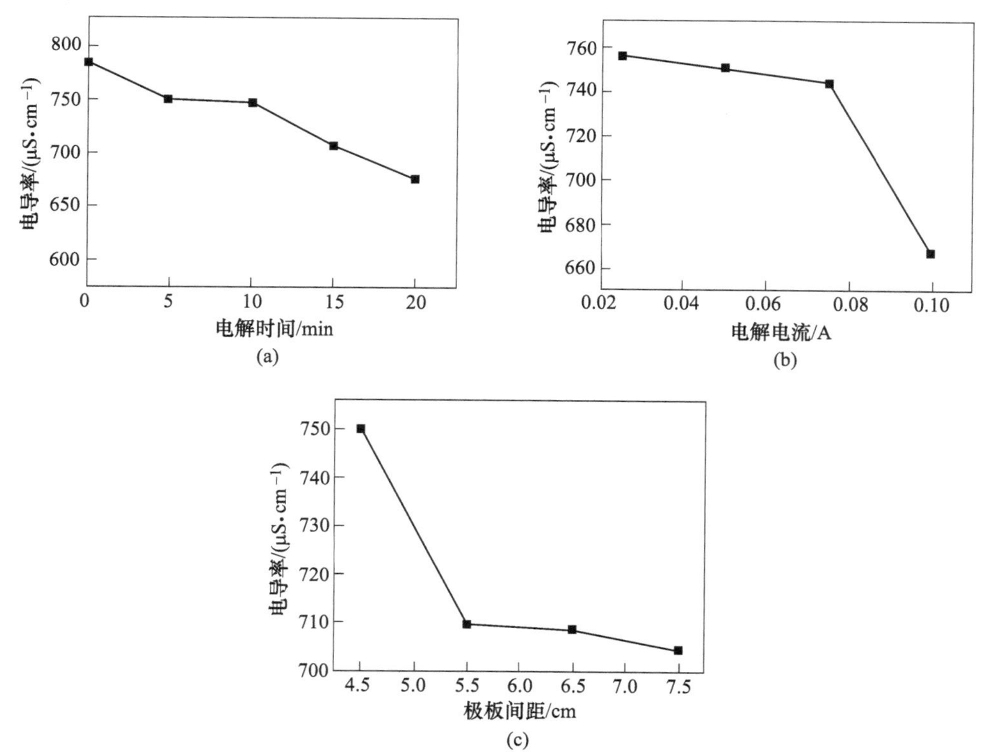

图 5-26 电化学预处理对油酸钠溶液电导率的影响

（a）电解时间；（b）电解电流；（c）极板间距

由图 5-26（a）可知，未经电化学预处理的油酸钠溶液电导率为 785 μS/cm，随着电解时间的增加，油酸钠溶液的电导率逐渐下降，当电解时间为 20 min 时，油酸钠溶液的电导率为 675 μS/cm，与未经电化学预处理的油酸钠溶液电导率相比，降低了 110 μS/cm；由图 5-26（b）可知，随着电解电流的增大，油酸钠溶液的电导率逐渐下降，当电解电流为 0.10 A 时，油酸钠溶液的电导率为 667.3 μS/cm，与未经电化学预处理的油酸钠溶液电导率相比，降低了 117.7 μS/cm；由图 5-26（c）可知，当极板间距由 4.5 cm 增大到 5.5 cm 时，油酸钠溶液的电导率下降很明显，当极板间距由 5.5 cm 增大到 7.5 cm 时，油酸钠溶液的电导率基本无变化，当极板间距为 5.5 cm 时，油酸钠溶液的电导率为 710 μS/cm，与未经电化学预处理的油酸钠溶液电导率相比，降低了75 μS/cm，由此可见，对油酸钠溶液进行电化学预处理会导致油酸钠溶液电导率下降。

5.2.1.3　油酸钠溶液的红外光谱分析

为了解电化学预处理对油酸钠溶液的影响，对油酸钠溶液进行了红外光谱表征并对羟基吸收峰进行了分峰处理，具体作用条件见表 5-11，结果如图 5-27 和表 5-12 所示。

表 5-11　油酸钠溶液的电化学预处理条件

样品	油酸钠浓度/(mol · L^{-1})	电化学预处理条件			
		电解电流/A	电解时间/min	极板间距/cm	极板材料类型（阳极-阴极）
A 样	1.00	—	—	—	—
B 样	1.00	0.05	5	4.5	石墨板-铅板
C 样	1.00	0.05	15	4.5	石墨板-铅板

表 5-12　羟基红外光谱分峰拟合各吸收峰参数

样品	位置/cm^{-1}	归属	面积相对比例/%	峰形
A 样	3555	水中羟基	11.40	G
	3388	油酸分子中羟基	51.67	
	3199	酸-皂二聚物中羟基	36.93	
B 样	3566	水中羟基	6.80	G
	3385	油酸分子中羟基	63.46	
	3188	酸-皂二聚物中羟基	29.74	
C 样	3550	水中羟基	11.26	G
	3355	油酸分子中羟基	68.88	
	3163	酸-皂二聚物中羟基	19.86	

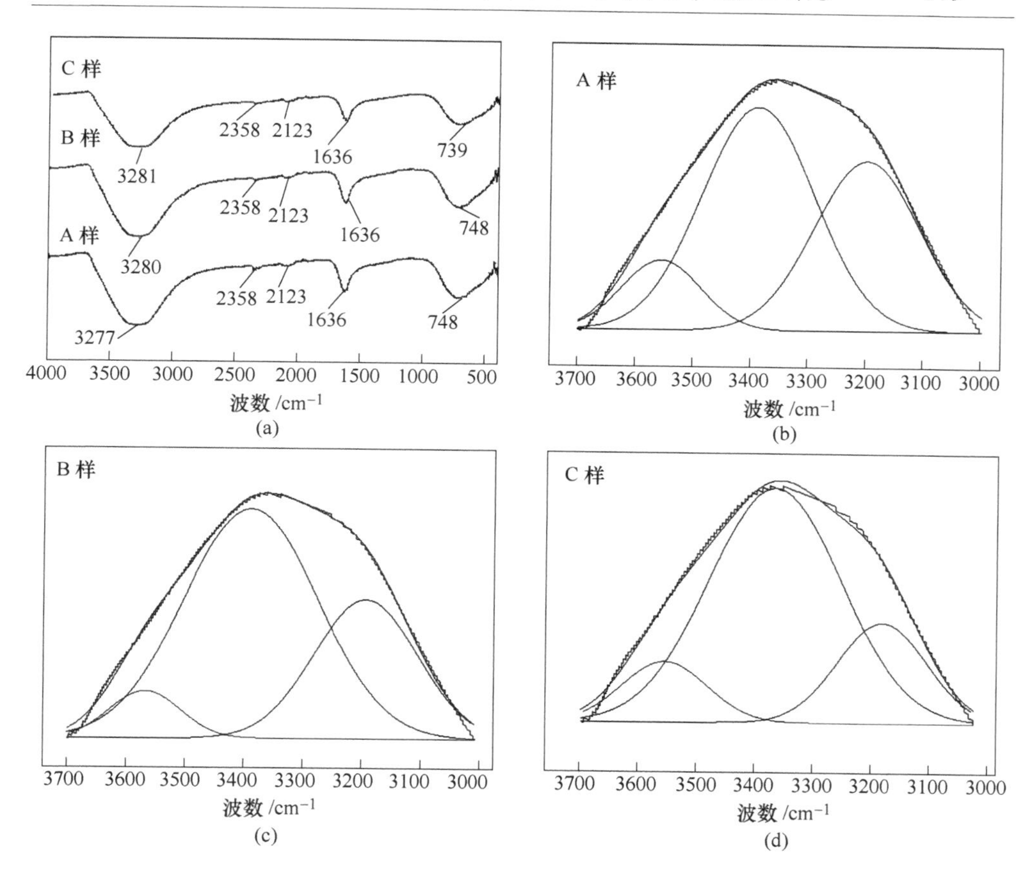

图 5-27　油酸钠溶液的红外光谱图

（a）A 样、B 样、C 样的红外光谱；（b）~（d）分峰处理

由图 5-27（a）可知，A 样中波数为 3277 cm^{-1}的吸收峰对应为羟基振动吸收峰，1636 cm^{-1}及 748 cm^{-1}处的峰对应为水的干扰峰，对比 A 样发现，B 样及 C 样各吸收峰强度有所减弱并且各峰有宽化趋势，可见对油酸钠溶液进行电化学预处理会改变其溶液化学环境；由图 5-27（b）~（d）及表 5-12 可知，油酸钠溶液的羟基红外吸收峰是由三种羟基吸收峰叠加而成，并且对比 A 样发现，油酸钠溶液（B 样）经过电化学预处理后，其油酸分子中羟基面积相对比例增大了 11.79%，而酸-皂二聚物中羟基面积比例减小了 7.19%，并且继续延长预处理时间，油酸分子中羟基面积相对比例进一步增大，而酸-皂二聚物中羟基面积比例进一步减小，结合油酸钠溶液电导率分析可知，油酸钠溶液经电化学预处理后，溶液中油酸分子含量有所增多，而酸-皂二聚物含量有所减少，即溶液中起到捕收作用的有效成分有所减少，因此电化学预处理弱化了油酸钠的捕收性能。

5.2.2 电化学预处理金属阳离子对白云母浮选行为影响机理

5.2.2.1 电化学预处理 Fe^{3+} 对白云母浮选行为影响机理

A 电化学预处理 $FeCl_3$ 溶液电极反应分析

氯化铁是一种强酸弱碱盐，其在水中会发生电离及水解，其过程可以用下列反应式表示：

$$FeCl_3 \rightleftharpoons Fe^{3+} + 3Cl^- \tag{5-1}$$

$$Fe^{3+} + H_2O \rightleftharpoons Fe(OH)^{2+} + H^+ \tag{5-2}$$

$$Fe(OH)^{2+} + H_2O \rightleftharpoons Fe(OH)_2^+ + H^+ \tag{5-3}$$

$$Fe(OH)_2^+ + H_2O \rightleftharpoons Fe(OH)_3^- + H^+ \tag{5-4}$$

在电化学预处理氯化铁溶液过程中，当两极板材料为石墨时，阴极板和阳极板附近会发生一系列电极反应，具体反应如下：

阴极反应：
$$2Fe^{3+} + 2e^- = 2Fe^{2+} \tag{5-5}$$

阳极反应：
$$2Cl^- - 2e^- = Cl_2 \uparrow \tag{5-6}$$

当铁离子完全被还原为亚铁离子时，阳极反应不变，阴极反应变为：

$$2H^+ + 2e^- = H_2 \uparrow \tag{5-7}$$

由上述电极反应可知，对氯化铁溶液进行电化学预处理，阴极附近铁离子被还原为亚铁离子，阳极附近会生成氯气，同时消耗溶液中的氯离子，使得溶液中三价铁离子浓度减少，二价铁离子浓度增大，氯离子浓度减小。

B 不同电化学预处理条件对 $FeCl_3$ 溶液 pH 值影响

为了解不同电化学预处理条件对 $FeCl_3$ 溶液 pH 值的影响，利用酸度计对不同条件电化学预处理后的 $FeCl_3$ 溶液的 pH 值进行了检测，结果如图 5-28 所示。

由图 5-28（a）可知，未对 $FeCl_3$ 溶液进行电化学预处理时，其溶液的 pH 值为 2.02，随预处理电流的增大，$FeCl_3$ 溶液 pH 值略微有所升高；升高的原因在于溶液中铁离子被还原为亚铁离子，使得铁离子的水解平衡向左移动，导致溶液氢离子浓度减小。由图 5-28（b）可知，当电解时间从 0 min 增加到 15 min 时，$FeCl_3$ 溶液 pH 值随着预处理时间的增加而降低后基本保持不变；降低的原因在于预处理时间增加导致溶液中氯气与水生成的次氯酸及盐酸增多，使得溶液酸性增强。由图 5-28（c）可知，极板间距对 $FeCl_3$ 溶液 pH 值影响不大。由图 5-28（d）可知，电化学预处理 $FeCl_3$ 溶液时，阳极板材质对其溶液 pH 值影响较小。

C 不同电化学预处理条件对 $FeCl_3$ 溶液电导率影响

为了解不同电化学预处理条件对 $FeCl_3$ 溶液电导率的影响，对不同电化学预处理后的 $FeCl_3$ 溶液的电导率进行了检测，检测结果如图 5-29 所示。

由图 5-29（a）可知，未经电化学预处理的 $FeCl_3$ 溶液电导率为 44.8 μS/cm，

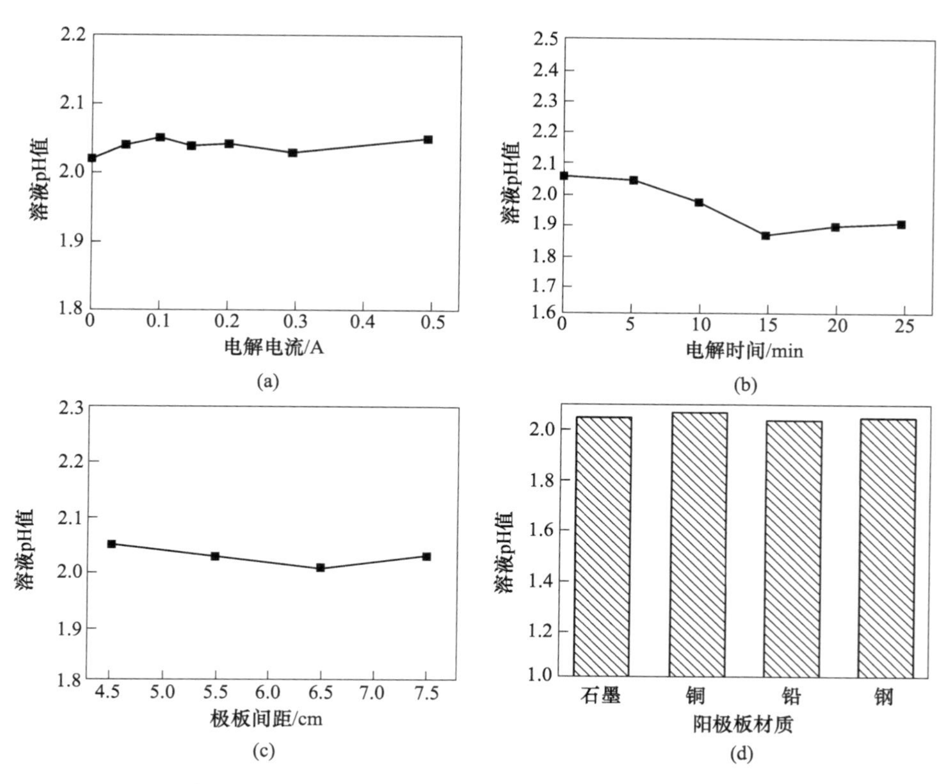

图 5-28　不同电化学预处理条件对 $FeCl_3$溶液 pH 值影响

（a）电解电流；（b）电解时间；（c）极板间距；（d）阳极板材质

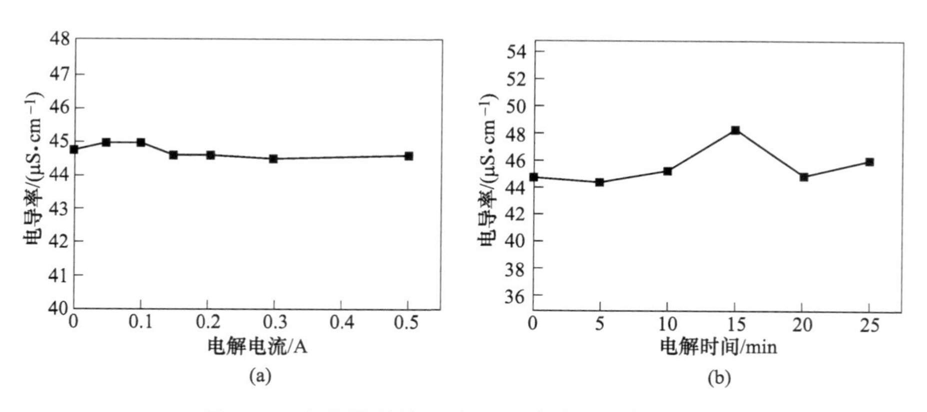

图 5-29　电化学预处理对 $FeCl_3$溶液电导率的影响

（a）电解电流；（b）电解时间

当电化学预处理电流从 0 A 增大到 0.3 A 时，随着预处理电流的增大，$FeCl_3$溶液电导率略微有所减小，减小的原因在于阳极附近有氯气生成，导致溶液中氯离子浓度减小；由图 5-29（b）可知，当预处理时间从 0 min 增加到 15 min 时，$FeCl_3$ 溶液的电导率随着预处理时间的增加而增大，增大的原因在于预处理时间增加使得溶液中氯气与水生成的次氯酸及氯化氢增多，导致溶液中离子数目增加。当进一步延长预处理时间时，$FeCl_3$ 溶液的电导率有所减小，电导率减小可能是由于预处理时间过长使得阴极析出氢气所致。

D　不同电化学预处理条件下的 Fe^{3+} 对白云母表面 Zeta 电位影响

为了解不同电化学预处理条件下的 Fe^{3+} 对白云母表面 Zeta 电位的影响，检测了经不同电化学预处理条件下 Fe^{3+} 作用后的白云母表面的 Zeta 电位，且 Fe^{3+} 浓度为 1.11×10^{-4} mol/L，pH 值为 12，检测结果如图 5-30 所示。

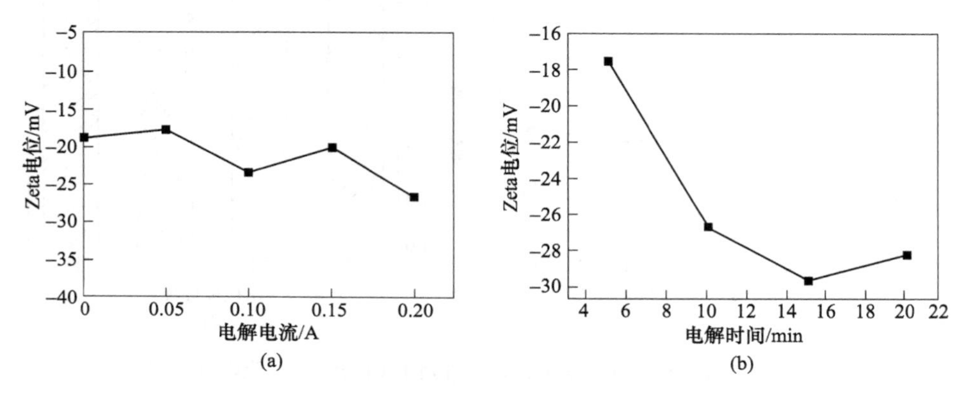

图 5-30　电化学预处理 Fe^{3+} 对白云母表面 Zeta 电位的影响
（a）电解电流；（b）电解时间

由图 5-30（a）可知，随着对 Fe^{3+} 的预处理电流的增大，白云母表面 Zeta 电位有负向增大的趋势，当对 Fe^{3+} 的预处理电流为 0.2 A 时，白云母表面 Zeta 电位为−26.25 mV。由图 5-30（b）可知，白云母表面 Zeta 电位随着对 Fe^{3+} 的预处理时间的增加而先负向增大后基本不变，当对 Fe^{3+} 的预处理时间为 15 min 时，白云母表面 Zeta 电位为−29.64 mV。结合电极反应分析可知，由于对氯化铁溶液进行电化学预处理，会使得溶液中 Fe^{3+} 转变为 Fe^{2+}，进而导致吸附在白云母表面的 Fe^{3+} 减少，因此使得白云母表面 Zeta 电位负向增大。

E　白云母样品的红外光谱分析

为研究油酸钠及不同电化学预处理条件下的 Fe^{3+} 在白云母表面的吸附状态，对白云母纯矿物、经油酸钠作用后的白云母样品、经不同电化学预处理条件下的 Fe^{3+} 作用后的白云母样品进行了红外光谱表征，作用条件见表 5-13，结果如图 5-31 所示。

表 5-13 不同白云母样品作用条件

样品	药剂浓度/(mol · L^{-1})		电化学预处理条件			
	油酸钠	Fe^{3+}	电解电流/A	电解时间/min	极板间距/cm	极板材料类型(阳极-阴极)
A 样	—	—	—	—	—	—
B 样	9.20×10^{-4}	—	—	—	—	—
C 样	9.20×10^{-4}	1.11×10^{-4}	—	—	—	—
D 样	9.20×10^{-4}	1.11×10^{-4}	0.1	5	4.5	石墨板-石墨板
E 样	9.20×10^{-4}	1.11×10^{-4}	0.3	5	4.5	石墨板-石墨板
F 样	9.20×10^{-4}	1.11×10^{-4}	0.3	15	4.5	石墨板-石墨板

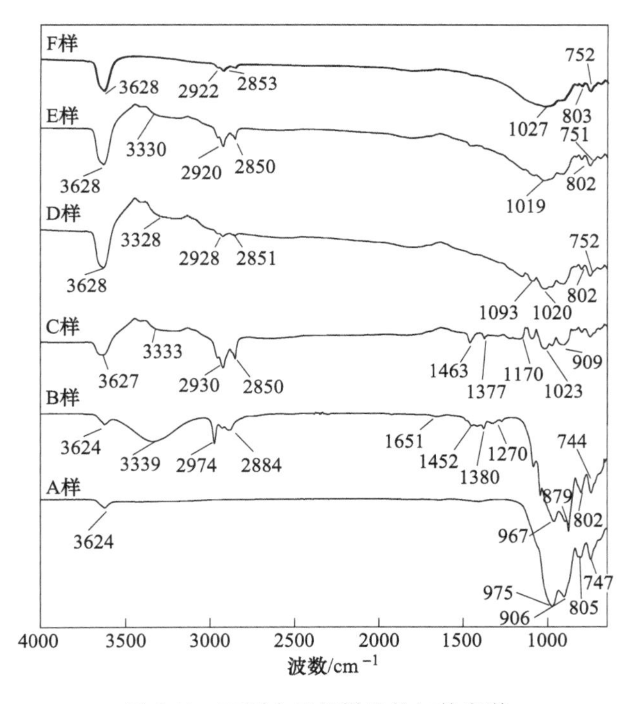

图 5-31 不同白云母样品的红外光谱

由图 5-31 可知，A 样中波数为 3624 cm^{-1}的吸收峰对应白云母表面羟基振动吸收峰，975 cm^{-1}、906 cm^{-1}、805 cm^{-1}及 747 cm^{-1}处的峰对应白云母表面硅羟基吸收峰[98,99]。B 样为经油酸钠作用后的样品，其图谱中 3339 cm^{-1}和 1270 cm^{-1}处的两个吸收峰分别对应油酸分子内羟基的伸缩及弯曲振动峰，而 2974 cm^{-1}和 2884 cm^{-1}处的两个峰则分别是油酸钠中甲基和亚甲基中 C—H 键的振动吸收峰[100-102]，1651 cm^{-1}处的吸收峰为油酸铝的特征峰[102]。由此可见，油酸钠能够改善白云母可浮性是由于油酸钠在白云母表面发生了物理吸附及化学吸附。对比B样发现C样中对应油酸钠中亚甲基和甲基中C—H键的振动吸收峰强度有所增强，其原因在于Fe^{3+}吸附在白云母表面，使得白云母表面活性点增多，促进了油酸根离子在白云母表面发生化学吸附。D样、E样及F样为经不同电化学预处理条件处理后的Fe^{3+}及油酸钠共同作用后的样品，对比C样发现这三个样品的图谱中对应油酸钠中亚甲基和甲基中C—H键的振动吸收峰强度明显减弱，这说明经电化学预处理的铁离子作用后的样品表面吸附的油酸钠减少了。结合电极反应分析、溶液pH值分析及电位分析可知，其原因在于对氯化铁溶液进行电化学预处理，降低了该溶液中Fe^{3+}的含量，使得白云母表面吸附的Fe^{3+}减少，并且一定程度弱化了油酸钠在白云母表面的静电吸附[89]，进而削弱了油酸钠在白云母表面的物理及化学吸附。

5.2.2.2　电化学预处理Cu^{2+}对白云母浮选行为的影响机理

A　电化学预处理$CuSO_4$溶液电极反应分析

$CuSO_4$是一种强酸弱碱盐，其在水中会发生电离及水解，其过程可以用下列反应式表示：

$$CuSO_4 \rightleftharpoons Cu^{2+} + SO_4^{2-} \tag{5-8}$$

$$Cu^{2+} + H_2O \rightleftharpoons Cu(OH)^+ + H^+ \tag{5-9}$$

$$Cu(OH)^+ + H_2O \rightleftharpoons Cu(OH)_2 + H^+ \tag{5-10}$$

$$Cu(OH)_2 + H_2O \rightleftharpoons Cu(OH)_3^- + H^+ \tag{5-11}$$

$$Cu(OH)_3^- + H_2O \rightleftharpoons Cu(OH)_4^{2-} + H^+ \tag{5-12}$$

在电化学预处理硫酸铜溶液过程中，当两极板材料为石墨时，阴极板和阳极板附近会发生一系列电极反应，具体反应如下：

阴极反应：
$$Cu^{2+} + 2e^- = Cu\downarrow \tag{5-13}$$

阳极反应：
$$2OH^- - 2e^- = \frac{1}{2}O_2\uparrow + H_2O \tag{5-14}$$

由上述电极反应可知，对硫酸铜溶液进行电化学预处理，阳极附近会有氧气生成，阴极附近铜离子会析出。

B　不同电化学预处理条件对$CuSO_4$溶液pH值影响

为了解不同电化学预处理条件对$CuSO_4$溶液pH值的影响，利用酸度计对不同条件电化学预处理后的$CuSO_4$溶液的pH值进行了检测，结果如图5-32所示。

由图5-32（a）可知，未对$CuSO_4$溶液进行电化学预处理时，其溶液的pH值为3.33，当对$CuSO_4$溶液进行电化学预处理时，$CuSO_4$溶液的pH值有所降低，并且当预处理电流从0 A增大到0.2 A时，$CuSO_4$溶液pH值随着预处理电流的增大而降低；由图5-32（b）可知，当电解时间从5 min增加到20 min时，$CuSO_4$溶液pH值随着预处理时间的增加而逐渐降低；由于在电化学预处理硫酸铜溶液过程中，阳极板附近会生成 H^+，导致溶液中 H^+ 浓度增加，因此溶液 pH 减小。由图 5-32（c）可知，随着极板间距的增大，$CuSO_4$溶液的 pH 值变化很小；由图 5-32（d）可知，电化学预处理 $CuSO_4$溶液时，阳极板材质对其溶液 pH 值有一定影响，并且当阳极板材质为铜、铅板时，$CuSO_4$溶液 pH 值高于用石墨和不锈钢作阳极的溶液 pH 值，其原因在于用铜作阳极时，铜会氧化溶解，用铅作阳极时，铅会被氧化。

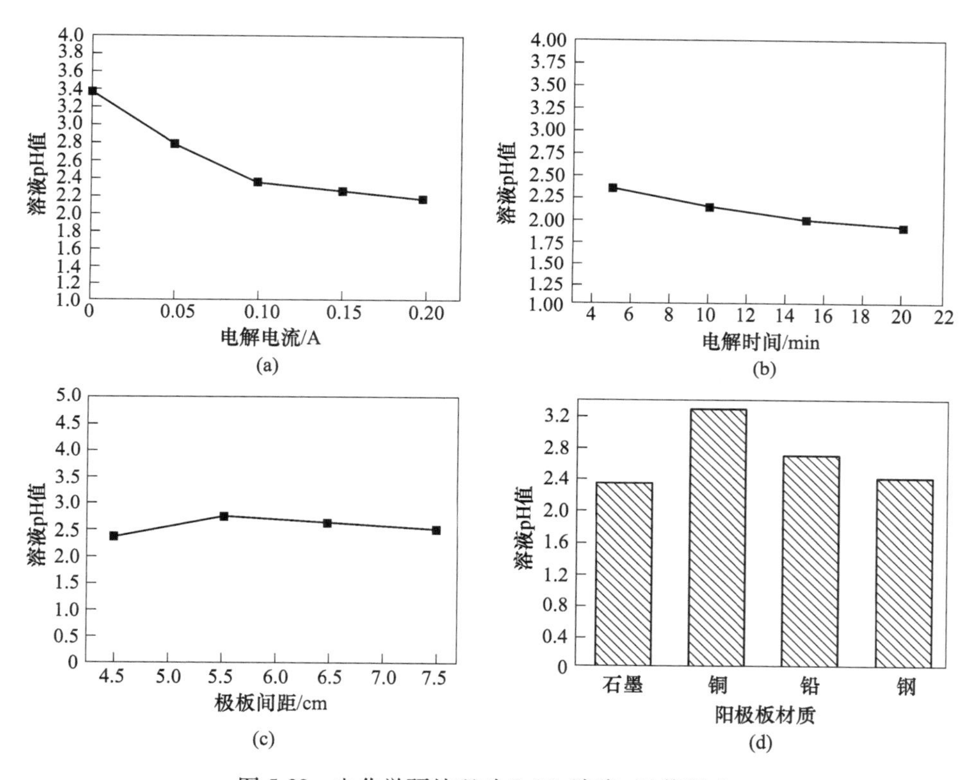

图 5-32 电化学预处理对 $CuSO_4$溶液 pH 值影响

（a）电解电流；（b）电解时间；（c）极板间距；（d）阳极板材质

C 不同电化学预处理条件对 $CuSO_4$溶液电导率影响

为了解不同电化学预处理条件对 $CuSO_4$溶液电导率的影响，利用电导仪对不同电化学预处理后的 $CuSO_4$溶液的电导率进行了检测。检测结果如图 5-33 所示。

由图 5-33（a）可知，未经电化学预处理的 $CuSO_4$ 溶液电导率为 16.24 μS/cm，当电化学预处理电流从 0 A 增大到 0.2 A 时，$CuSO_4$溶液电导率随着预处理电流的增大而略微增大，当预处理电流为 0.2 A 时，$CuSO_4$溶液电导率为 17.53 μS/cm；由图 5-33（b）可知，当预处理时间从 5 min 增加到 20 min 时，$CuSO_4$溶液的电导率随着预处理时间的增加而增大，当预处理时间为 20 min 时，

$CuSO_4$溶液的电导率为 18.31 μS/cm。由此可见，对硫酸铜进行电化学预处理，能够提高其溶液的电导率，结合电极反应分析及溶液 pH 值分析可知，提高的原因在于电化学预处理虽然使得溶液中铜离子浓度有所减小，但溶液中氢离子含量增加量大于铜离子含量减少量，导致溶液中总离子含量升高，进而引起溶液电导率升高。

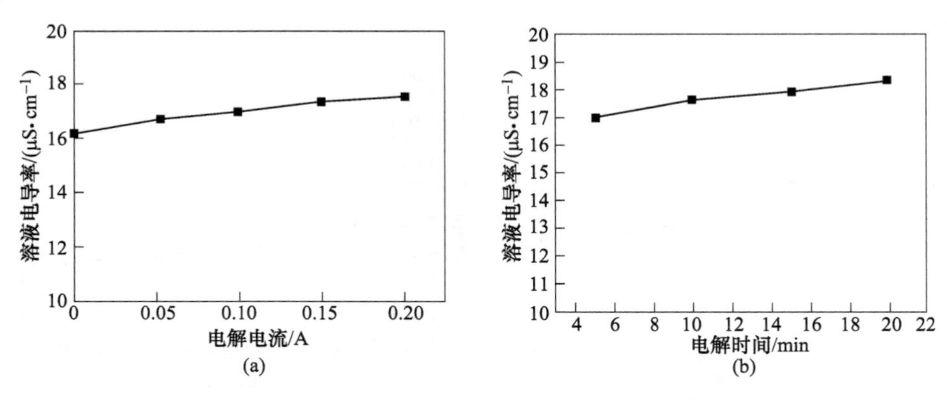

图 5-33 电化学预处理对 $CuSO_4$溶液电导率影响

（a）电解电流；（b）电解时间

D 不同电化学预处理条件下的 Cu^{2+}对白云母表面 Zeta 电位影响

为了解不同电化学预处理条件下的 Cu^{2+}对白云母表面 Zeta 电位的影响，检测了经不同电化学预处理条件下 Cu^{2+}作用后的白云母表面的 Zeta 电位，且 Cu^{2+}浓度为 6×10^{-5} mol/L，pH 值为 12，检测结果如图 5-34 所示。

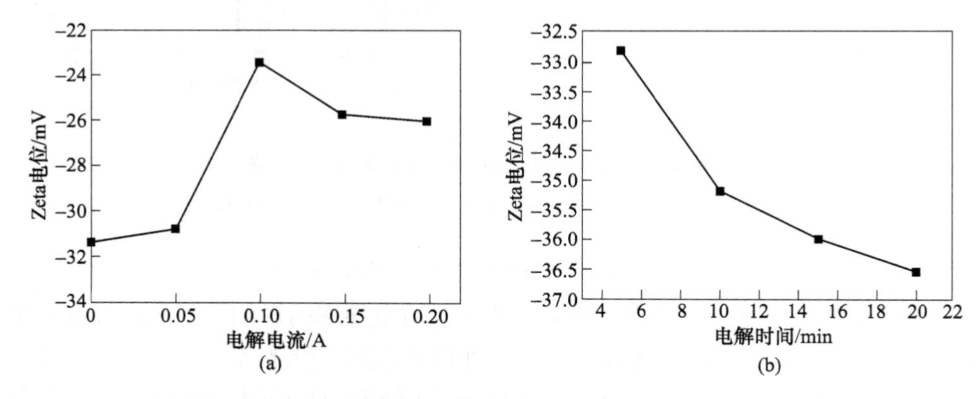

图 5-34 电化学预处理 Cu^{2+}对白云母表面 Zeta 电位的影响

（a）电解电流；（b）电解时间

由图 5-34（a）可知，白云母表面 Zeta 电位随着对 Cu^{2+}预处理电流的增大而先正向增大后略微负向增大，当对 Cu^{2+}的预处理电流为 0.1 A 时，白云母表面

Zeta 电位正向增大到最大，为-23.36 mV。由图 5-34（b）可知，白云母表面 Zeta 电位随着对 Cu^{2+} 预处理时间的增加而负向增大，当对 Cu^{2+} 的预处理时间为 20 min 时，白云母表面 Zeta 电位为-36.52 mV。结合铜离子的水解反应、电极反应及溶液 pH 值分析可知，当电化学预处理电流较小或预处理时间较短时，阴极板附近析出单质铜的速率很低，并且析出量较少，会极少量消耗溶液中的 Cu^{2+}，使得溶液中 Cu^{2+} 含量极少量减小，而阳极板附近会释放氧气并生成氢离子，溶液中氢离子增多会导致铜离子水解反应向左移动，使得溶液中整体 Cu^{2+} 含量增多，$Cu(OH)_3^-$ 含量减少，进而导致吸附在白云母表面的 Cu^{2+} 增多，因此使得白云母表面 Zeta 电位正向增大。当电化学预处理电流较大或预处理时间较长时，阴极板附近析出单质铜的速率很快，并且析出量较多，会大量消耗溶液中的 Cu^{2+}，使得溶液中整体 Cu^{2+} 含量减小，进而导致吸附在白云母表面的 Cu^{2+} 减少，因此使得白云母表面 Zeta 电位负向增大。

E 白云母样品的红外光谱分析

为研究油酸钠及不同电化学预处理条件下的 Cu^{2+} 在白云母表面的吸附状态，对经油酸钠及 Cu^{2+} 作用后的白云母样品、经不同电化学预处理条件下的 Cu^{2+} 作用后的白云母样品进行了红外光谱表征，作用条件见表 5-14，结果如图 5-35 所示。

表 5-14 不同白云母样品的作用条件

样品	药剂浓度/(mol · L^{-1})		电化学预处理条件			
	油酸钠	Cu^{2+}	电解电流/A	电解时间/min	极板间距/cm	极板材料类型（阳极-阴极）
A 样	9.20×10^{-4}	6×10^{-5}	—	—	—	—
B 样	9.20×10^{-4}	6×10^{-5}	0.1	5	4.5	石墨板-石墨板
C 样	9.20×10^{-4}	6×10^{-5}	0.2	5	4.5	石墨板-石墨板
D 样	9.20×10^{-4}	6×10^{-5}	0.1	15	4.5	石墨板-石墨板

由图 5-35 可知，A 样为经未处理的铜离子和油酸钠共同作用后的样品，其图谱中波数为 3629 cm^{-1} 的吸收峰对应白云母表面羟基振动吸收峰，2935 cm^{-1} 和 2860 cm^{-1} 处的两个峰则分别是油酸钠中甲基和亚甲基中 C—H 键的振动吸收峰[100-102]。B 样、C 样及 D 样为经不同电化学预处理条件处理后的铜离子及油酸钠共同作用后的样品，与 A 样相比，B 样和 C 样的图谱中对应油酸钠中亚甲基和甲基中 C—H 键的振动吸收峰的强度明显增强了，可见经电化学预处理的铜离子作用后的样品表面吸附的油酸钠增多了。结合电极反应分析、溶液电导率分析、溶液 pH 值分析及电位分析可知，其原因在于对硫酸铜溶液进行适宜条件的电化学预处理，能够抑制铜离子的水解，提高硫酸铜溶液中 Cu^{2+} 的含量，强化 Cu^{2+} 在白云母表面吸附，并且一定程度增强了油酸钠在云母表面的静电吸附，进而强化

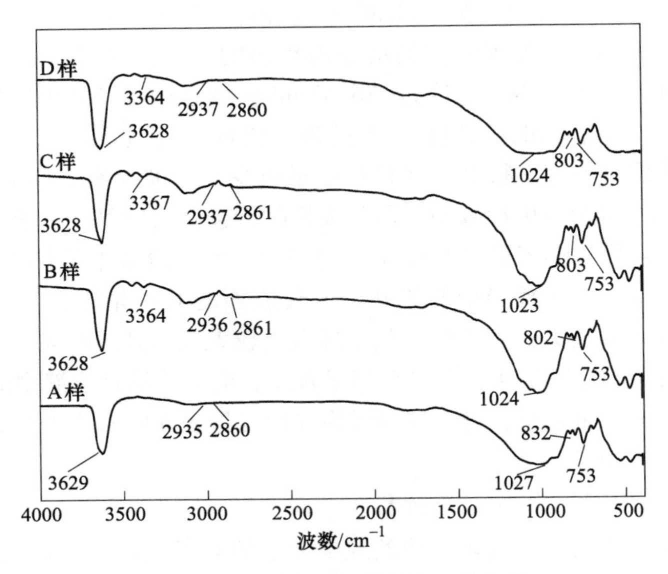

图 5-35　不同白云母样品的红外光谱

了油酸钠在白云母表面的物理及化学吸附。

F　白云母样品的 XPS 分析

为了解电化学预处理前后 Cu^{2+} 在白云母表面的价键形态，研究对经油酸钠及 Cu^{2+} 作用后的白云母样品及经电化学预处理的 Cu^{2+} 作用后的白云母样品进行了 XPS 表征，作用条件见表 5-14，结果如图 5-36 所示。

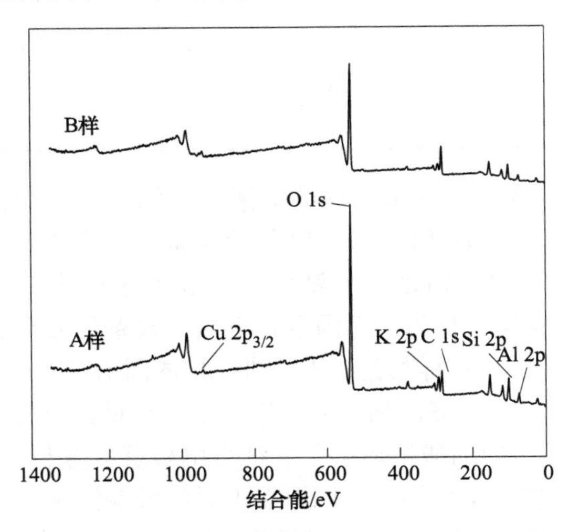

图 5-36　白云母样品的 XPS 总谱图

由图 5-36 中 A 样图谱可知，经铜离子作用后的样品表面出现了铜元素，可见铜离子吸附在了白云母矿物表面。与 A 样相比，B 样表面各元素的特征峰有所变化，为此分析了样品表面主要元素的电子结合能及相对含量，结果见表 5-15。

表 5-15 样品表面主要元素的电子结合能及相对含量

样品	相对含量（质量分数）/%		电子结合能/eV
	C	Cu	Cu $2p_{3/2}$
A 样	19.54	0.57	934.07
B 样	30.80	0.91	933.28

由表 5-15 可知，与 A 样相比，B 样表面碳元素及铜元素的含量分别增大了 11.26%和 0.34%，可见经电化学预处理的铜离子作用后的白云母表面吸附的铜离子及油酸根离子明显增多，并且对比 A 样还发现，B 样表面 Cu $2p_{3/2}$的电子结合能有所变化，这表明对铜离子进行适当条件的电化学预处理，改变了 Cu 的化学环境。为进一步了解 Cu 在白云母表面的价键形态，对铜元素的谱图进行了分峰[10]，结果如图 5-37 和表 5-16 所示。

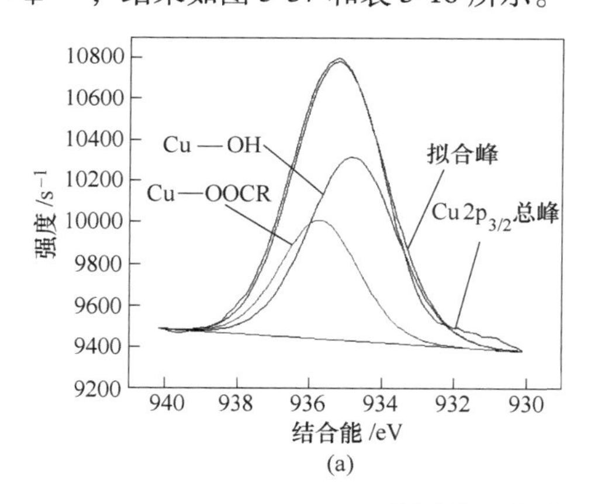

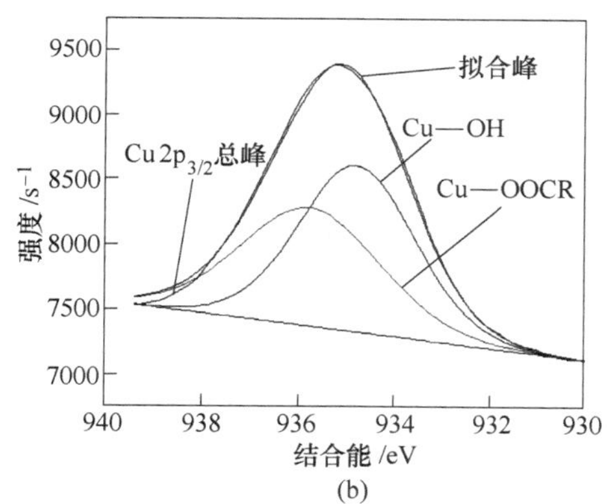

图 5-37 Cu $2p_{3/2}$的分峰拟合图

（a）A 样；（b）B 样

表 5-16 矿物表面 Cu 的存在价键及比例

样品	总峰面积	Cu—OOCR 峰面积	Cu—OH 峰面积	Cu—OOCR 相对含量/%	Cu—OH 相对含量/%
A 样	4166.69	1518.25	2648.44	36.44	63.56
B 样	6820.16	3205.89	3614.27	47.01	52.99

结合图 5-37 和表 5-16 可知，经铜离子作用后的样品表面出现了 Cu—OOCR 价键，可见油酸根在白云母表面发生了化学吸附。对比 A 样发现，B 样表面

Cu—OOCR 的比例增大了 10.57%，这表明经电化学预处理的铜离子作用后的白云母表面生成的油酸铜含量有所增加，主要原因在于对铜离子溶液进行电化学预处理，会抑制铜离子水解，使得溶液中铜离子浓度增大，从而导致白云母表面吸附铜离子含量增大，进而强化了油酸根在白云母表面的物理及化学吸附。

5.2.2.3　电化学预处理 Pb^{2+} 对白云母浮选行为的影响机理

A　电化学预处理 $Pb(NO_3)_2$ 溶液电极反应分析

硝酸铅是一种强酸弱碱盐，其在水中会发生电离及水解，其过程可以用下列反应式表示：

$$Pb(NO_3)_2 \rightleftharpoons Pb^{2+} + 2NO_3^- \tag{5-15}$$

$$Pb^{2+} + H_2O \rightleftharpoons Pb(OH)^+ + H^+ \tag{5-16}$$

$$Pb(OH)^+ + H_2O \rightleftharpoons Pb(OH)_2 + H^+ \tag{5-17}$$

$$Pb(OH)_2 + H_2O \rightleftharpoons Pb(OH)_3^- + H^+ \tag{5-18}$$

在电化学预处理硝酸铅溶液过程中，当两极板材料为石墨时，阴极板和阳极板附近会发生一系列电极反应，具体反应如下：

阴极反应：
$$Pb^{2+} + 2e^- = Pb\downarrow \tag{5-19}$$

阳极反应：
$$Pb^{2+} + 2H_2O - 2e^- = PbO_2\downarrow + 4H^+ \tag{5-20}$$

由上述电极反应可知，对硝酸铅溶液进行电化学预处理，阳极和阴极附近会生成二氧化铅及铅单质，同时大量消耗溶液中的铅离子，使得溶液中的铅离子浓度减小。

B　不同电化学预处理条件对 $Pb(NO_3)_2$ 溶液 pH 值影响

为了解不同电化学预处理条件对 $Pb(NO_3)_2$ 溶液 pH 值的影响，利用酸度计对不同电化学预处理后的 $Pb(NO_3)_2$ 溶液的 pH 值进行了检测。结果如图 5-38 所示。

由图 5-38（a）可知，未对 $Pb(NO_3)_2$ 溶液进行电化学预处理时，其溶液的 pH 值为 3.13，当对 $Pb(NO_3)_2$ 溶液进行电化学预处理时，$Pb(NO_3)_2$ 溶液的 pH 值有所降低，并且当预处理电流从 0 A 增大到 0.2 A 时，$Pb(NO_3)_2$ 溶液 pH 值随着预处理电流的增大而降低；由图 5-38（b）可知，当电解时间从 5 min 增加到 20 min 时，$Pb(NO_3)_2$ 溶液 pH 值随着预处理时间的增加而逐渐降低；由于在电化学预处理硝酸铅溶液过程中，阳极板附近会生成 H^+，导致溶液中 H^+ 浓度增加，因此溶液 pH 值减小。由图 5-38（c）可知，$Pb(NO_3)_2$ 溶液的 pH 值随着极板间距的增大而略微升高；由图 5-38（d）可知，电化学预处理 $Pb(NO_3)_2$ 溶液时，阳极板材质对其溶液 pH 值有一定影响，并且当阳极板材质为铜板、铅板时，$Pb(NO_3)_2$ 溶液 pH 值比阳极板材质为不锈钢板、石墨板时的溶液 pH 值高，原因在于，与不锈钢板、石墨板作阳极相比，用铜、铅作阳极时，阳极反应变为铜、铅失电子溶解，不再生成氢离子，使得溶液中氢离子浓度减小。

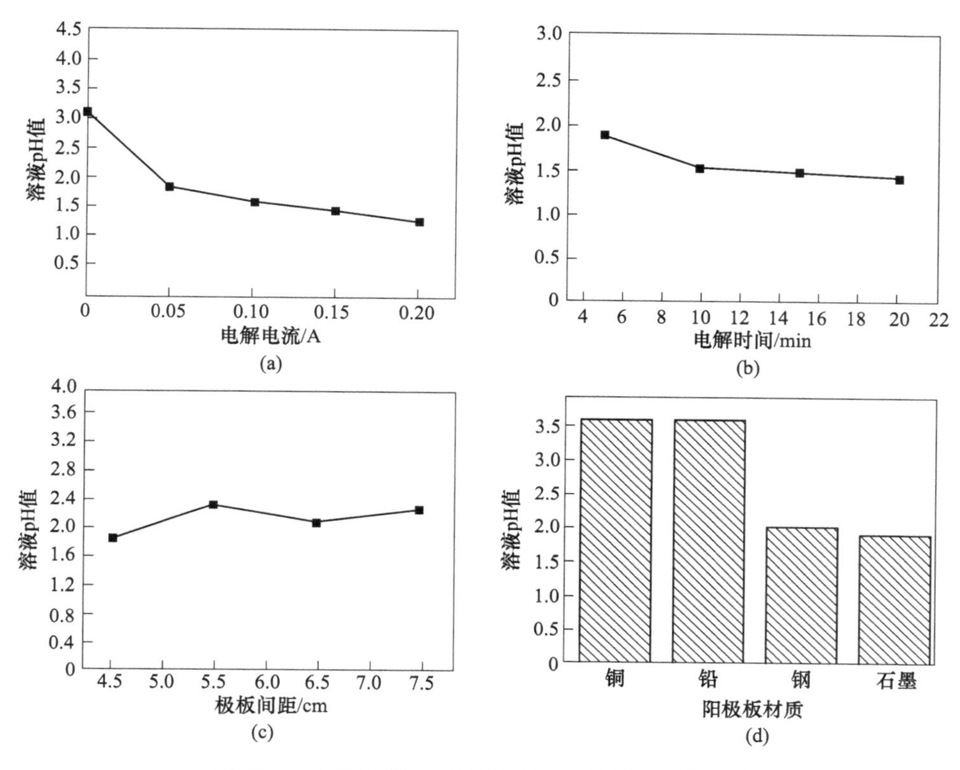

图 5-38 电化学预处理对 $Pb(NO_3)_2$溶液 pH 值影响
(a) 电解电流；(b) 电解时间；(c) 极板间距；(d) 阳极板材质

C 不同电化学预处理条件对 $Pb(NO_3)_2$溶液电导率影响

为了解不同电化学预处理条件对 $Pb(NO_3)_2$溶液电导率的影响，利用电导仪对不同电化学预处理后的 $Pb(NO_3)_2$溶液的电导率进行了检测，检测结果如图 5-39 所示。

由图 5-39（a）可知，未经电化学预处理的 $Pb(NO_3)_2$ 溶液电导率为 28.70 μS/cm，当电化学预处理电流从 0 A 增大到 0.2 A 时，$Pb(NO_3)_2$溶液电导率随着预处理电流的增大而增大，当预处理电流为 0.2 A 时，$Pb(NO_3)_2$溶液电导率为 33.6 μS/cm；由图 5-39（b）可知，当预处理时间从 5 min 增加到 20 min 时，$Pb(NO_3)_2$溶液的电导率随着预处理时间的增加而增大，当预处理时间为 20 min 时，$Pb(NO_3)_2$溶液的电导率为 34.70 μS/cm。由此可见，对硝酸铅进行电化学预处理，能够略微提高其溶液的电导率，结合电极反应分析及溶液 pH 值分析可知，提高的原因在于电化学预处理虽然使得溶液中铅离子浓度减小，但溶液中氢离子增加量大于铅离子减少量，因此导致溶液中总离子含量升高，进而引起溶液电导率略微升高。

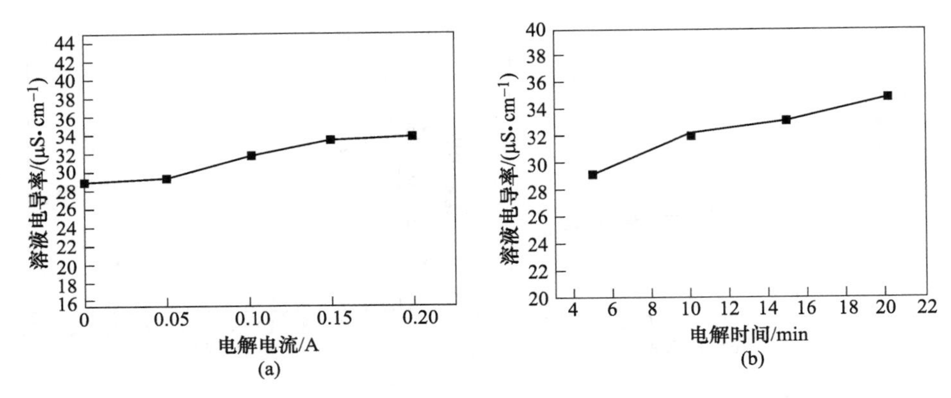

图 5-39　电化学预处理对 $Pb(NO_3)_2$溶液电导率影响

（a）电解电流；（b）电解时间

D　不同电化学预处理条件下的 Pb^{2+}对白云母表面 Zeta 电位影响

为了解不同电化学预处理条件下的 Pb^{2+}对白云母表面 Zeta 电位的影响，检测了经不同电化学预处理条件下 Pb^{2+}作用后的白云母表面的 Zeta 电位，且 Pb^{2+}浓度为 1.51×10^{-5} mol/L，pH 值为 12，检测结果如图 5-40 所示。

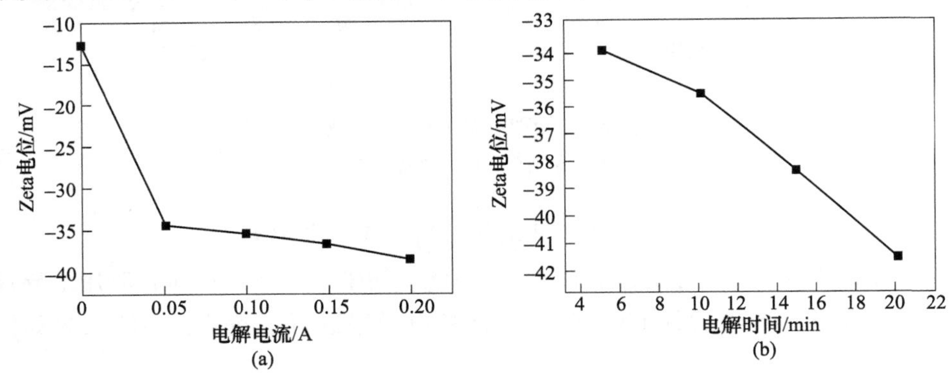

图 5-40　电化学预处理 Pb^{2+}对白云母表面 Zeta 电位的影响

（a）电解电流；（b）电解时间

由图 5-40（a）可知，白云母表面 Zeta 电位随着对 Pb^{2+}预处理电流的增大而负向增大，当对 Pb^{2+}的预处理电流为 0.2 A 时，白云母表面 Zeta 电位负向增大到最大，为−38.11 mV。由图 5-40（b）可知，白云母表面 Zeta 电位随着对 Pb^{2+}预处理时间的增加而负向增大，当对 Pb^{2+}的预处理时间为 20 min 时，白云母表面 Zeta 电位为−41.50 mV。结合电极反应分析可知，由于对硝酸铅溶液进行电化学预处理，会大量消耗溶液中的 Pb^{2+}，使得溶液中 Pb^{2+}含量减少，进而导致吸附在白云母表面的 Pb^{2+}减少，因此使得白云母表面 Zeta 电位负向增大。

E 白云母样品的红外光谱分析

为研究油酸钠及不同电化学预处理条件下的 Pb^{2+} 在白云母表面的吸附状态，对经油酸钠及 Pb^{2+} 作用后的白云母样品、经不同电化学预处理条件下的 Pb^{2+} 作用后的白云母样品进行了红外光谱表征，作用条件见表 5-17，结果如图 5-41 所示。

表 5-17 不同白云母样品的作用条件

样品	药剂浓度/(mol·L⁻¹)		电化学预处理条件			
	油酸钠	Pb^{2+}	电解电流/A	电解时间/min	极板间距/cm	极板材料类型（阳极-阴极）
A 样	9.20×10^{-4}	1.51×10^{-5}	—	—	—	—
B 样	9.20×10^{-4}	1.51×10^{-5}	0.05	5	4.5	石墨板-石墨板
C 样	9.20×10^{-4}	1.51×10^{-5}	0.15	5	4.5	石墨板-石墨板
D 样	9.20×10^{-4}	1.51×10^{-5}	0.05	15	4.5	石墨板-石墨板

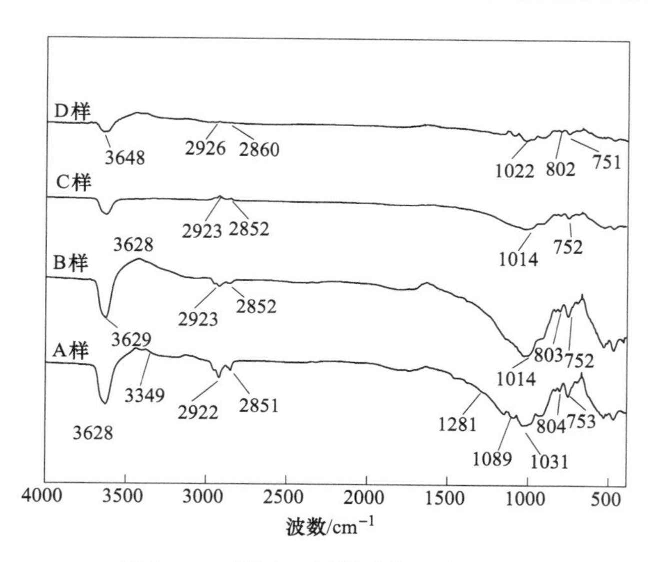

图 5-41 不同白云母样品的红外光谱图

由图 5-41 可知，A 样为经未处理的铅离子和油酸钠共同作用后的样品，其图谱中波数为 3628 cm^{-1} 的吸收峰对应白云母表面羟基振动吸收峰，3349 cm^{-1} 和 1281 cm^{-1} 处的两个吸收峰分别对应油酸分子内羟基的伸缩及弯曲振动峰，而 2922 cm^{-1} 和 2851 cm^{-1} 处的两个峰则分别是油酸钠中甲基和亚甲基中 C—H 键的振动吸收峰[100-102]。B 样、C 样及 D 样为经不同电化学预处理条件处理后的铅离子及油酸钠共同作用后的样品，与 A 样相比，这三个样品的图谱中对应油酸钠中亚甲基和甲基中 C—H 键的振动吸收峰及对应油酸分子内羟基的伸缩及弯曲振动峰的强度都明显减弱，可见经电化学预处理的铅离子作用后的样品表面吸附的油酸钠减少了。结合电极反应分析、溶液电导率分析、溶液 pH 值分析及电位分析可知，其原因在于对硝酸铅溶液进行电化学预处理，降低了该溶液中 Pb^{2+} 的含量，使得白云母表面吸附的 Pb^{2+} 减少，并且一定程度弱化了油酸钠在白云母表面的静电吸附，进而削弱了油酸钠在白云母表面的物理及化学吸附。

F　白云母样品的 XPS 分析

为了解电化学预处理前后 Pb^{2+} 在白云母表面的价键形态，研究对经油酸钠及 Pb^{2+} 作用后的白云母样品及经电化学预处理的 Pb^{2+} 作用后的白云母样品进行了 XPS 表征，作用条件见表 5-17，结果如图 5-42 所示。

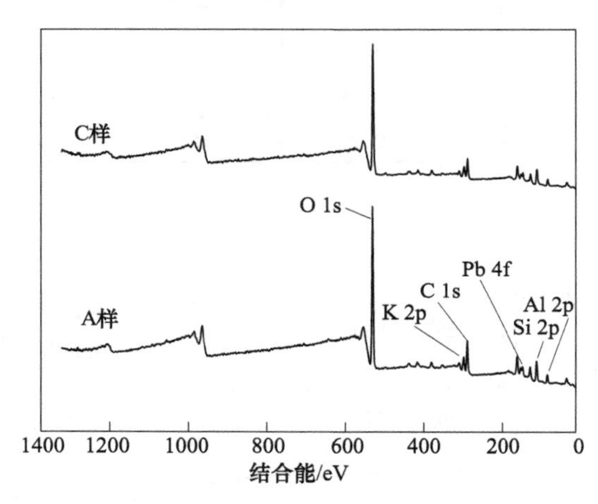

图 5-42　白云母样品的 XPS 总谱图

由图 5-42 中 A 样图谱可知，经铅离子作用后的样品表面出现了铅元素，可见铅离子吸附在了白云母矿物表面。与 A 样相比，C 样表面各元素的特征峰有所变化，为此分析了样品表面主要元素的电子结合能及相对含量，结果见表 5-18。

表 5-18　样品表面主要元素的电子结合能及相对含量

样品	相对含量（质量分数）/%		电子结合能/eV
	C	Pb	Pb 4f
A 样	22.48	0.42	138.95
C 样	17.47	0.35	138.06

由表 5-18 可知，与 A 样相比，C 样表面碳元素及铅元素的相对含量分别减小了 5.01%和 0.07%，可见经电化学预处理的铅离子作用后的白云母表面吸附的铅离子及油酸根离子有所减小，并且对比 A 样还发现，C 样表面 Pb 4f 的电子结合能有所变化，这表明对铅离子进行一定条件的电化学预处理，改变了 Pb 的化

学环境。为进一步了解 Pb 在白云母表面的价键形态，对铅元素的窄谱图进行了分峰，结果如图 5-43 和表 5-19 所示。

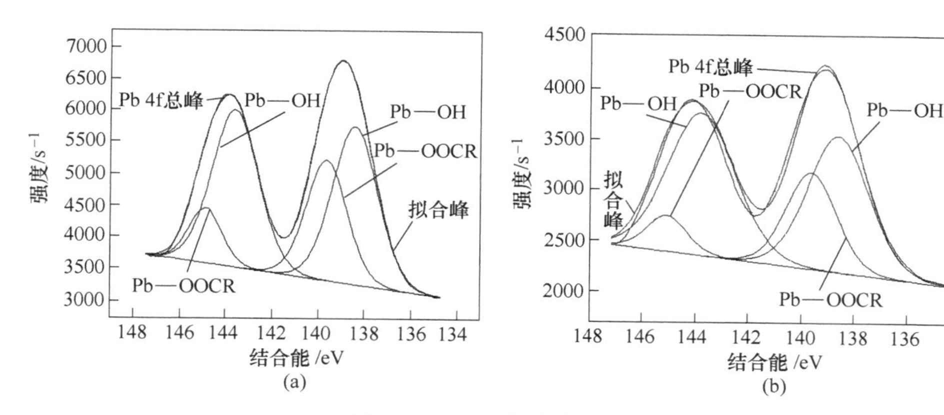

图 5-43 Pb 4f 的分峰拟合图

（a）A 样；（b）C 样

表 5-19 矿物表面 Pb 的存在价键及比例

样品	总峰面积	Pb—OOCR 峰面积	Pb—OH 峰面积	Pb—OOCR 相对含量/%	Pb—OH 相对含量/%
A 样	17415.51	5535.49	11880.02	31.78	68.22
C 样	11148.77	2985.67	8163.10	26.78	73.22

结合图 5-43 和表 5-19 可知，经铅离子作用后的样品表面出现了 Pb—OOCR 价键，可见油酸根在白云母表面发生了化学吸附。对比 A 样发现，C 样表面 Pb—OOCR 的比例减小了 5.00%，这表明经电化学预处理的铅离子作用后的白云母表面生成的油酸铅含量有所减小，主要原因在于对铅离子溶液进行电化学预处理，会使得溶液中铅离子浓度减小，从而导致白云母表面吸附的铅离子含量减小，进而削弱了油酸根在白云母表面的物理及化学吸附。

5.2.2.4 电化学预处理 Ca^{2+} 对白云母浮选行为的影响机理

A 电化学预处理 $CaCl_2$ 溶液电极反应分析

氯化钙是一种强酸弱碱盐，其在水中会发生电离及水解，其过程可以用下列反应式表示：

$$CaCl_2 \rightleftharpoons Ca^{2+} + 2Cl^- \tag{5-21}$$

$$Ca^{2+} + H_2O \rightleftharpoons Ca(OH)^+ + H^+ \tag{5-22}$$

$$Ca(OH)^+ + H_2O \rightleftharpoons Ca(OH)_2 + H^+ \tag{5-23}$$

在电化学预处理氯化钙溶液过程中，当两极板材料为石墨时，阴极板和阳极板附近会发生一系列电极反应，具体反应如下：

阴极反应：
$$2H^+ + 2e^- = H_2 \uparrow \tag{5-24}$$
阳极反应：
$$2Cl^- - 2e^- = Cl_2 \uparrow \tag{5-25}$$

由上述电极反应可知，对氯化钙溶液进行电化学预处理，阳极附近会生成氯气，阴极附近会生成氢气，同时消耗溶液中的氯离子及氢离子，使得溶液中的氯离子及氢离子浓度减小。

B　不同电化学预处理条件对 $CaCl_2$ 溶液 pH 值影响

为了解不同电化学预处理条件对 $CaCl_2$ 溶液 pH 值的影响，利用酸度计对不同条件电化学预处理后的 $CaCl_2$ 溶液的 pH 值进行了检测。结果如图 5-44 所示。

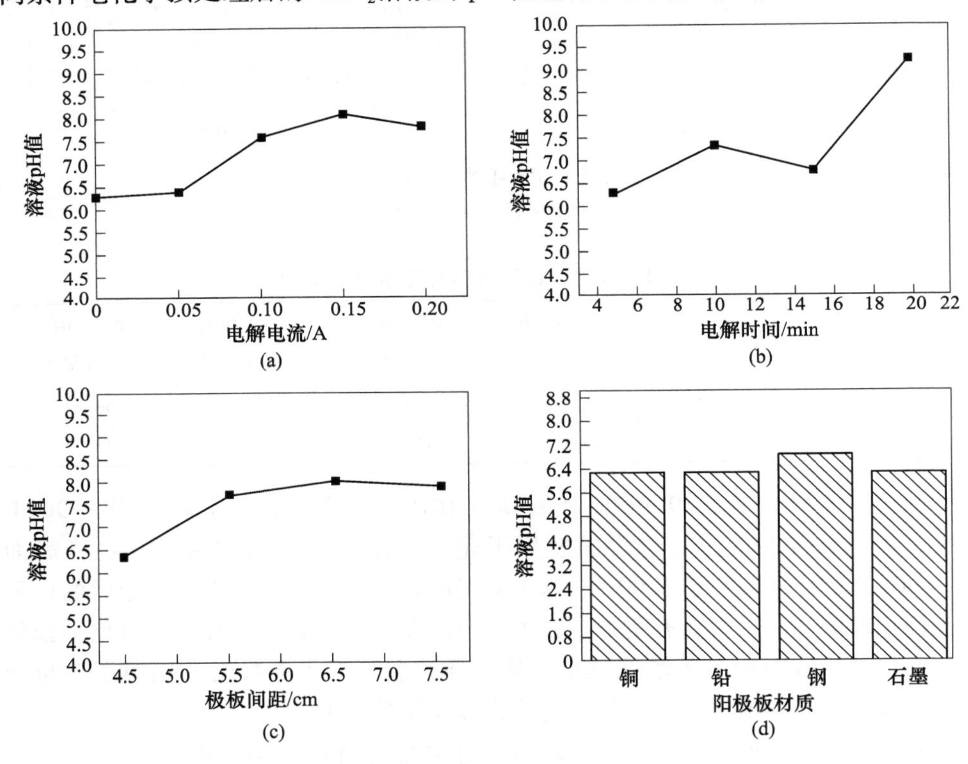

图 5-44　电化学预处理对 $CaCl_2$ 溶液 pH 值影响

（a）电解电流；（b）电解时间；（c）极板间距；（d）阳极板材质

由图 5-44（a）可知，未对 $CaCl_2$ 溶液进行电化学预处理时，其溶液的 pH 值为 6.25，当预处理电流从 0 A 增大到 0.15 A 时，$CaCl_2$ 溶液 pH 值随着预处理电流的增大而升高；由图 5-44（b）可知，当电解时间从 5 min 增加到 20 min 时，$CaCl_2$ 溶液 pH 值随着预处理时间的增加而呈升高趋势；由图 5-44（c）可知，$CaCl_2$ 溶液的 pH 值随着极板间距的增大而逐渐升高；结合电极反应分析可知，在对 $CaCl_2$ 溶液进行电化学预处理时，由于阳极释放氢气导致溶液氢离子浓度减小，因此溶液 pH 值有所升高。由图 5-44（d）可知，电化学预处理 $CaCl_2$溶液时，阳极板材质对其溶液 pH 值有一定影响。

C　不同电化学预处理条件对 $CaCl_2$溶液电导率影响

为了解不同电化学预处理条件对 $CaCl_2$溶液电导率的影响，利用电导仪对不同电化学预处理后的 $CaCl_2$溶液的电导率进行了检测。检测结果如图 5-45 所示。

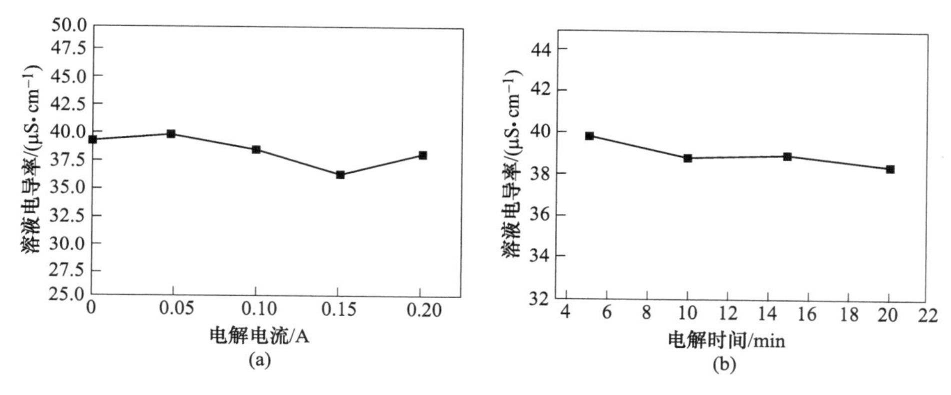

图 5-45　电化学预处理对 $CaCl_2$溶液电导率影响
（a）电解电流；（b）电解时间

由图 5-45（a）可知，未经电化学预处理的 $CaCl_2$ 溶液电导率为 39.30 μS/cm，当电化学预处理电流从 0 A 增大到 0.15 A 时，$CaCl_2$溶液电导率随着预处理电流的增大而先增大后减小，当预处理电流进一步增大到 0.2 A 时，$CaCl_2$溶液电导率略微有所增大；由图 5-45（b）可知，当预处理时间从 5 min 增加到 20 min 时，$CaCl_2$溶液的电导率随着预处理时间的增加而减小，当预处理时间为 20 min 时，$CaCl_2$溶液的电导率为 38.50 μS/cm。由此可见，对 $CaCl_2$溶液进行电化学预处理，能够降低其溶液的电导率，结合电极反应分析及溶液 pH 值分析可知，降低的原因在于电化学预处理使得溶液中氯离子和氢离子浓度减小，并且钙离子与氢氧根离子结合生成氢氧化钙难溶物，也使得溶液中钙离子浓度减小，因此导致溶液中总离子含量减小，进而引起溶液电导率降低。

D　不同电化学预处理条件下的 Ca^{2+}对白云母表面 Zeta 电位影响

为了解不同电化学预处理条件下的 Ca^{2+}对白云母表面 Zeta 电位的影响，检测了经不同电化学预处理条件下 Ca^{2+}作用后的白云母表面的 Zeta 电位，且 Ca^{2+}浓度为 2.70×10^{-4} mol/L，pH 值为 12，检测结果如图 5-46 所示。

由图 5-46（a）可知，白云母表面 Zeta 电位随着对 Ca^{2+}预处理电流的增大而负向增大，当对 Ca^{2+}的预处理电流为 0.2 A 时，白云母表面 Zeta 电位负向增大到最大，为-13.46 mV。由图 5-46（b）可知，白云母表面 Zeta 电位随着对 Ca^{2+} 预处理时间的增加而负向增大，当对 Ca^{2+} 的预处理时间为 20 min 时，白云母表面 Zeta 电位为-14.66 mV。结合电极反应分析可知，由于对氯化钙溶液进行电化学预处理，使得溶液中 Ca^{2+} 浓度减小，进而导致吸附在白云母表面的 Ca^{2+} 减少，因此使得白云母表面 Zeta 电位负向增大。由此可见，电化学预处理弱化钙离子活化性能的原因在于，电化学预处理使得溶液中钙离子浓度降低，导致吸附在白云母表面的 Ca^{2+} 减少，也即白云母表面的活性点减少，进而降低了油酸钠在白云母表面的作用概率。

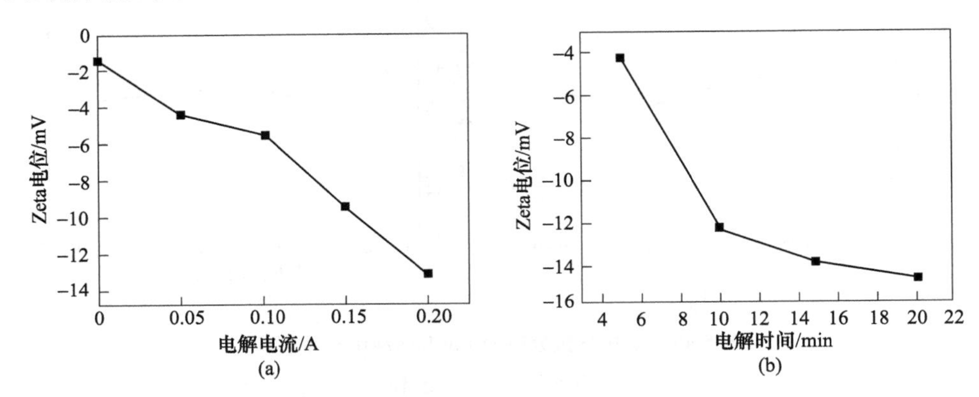

图 5-46　电化学预处理 Ca^{2+} 对白云母表面 Zeta 电位的影响

（a）电解电流；（b）电解时间

5.2.2.5　电化学预处理 K^+ 对白云母浮选行为的影响机理

A　电化学预处理 K_2SO_4 溶液电极反应分析

硫酸钾是一种强碱强酸盐，在电化学预处理硫酸钾溶液过程中，阴极板和阳极板附近会发生相关电极反应，当两极板材料为石墨时，具体反应如下：

阴极反应：
$$2H^+ + 2e^- \longrightarrow H_2\uparrow \tag{5-26}$$

阳极反应：
$$2OH^- - 2e^- \longrightarrow \frac{1}{2}O_2\uparrow + H_2O \tag{5-27}$$

由上述电极反应可知，对硫酸钾溶液进行电解，相当于电解水，因此电化学预处理对其溶液性质一般影响不大。

B　不同电化学预处理条件对 K_2SO_4 溶液 pH 值影响

为了解不同电化学预处理条件对 K_2SO_4 溶液 pH 值的影响，利用酸度计对不同条件电化学预处理后的 K_2SO_4 溶液的 pH 值进行了检测。结果如图 5-47 所示。

由图 5-47（a）可知，随着预处理电流的增大，K_2SO_4 溶液 pH 值基本无变化；由图 5-47（b）可知，当电解时间从 5 min 增加到 20 min 时，K_2SO_4 溶液 pH 值随着预处理时间的增加而略微减小，这可能是由于空气中二氧化碳融入溶液中导致的；由图 5-47（c）可知，极板间距的增大，K_2SO_4溶液的 pH 值基本无变化；由图 5-47（d）可知，电化学预处理 K_2SO_4溶液时，阳极板材质对其溶液 pH 值影响较小。

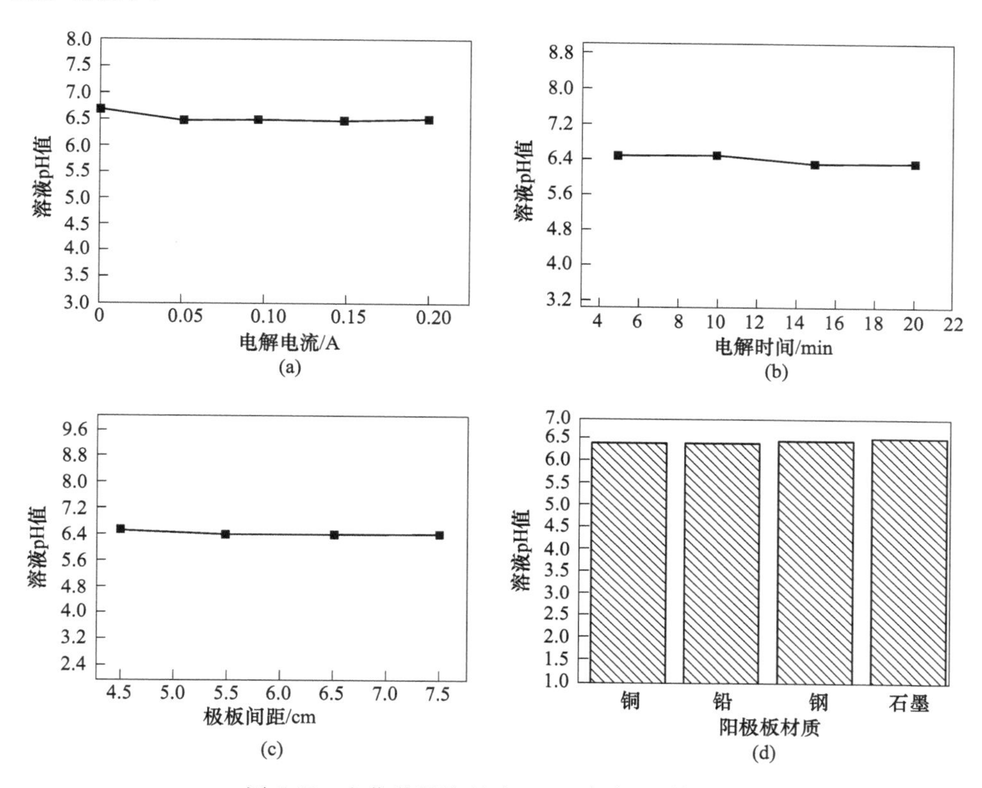

图 5-47 电化学预处理对 K_2SO_4溶液 pH 值影响

（a）电解电流；（b）电解时间；（c）极板间距；（d）阳极板材质

C 不同电化学预处理条件对 K_2SO_4溶液电导率影响

为了解不同电化学预处理条件对 K_2SO_4溶液电导率的影响，利用电导仪对不同电化学预处理后的 K_2SO_4溶液的电导率进行了检测。检测结果如图 5-48 所示。

由图 5-48（a）可知，未经电化学预处理的 K_2SO_4 溶液电导率为41.10 μS/cm，当对 K_2SO_4溶液进行电化学预处理时，K_2SO_4溶液电导率基本没有变化。由图 5-48（b）可知，随着预处理时间的增加，K_2SO_4溶液的电导率变化不大。

D 不同电化学预处理条件下的 K^+对白云母表面 Zeta 电位影响

为了解不同电化学预处理条件下的 K^+对白云母表面 Zeta 电位的影响，检测了经不同电化学预处理条件下 K^+作用后的白云母表面的 Zeta 电位，且 K^+浓度为 5.74×10^{-7} mol/L，pH 值为 7，检测结果如图 5-49 所示。

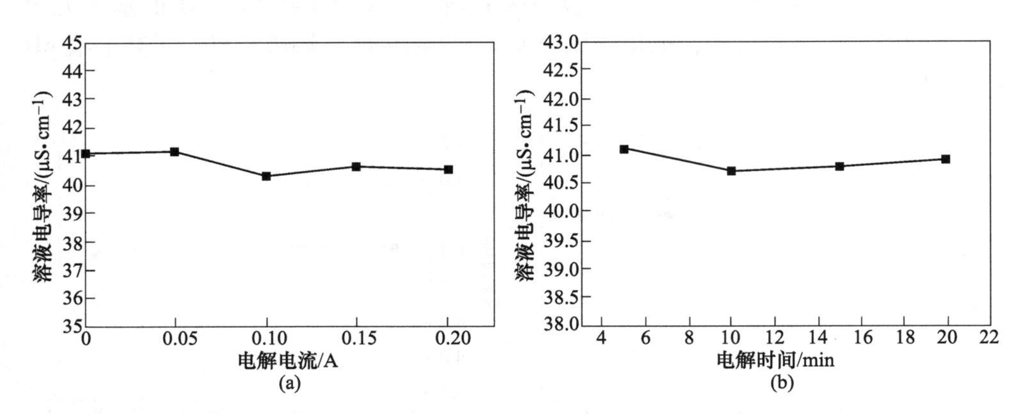

图 5-48　电化学预处理对 K_2SO_4溶液电导率影响

（a）电解电流；（b）电解时间

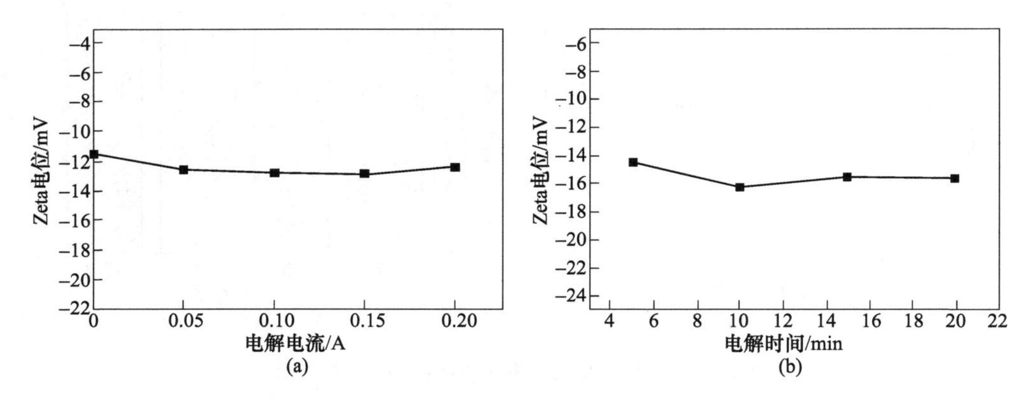

图 5-49　电化学预处理 K^+对白云母表面 Zeta 电位的影响

（a）电解电流；（b）电解时间

由图 5-49 可知，预处理电流及预处理时间对白云母表面 Zeta 电位影响不大。结合电极反应分析、溶液分析及溶液电导率分析可知，电化学预处理对硫酸钾溶液性质影响不大，因此电化学预处理后的钾离子对白云母可浮性影响不大。

5.2.3　电化学预处理无机调整剂对白云母浮选行为影响机理

5.2.3.1　电化学预处理硅酸钠对白云母浮选行为影响机理

A　电化学预处理硅酸钠溶液电极反应分析

硅酸钠在水中会发生水解及电离，其过程可以用下列反应式表示：

$$Na_2SiO_3 + 2H_2O \rightleftharpoons 2Na^+ + 2OH^- + H_2SiO_3 \tag{5-28}$$

$$H_2SiO_3 \rightleftharpoons H^+ + HSiO_3^- \tag{5-29}$$

$$HSiO_3^- \rightleftharpoons H^+ + SiO_3^{2-} \tag{5-30}$$

在电化学预处理硅酸钠溶液过程中，阴极板和阳极板附近会发生一系列电极反应，当两极板材料为石墨时，具体反应如下：

阴极反应：
$$2H_2SiO_3 + 2e^- = H_2\uparrow + 2HSiO_3^- \tag{5-31}$$

$$2HSiO_3^- + 2e^- = H_2\uparrow + 2SiO_3^{2-} \tag{5-32}$$

阳极反应：
$$4OH^- - 4e^- = O_2\uparrow + 2H_2O \tag{5-33}$$

由上述电极反应可知，对硅酸钠溶液进行电化学预处理，能够减少其溶液中的 OH^- 及 H^+，强化硅酸钠的水解及电离，进而提高起抑制作用的 SiO_3^{2-}、H_2SiO_3 及 $HSiO_3^-$ 含量[54]。

B 不同电化学预处理条件对硅酸钠溶液 pH 值影响

为了解不同电化学预处理条件对硅酸钠溶液 pH 值的影响，利用酸度计对不同条件电化学预处理后的硅酸钠溶液的 pH 值进行了检测，结果如图 5-50 所示。

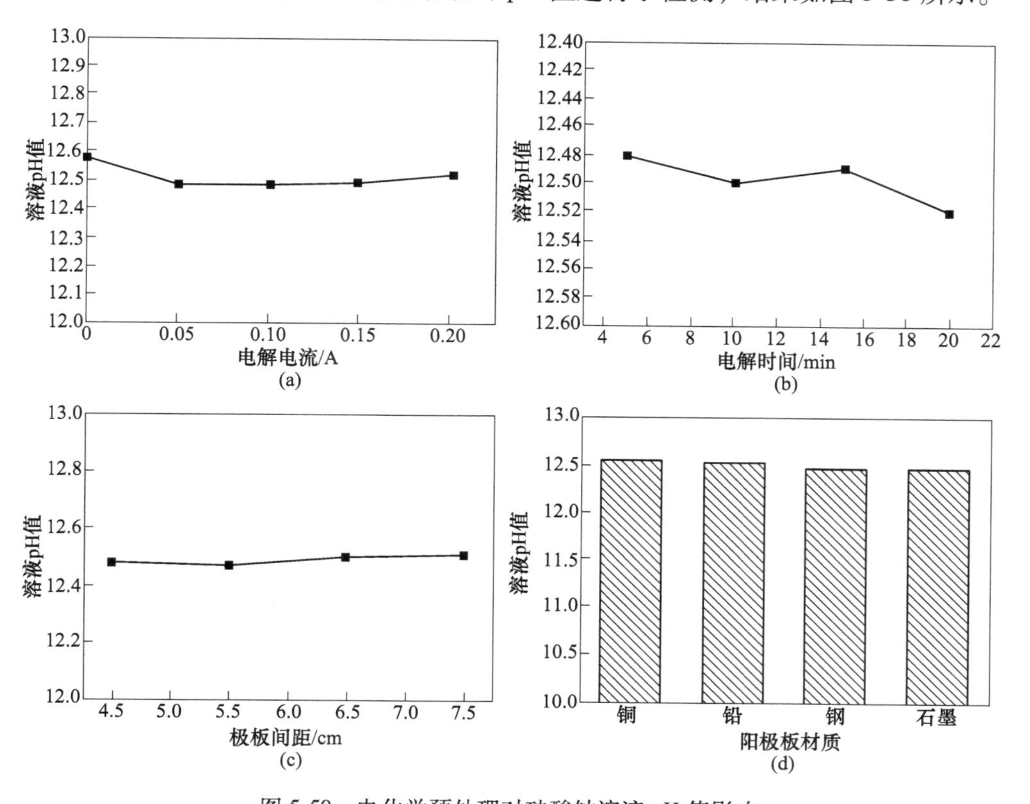

图 5-50 电化学预处理对硅酸钠溶液 pH 值影响

(a) 电解电流；(b) 电解时间；(c) 极板间距；(d) 阳极板材质

由图 5-50（a）和图 5-50（b）可知，未对硅酸钠溶液进行电化学预处理时，其溶液的 pH 值为 12.58，当预处理电流从 0 A 增大到 0.20 A 时，硅酸钠溶液 pH 值随着预处理电流的增大而先降低后基本不变，当电解时间从 5 min 增加到 20 min 时，硅酸钠溶液 pH 值有下降趋势，由于电化学预处理增大了硅酸钠的电离程度，导致溶液中 H^+ 浓度增加，因此硅酸钠溶液 pH 值下降。由图 5-50（c）可知，硅酸钠溶液的 pH 值随着极板间距的增大基本无变化；由图 5-50（d）可知，电化学预处理硅酸钠溶液时，阳极板材质对其溶液 pH 值影响较小。

C　不同电化学预处理条件对硅酸钠溶液电导率影响

为了解不同电化学预处理条件对硅酸钠溶液电导率的影响，利用电导仪对不同电化学预处理后的硅酸钠溶液的电导率进行了检测。检测结果如图 5-51 所示。

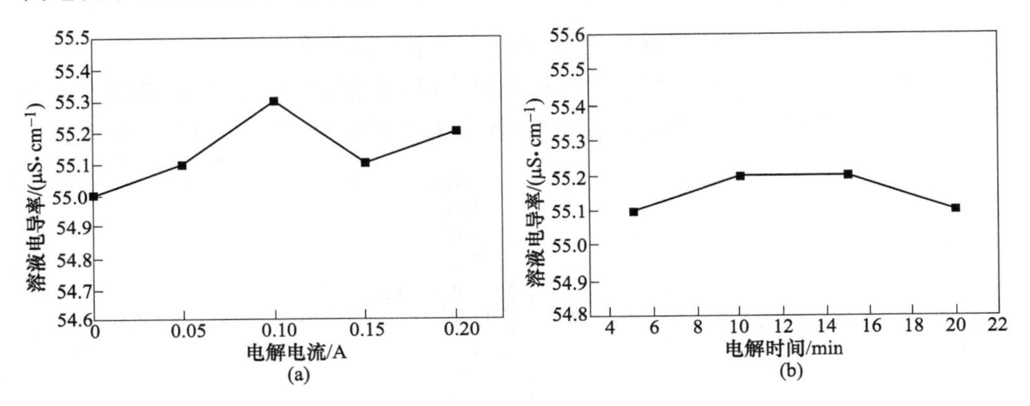

图 5-51　电化学预处理对硅酸钠溶液电导率影响

（a）电解电流；（b）电解时间

由图 5-51（a）可知，未经电化学预处理的硅酸钠溶液电导率为 55.00 μS/cm，当对硅酸钠溶液进行电化学预处理时，与未预处理相比硅酸钠溶液电导率明显增大，由图 5-51（b）可知，硅酸钠溶液的电导率随着预处理时间的增加而先增大后减小。由此可见，对硅酸钠进行适宜条件的电化学预处理，能够提高硅酸钠溶液的电导率，结合电极反应分析可知，提高的原因在于电化学预处理增大了硅酸钠的水解及电离程度，导致溶液中离子含量升高。

D　不同电化学预处理条件下的硅酸钠对白云母表面 Zeta 电位影响

为了解不同电化学预处理条件下的硅酸钠对白云母表面 Zeta 电位的影响，检测了经不同电化学预处理条件下硅酸钠作用后的白云母表面的 Zeta 电位，且硅酸钠浓度为 3.52×10^{-7} mol/L，pH 值为 7，检测结果如图 5-52 所示。

由图 5-52（a）可知，白云母表面 Zeta 电位随着对硅酸钠预处理电流的增大而负向增大，当对硅酸钠的预处理电流为 0.2 A 时，白云母表面 Zeta 电位负向增大到最大，为−39.67 mV。由图 5-52（b）可知，白云母表面 Zeta 电位随着对硅

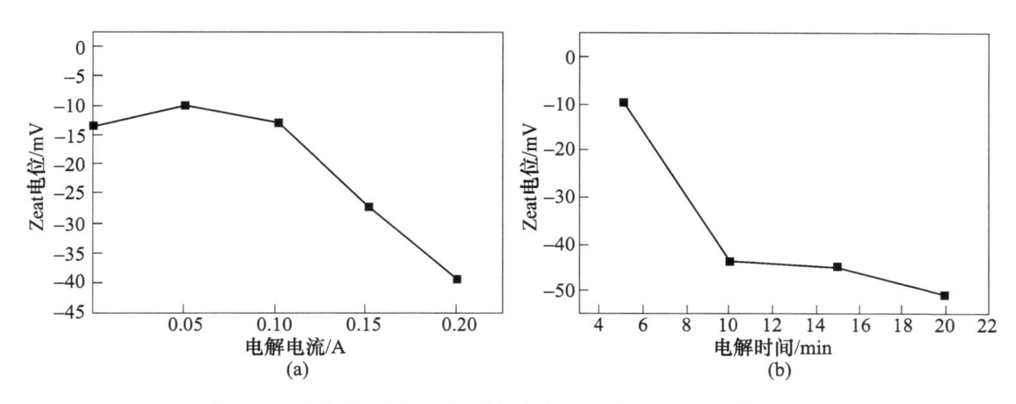

图 5-52 电化学预处理硅酸钠对白云母表面 Zeta 电位的影响
(a) 电解电流；(b) 电解时间

酸钠预处理时间的增加而负向增大，当对硅酸钠的预处理时间为 20 min 时，白云母表面 Zeta 电位为-50.54 mV。结合电极反应分析可知，由于电化学预处理增大了硅酸钠的水解及电离程度，使得硅酸钠溶液中 SiO_3^{2-}、H_2SiO_3及 $HSiO_3^-$的含量增多并吸附在白云母表面，因此使得白云母表面 Zeta 电位负向增大。

E 白云母样品的红外光谱分析

为研究油酸钠及不同电化学预处理条件下的硅酸钠在白云母表面的吸附状态，对经油酸钠及硅酸钠作用后的白云母样品、经不同电化学预处理条件下的硅酸钠作用后的白云母样品进行了红外光谱表征，作用条件见表 5-20，结果如图 5-53 所示。

表 5-20 不同白云母样品的作用条件

样品	药剂浓度/($mol \cdot L^{-1}$)		电化学预处理条件			
	油酸钠	硅酸钠	电解电流/A	电解时间/min	极板间距/cm	极板材料类型（阳极-阴极）
A 样	—	—	—	—	—	—
B 样	9.20×10^{-4}	—	—	—	—	—
C 样	9.20×10^{-4}	3.52×10^{-7}	—	—	—	—
D 样	9.20×10^{-4}	3.52×10^{-7}	0.05	5	4.5	石墨板-石墨板
E 样	9.20×10^{-4}	3.52×10^{-7}	0.05	15	4.5	石墨板-石墨板

由图 5-53 可知，A 样中波数为 3624 cm^{-1}的吸收峰对应白云母表面羟基振动吸收峰，975 cm^{-1}、906 cm^{-1}、805 cm^{-1}及 747 cm^{-1}处的峰对应白云母表面硅羟基吸收峰[98]。B 样为经油酸钠作用后的样品，其图谱中 3339 cm^{-1}和 1270 cm^{-1}处的两个吸收峰分别对应油酸分子内羟基的伸缩及弯曲振动峰，而 2974 cm^{-1}和

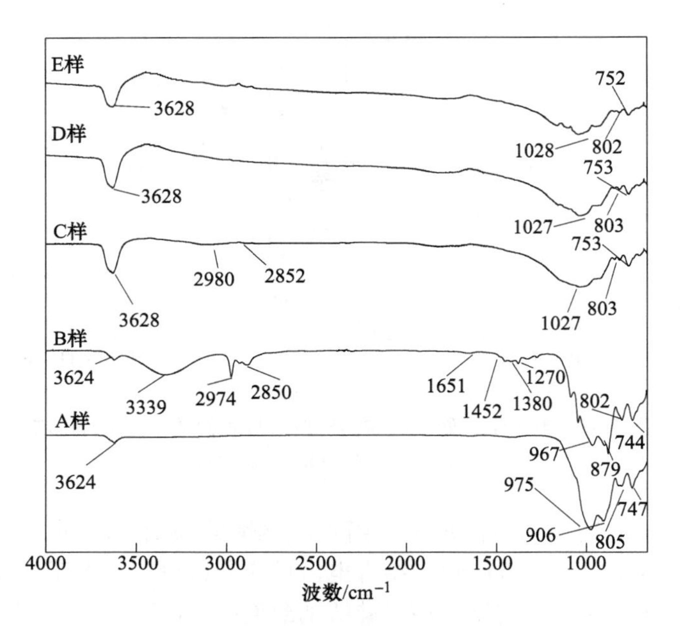

图 5-53　不同白云母样品的红外光谱图

2850 cm^{-1}处的两个峰则分别是油酸钠中甲基和亚甲基中 C—H 键的振动吸收峰[99-101]。C 样为经油酸钠及未处理的硅酸钠共同作用后的样品，对比 B 样发现，C 样中对应油酸钠中亚甲基和甲基中 C—H 键的振动吸收峰消失或峰强度减弱，可见硅酸钠抑制白云母可浮性的原因在于硅酸钠吸附在白云母表面，阻碍了油酸根等离子在白云母表面的吸附。D 样及 E 样为经不同电化学预处理条件处理后的硅酸钠及油酸钠共同作用后的样品，对比 C 样发现这两个样品的图谱中对应油酸钠中亚甲基和甲基中 C—H 键的振动吸收峰强度明显减弱或消失，这表明吸附在白云母表面的油酸根等离子减少了，结合电极反应分析、溶液电导率分析、溶液 pH 值分析及 Zeta 电位分析可知，其原因在于对硅酸钠溶液进行电化学预处理，提高了该溶液中有效成分的含量，强化了硅酸钠在白云母表面吸附，并且一定程度削弱了油酸钠在白云母表面的静电吸附，进而进一步阻碍了油酸钠在白云母表面的吸附。

F　白云母样品的 XPS 分析

为了解电化学预处理前后白云母表面 Al 的价键形态，研究对经硅酸钠（未处理）作用后的白云母样品及经电化学预处理的硅酸钠作用后的白云母样品进行了 XPS 表征，作用条件见表 5-20，结果如图 5-54 所示。

由图 5-54 可知，与 C 样相比，E 样表面各元素的特征峰有所变化，为此研究分析了样品表面主要元素的电子结合能及相对含量，结果见表 5-21。

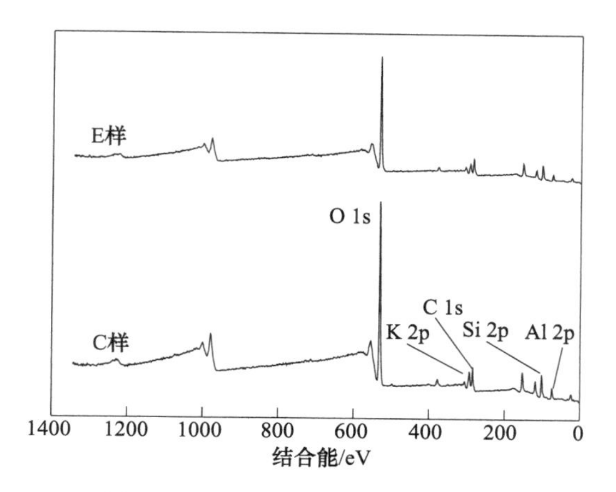

图 5-54 白云母样品的 XPS 总谱图

表 5-21 样品表面主要元素的电子结合能及相对含量

样品	相对含量（质量分数）/%		电子结合能/eV
	Al	Si	Si 2p
C 样	12.71	17.65	101.92
E 样	11.07	19.33	102.69

由表 5-21 可知，与 C 样相比，E 样表面 Al 元素含量减小了 1.64%，而 Si 元素的含量增大了 1.68%，可见白云母经电化学预处理的硅酸钠作用后，其表面表露的 Al 元素含量有所减少。对比 C 样还发现，E 样表面 Si 2p 的电子结合能有所变化，这表明对硅酸钠进行一定条件件的电化学预处理，改变了 Si 的化学环境。为进一步了解白云母表面 Al 元素的价键形态，对 Al 元素的谱图进行了分峰，结果如图 5-55 和表 5-22 所示。

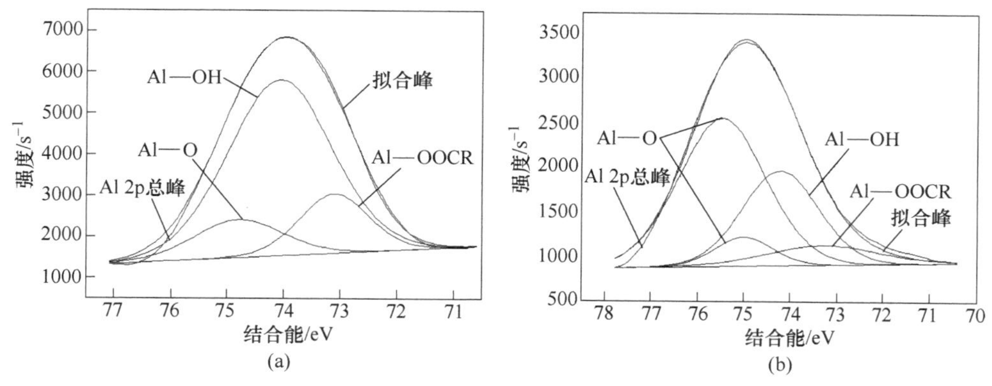

图 5-55 Al 2p 的分峰拟合图
（a）C 样；（b）E 样

表 5-22　矿物表面 Al 的存在价键及比例

样品	总峰面积	Al—OOCR 峰面积	Al—OH 峰面积	Al—O 峰面积	Al—OOCR 相对含量/%	Al—OH 相对含量/%	Al—O 相对含量/%
C 样	14009.26	2232.17	9962.80	1814.29	15.93	71.12	12.95
E 样	7419.81	691.77	2233.09	4494.95	9.32	30.10	60.58

结合图 5-55 和表 5-22 可知，对比 C 样发现，E 样表面 Al—OOCR 的相对含量减小了 6.61%，这表明经电化学预处理的硅酸钠作用后的白云母表面生成的油酸铝含量有所减小，其原因在于对硅酸钠进行电化学预处理，会提高溶液中的有效成分含量，导致白云母表面吸附的硅酸根离子增多，使得云母表面一部分 Al 活性点被覆盖，进而阻碍油酸根离子与其表面 Al 等活性点作用，即削弱了油酸根在白云母表面的物理及化学吸附。

5.2.3.2　电化学预处理六偏磷酸钠对白云母浮选行为的影响机理

A　电化学预处理六偏磷酸钠溶液电极反应分析

六偏磷酸钠在水中会发生水解及电离，其过程可以用下列反应式表示：

$$(NaPO_3)_6 + 12H_2O \rightleftharpoons 6Na^+ + 6OH^- + 6H_3PO_4 \tag{5-34}$$

$$H_3PO_4 \rightleftharpoons H^+ + H_2PO_4^- \tag{5-35}$$

$$H_2PO_4^- \rightleftharpoons H^+ + HPO_4^{2-} \tag{5-36}$$

$$HPO_4^{2-} \rightleftharpoons H^+ + PO_4^{3-} \tag{5-37}$$

在电化学预处理六偏磷酸钠溶液过程中，阴极板和阳极板附近会发生一系列电极反应，当两极板材料为石墨时，具体反应如下：

阴极反应：
$$2H_3PO_4 + 2e^- = H_2\uparrow + 2H_2PO_4^- \tag{5-38}$$

$$2H_2PO_4^- + 2e^- = H_2\uparrow + 2HPO_4^{2-} \tag{5-39}$$

$$2HPO_4^{2-} + 2e^- = H_2\uparrow + 2PO_4^{3-} \tag{5-40}$$

阳极反应：
$$6OH^- - 6e^- = \frac{3}{2}O_2\uparrow + 3H_2O \tag{5-41}$$

由上述电极反应可知，对六偏磷酸钠溶液进行电化学预处理，能够减少其溶液中的 OH^- 及 H^+，强化六偏磷酸钠的水解及电离，进而提高起抑制作用的 $H_2PO_4^-$、HPO_4^{2-} 及 PO_4^{3-} 含量。

B　不同电化学预处理条件对六偏磷酸钠溶液 pH 值影响

为了解不同电化学预处理条件对六偏磷酸钠溶液 pH 值的影响，利用酸度计对不同条件电化学预处理后的六偏磷酸钠溶液的 pH 值进行了检测。结果如图 5-56 所示。

由图 5-56（a）和图 5-56（b）可知，未对六偏磷酸钠溶液进行电化学预处理时，其溶液的 pH 值为 5.08，当预处理电流从 0 A 增大到 0.20 A 时，六偏磷酸钠溶液 pH 值有所降低；当电解时间从 5 min 增加到 20 min 时，六偏磷酸钠溶液 pH 值呈下降趋势；由于电化学预处理增大了六偏磷酸钠的电离程度，导致溶液中 H^+浓度增加，因此六偏磷酸钠溶液 pH 值下降。由图 5-56（c）可知，六偏磷酸钠溶液的 pH 值随着极板间距的增大基本无变化；由图 5-56（d）可知，电化学预处理六偏磷酸钠溶液时，阳极板材质对其溶液 pH 值影响较小。

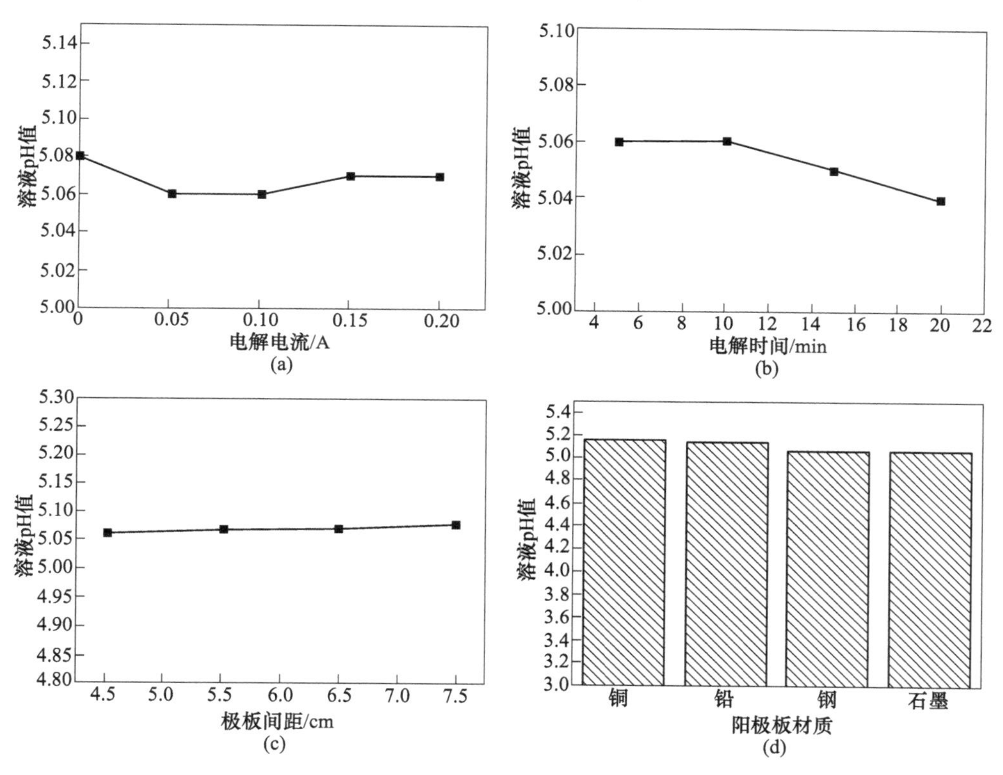

图 5-56　电化学预处理对六偏磷酸钠溶液 pH 值影响

（a）电解电流；（b）电解时间；（c）极板间距；（d）阳极板材质

C　不同电化学预处理条件对六偏磷酸钠溶液电导率影响

为了解不同电化学预处理条件对六偏磷酸钠溶液电导率的影响，利用电导仪对不同电化学预处理后的六偏磷酸钠溶液的电导率进行了检测。检测结果如图 5-57 所示。

由图 5-57（a）可知，未经电化学预处理的六偏磷酸钠溶液电导率为 10.52 μS/cm，当对六偏磷酸钠溶液进行电化学预处理时，与未预处理相比六偏磷酸钠溶液电导率明显增大，由图 5-57（b）可知，六偏磷酸钠溶液的电导率随着预处理时间的增加而增大。由此可见，对六偏磷酸钠进行适宜条件的电化学预处理，能够提高六偏磷酸钠溶液的电导率，结合电极反应分析可知，提高的原因

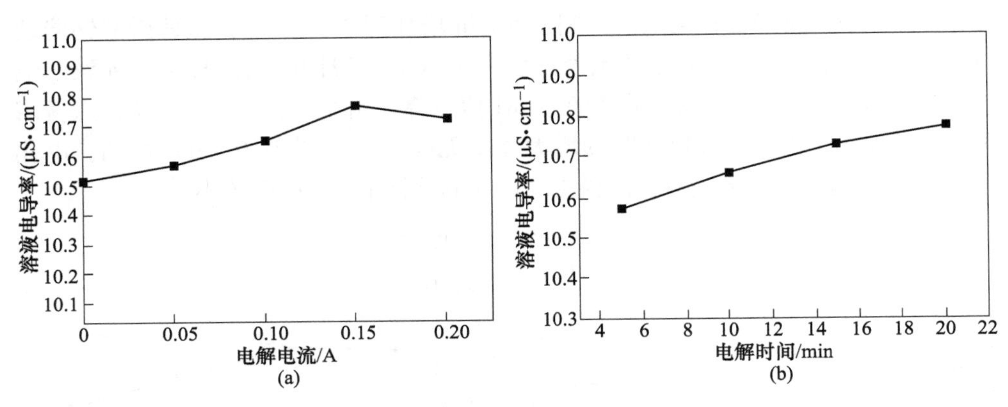

图 5-57　电化学预处理对六偏磷酸钠溶液电导率影响

（a）电解电流；（b）电解时间

在于电化学预处理增大了六偏磷酸钠的水解及电离程度，导致溶液中离子含量升高。

D　不同电化学预处理条件下的六偏磷酸钠对白云母表面 Zeta 电位影响

为了解不同电化学预处理条件下的六偏磷酸钠对白云母表面 Zeta 电位的影响，检测了经不同电化学预处理条件下六偏磷酸钠作用后的白云母表面的 Zeta 电位，且六偏磷酸钠浓度为 8.17×10^{-7} mol/L，pH 值为 7，检测结果如图 5-58 所示。

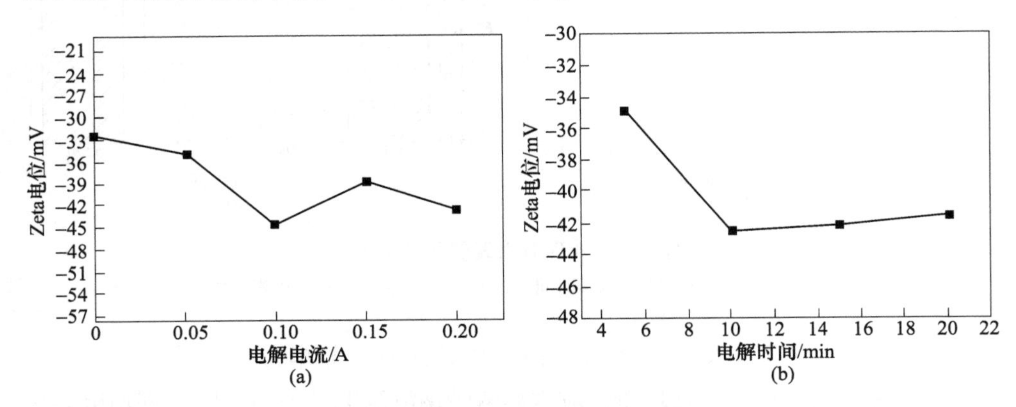

图 5-58　电化学预处理六偏磷酸钠对白云母表面 Zeta 电位的影响

（a）电解电流；（b）电解时间

由图 5-58（a）可知，随着对六偏磷酸钠预处理电流的增大，白云母表面 Zeta 电位呈负向增大趋势，当对六偏磷酸钠的预处理电流为 0.1 A 时，白云母表面 Zeta 电位为−44.57 mV。由图 5-58（b）可知，白云母表面 Zeta 电位随着对六偏磷酸钠预处理时间的增加而先负向增大后基本保持不变，当对六偏磷酸钠的预处理时间为 20 min 时，白云母表面 Zeta 电位为-41.57 mV。结合电极反应分析可知，由于电化学预处理增大了六偏磷酸钠的水解及电离程度，使得六偏磷酸钠溶液中 $H_2PO_4^-$、HPO_4^{2-} 及 PO_4^{3-} 的含量增多并吸附在白云母表面，因此白云母表面 Zeta 电位负向增大。

E　白云母样品的红外光谱分析

为研究油酸钠及不同电化学预处理条件下的六偏磷酸钠在白云母表面的吸附状态，对经油酸钠及六偏磷酸钠作用后的白云母样品、经不同电化学预处理条件下的六偏磷酸钠作用后的白云母样品进行了红外光谱表征，作用条件见表 5-23，结果如图 5-59 所示。

表 5-23　不同白云母样品的作用条件

样品	药剂浓度/(mol·L^{-1})		电化学预处理条件			
	油酸钠	六偏磷酸钠	电解电流/A	电解时间/min	极板间距/cm	极板材料类型（阳极-阴极）
A 样	9.20×10^{-4}	—	—	—	—	—
B 样	9.20×10^{-4}	8.17×10^{-7}	—	—	—	—
C 样	9.20×10^{-4}	8.17×10^{-7}	0.05	5	4.5	石墨板-石墨板
D 样	9.20×10^{-4}	8.17×10^{-7}	0.05	15	4.5	石墨板-石墨板

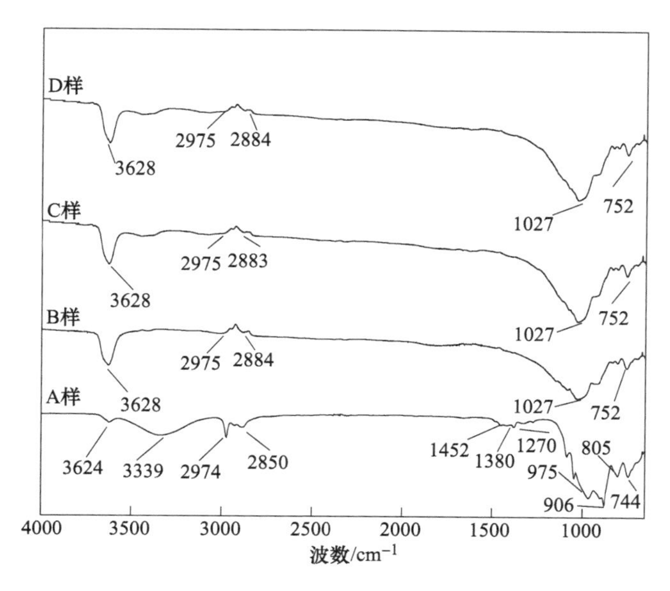

图 5-59　不同白云母样品的红外光谱图

由图 5-59 可知，A 样为经油酸钠作用后的样品，其图谱中波数为 3624 cm^{-1}

的吸收峰对应白云母表面羟基振动吸收峰，3339 cm^{-1}和 1270 cm^{-1}处的两个吸收峰分别对应油酸分子内羟基的伸缩及弯曲振动峰，而 2974 cm^{-1}和 2850 cm^{-1}处的两个峰则分别是油酸钠中甲基和亚甲基中 C—H 键的振动吸收峰[100-102]。B 样为经油酸钠及未处理的六偏磷酸钠共同作用后的样品，对比 A 样发现，B 样中对应油酸钠中亚甲基和甲基中 C—H 键的振动吸收峰强度有所减弱，可见六偏磷酸钠抑制白云母可浮性的原因在于六偏磷酸钠吸附在白云母表面，阻碍了油酸根等离子在白云母表面的吸附。C 样及 D 样为经不同电化学预处理条件处理后的六偏磷酸钠及油酸钠共同作用后的样品，对比 B 样发现这两个样品的图谱中对应油酸钠中亚甲基和甲基中 C—H 键的振动吸收峰强度明显减弱，这表明吸附在白云母表面的油酸根等离子减少了，结合电极反应分析、溶液电导率分析、溶液 pH 值分析及 Zeta 电位分析可知，其原因在于对六偏磷酸钠溶液进行电化学预处理，提高了该溶液中有效成分的含量，强化了六偏磷酸钠在白云母表面吸附，并且一定程度削弱了油酸钠在白云母表面的静电吸附，进而进一步阻碍了油酸钠在白云母表面的吸附。

5.2.4 电化学预处理有机调整剂对白云母浮选行为影响机理

5.2.4.1 电化学预处理柠檬酸对白云母浮选行为影响机理

A 电化学预处理柠檬酸溶液电极反应分析

柠檬酸是一种三元有机羧酸，其在水中会发生水解及电离，其过程可以用下列反应式表示：

$$C_6H_8O_7 + 2H_2O \rightleftharpoons 3H^+ + 2OH^- + C_6H_7O_7^- \tag{5-42}$$

$$C_6H_7O_7^- \rightleftharpoons H^+ + C_6H_6O_7^{2-} \tag{5-43}$$

$$C_6H_6O_7^{2-} \rightleftharpoons H^+ + C_6H_5O_7^{3-} \tag{5-44}$$

在电化学预处理柠檬酸溶液过程中，阴极板和阳极板附近会发生一系列电极反应，当两极板材料为石墨时，具体反应如下：

阴极反应：
$$2C_6H_7O_7^- + 2e^- = H_2\uparrow + 2C_6H_6O_7^{2-} \tag{5-45}$$

$$2C_6H_6O_7^{2-} + 2e^- = H_2\uparrow + 2C_6H_5O_7^{3-} \tag{5-46}$$

阳极反应：
$$4OH^- - 4e^- = O_2\uparrow + 2H_2O \tag{5-47}$$

由上述电极反应可知，对柠檬酸溶液进行电化学预处理，能够减少其溶液中的 OH^-及 H^+，强化柠檬酸的水解及电离，进而提高起抑制作用的 $C_6H_7O_7^-$、$C_6H_6O_7^{2-}$及 $C_6H_5O_7^{3-}$含量。

B 不同电化学预处理条件对柠檬酸溶液 pH 值影响

为了解不同电化学预处理条件对柠檬酸溶液 pH 值的影响，利用酸度计对不同条件电化学预处理后的柠檬酸溶液的 pH 值进行了检测。结果如图 5-60 所示。

由图 5-60（a）可知，未对柠檬酸溶液进行电化学预处理时，其溶液的 pH

值为 1.50，当预处理电流从 0 A 增大到 0.20 A 时，柠檬酸溶液 pH 值有所降低；由图 5-60（b）可知，当电解时间从 5 min 增加到 20 min 时，柠檬酸溶液 pH 值呈下降趋势；由于电化学预处理增大了柠檬酸的电离及水解程度，导致溶液中 H^+浓度增加，因此柠檬酸溶液 pH 值下降。由图 5-60（c）可知，柠檬酸溶液的 pH 值随着极板间距的增大基本无变化；由图 5-60（d）可知，阳极板材质对柠檬酸溶液 pH 值影响不大。

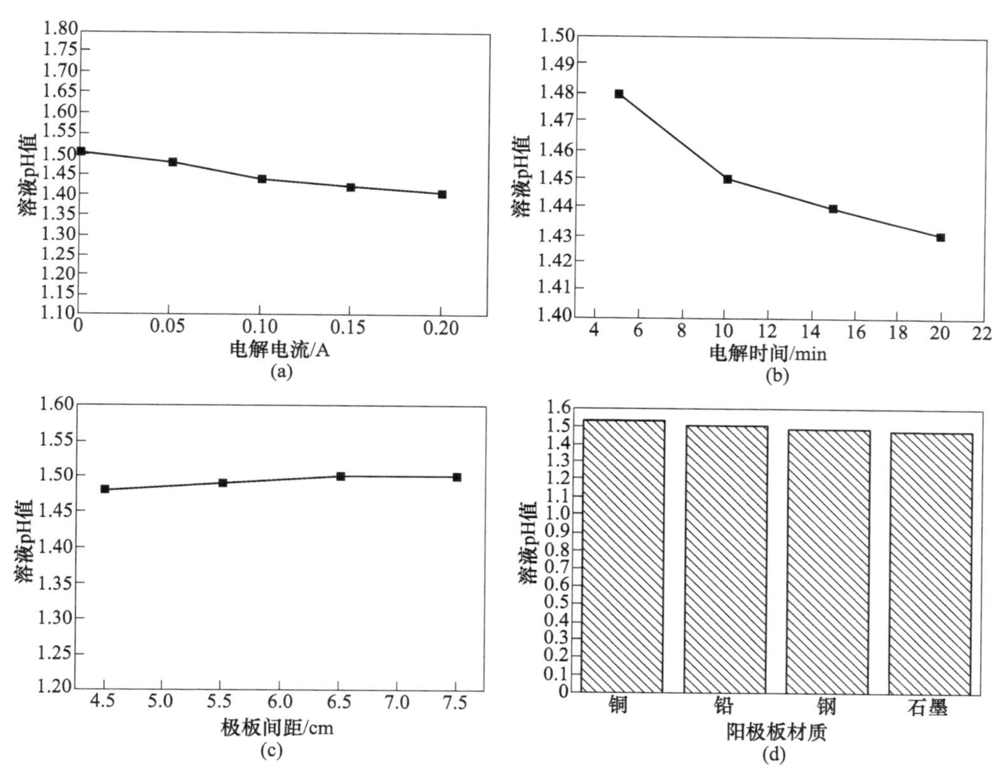

图 5-60 电化学预处理对柠檬酸溶液 pH 值影响
（a）电解电流；（b）电解时间；（c）极板间距；（d）阳极板材质

C 不同电化学预处理条件对柠檬酸溶液电导率影响

为了解不同电化学预处理条件对柠檬酸溶液电导率的影响，利用电导仪对不同电化学预处理后的柠檬酸溶液的电导率进行了检测。检测结果如图 5-61 所示。

由图 5-61（a）可知，未经电化学预处理的柠檬酸溶液电导率为 4.76 μS/cm，当对柠檬酸溶液进行电化学预处理时，与未预处理相比柠檬酸溶液电导率明显增大，由图 5-61（b）可知，柠檬酸溶液的电导率随着预处理时间的增加而增大。由此可见，对柠檬酸进行适宜条件的电化学预处理，能够提高柠檬酸溶液的电导

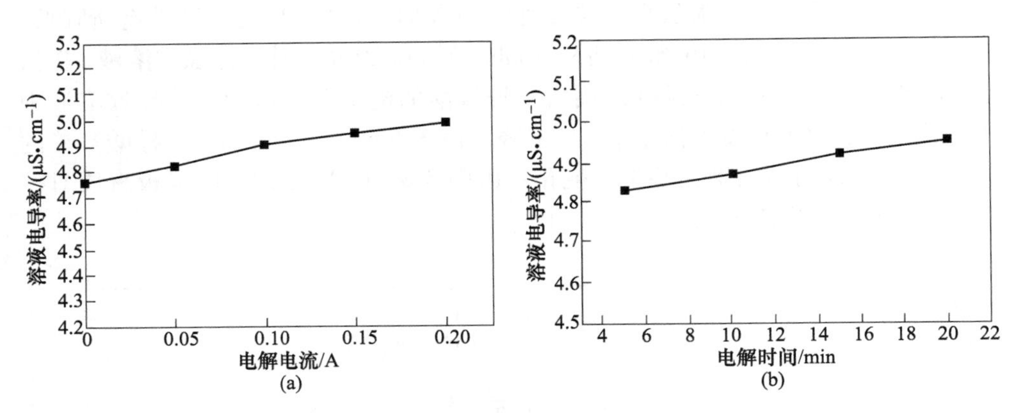

图 5-61　电化学预处理对柠檬酸溶液电导率影响

（a）电解电流；（b）电解时间

率，结合电极反应分析可知，提高的原因在于电化学预处理增大了柠檬酸的水解及电离程度，导致溶液中离子含量升高。

D　不同电化学预处理条件下的柠檬酸对白云母表面 Zeta 电位影响

为了解不同电化学预处理条件下的柠檬酸对白云母表面 Zeta 电位的影响，检测了经不同电化学预处理条件下柠檬酸作用后的白云母表面的 Zeta 电位，且柠檬酸浓度为 2.38×10^{-6} mol/L，pH 值为 7，检测结果如图 5-62 所示。

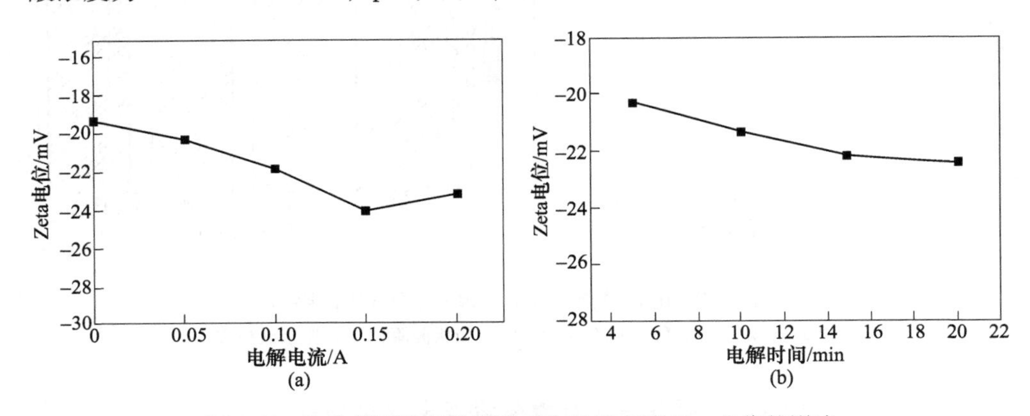

图 5-62　电化学预处理柠檬酸对白云母表面 Zeta 电位的影响

（a）电解电流；（b）电解时间

由图 5-62（a）可知，随着对柠檬酸预处理电流的增大，白云母表面 Zeta 电位呈负向增大趋势，当对柠檬酸的预处理电流为 0.15 A 时，白云母表面 Zeta 电位为−24.12 mV。由图 5-62（b）可知，白云母表面 Zeta 电位随着对柠檬酸预处理时间的增加而负向增大，当对柠檬酸的预处理时间为 20 min 时，白云母表面

Zeta 电位为-22.40 mV。结合电极反应分析可知，由于电化学预处理增大了柠檬酸的水解及电离程度，使得柠檬酸溶液中 $C_6H_7O_7^-$、$C_6H_6O_7^{2-}$ 及 $C_6H_5O_7^{3-}$ 的含量增多并吸附在白云母表面，因此使得白云母表面 Zeta 电位负向增大。

E 白云母样品的红外光谱分析

为研究油酸钠及不同电化学预处理条件下的柠檬酸在白云母表面的吸附状态，对经油酸钠及柠檬酸作用后的白云母样品、经不同电化学预处理条件下的柠檬酸作用后的白云母样品进行了红外光谱表征，作用条件见表 5-24，结果如图 5-63 所示。

表 5-24 不同白云母样品的作用条件

样品	药剂浓度/(mol·L⁻¹)		电化学预处理条件			
	油酸钠	柠檬酸	电解电流/A	电解时间/min	极板间距/cm	极板材料类型（阳极-阴极）
A 样	9.20×10^{-4}	—	—	—	—	—
B 样	9.20×10^{-4}	2.38×10^{-6}	—	—	—	—
C 样	9.20×10^{-4}	2.38×10^{-6}	0.05	5	4.5	石墨板-石墨板
D 样	9.20×10^{-4}	2.38×10^{-6}	0.05	15	4.5	石墨板-石墨板

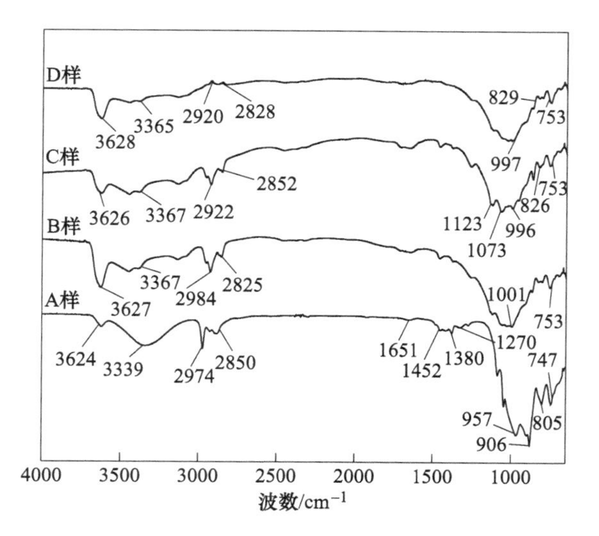

图 5-63 不同白云母样品的红外光谱图

由图 5-63 可知，A 样为经油酸钠作用后的样品，其图谱中波数为 3624 cm^{-1} 的吸收峰对应白云母表面羟基振动吸收峰，3339 cm^{-1} 和 1270 cm^{-1} 处的两个吸收峰分别对应油酸分子内羟基的伸缩及弯曲振动峰，而 2974 cm^{-1} 和 2850 cm^{-1} 处的两个峰则分别是油酸钠中甲基和亚甲基中 C—H 键的振动吸收峰[100-102]。B 样为经油酸钠及未处理的柠檬酸共同作用后的样品，对比 A 样可发现，B 样中对应油酸钠中亚甲基和甲基中 C—H 键的振动吸收峰强度有所减弱，可见柠檬酸抑制白云母可浮性的原因在于柠檬酸吸附在白云母表面，阻碍了油酸根等离子在白云母表面的吸附。C 样及 D 样为经不同电化学预处理条件处理后的柠檬酸及油酸钠共同作用后的样品，对比 B 样发现这两个样品的图谱中对应油酸钠中亚甲基和甲基中 C—H 键的振动吸收峰强度明显减弱，这表明吸附在白云母表面的油酸根等离子减少了，结合电极反应分析、溶液电导率分析、溶液 pH 值分析及 Zeta 电位分析可知，其原因在于对柠檬酸溶液进行电化学预处理，提高了柠檬酸溶液中有效成分的含量，强化了柠檬酸在白云母表面吸附，并且一定程度削弱了油酸钠在白云母表面的静电吸附，进而进一步阻碍了油酸钠在白云母表面的吸附。

F　白云母样品的 XPS 分析

为了解电化学预处理前后白云母表面 Al 的价键形态，研究对经柠檬酸（未处理）作用后的白云母样品及经电化学预处理的柠檬酸作用后的白云母样品进行了 XPS 表征，作用条件见表 5-24，结果如图 5-64 所示。

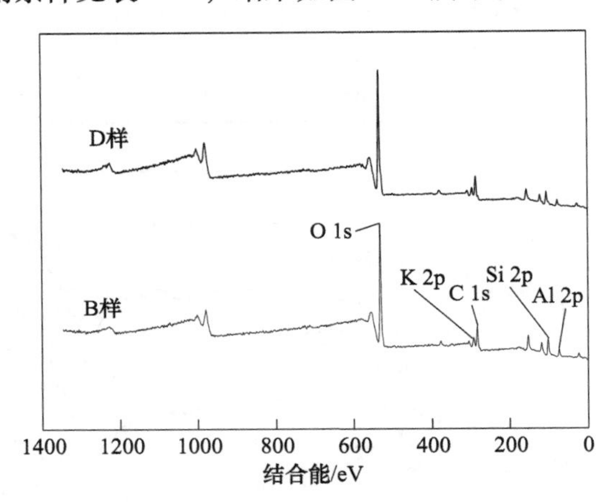

图 5-64　白云母样品的 XPS 总谱图

由图 5-64 可知，与 B 样相比，D 样表面各元素的特征峰有所变化，为此分析了样品表面主要元素的电子结合能及相对含量，结果见表 5-25。

表 5-25　样品表面主要元素的电子结合能及相对含量

样品	相对含量（质量分数）/%		电子结合能/eV
	Al	Si	C 1s
B 样	12.11	18.16	284.06
D 样	11.58	16.10	285.10

由表 5-25 可知，与 B 样相比，D 样表面 Al 元素含量减小了 0.53%，而 Si 元素的含量减小了 2.06%，可见白云母经电化学预处理的柠檬酸作用后，其表面表露的 Al、Si 元素含量有所减小。对比 B 样还发现，D 样表面 C 1s 的电子结合能有所变化，这表明对柠檬酸进行一定条件的电化学预处理，改变了 C 的化学环境。为进一步了解白云母表面 Al 元素的价键形态，研究对 Al 元素的谱图进行了分峰，结果如图 5-65 和表 5-26 所示。

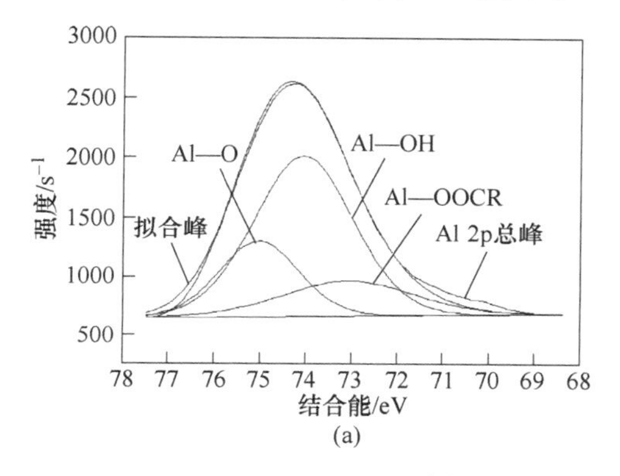

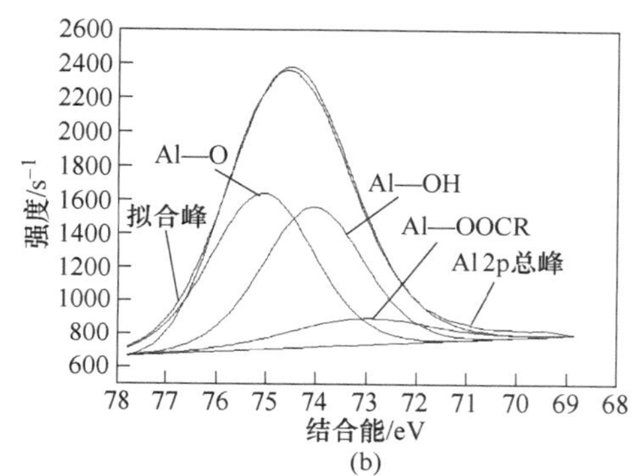

图 5-65 Al 2p 的分峰拟合图

（a）B 样；（b）D 样

表 5-26 矿物表面 Al 的存在价键及比例

样品	总峰面积	Al—OOCR 峰面积	Al—OH 峰面积	Al—O 峰面积	Al—OOCR 相对含量/%	Al—OH 相对含量/%	Al—O 相对含量/%
B 样	6186.37	1082.66	3693.60	1410.11	17.50	59.71	22.79
D 样	5309.52	593.47	2207.13	2508.92	11.18	41.57	47.25

结合图 5-65 和表 5-26 可知，对比 B 样发现，D 样表面 Al—OOCR 的相对含量减小了 6.32%，这表明经电化学预处理的柠檬酸作用后的白云母表面生成的油酸铝含量有所减小，其原因在于对柠檬酸进行电化学预处理，会提高溶液中的有效成分含量，导致白云母表面吸附的柠檬酸根离子增多，使得云母表面一部分 Al、Si 被覆盖，进而阻碍油酸根离子与其表面 Al 等活性点作用，即削弱了油酸根在白云母表面的物理及化学吸附。

5.2.4.2 电化学预处理酒石酸对白云母浮选行为的影响机理

A 电化学预处理酒石酸溶液电极反应分析

酒石酸是一种二元有机羧酸，其在水中会发生水解及电离，其过程可以用下列反应式表示：

$$C_4H_6O_6 + H_2O \rightleftharpoons 2H^+ + OH^- + C_4H_5O_6^- \quad (5\text{-}48)$$

$$C_4H_5O_6^- \rightleftharpoons H^+ + C_4H_4O_6^{2-} \tag{5-49}$$

在电化学预处理酒石酸溶液过程中，阴极板和阳极板附近会发生一系列电极反应，当两极板材料为石墨时，具体反应如下：

阴极反应：
$$2C_4H_5O_6^- + 2e^- = H_2\uparrow + 2C_4H_4O_6^{2-} \tag{5-50}$$

阳极反应：
$$2OH^- - 2e^- = \frac{1}{2}O_2\uparrow + H_2O \tag{5-51}$$

由上述电极反应可知，对酒石酸溶液进行电化学预处理，能够减少其溶液中的 OH^- 及 H^+，强化酒石酸的水解及电离，进而提高起抑制作用的 $C_4H_5O_6^-$、$C_4H_4O_6^{2-}$ 含量。

B　不同电化学预处理条件对酒石酸溶液 pH 值影响

为了解不同电化学预处理条件对酒石酸溶液 pH 值的影响，利用酸度计对不同条件电化学预处理后的酒石酸溶液的 pH 值进行了检测。检测结果如图 5-66 所示。

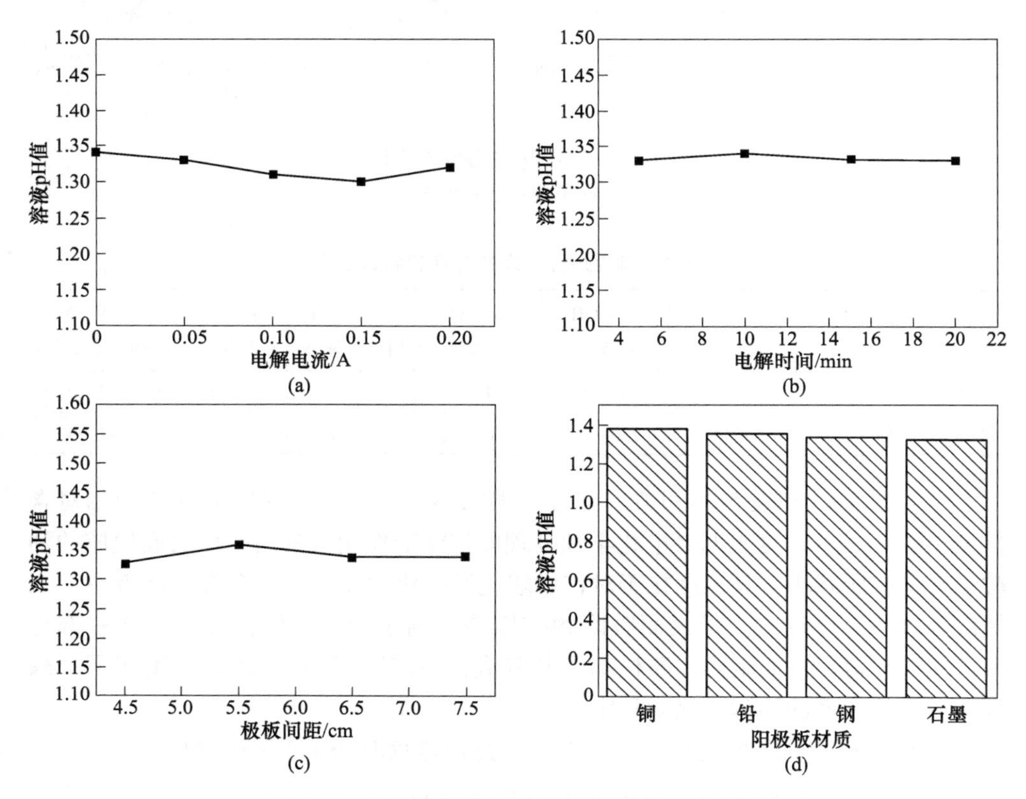

图 5-66　电化学预处理对酒石酸溶液 pH 值影响

（a）电解电流；（b）电解时间；（c）极板间距；（d）阳极板材质

由图 5-66（a）可知，未对酒石酸溶液进行电化学预处理时，其溶液的 pH

值为 1.34，当预处理电流从 0 A 增大到 0.20 A 时，酒石酸溶液 pH 值有所降低；由图 5-66（b）可知，当电解时间从 5 min 增加到 20 min 时，酒石酸溶液 pH 值变化不大；由于电化学预处理增大了酒石酸的电离及水解程度，导致溶液中 H^+ 浓度增加，因此酒石酸溶液 pH 值略有下降。由图 5-66（c）可知，酒石酸溶液的 pH 值随着极板间距的增大基本无变化；由图 5-66（d）可知，电化学预处理酒石酸溶液时，阳极板材质对其溶液 pH 值几乎没有影响。

C 不同电化学预处理条件对酒石酸溶液电导率影响

为了解不同电化学预处理条件对酒石酸溶液电导率的影响，利用电导仪对不同电化学预处理后的酒石酸溶液的电导率进行了检测。检测结果如图 5-67 所示。

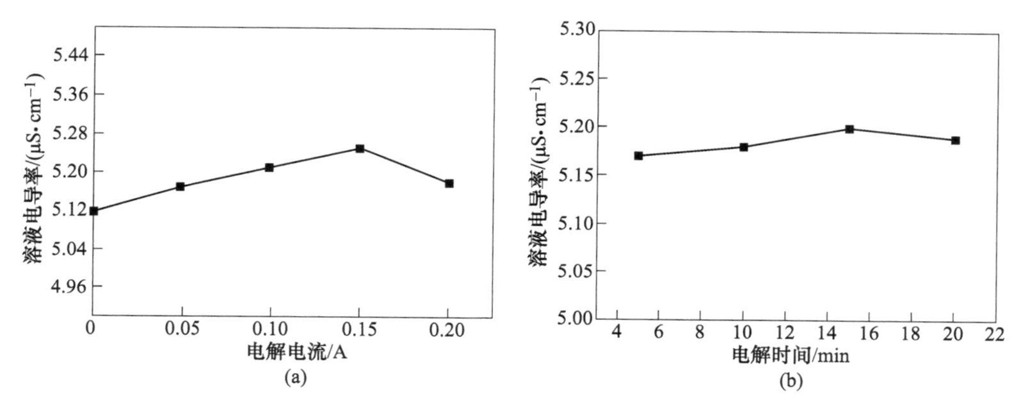

图 5-67 电化学预处理对酒石酸溶液电导率影响

（a）电解电流；（b）电解时间

由图 5-67（a）可知，未经电化学预处理的酒石酸溶液电导率为 5.12 μS/cm，当对酒石酸溶液进行电化学预处理时，与未预处理相比酒石酸溶液电导率明显增大，由图 5-67（b）可知，酒石酸溶液的电导率随着预处理时间的增加而略有增大。由此可见，对酒石酸进行适宜条件的电化学预处理，能够提高酒石酸溶液的电导率，结合电极反应分析可知，提高的原因在于电化学预处理增大了酒石酸的水解及电离程度，导致溶液中离子含量升高。

D 不同电化学预处理条件下的酒石酸对白云母表面 Zeta 电位影响

为了解不同电化学预处理条件下的酒石酸对白云母表面 Zeta 电位的影响，检测了经不同电化学预处理条件下酒石酸作用后的白云母表面的 Zeta 电位，且酒石酸浓度为 3.33×10^{-6} mol/L，pH 值为 7，检测结果如图 5-68 所示。

由图 5-68（a）可知，随着对酒石酸预处理电流的增大，白云母表面 Zeta 电位呈负向增大趋势，当对酒石酸的预处理电流为 0.15 A 时，白云母表面 Zeta 电位为-27.05 mV。由图 5-68（b）可知，白云母表面 Zeta 电位随着对酒石酸预处

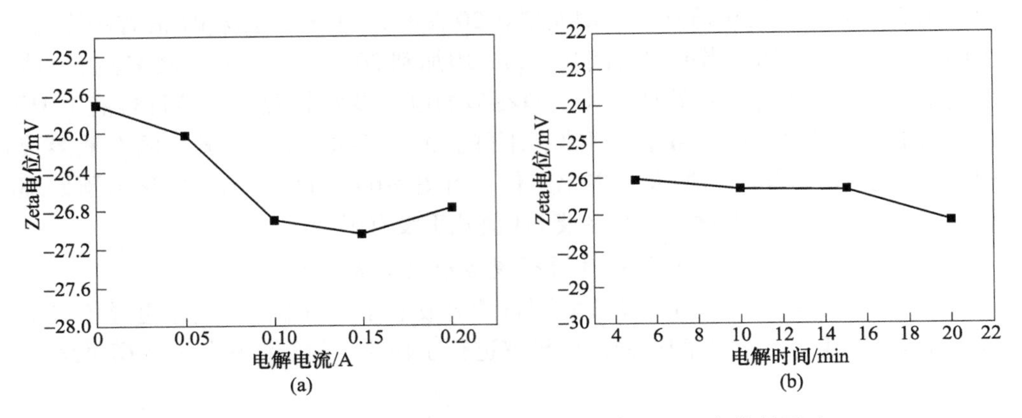

图 5-68　电化学预处理酒石酸对白云母表面 Zeta 电位的影响

(a) 电解电流；(b) 电解时间

理时间的增加而略微负向增大，当对酒石酸的预处理时间为 20 min 时，白云母表面 Zeta 电位为-27.16 mV。结合电极反应分析可知，由于电化学预处理增大了酒石酸的水解及电离程度，使得酒石酸溶液中 $C_4H_5O_6^-$、$C_4H_4O_6^{2-}$ 的含量增多并吸附在白云母表面，因此使得白云母表面 Zeta 电位负向增大。

E　白云母样品的红外光谱分析

为研究油酸钠及不同电化学预处理条件下的酒石酸在白云母表面的吸附状态，对经油酸钠及酒石酸作用后的白云母样品、经不同电化学预处理条件下的酒石酸作用后的白云母样品进行了红外光谱表征，作用条件见表 5-27，结果如图 5-69 所示。

表 5-27　不同白云母样品的作用条件

样品	药剂浓度/(mol · L⁻¹)		电化学预处理条件			
	油酸钠	酒石酸	电解电流/A	电解时间/min	极板间距/cm	极板材料类型（阳极-阴极）
A 样	9.20×10^{-4}	—	—	—	—	—
B 样	9.20×10^{-4}	3.33×10^{-6}	—	—	—	—
C 样	9.20×10^{-4}	3.33×10^{-6}	0.05	5	4.5	石墨板-石墨板
D 样	9.20×10^{-4}	3.33×10^{-6}	0.05	15	4.5	石墨板-石墨板

由图 5-69 可知，A 样为经油酸钠作用后的样品，其图谱中波数为 3624 cm^{-1} 的吸收峰对应白云母表面羟基振动吸收峰，3339 cm^{-1} 和 1270 cm^{-1} 处的两个吸收峰分别对应油酸分子内羟基的伸缩及弯曲振动峰，而 2974 cm^{-1} 和 2850 cm^{-1} 处的两个峰则分别是油酸钠中甲基和亚甲基中 C—H 键的振动吸收峰[100-102]。B 样为

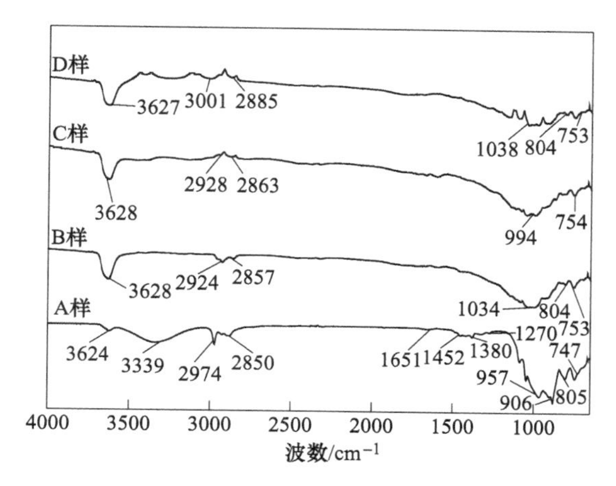

图 5-69 不同白云母样品的红外光谱图

经油酸钠及未处理的酒石酸共同作用后的样品，对比 A 样发现，B 样中对应油酸钠中亚甲基和甲基中 C—H 键的振动吸收峰强度有所减弱，可见酒石酸抑制白云母可浮性的原因在于酒石酸吸附在白云母表面，阻碍了油酸根等离子在白云母表面的吸附。C 样及 D 样为经不同电化学预处理条件处理后的酒石酸及油酸钠共同作用后的样品，对比 B 样发现这两个样品的图谱中对应油酸钠中亚甲基和甲基中 C—H 键的振动吸收峰强度明显减弱，这表明吸附在云母表面的油酸根等离子减少了，结合电极反应分析、溶液电导率分析、溶液 pH 值分析及 Zeta 电位分析可知，其原因在于对酒石酸溶液进行电化学预处理，提高了酒石酸溶液中有效成分的含量，强化了酒石酸在白云母表面吸附，并且一定程度削弱了油酸钠在云母表面的静电吸附，进而进一步阻碍了油酸钠在白云母表面的吸附。

5.3 本 章 小 结

（1）电化学预处理削弱油酸钠对白云母捕收性能的原因在于：对油酸钠溶液进行电化学预处理，会导致溶液中酸-皂二聚物含量减少，油酸分子含量增多，即溶液中起到捕收作用的有效成分减少。

（2）电化学预处理弱化 Fe^{3+} 对白云母活化作用的原因在于：对 Fe^{3+} 溶液进行一定条件的电化学预处理，能够使溶液中的 Fe^{3+} 转化为 Fe^{2+}，从而降低了溶液中 Fe^{3+} 的含量，使得白云母表面吸附的 Fe^{3+} 减少，并且一定程度弱化了油酸钠在白云母表面的静电吸附，进而削弱了油酸钠在白云母表面的物理及化学吸附。

（3）电化学预处理强化 Cu^{2+} 对白云母活化作用的原因在于：对 Cu^{2+} 溶液进行适宜条件的电化学预处理，能够抑制铜离子的水解，提高溶液中 Cu^{2+} 的含量，强化 Cu^{2+} 在白云母表面吸附，并且一定程度增强了油酸钠在白云母表面的静电吸附，进而强化了油酸钠在白云母表面的物理及化学吸附。

（4）电化学预处理弱化 Pb^{2+} 对白云母活化作用的原因在于：对 Pb^{2+} 溶液进行一定条件的电化学预处理，能够使溶液中的 Pb^{2+} 转化为 PbO_2 及铅单质，从而降低了溶液中 Pb^{2+} 的含量，使得白云母表面吸附的 Pb^{2+} 减少，并且一定程度弱化了油酸钠在白云母表面的静电吸附，进而削弱了油酸钠在白云母表面的物理及化学吸附。

（5）电化学预处理弱化 Ca^{2+} 对白云母活化作用的原因在于：对 Ca^{2+} 溶液进行一定条件的电化学预处理，能够使溶液中的 Ca^{2+} 转化为 $Ca(OH)_2$ 微溶物，从而降低了溶液中钙离子的浓度，导致吸附在白云母表面的 Ca^{2+} 减少，并且一定程度弱化了油酸钠在白云母表面的静电吸附，进而削弱了油酸钠在白云母表面的物理及化学吸附。

（6）对 K^+ 溶液经进行一定条件的电化学预处理，基本不影响 K^+ 溶液的性质，因此电化学预处理对 K^+ 的弱抑制性能影响不大。

（7）电化学预处理增强硅酸钠、六偏磷酸钠、柠檬酸及酒石酸对白云母抑制作用的原因在于：电化学预处理增大了这些调整剂的水解及电离程度，从而提高了调整剂溶液中有效成分含量，强化了无机及有机阴离子在白云母表面的吸附，并且一定程度削弱了油酸钠在白云母表面的静电吸附，进而进一步阻碍了油酸钠在白云母表面的吸附。

6 云母浮选工艺试验实例

6.1 白云母工艺矿物学研究

通过光谱半定量、化学多元素、X 射线衍射、SEM 等分析，对某云母矿的主要有用元素等的赋存状态、主要矿物的粒度和嵌布状态进行了系统详细的分析，查清了矿石物质组成、矿物工艺特征及矿石工艺类型，在此基础上开展相关试验研究。

6.1.1 矿石化学组成

6.1.1.1 *矿石 X 射线荧光分析*

研究对试样进行了 X 射线荧光分析，分析结果见表 6-1。

表 6-1 样品 X 射线荧光分析结果

元素及化合物	O	SiO_2	K_2O	Na_2O	Fe_2O_3
含量/%	63.50	48.23	6.778	0.386	5.193
元素及化合物	Al_2O_3	SO_3	MgO	CaO	CuO
含量/%	22.58	0.036	1.06	0.606	0.0109
元素及化合物	MnO	ZnO	P_2O_5	TiO_2	Cr_2O_3
含量/%	0.270	0.0102	0.0717	0.602	0.013
元素及化合物	NiO	BaO	WO_3		
含量/%	0.005	0.075	0.015		

由表 6-1 可知，该矿石主要元素为 Si、Al、K，属铝硅酸盐类白云母矿。矿石中还有镁元素（1.06%）及钠元素（0.386%），说明白云母矿中的部分 Al^{3+} 被 Mg^{2+} 替代，故矿石中可能含有部分黑云母。该矿中所含金属元素如 Cu、Mn、Zn、Cr、Ni、W 等含量较低，不能综合利用。需要注意的是，该云母矿中 Mn 含量达到 0.270%，可能会对云母矿质量造成影响。此外，Fe 含量为 5.193%，有可能综合利用，需进一步了解其赋存状态。结合其他元素含量还可知该矿石中可能含有磷灰石、长石和钛铁矿等矿物。

6.1.1.2 *矿石化学多元素分析*

为进一步确定样品的化学组成，研究对试样进行了化学多元素分析，分析结果见表 6-2。

表 6-2 样品化学多元素分析结果

元素及化合物	SiO_2	K_2O	Na_2O	Li_2O	Fe_2O_3
含量/%	39.43	6.32	0.25	0.003	5.40
元素及化合物	Al_2O_3	S	MgO	CaO	烧失量
含量/%	26.30	0.014	0.62	0.64	3.36

从表 6-2 得知，样品中主要矿物由 SiO_2、Al_2O_3 和 K_2O 组成，即其主要成分为白云母（化学式为 $\{KAl_2[AlSi_3O_{10}](OH)_2\}$）。由表 6-2 进一步可知，试样中 SiO_2 含量较高（白云母的 SiO_2 理论含量为 45.2%），但试样中的 Al_2O_3 和 K_2O 含量较低（白云母 Al_2O_3 理论值为 38.5%，K_2O 理论值为 11.8%）。说明试样中白云母含量较低，为 50%~60%，同时含有较多的高硅类矿物。样品中 Li_2O 含量仅为 0.003%，故该云母矿不具备提取 Li 的条件。样品中 Fe_2O_3 含量高达到 5.40%，说明大片云母层间夹杂铁物质，并且铁物质可能进入云母精矿中会影响云母白度及质量。鉴于云母在工业应用时要求其具备含铁量低、分剥性良好、晶体表面洁净光滑且无波纹的性质，并且在其应用面积内不能有包裹体、裂纹、褶皱等缺陷，故样品中的 Fe_2O_3 在该云母矿的分选提纯过程中应予以注意。此外，样品中脉石以石英为主，在样品的分选提纯过程中也需要加以注意。

6.1.1.3 *矿石的物相组成*

为了解试样的物相组成，研究对试验进行了 XRD 检测，如图 6-1 所示。

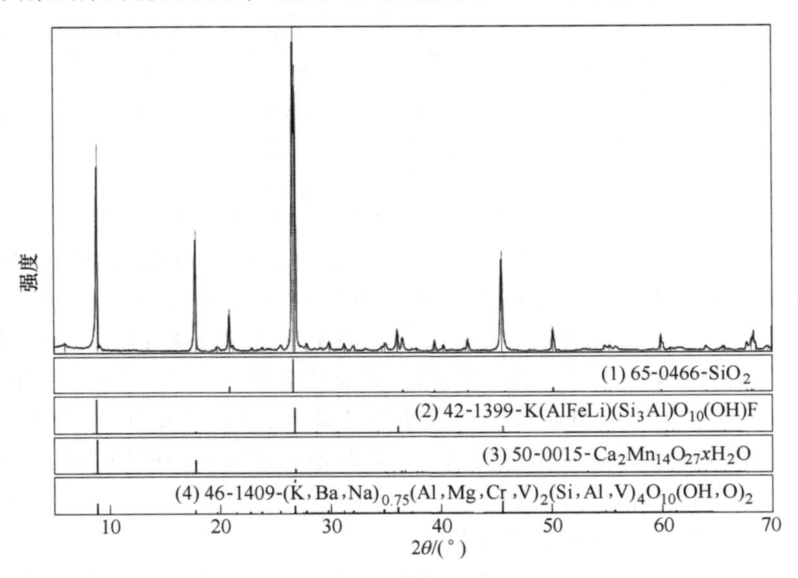

图 6-1 试样的 XRD 图

由图 6-1 可知，云母矿的特征衍射峰形尖锐，表明云母结晶较好。此外，试样中还出现了石榴子石、石英和长石等物相的特征衍射峰，这说明该云母矿试样的物相组成较为复杂，主要物相包括云母矿、石英、石榴子石等。半定量分析结果表明，试样中云母含量为 60%左右，另含有 20%左右的石英和 5%左右的石榴子石。

6.1.1.4 矿石粒度分析

为查明样品的粒度组成状况，研究对样品进行了筛分析，并对不同粒级产品分析了 K_2O 和 Fe_2O_3 的含量，结果见表 6-3。

表 6-3 试样中云母粒级组成、解离度等测定结果

粒级/μm	质量/g	产出率/%	云母单体数	粒级解离度/%	K_2O 含量/%	Fe_2O_3 含量/%
+250	611.1	61.11	27.4	74.88	6.82	4.22
−250～+180	114.9	11.49	31.2	78.55	7.06	3.11
−180～+125	88.8	8.88	47.3	86.75	7.26	3.22
−125～+75	98.2	9.82	50.3	88.78	8.66	3.79
−75～+45	45.5	4.75	53.2	92.66	8.90	5.03
−45	47.5	4.75	58.6	98.94	6.58	9.16
合计	1000.0	100.00				

从表 6-3 可以看出，将试样破碎至−2.0 mm 后，其产出率主要集中在+250 μm、−250～+180 μm、−180～+125 μm 和−125～+75 μm 四个级别中，它们分别占产出率的 61.11%、11.49%、8.88%和 9.82%，累计占了总产出率的 90.50%，尤其+250 μm 级别产出率最高，占 61.11%。由于这四个级别所占的产出率较高，故 K_2O 在+250 μm、−250～+180 μm、−180～+125 μm 和−125～+75 μm 级别中的金属率就占了 K_2O 总金属率的 89.20%，由此可看出，要在选矿工艺中提高云母的选矿回收率，必须确定合理的破碎和磨矿粒度。

此外，从云母矿中 Fe_2O_3 的化验结果还可以看出，在+250 μm、−250～+180 μm、−180～+125 μm 和−125～+75 μm 级别中的金属率占有率为 84.20%。需要注意的是在−45 μm 粒级的产品中，Fe_2O_3 的含量高达 9.16%，这说明云母矿粒度越细，其白度越低。由于 Fe 主要存在于石榴子石、纤铁矿和赤铁矿中，且石榴子石硬度远大于云母矿硬度，可磨性较云母差，故在该云母矿选择性磨矿处理后，石榴子石多在磨矿产品的细粒级中，通过分级后即可获得部分石榴子石的产品。

6.1.1.5 云母矿中主要矿物的形貌

研究对矿样中主要矿物的形貌及成分分别进行了 SEM 观察和能谱分析，结果如图 6-2 和表 6-4 所示。

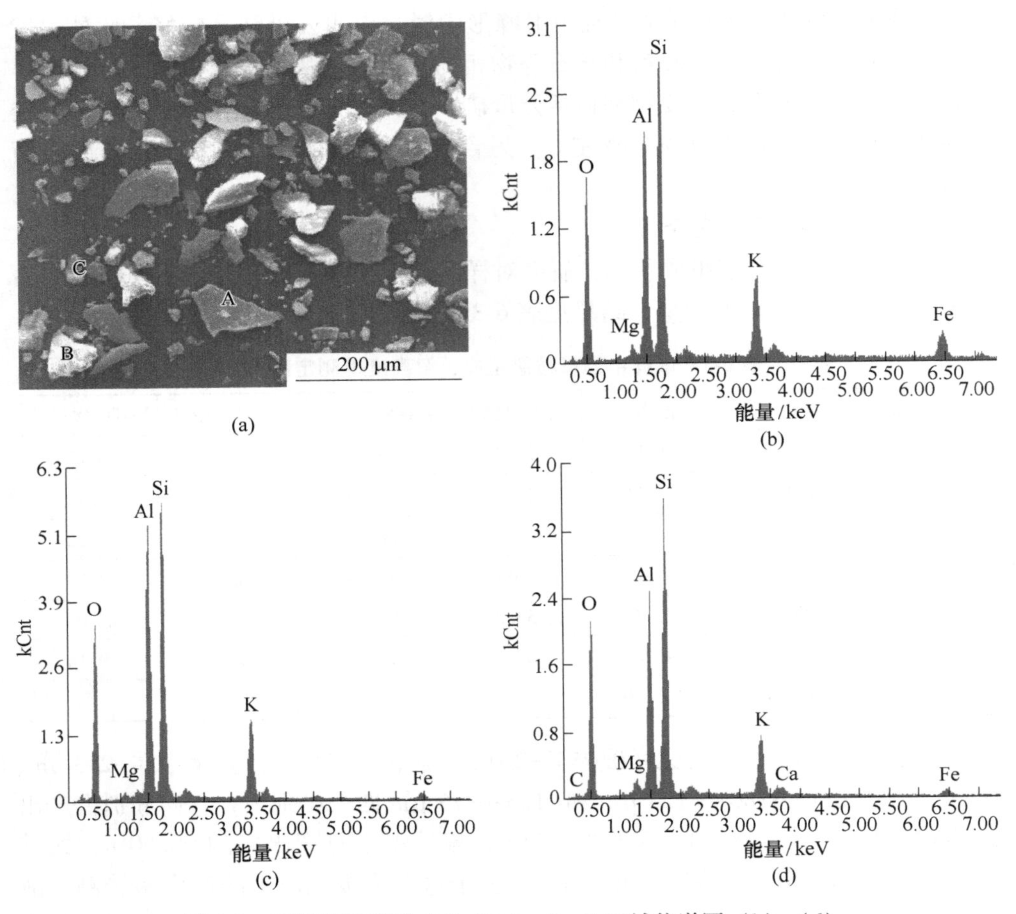

图 6-2　云母矿形貌图（a）和 A、B、C 区域能谱图（b）~（d）

表 6-4　不同区域元素相对含量

区域	相对含量（质量分数）/%							
	O	Si	Al	K	Fe	Mg	Na	总计
图 6-2 A	62.37	16.94	14.44	4.12	1.06	0.46	0.62	100.00
图 6-2 B	54.85	22.01	13.53	6.55	1.73	1.32	0.00	100.00
图 6-2 C	53.59	20.85	14.96	5.80	3.87	0.92	0.00	100.00

如图 6-2 和表 6-4 所示，B 处 $w(\mathrm{Al}):w(\mathrm{Si}):w(\mathrm{K})=2:3:1$，基本符合白云母中三种元素的理论比，为不规则状颗粒状白云母。A 处 $w(\mathrm{Al}):w(\mathrm{Si})$ 为 1 左右，可见该片状形貌云母矿可能含有长石等杂质。C 处的元素相对含量表明，该处矿物主要为云母，同时还含有少量石榴子石。由此看见，云母主要呈片状、鳞片状和不规则颗粒状等形貌。

石英（SiO_2）多呈不规则粒状和细粒状，见图 6-3（a）和图 6-4（a），其中少量石英颗粒较大，呈乳白色，肉眼可见，粒径最大可达 1 mm 左右。从能谱分析结果（见表 6-5）可以看出，图 6-3（a）为白云母，基本不含 Mg 原子，而图 6-4（c）则为黑云母，因其 Mg 原子相对含量较高，约为 0. 50%。

(a)

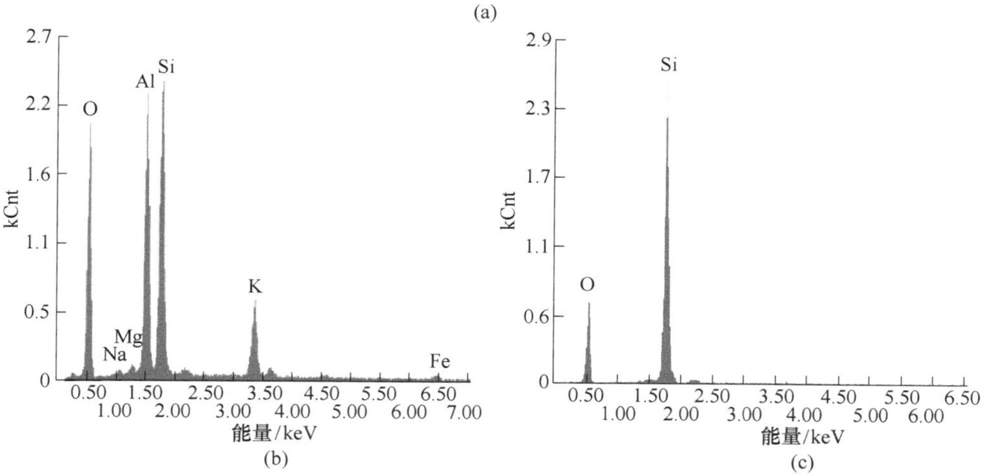

(b)　　　　(c)

图 6-3　石英与白云母形貌图（a）和 A、B 区域能谱图（b）（c）

由图 6-5 和表 6-6 可知，石榴子石多呈不规则颗粒状和细粒状，结合能谱分析结果还可知部分石榴子石呈片状与云母共生（图 6-5（a）B 区域）。从能谱分析结果可得，图 6-5（a）A 区域为白云母，含有少量不含 Fe 原子（相对含量 0. 56%），而图 6-5（a）B 区域则为黑云母，因其 Mg 原子相对含量较高，约为 0. 92%，Fe 原子相对含量则达到 3. 87%。

(a)

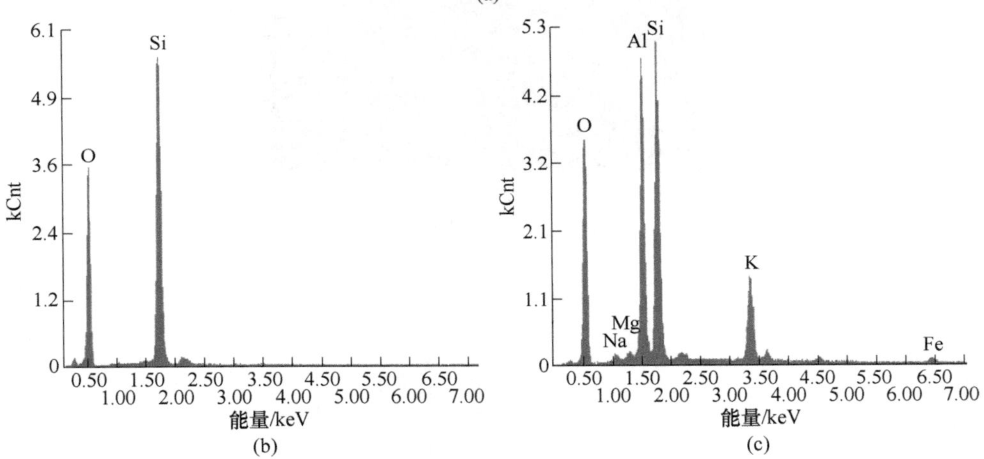

(b)　(c)

图 6-4　石英与黑云母形貌图（a）和 A、B 区域能谱图（b）（c）

(a)　(b)

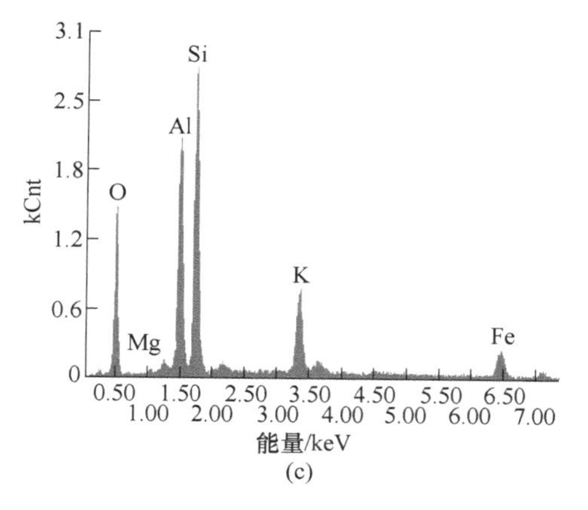

(c)

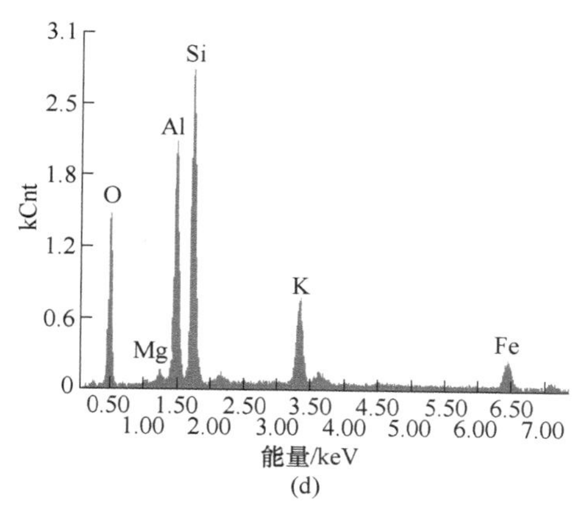

(d)

图 6-5 石榴子石与白云母形貌及关系图（a）（b）和 A、B 区域能谱图（c）（d）

表 6-5 不同区域元素相对含量

区域	相对含量（质量分数）/%							
	O	Si	Al	K	Fe	Mg	Na	总计
图 6-3 A	61.80	17.68	14.85	4.49	0.54	0.16	0.48	100.00
图 6-3 B	69.60	30.40	—	—	—	—	—	100.00
图 6-4 A	59.91	40.09	—	—	—	—	—	100.00
图 6-4 B	57.93	19.38	15.71	5.64	0.53	0.50	0.32	100.00

表 6-6 不同区域元素相对含量

区域	相对含量（质量分数）/%						
	O	Si	Al	K	Fe	Mg	总计
图 6-5 A	56.25	20.24	16.42	5.68	0.85	0.56	100.00
图 6-5 B	53.59	20.85	14.96	5.80	3.87	0.92	100.00

综上可知，石英和云母的单体解离度较高，因此较大颗粒的石英和长石可以通过选择性磨矿和分级后实现其与云母的分选，浮选法则可以实现云母与细小的石英、长石颗粒的分离。由于部分石榴子石和长石与云母有共生关系，可能会对云母的分选提纯有不利影响，故需通过选择性磨矿使云母及石榴子石达到单体解离，然后通过分级、磁选或重选分别提高云母及石榴子石品位的目的。

6.1.2 矿石的结构及构造

6.1.2.1 *矿石含矿岩石特征*

经镜下观察可知，该云母矿含矿岩石主要为灰色白云母片岩、黄褐色二云片岩、灰绿色石英白云母片岩和红褐色石英二云片岩。其中白云母片岩颜色较浅，呈银色。二云片岩的风化面上，由于黑云母褪色，呈现黄褐色。含矿岩石由于铁质的氧化作用，呈红褐色。

该云母矿岩石具有粒状变晶结构，肉眼可见石榴子石斑晶（附录照片 1）；粉砂结构，可见石英颗粒，当石英含量较多时，为石英白云母片岩和石英二云片岩。岩石片理发育，具有片状构造，云母呈片状排列。在构造应力的作用下，形成次级小褶皱（附录照片 2）、S-C 面理。

6.1.2.2　*矿石的矿物组成*

结合薄片的显微镜下观察及 X 射线衍射分析结果，试样的矿物组成结果见表 6-7。

表 6-7　云母矿不同矿物相对含量　（%）

矿物名称	白云母	黑云母	绢云母	石英	赤铁矿	纤铁矿	石榴子石
相对含量（质量分数）	35	20	10	25	4	3	3

6.1.2.3　*矿石的矿物特征及共生关系*

对制成不同类型的光薄片在偏反两用光学显微镜下进行系统观察，对云母矿样品进行了鉴定，结果表明，该云母矿的矿物成分复杂，非金属矿物主要有白云母、黑云母、石英、石榴子石、微斜长石、斜长石及少量的绿泥石等。白云母大部分呈薄片状，部分呈鳞片状集合体和不规则颗粒状。石英、微斜长石和斜长石均为棱角状颗粒，部分长石具有绿泥石化及高岭土化现象；除个别粗颗粒的石榴子石与石英和长石连生，部分长石有绿泥石化之外，其余各矿物均已单体解离。

白云母：单偏光下为无色透明假六方形或菱形片状集合体，部分带浅绿和浅褐色色调（附录照片 3），具有一组完全解理的纵切面呈长条形，闪突起现象明显，正低～中突起。正交偏光下干涉色鲜艳、明亮，二级顶～三级顶（附录照片 4），平行于（001）切面不见解理，具一级灰、白不均匀的干涉色（附录照片 5）。颗粒大小为 0.1～0.6 mm。

黑云母：单偏光下为黑色、深褐、红褐片状集合体，多色性明显。主要以红褐色为主，说明该类岩石为高级、中高级变质岩，当解理缝平行下偏光振动方向时，颜色最深，几乎不透明（附录照片 6）。正中突起，干涉色在二级顶～三级顶，但由于本身颜色较深，干涉色色调不鲜艳。近平行消光。薄片中黑云母与白云母互层产出（附录照片 8～照片 13），还可见由黑云母和白云母组成的 S-C 面理（附录照片 7），显微褶皱等次生小构造（附录照片 14、照片 15）。颗粒大小相对白云母要大一些，长度为 0.2～1 mm。

绢云母：单偏光下为细小的隐晶质鳞片状集合体，晶形不发育。正低～中突起，干涉色鲜艳、绚丽，多在二级到三级（附录照片 15）。绢云母颗粒细小，颗粒大小为 0.002~0.02 mm。绢云母分布于白云母和黑云母周围（附录照片 16），推断该矿石内的绢云母为早期千枚岩化的产物，到了晚期被白云母、黑云母所交代，现有部分残留。

石榴子石：单偏光下为淡褐色，正高~正极高突起，糙面明显，正交偏光下全消光，显示其均质性，晶体中有不规则的裂纹，颗粒切面多为六边形及多边形（附录照片 20），颗粒大小为 1~2 mm。大部分石榴子石的内部发生了绢云母化，还伴有石英的动态重结晶。在构造应力的作用下，形成 σ 型旋转碎斑（附录照片 18、照片 19），指示了主应力方向。

纤铁矿：光片中为灰黄色，内反射色为红褐色（附录照片 23、照片 24），不规则条带状，细脉状分布于云母之间，与赤铁矿伴生。

赤铁矿：光片中为灰色略带褐白色，内反射色为深红色（附录照片 25、照片 26），强非均质性。在矿石中呈条带状分布于云母之间，与云母片理产状相同，还有零星的分布于石榴子石周围。

石英：薄片无色透明、表面光滑，正低突起，正交偏光下，最高干涉色为一级黄白。结晶程度为半自形~它形晶，颗粒大小为 0.1~0.4 mm。由于构造应力的作用，可见波状消光、变形纹（附录照片 21），部分石英颗粒被拉长（附录照片 20）。

试样中石英主要以致密块状以及不规则棱角状产出，部分则是呈粒状、次浑圆粒状形式出现。颜色为灰绿色、无色透明、乳白色、灰白色；玻璃光泽，断口呈油脂光泽；无解理；贝壳状断口；大部分石英以单体出现，部分石英与云母、绿泥石、石榴子石等矿物均形成共生关系。

6.1.2.4 电子探针分析结果

研究采用电子探针对样品进行分析，分析结果见表 6-8。其中 1 号、2 号、3 号样品中测点为白云母和黑云母，4 号样品中测点为石榴子石蚀变后的矿物。

表 6-8 河南云母矿电子探针分析结果 （%）

样品编号	矿物	Na_2O	FeO	CaO	SiO_2	MnO	K_2O	Al_2O_3	Cr_2O_3	P_2O_5	MgO	NiO	TiO_2	总计
1 号	白云母	0.578	1.595	0.064	47.722	0.022	10.499	32.949	—	—	1.179	—	0.226	94.834
	白云母	1.042	1.333	0.005	46.205	—	10.58	34.588	0.019	0.015	0.772	0.017	0.388	94.964
	黑云母	0.48	6.121	0.233	45.397	0.018	10.172	30.479	0.031	—	1.334	—	0.29	94.555
2 号	白云母	0.575	1.515	0.074	46.107	0.034	11.119	33.093	0.065	—	1.411	—	0.019	94.012
	白云母	0.603	1.565	0.012	45.99	0.071	11.443	33.573	—	0.005	1.264	0.022	0.071	94.619
	黑云母	0.511	18.868	0.157	36.021	0.053	8.8	26.739	0.07	—	1.133	—	0.074	92.426

续表 6-8

样品编号	矿物	Na_2O	FeO	CaO	SiO_2	MnO	K_2O	Al_2O_3	Cr_2O_3	P_2O_5	MgO	NiO	TiO_2	总计
3 号	白云母	0.012	2.575	0.202	49.721	—	10.629	29.135	—	—	1.859	0.025	0.021	94.179
	白云母	1.049	1.198	0.123	45.829	—	10.493	34.559	0.124	—	0.851	0.038	0.403	94.667
	白云母	0.01	3.187	0.094	48.845	—	11.368	29.613	0.043	0.007	1.773	0.048	0.029	95.017
4 号	白云母	0.98	1.294	0.065	45.715	0.072	10.505	33.357	0.226	—	0.793	—	0.334	93.341
	白云母	0.328	0.921	0.332	67.381	0.019	6.473	19.198	0.019	—	0.656	—	0.11	95.437

由表 6-8 可知，白云母的主要成分为 SiO_2(45.715%~67.381%)、Al_2O_3(19.198%~34.588%)、K_2O(6.473%~11.443%)、FeO(0.921%~3.187%)、MgO(0.656%~1.859%)，此外还含有少量的 Na_2O、CaO、MnO、Cr_2O_3、P_2O_5、NiO、TiO_2。黑云母的主要成分为 SiO_2(36.021%~46.342%)、Al_2O_3(25.086%~30.479%)、K_2O(8.733%~10.172%)、FeO(6.121%~18.868%)、MgO(1.133%~2.051%)，还含有少量的 Na_2O、CaO、MnO、Cr_2O_3、P_2O_5、NiO、TiO_2 等。黑云母的 FeO 含量比白云母多，最大者可达 18.868%。石榴子石基本上发生了绢云母化，其内部云母的化学成分与其周围的云母化学成分基本相同。

6.1.2.5 矿物的嵌布粒度特征

矿石样品中的矿石矿物主要包括白云母、黑云母、绢云母。其他脉石矿物主要为石英，还有少量的石榴子石，其主要矿物的嵌布粒度特征如图 6-6~图 6-9 所示。

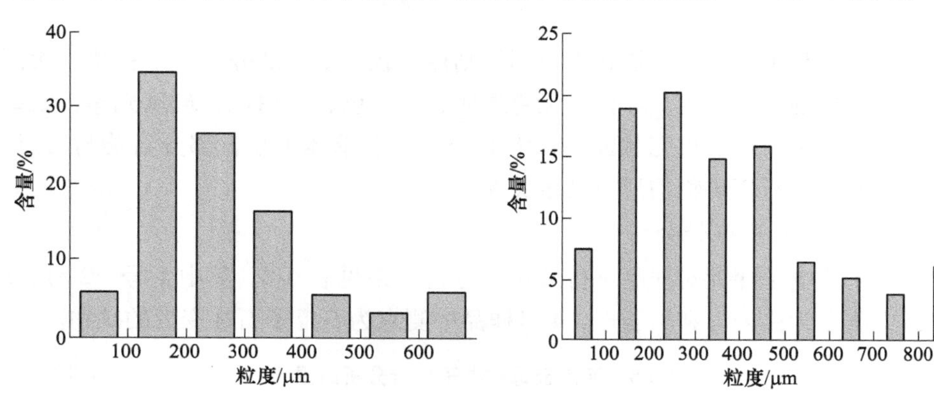

图 6-6 白云母嵌布粒度直方图

图 6-7 黑云母嵌布粒度直方图

从图 6-6~图 6-9 可知，矿石中白云母的嵌布粒度主要集中在 0.1~0.4 mm，其中 35%的矿物嵌布粒度在 0.1~0.2 mm，26%的矿物嵌布粒度在 0.2~0.3 mm；黑云母的嵌布粒度主要集中在 0.1~0.5 mm，大约占了 70%；绢云母颗粒细小，嵌布粒度主要集中在 0.005~0.01 mm，约占 82%。石英的嵌布粒度主要集中在 0.1~0.4 mm，其中 0.1~0.3 mm 级别的颗粒占了 67%。石榴子石含量较少，粒度为 1~2 mm。

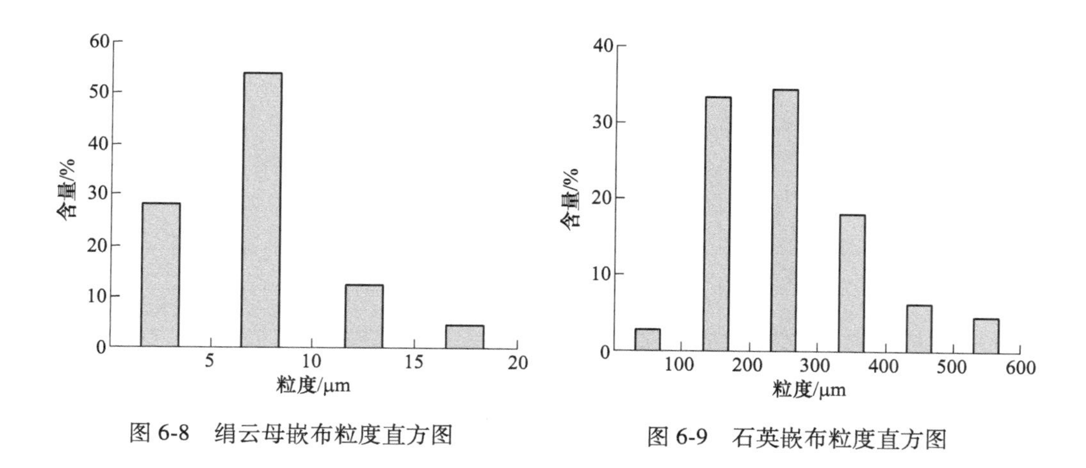

图 6-8 绢云母嵌布粒度直方图　　图 6-9 石英嵌布粒度直方图

6.2 酸性浮选试验

6.2.1 酸性浮选探索试验

结合原矿性质，酸性浮选条件的探索试验主要针对脱泥与否及磨矿与否进行了对比试验。

6.2.1.1 脱泥与否探索试验

由于原矿中含有一定矿泥，故试验先对脱泥和不脱泥浮选进行了对比试验。脱泥浮选流程如图 6-10 所示，该流程先将原料脱泥后再进行粗选。不脱泥浮选流程如图 6-11 所示，该流程的原料不经脱泥直接进行浮选。脱泥和不脱泥浮选流程的药剂制度相同，两种流程均采用硅酸钠为石英等脉石抑制剂，以硫酸为 pH 值调整剂，试验以十二胺为捕收剂，试验结果见表 6-9。

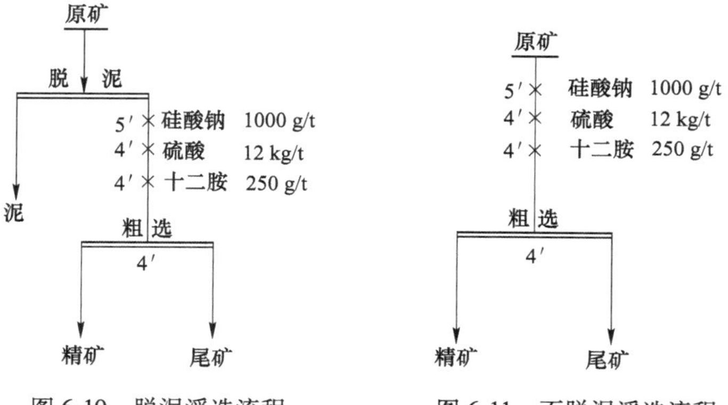

图 6-10 脱泥浮选流程　　图 6-11 不脱泥浮选流程

表 6-9　脱泥与否浮选对比试验结果

条件	产品名称	质量/g	产率/%	品位/%	回收率/%
不脱泥	精矿	384.0	76.8	7.25	83.48
	尾矿	107.8	21.56	5.11	16.52
	合计	500.00	100.00	6.76	100.00
脱泥	泥	33.5	6.70	7.20	7.15
	精矿	366.6	73.32	7.83	85.57
	尾矿	99.9	19.98	2.63	7.28
	合计	500.0	100.00	6.75	100.00

从表 6-9 可知，脱泥后云母精矿的回收率增加了 2.09%，云母精矿品位增加了 0.58%，且尾矿品位为 2.63%，说明不脱泥条件下，细泥会对浮选效果有较严重的影响，故选用脱泥浮选流程。

6.2.1.2　磨矿探索试验

由磨矿曲线可知，随着磨矿时间的延长，原矿的细度逐渐增加，但是矿泥含量也随之增加。由于矿泥对浮选过程有恶化作用，研究对不同磨矿细度进行了对比试验。试验条件为：硅酸钠用量为 1000 g/t，硫酸用量为 12 kg/t，十二胺用量为 250 g/t，磨矿细度为变量。试验流程如图 6-12 所示，试验结果见表 6-10。

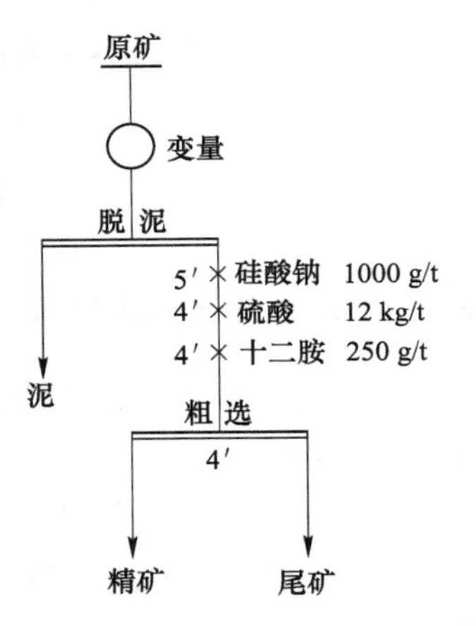

图 6-12　磨矿浮选试验流程

表 6-10　磨矿细度试验结果

磨矿细度-0.15 mm 含量/%	产品名称	质量/g	产率/%	品位/%	回收率/%
55.4	矿泥	73.5	14.7	7.21	15.89
	精矿	333	66.6	7.98	79.68
	尾矿	93.5	18.7	1.58	4.43
	合计	500.0	100.00	6.67	100.00
59.92	矿泥	103.5	20.7	7.20	22.41
	精矿	296.6	59.32	8.16	72.78
	尾矿	99.9	19.98	1.60	4.81
	合计	500.0	100.00	6.65	100.00

从表 6-10 可知，随着磨矿细度增加，含泥量也增加了 6%，而云母精矿的产

率有所下降，减少了7.28%，同时云母精矿的品位几乎没有变化，回收率则减少了7%左右，这可能是由于含泥量的增大恶化了浮选过程，导致指标下降。综合考虑生产成本和流程改造的可能性，粗选细度暂定为-0.15 mm 22.75%（即不磨矿）。

6.2.1.3 硅酸钠用量探索试验

试验条件为：硫酸用量为12 kg/t，十二胺用量为120 g/t，硅酸钠用量为变量，试验流程如图6-13所示，试验结果详见表6-11。

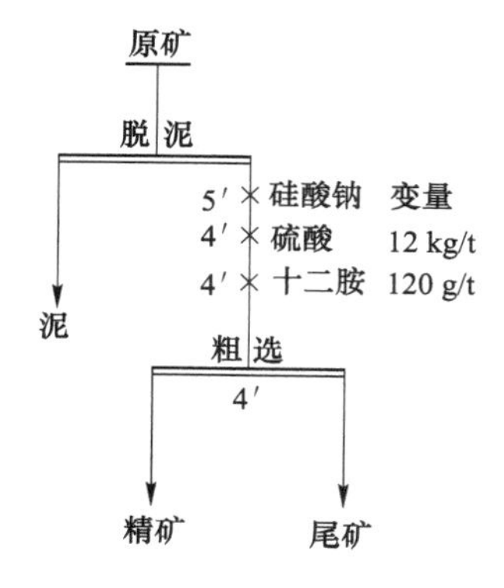

图6-13 浮选试验流程

表6-11 硅酸钠用量试验结果

硅酸钠用量/(g·t^{-1})	产品名称	质量/g	产率/%	品位/%	回收率/%
0	矿泥	97.5	19.50	7.69	21.81
	精矿	319.8	63.96	8.00	74.43
	尾矿	82.7	16.54	1.56	3.76
	合计	500.0	100.00	6.87	100.00
500	矿泥	72.9	14.58	7.71	16.70
	精矿	333.8	66.76	7.96	78.96
	尾矿	93.3	18.66	1.57	4.34
	合计	500.0	100.00	6.73	100.00
1000	矿泥	73.5	14.70	7.70	17.07
	精矿	333.0	66.60	7.98	78.47
	尾矿	93.5	18.70	1.58	4.56
	合计	500.0	100.00	6.63	100.00
1500	矿泥	71.1	14.22	7.72	16.51
	精矿	333.0	66.60	7.98	78.91
	尾矿	95.9	19.18	1.59	4.58
	合计	500.0	100.00	6.65	100.00
2000	矿泥	82.7	16.54	7.72	19.15
	精矿	325.7	65.14	7.99	78.01
	尾矿	91.6	18.32	1.03	2.84
	合计	500.0	100.00	6.67	100.00

从试验结果来看，硅酸钠用量不是显著影响因素，当其用量在0~2000 g/t时。云母精矿的产率和品位变化不大，因此粗选作业不使用硅酸钠，而在精选作

业使用硅酸钠。

由上述探索试验的结果可知，原矿不磨矿情况下可以获得较好的指标，而且可以减少矿泥的产生，有益于浮选回收率的提高；在同样条件下进行浮选，脱泥过多会导致精矿回收率的降低，故脱泥量以原矿的6%左右为宜；粗选段可以不加硅酸钠。

6.2.2 酸性浮选条件试验

6.2.2.1 硫酸用量试验

试验条件为：十二胺用量为100 g/t，硫酸用量为变量，试验流程如图6-13所示，试验结果详见表6-12。

表6-12 硫酸用量试验结果

硫酸用量/(g·t^{-1})	产品名称	质量/g	产率/%	品位/%	回收率/%
6000，pH=5	矿泥	29.3	5.86	7.69	6.70
	精矿	259.9	51.98	8.67	66.99
	尾矿	210.8	42.16	4.20	26.31
	合计	500.0	100.00	6.73	100.00
7000，pH=4.5	矿泥	32.8	6.56	7.70	7.05
	精矿	299.7	59.94	8.66	77.45
	尾矿	167.5	33.5	3.10	15.50
	合计	500.0	100.00	6.70	100.00
8000，pH=3.5~4	矿泥	33.2	6.64	7.70	7.62
	精矿	315.6	63.12	8.36	78.63
	尾矿	151.2	30.24	3.05	13.75
	合计	500.0	100.00	6.71	100.00
9000，pH=2.5~3	矿泥	29.9	5.98	7.71	6.90
	精矿	325.6	65.12	8.28	80.68
	尾矿	144.5	28.9	2.87	12.42
	合计	500.0	100.00	6.68	100.00
10000，pH=2	矿泥	34.8	6.96	7.7	8.04
	精矿	339.3	67.86	8.05	81.95
	尾矿	125.9	25.18	2.65	10.01
	合计	500	100	6.67	100.00

从表6-12可知，当其用量在6~12 kg/t变化时，云母精矿的回收率随着硫酸用量的增加而增加，考虑到设备的腐蚀问题，将硫酸用量定为8000 g/t。

6.2.2.2 十二胺和十六胺配比试验

试验条件为：硫酸用量为 8 kg/t，捕收剂用量为 100 g/t，十二胺和十六胺配比用量为变量，试验流程如图 6-13 所示，试验结果详见表 6-13。

表 6-13 十二胺和十六胺配比试验结果

十二胺：十六胺	产品名称	质量/g	产率/%	品位/%	回收率/%
5：0	矿泥	33.2	6.64	7.71	7.70
	精矿	315.6	63.12	7.69	72.99
	尾矿	151.2	30.24	4.25	19.31
	合计	500.0	100.00	6.65	100.00
4：1	矿泥	36.3	7.26	7.70	8.42
	精矿	270.1	54.02	8.35	67.93
	尾矿	193.6	38.72	4.06	23.65
	合计	500.0	100.00	6.64	100.00
3：2	矿泥	37.3	7.46	7.70	8.64
	精矿	264.4	52.88	8.50	67.59
	尾矿	198.3	39.66	3.99	23.77
	合计	500.0	100.00	6.65	100.00
1：4	矿泥	37.1	7.42	7.70	8.62
	精矿	135.5	27.1	9.98	40.79
	尾矿	327.4	65.48	5.12	50.59
	合计	500.0	100.00	6.63	100.00
0：5	矿泥	36.5	7.3	7.70	8.44
	精矿	40.0	8.0	10.86	13.05
	尾矿	423.5	84.7	6.17	78.51
	合计	500.0	100.00	6.66	100.00

从表 6-13 可知，云母精矿的回收率随着十六胺的用量增加而减少，当十六胺用量为 100 g/t 时，云母精矿的回收率仅为 13.05%，因此捕收剂定为十二胺。

6.2.2.3 十二胺用量试验

试验条件为：硫酸用量为 8 kg/t(pH = 3.5~4)，十二胺用量为变量，试验流程如图 6-13 所示，试验结果详见表 6-14。

表 6-14　十二胺用量试验结果

十二胺用量/(g · t^{-1})	产品名称	质量/g	产率/%	品位/%	回收率/%
40	矿泥	50. 4	10. 08	7. 73	11. 75
	精矿	205. 7	41. 14	8. 98	55. 16
	尾矿	243. 9	48. 78	4. 50	34. 09
	合计	500. 0	100. 00	6. 63	100. 00
60	矿泥	36. 1	7. 22	7. 71	8. 37
	精矿	230. 3	46. 06	8. 95	61. 99
	尾矿	233. 6	46. 72	4. 22	29. 64
	合计	500. 0	100. 00	6. 65	100. 00
80	矿泥	30. 5	6. 1	7. 70	7. 07
	精矿	301. 2	60. 24	8. 53	77. 39
	尾矿	168. 3	33. 66	3. 07	15. 64
	合计	500. 0	100. 00	6. 64	100. 00
100	矿泥	33. 2	6. 64	7. 72	8. 00
	精矿	315. 6	63. 12	8. 27	78. 73
	尾矿	151. 2	30. 24	2. 91	13. 27
	合计	500. 0	100. 00	6. 63	100. 00
120	矿泥	33. 9	6. 78	7. 72	7. 87
	精矿	322. 3	64. 46	8. 22	79. 63
	尾矿	143. 8	28. 76	2. 89	12. 50
	合计	500. 0	100. 00	6. 65	100. 00

由表 6-14 可知，云母精矿的回收率随着十二胺的用量增加而增加，当十二胺用量为 80 g/t 时，云母精矿的回收率达到 77. 39%，精矿品位为 8. 53%。随着

十二胺用量的进一步增加，云母精矿的回收率变化不大，精矿品位则有所下降，因此十二胺用量定为 80 g/t。

6.2.3 酸性浮选开路试验

研究在对云母矿进行大量条件试验的基础上，进行了酸性浮选的开路试验。通过开路试验，可以验证产品的质量。试验流程如图 6-14 所示，试验结果见表 6-15。

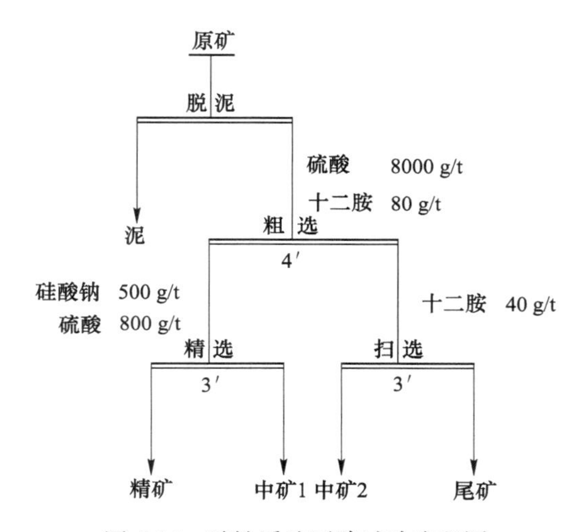

图 6-14 酸性浮选开路试验流程图

表 6-15 酸性浮选开路流程试验结果

产品名称	质量/g	产率/%	品位/%	云母回收率/%
矿泥	39.7	7.92	7.70	9.12
精矿	196.6	39.32	9.88	57.98
中矿 1	80.0	16.00	6.90	16.48
中矿 2	77.9	15.58	4.73	11.01
尾矿	105.9	21.18	1.71	5.41
合计	500.0	100.00	6.70	100.00

由表 6-15 可知，云母精矿的品位为 9.88%，图 6-15 和图 6-16 分别为开路浮选精矿和尾矿的 SEM 及 EDS 图。从图 6-15 可以看出，开路浮选云母精矿主要为鳞片状形貌，其主要原子为 Al、K、O、Si 等，基本没有发现 C 和 Fe 元素的存在，因此其纯度较高，开路浮选云母精矿能达到国家相应质量要求。

图 6-16 为酸性浮选所得尾矿的 SEM 和 EDS 结果，从图 6-16 可以看出，酸性浮选所得尾矿基本为颗粒形貌，几乎没有片状和鳞片状的云母。其主要元素为 O、Si、K 和 Al 等元素，由此可见，酸性浮选尾矿含少量云母，主要成分为石英。

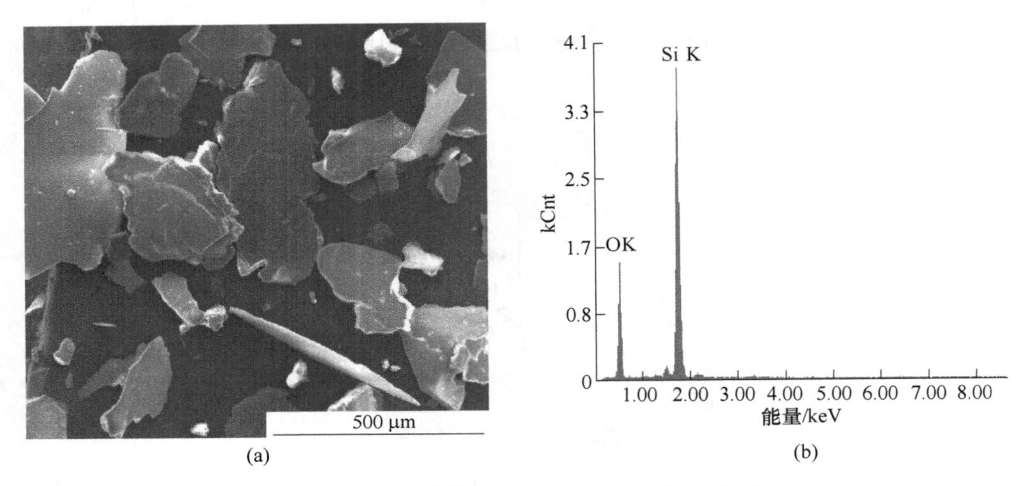

图 6-15　开路浮选精矿的 SEM（a）及 EDS 图（b）

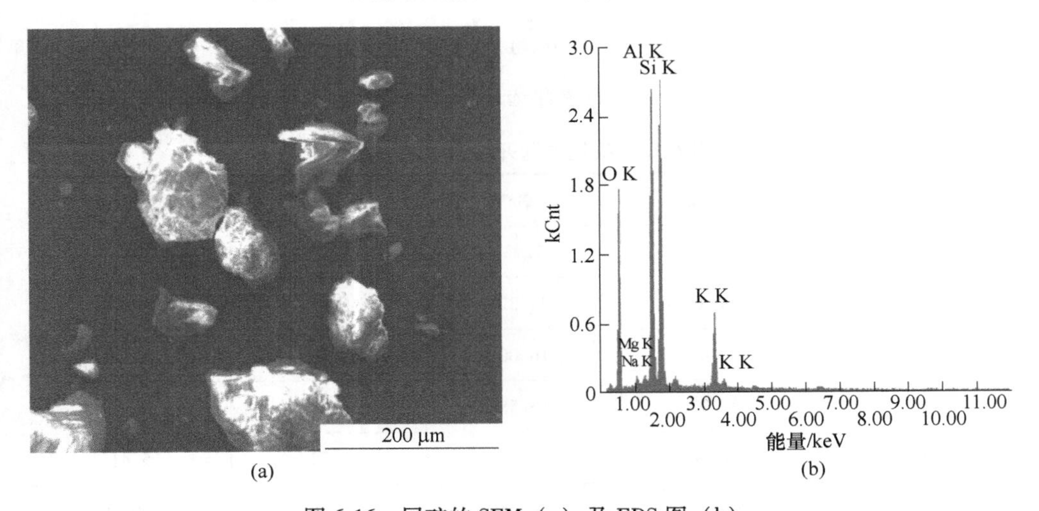

图 6-16　尾矿的 SEM（a）及 EDS 图（b）

6.2.4　酸性浮选闭路试验

闭路流程试验是考察循环中矿对浮选过程的影响程度。闭路流程试验是在试验室不连续的选矿设备上模拟现场连续的生产过程，其目的是找出中矿返回对浮选指标的影响，调整由于中矿循环返回引起药剂用量的变化，考察中矿矿浆中的矿物和有害物质是否通过闭路循环累积对产品质量产生影响，确定该工艺流程及药剂程度可能达到合格产品指标的最佳条件。酸性浮选闭路试验流程如图 6-17 所示，试验数质量流程图如图 6-18 所示，试验结果见表 6-16。

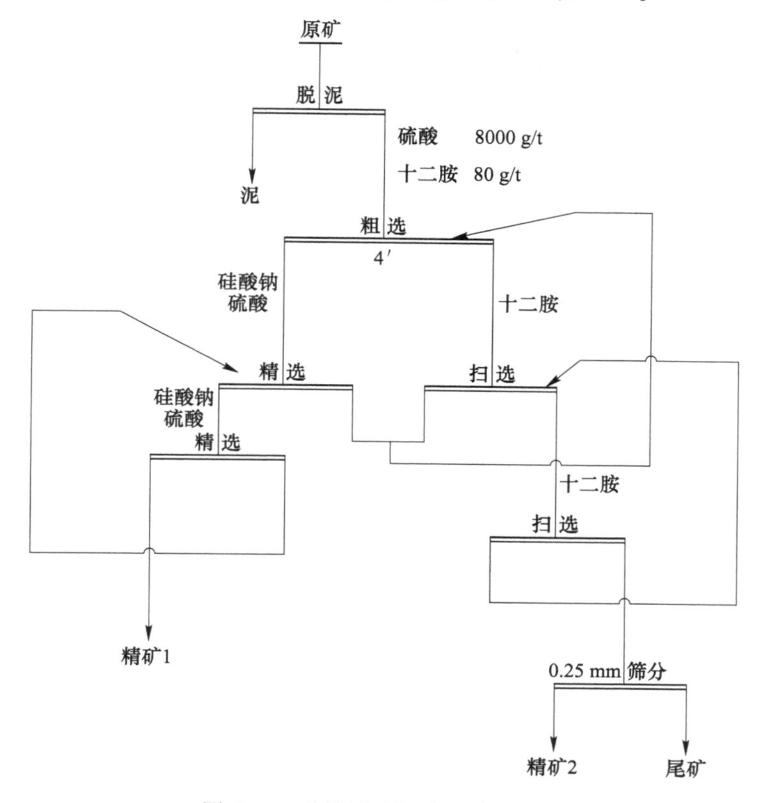

图 6-17　酸性浮选闭路试验流程图

由图 6-17 可知，酸性浮选闭路试验可获得精矿 1 和精矿 2 两种精矿产品，精矿 1 的品位为 9.78%、回收率为 64.94%、产率为 44.16%，精矿 2 的品位为 9.5%、回收率为 15.74%、产率为 11.02%，两者的总回收率为 80.68%。

表 6-16　酸性浮选闭路试验结果

产品名称	质量/g	产率/%	K_2O 品位/%	云母回收率/%
矿泥	29.4	5.88	7.70	6.81
精矿 1	220.8	44.16	9.78	64.94
精矿 2	55.1	11.02	9.50	15.74
尾矿	194.7	38.94	2.14	12.51
合计	500	100	6.65	100.00

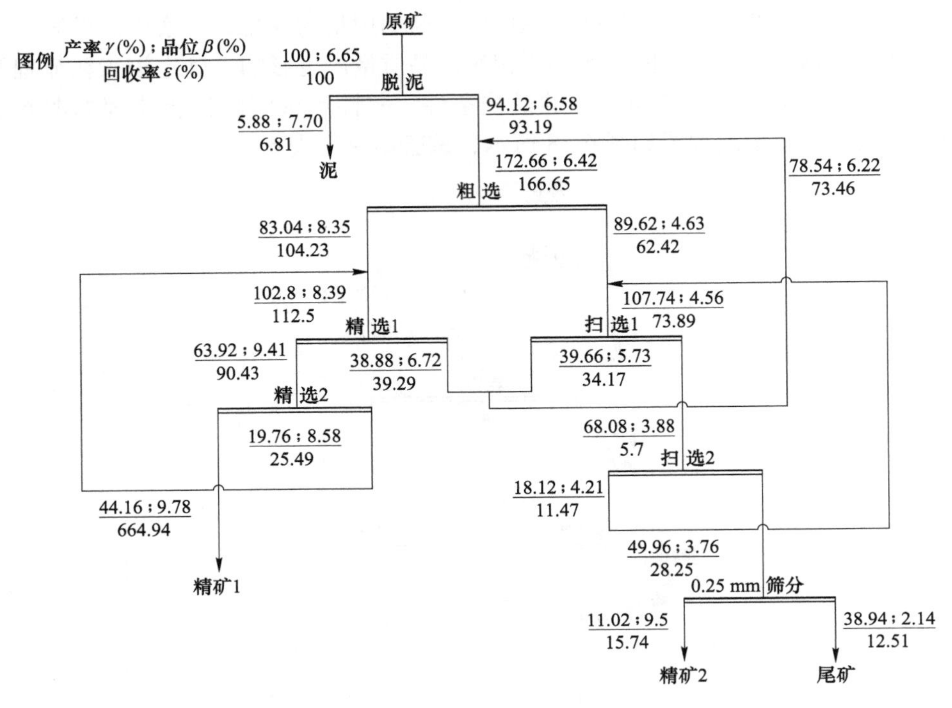

图 6-18　酸性浮选闭路试验数质量流程图

6.3　碱性浮选试验

在酸性浮选条件下虽然可以获得较为理想的选矿指标，但酸性条件下矿浆对浮选设备具有腐蚀作用，在实际生产中会对生产造成影响，故研究对该云母矿在碱性条件下浮选也进行了探讨。

6.3.1　碱性浮选探索试验

6.3.1.1　脱泥后直接浮选试验

由前期试验可知，在酸性条件下可使用十二胺作为捕收剂对云母进行浮选，故在碱性条件下探讨了十二胺作捕收剂时云母的可选性，试验流程如图 6-19 所示。试验中在原矿脱泥并加入十二胺后，观察到泡沫极少，无法进行浮选。

6.3.1.2　油酸钠浮选云母试验

油酸钠属于阴离子捕收剂，可吸附在云母矿物的侧面，对云母有一定的捕收作用，起泡剂选择 2 号油，试验流程如图 6-20 所示。原矿脱泥后经粗选后，得到的精矿为少量黑色物质，经检测分析为碳，大部分云母还留在浮选槽中，再加入十二胺后，浮选现象发生变化，起泡明显，可进行浮选作业。

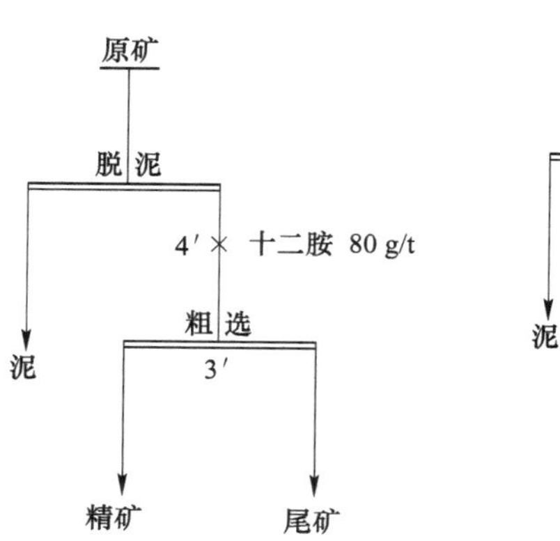

图 6-19　脱泥直接浮选流程

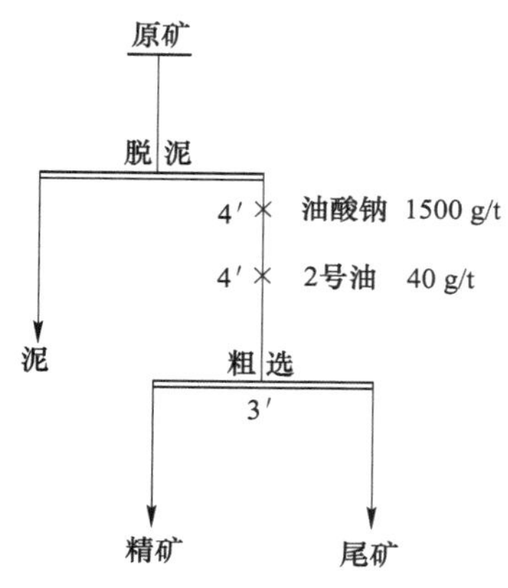

图 6-20　油酸钠浮选试验流程

根据以上探索试验的结果可知，碱性条件下在云母中赋存的碳对浮选有较为严重的影响，能导致药剂无法正常作用于云母表面，从而失去捕收作用，故在碱性条件下，应先使用起泡剂将可浮性较好的碳除去，再进行后续的选别。

6.3.2　碱性浮选条件试验

浮选流程如图 6-21 所示。该流程先脱泥，然后进行除碳，最后对云母矿进行浮选，浮选过程中以硅酸钠和六偏磷酸钠为 pH 值调整剂和脉石抑制剂，以油酸钠和十二胺为捕收剂，2 号油为起泡剂。

6.3.2.1　硅酸钠+六偏磷酸钠配比试验

试验时油酸钠用量为 100 g/t，十二胺用量为 60 g/t，2 号油用量为 20 g/t，硅酸钠+六偏磷酸钠用量为 840 g/t，配比为变量。试验流程如图 6-21 所示，试验结果见表 6-17。

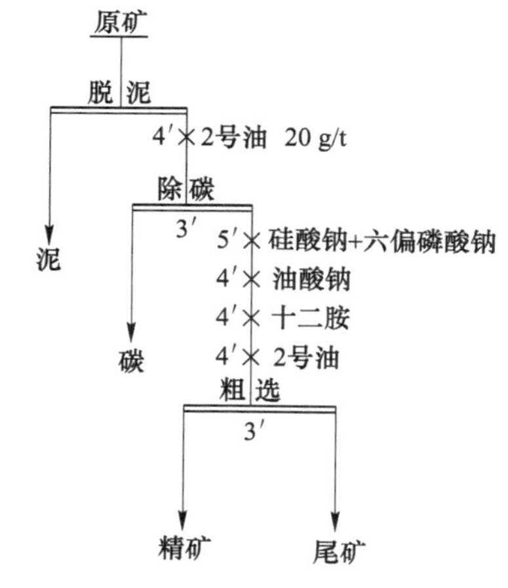

图 6-21　碱性浮选条件试验流程

表 6-17　硅酸钠+六偏磷酸钠配比试验结果

硅酸钠：六偏磷酸钠	产品名称	质量/g	产率/%	品位/%	回收率/%
5：1	矿泥	36.8	7.36	7.70	8.36
	碳	8.7	1.74	9.10	2.34
	精矿	236.1	47.22	9.33	64.95
	尾矿	218.4	43.68	3.78	24.35
	合计	500.0	100.00	6.78	100.00

续表 6-17

硅酸钠：六偏磷酸钠	产品名称	质量/ g	产率/%	品位/%	回收率/%
4：1	矿泥	43.6	8.72	7.70	9.87
	碳	8.7	1.74	9.10	2.33
	精矿	246.4	49.28	9.13	66.19
	尾矿	201.3	40.26	3.65	21.61
	合计	500.0	100.00	6.80	100.00
3：2	矿泥	50.1	10.02	7.70	11.36
	碳	8.7	1.74	9.10	2.33
	精矿	244.6	48.92	8.96	63.54
	尾矿	196.6	39.32	3.76	21.77
	合计	500.0	100.00	6.79	100.00
1：1	矿泥	51.2	10.24	7.70	11.58
	碳	8.7	1.74	9.10	2.33
	精矿	233.6	46.72	9.49	65.11
	尾矿	206.5	41.3	3.46	20.98
	合计	500.0	100.00	6.81	100.00

由表 6-17 可知，云母精矿的回收率随着硅酸钠+六偏磷酸钠配比的增加变化不大，品位随着其配比的增加先减小后增大，但其变化范围也不大。综合考虑生产成本因素，硅酸钠+六偏磷酸钠配比定为 5：1。

6.3.2.2 硅酸钠+六偏磷酸钠用量试验

试验条件为：油酸钠用量为 100 g/t，十二胺用量为 60 g/t，2 号油用量为 20 g/t，硅酸钠：六偏磷酸钠=5：1，硅酸钠+六偏磷酸钠的用量为变量，试验流程如图 6-21 所示，试验结果见表 6-18。

表 6-18 硅酸钠+六偏磷酸钠用量试验结果

硅酸钠+六偏磷酸钠用量/(g · t^{-1})	产品名称	质量/g	产率/%	品位/%	回收率/%
400+80	矿泥	30.6	6.12	7.70	7.03
	碳	8.7	1.74	9.10	2.36
	精矿	191.5	38.3	9.38	53.65
	尾矿	269.2	53.84	4.60	36.96
	合计	500.0	100.00	6.70	100.00
500+100	矿泥	36.0	7.2	7.70	7.01
	碳	8.7	1.74	9.10	2.36
	精矿	203.1	40.62	9.52	57.53

续表 6-18

硅酸钠+六偏磷酸钠用量/(g·t^{-1})	产品名称	质量/g	产率/%	品位/%	回收率/%
500+100	尾矿	252.2	50.44	4.41	33.10
	合计	500.0	100.00	6.72	100.00
600+120	矿泥	43.3	8.66	7.70	7.02
	碳	8.7	1.74	9.10	2.36
	精矿	220	44.00	9.85	64.59
	尾矿	228	45.60	3.83	26.03
	合计	500.0	100.00	6.71	100.00
700+140	矿泥	36.8	7.36	7.70	7.01
	碳	8.7	1.74	9.10	2.36
	精矿	236.1	47.22	9.40	66.06
	尾矿	218.4	43.68	3.78	24.57
	合计	500.0	100.00	6.72	100.00
1000+200	矿泥	51.7	10.34	7.70	6.93
	碳	8.7	1.74	9.10	2.33
	精矿	229.1	45.82	9.76	65.79
	尾矿	210.5	42.1	4.03	24.95
	合计	500.0	100.00	6.80	100.00

由表 6-18 可知，云母精矿的回收率随着硅酸钠+六偏磷酸钠用量的增加而先增加后下降，当硅酸钠+六偏磷酸钠用量为 700 g/t+140 g/t 时，云母精矿的回收率达到 66.06%，精矿品位为 9.40%，可见当硅酸钠+六偏磷酸钠用量小于 700 g/t+140 g/t 时，脉石被抑制。随着硅酸钠+六偏磷酸钠用量的进一步增加，云母精矿的精矿品位变化不大，回收率则有所下降，可能是在此用量下硅酸钠及六偏磷酸钠对云母也起到了抑制作用。综合考虑精矿品位及回收率，确定硅酸钠+六偏磷酸钠用量为 700 g/t+140 g/t。

6.3.2.3 油酸钠用量试验

由于十二胺成本较高，同时阴离子捕收剂油酸钠在碱性条件下对云母也有一定捕收作用，研究采用十二胺+油酸钠作捕收剂。试验条件为：硅酸钠+六偏磷酸用量 700 g/t+140 g/t，十二胺用量为 60 g/t，2 号油用量为 20 g/t，硅酸钠∶六偏磷酸钠=5∶1，油酸钠用量为变量。试验流程如图 6-21 所示，试验结果见表 6-19。

表 6-19　油酸钠用量试验结果

油酸钠用量/(g · t^{-1})	产品名称	质量/g	产率/%	品位/%	回收率/%
500	矿泥	48.4	9.68	7.70	10.83
	碳	8.7	1.74	9.10	2.30
	精矿	233.7	46.74	8.62	58.59
	尾矿	209.2	41.84	4.65	28.28
	合计	500.0	100.00	6.88	100.00
700	矿泥	48.0	9.60	7.70	10.89
	碳	8.7	1.74	9.10	2.33
	精矿	234.4	46.88	8.43	58.23
	尾矿	208.9	41.78	4.64	28.55
	合计	500.0	100.00	6.79	100.00
1000	矿泥	36.8	7.36	7.70	8.34
	碳	8.7	1.74	9.10	2.30
	精矿	236.1	47.22	8.69	59.75
	尾矿	218.4	43.68	4.67	29.61
	合计	500.0	100.00	6.87	100.00
1500	矿泥	48.5	9.70	7.70	10.88
	碳	8.7	1.74	9.10	2.31
	精矿	246.2	49.24	8.13	58.38
	尾矿	196.6	39.32	4.96	28.43
	合计	500.0	100.00	6.86	100.00

由表 6-19 可知，云母精矿的回收率和品位随着油酸钠用量的增加变化不大，综合考虑生产成本因素，油酸钠用量定为 500 g/t。

6.3.2.4　十二胺用量试验

试验时硅酸钠+六偏磷酸钠：700 g/t+140 g/t，油酸钠用量为 500 g/t，2 号油用量为 20 g/t，硅酸钠：六偏磷酸钠=5：1，十二胺用量为变量。试验流程如图 6-21 所示，试验结果见表 6-20。

表 6-20 十二胺用量试验结果

十二胺用量/(g · t^{-1})	产品名称	质量/g	产率/%	品位/%	回收率/%
20	矿泥	52.0	10.4	7.70	11.95
	碳	8.7	1.74	9.10	2.36
	精矿	110.3	22.06	9.17	30.20
	尾矿	329.0	65.8	5.65	55.49
	合计	500.0	100.00	6.70	100.00
40	矿泥	52.2	10.44	7.70	11.98
	碳	8.7	1.74	9.10	2.36
	精矿	182.2	36.44	8.91	48.37
	尾矿	256.9	51.38	4.87	37.29
	合计	500.0	100.00	6.71	100.00
60	矿泥	48.4	9.68	7.70	11.12
	碳	8.7	1.74	9.10	2.36
	精矿	233.7	46.74	9.10	59.53
	尾矿	209.2	41.84	4.32	26.99
	合计	500.0	100.00	6.70	100.00
80	矿泥	54.2	10.84	7.70	12.44
	碳	8.7	1.74	9.10	2.36
	精矿	271.1	54.22	7.90	63.83
	尾矿	166	33.2	3.78	21.37
	合计	500.0	100.00	6.71	100.00

由表 6-20 可知，云母精矿的回收率随着十二胺用量的增加而增加，当十二胺用量为 60 g/t 时，云母精矿的回收率达到 59.53%，精矿品位为 9.10%。当十二胺用量为 80 g/t 时，云母精矿的回收率达到 63.83%，精矿品位为 7.90%。综合考虑精矿品位和回收率，将十二胺用量定为 60 g/t。

6.3.3 碱性浮选开路试验

开路试验工艺流程及试验条件是前面各条件的最佳点。通过开路试验，可以验证浮选产品的质量。在对云母矿碱性浮选进行大量条件试验的基础上，研究进行了碱性浮选的开路试验。试验流程如图 6-22 所示，试验结果见表 6-21。

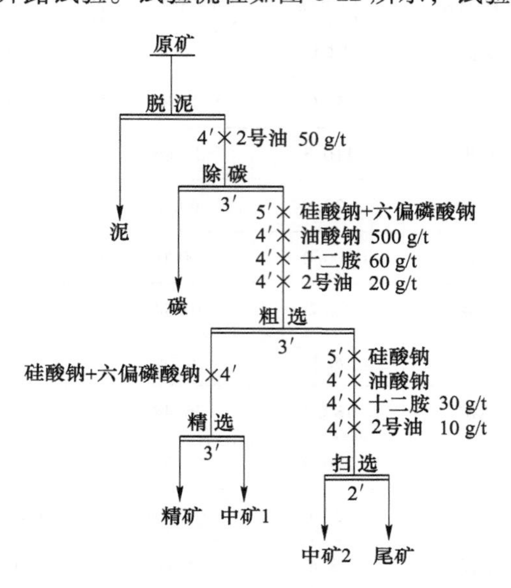

图 6-22　碱性浮选开路试验流程

表 6-21　碱性浮选开路试验结果

产品名称	质量/g	产率/%	品位/%	回收率/%
矿泥	37.4	7.48	7.70	8.50
碳	6.7	1.34	9.10	1.80
精矿	127.3	25.46	10.23	38.43
中矿 1	127.4	25.48	7.75	29.14
中矿 2	63.6	12.72	5.67	10.64
尾矿	137.6	27.52	2.83	11.49
合计	500	100	6.78	100.00

从表 6-21 可以看出，云母精矿的品位为 10.23%，其回收率为 38.43%，产率为 25.46%。但是其尾矿的品位和回收率偏高，经肉眼观察，发现尾矿中混有部分大片云母，故可在闭路浮选时对其筛分或摇床重选以进一步降低其品位和回收率。

6.3.4　碱性浮选闭路试验

碱性浮选闭路试验流程如图 6-23 所示，数质量流程图如图 6-24 所示，试验结果见表 6-22。

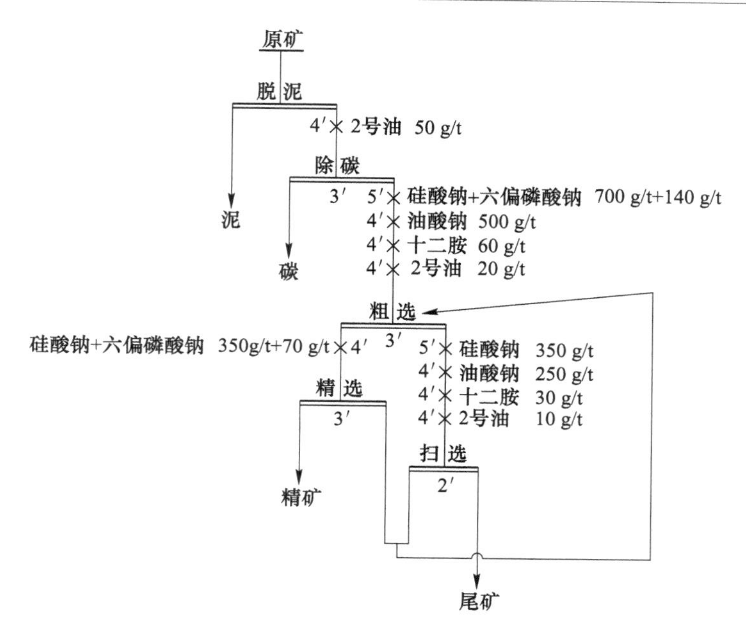

图 6-23 碱性浮选闭路试验流程

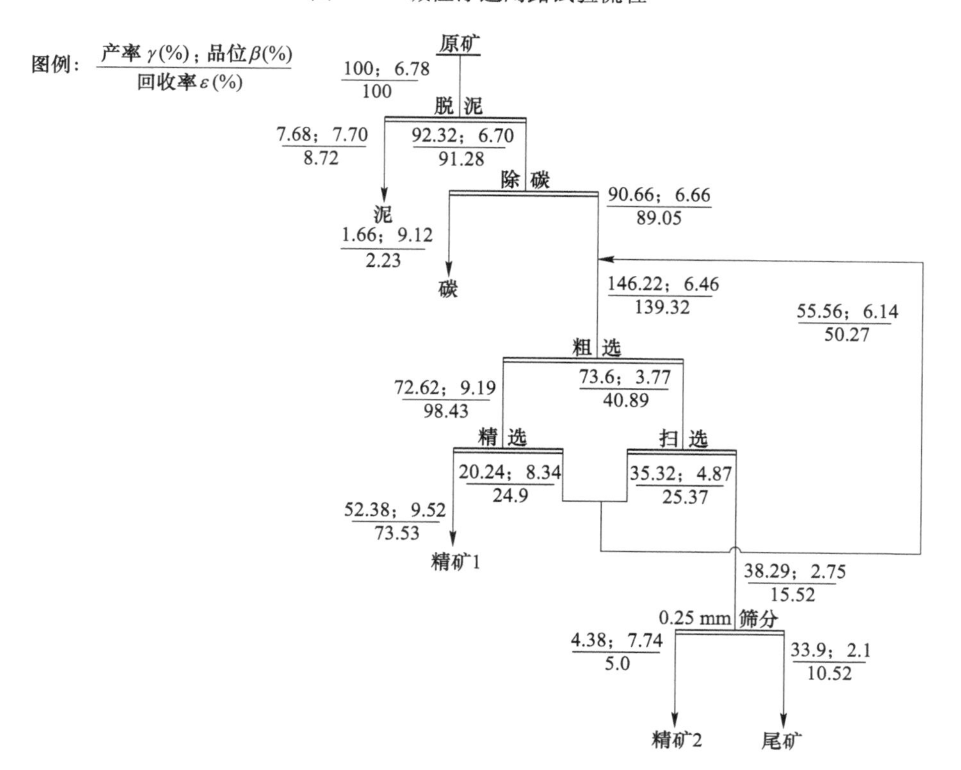

图 6-24 碱性浮选闭路试验数质量流程

表 6-22　碱性浮选闭路试验结果

产品	质量/g	产率/%	品位/%	回收率/%
矿泥	38.4	7.68	7.7	8.72
碳	8.3	1.66	9.12	2.23
精矿 1	261.9	52.38	9.52	73.53
精矿 2	21.9	4.38	7.74	5.00
尾矿	169.5	33.9	2.10	10.52
原矿	500	100.00	6.78	100.00

由表 6-22 可知，碱性浮选闭路试验可获得三种产品，分别为精矿 1、精矿 2 和含碳精矿，其中精矿 1 的品位为 9.52%、产率为 52.38%、回收率为 73.53%，精矿 2 的品位为 7.74%、产率为 4.38%、回收率为 5.00%，含碳精矿的品位为 9.12%、产率为 1.66%、回收率为 2.23%，总计回收率可达到 80.76%。

6.4　浮选产品质量分析

6.4.1　多元素分析

为了更全面了解浮选产品的元素组成，故对矿泥、含碳精矿、碱性浮选精矿、酸性浮选精矿进行多元素分析，结果见表 6-23。

表 6-23　浮选产品多元素分析

产品							
矿泥	组成物	SiO_2	K_2O	Na_2O	Al_2O_3	Fe_2O_3	合计：93.68%
	组成物/%	46.24	7.84	0.398	26.67	8.387	
	组成物	MgO	SO_3	CaO	TiO_2	P_2O_5	
	含量/%	1.24	0.024	1.93	0.909	0.0479	
含碳精矿	组成物	SiO_2	K_2O	Na_2O	Al_2O_3	Fe_2O_3	合计：88.82%
	含量/%	44.06	9.120	0.636	29.36	3.069	
	组成物	MgO	SO_3	CaO	TiO_2	P_2O_5	
	含量/%	0.856	0.038	0.888	0.711	0.0886	
碱性浮选精矿	组成物	SiO_2	K_2O	Na_2O	Al_2O_3	Fe_2O_3	合计：89.65%
	含量/%	43.88	9.496	0.837	30.79	2.661	
	组成物	MgO	SO_3	CaO	TiO_2	P_2O_5	
	含量/%	0.82	0.089	0.341	0.626	0.111	
酸性浮选精矿	组成物	SiO_2	K_2O	Na_2O	Al_2O_3	Fe_2O_3	合计：89.79%
	含量/%	44.01	9.471	0.674	30.54	3.269	
	组成物	MgO	SO_3	CaO	TiO_2	P_2O_5	
	含量/%	0.904	0.0488	0.188	0.663	0.021	

由表 6-23 可知，含碳精矿虽含有部分碳，但是含量极少，且 K_2O+Na_2O 的含量为 9.756%，完全可以作为可用的精矿，故将其与精矿 2 混合，作为一种产品。总体来看，碱性浮选精矿略好于酸性浮选精矿，碱性浮选精矿中 K_2O+Na_2O 的含量为 10.33%，具有相当高的纯度。

6.4.2 显微镜分析

研究通过显微镜对云母精矿和尾矿产品进行了观察，云母精矿和尾矿照片分别如图 6-25 和图 6-26 所示。

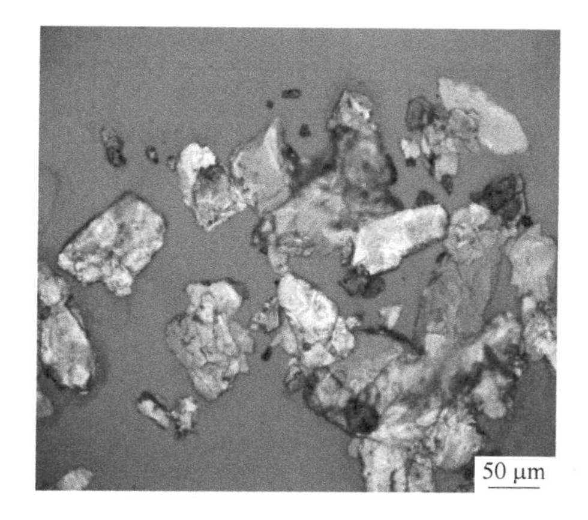

图 6-25 云母精矿产品显微镜下照片

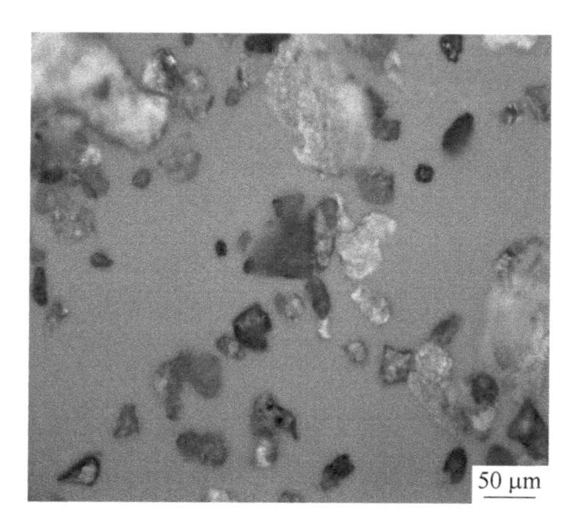

图 6-26 云母尾矿产品显微镜下照片

由图 6-25 可以看出，云母精矿主要片状白云母和部分片状黑云母，偶见少量黄色杂质，可能为混入的矿泥，云母表面有部分黑色杂质，可能会对云母白度造成影响。由图 6-26 可以看出，浮选尾矿主要呈颗粒状，主要为颗粒状白色石英和红褐色的赤铁矿。

6.4.3　碱性浮选产品的 SEM 分析

在闭路试验的基础上，研究还对碱性浮选的精矿和尾矿进行了 SEM 及 EDS 分析。图 6-27 是碱性浮选云母精矿的 SEM 和 EDS 结果图，图 6-28 是碱性浮选尾矿的 SEM 和 EDS 结果。

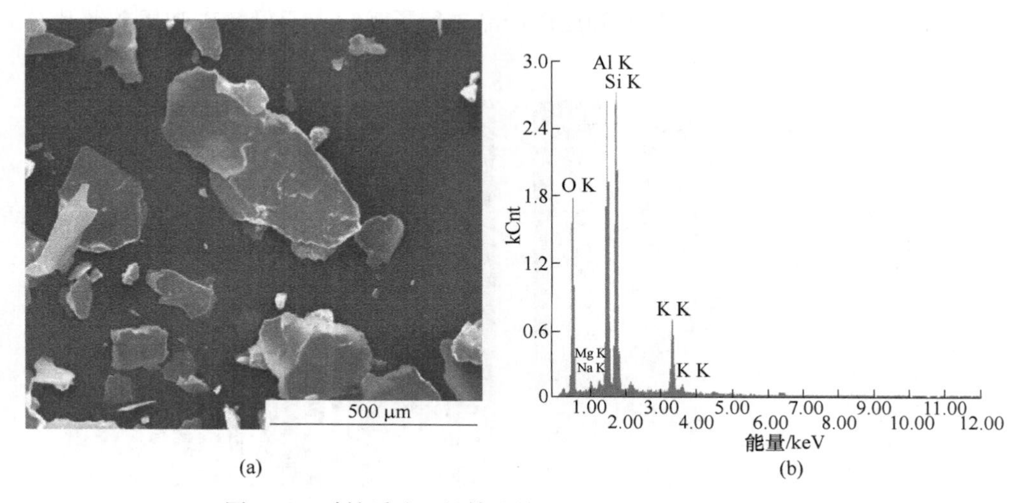

图 6-27　碱性浮选云母精矿的 SEM（a）及 EDS 图（b）

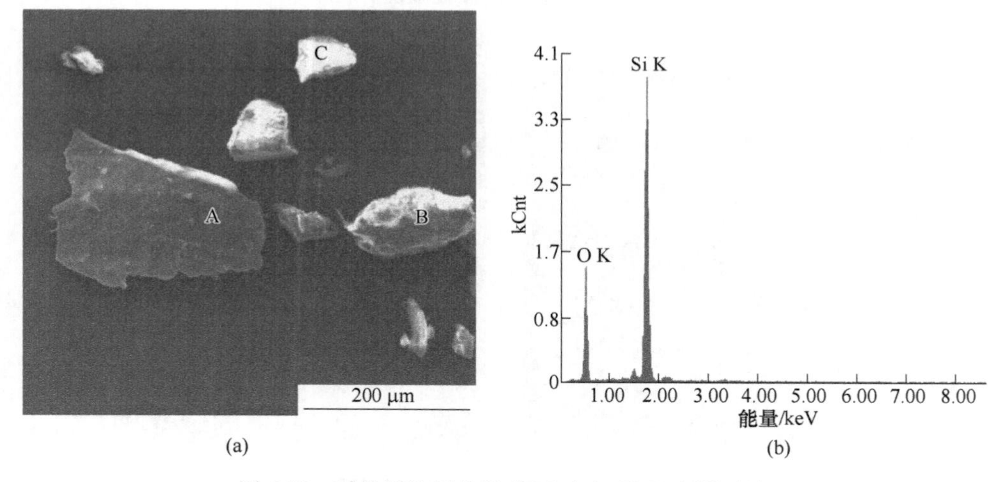

图 6-28　碱性浮选尾矿的 SEM（a）及 EDS 图（b）

从图 6-27 可知，碱性浮选所得云母精矿基本为鳞片状形貌。从图 6-27 还可以看出，碱性浮选精矿的主要元素为 K、Al、O、Si 等元素，且不含 Si 和 Fe 等杂质元素。由此可见，碱性浮选所得云母精矿主要是云母，结合化学分析结果可知，K_2O+Na_2O 含量约 10.23%，因而云母精矿纯度极高。建议将碱性浮选精矿作为高端产品出售。

从图 6-28 可知，碱性浮选所得尾矿形貌基本为颗粒，几乎没有片状和鳞片状的云母。其主要元素为 O 和 Si 等元素。由此可见，碱性浮选尾矿几乎不含云母，主要成分为石英，可考虑用作建筑用砂。

6.4.4 碱性浮选产品的 XRD 分析

研究主要对碱性浮选精矿和尾矿进行了 XRD 检测，结果分别如图 6-29 和图 6-30 所示。

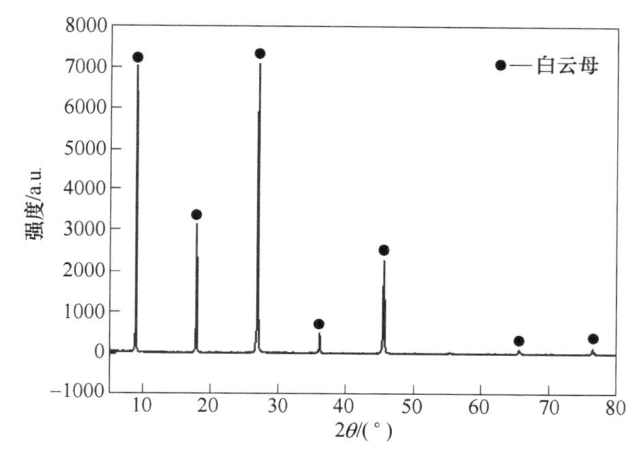

图 6-29 碱性浮选精矿的 XRD 图谱

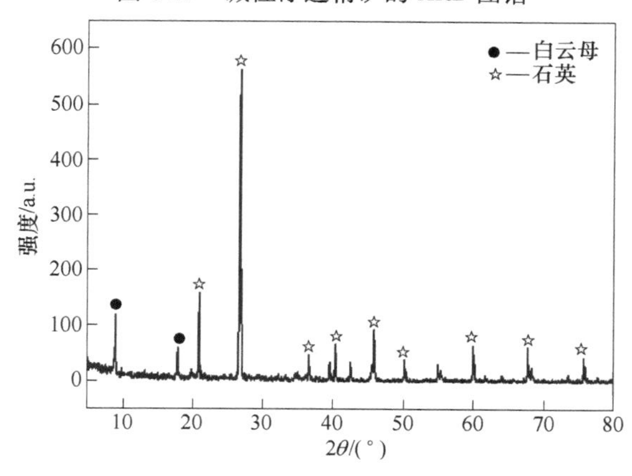

图 6-30 碱性浮选尾矿的 XRD 图谱

由图 6-29 可知，碱性浮选精矿主要为白云母的特征衍射峰，半定量分析结果表明白云母的相对含量为 100%。可见碱性浮选的云母精矿纯度极高，这和精矿的 SEM 及 EDS 分析结果也一致。

由图 6-30 可知，碱性浮选尾矿主要为石英的特征衍射峰，另有小部分白云母的特征衍射峰。结合碱性浮选尾矿的化学分析结果可知，碱性浮选尾矿中白云母含量极少，其氧化钾含量为 2%左右，这和尾矿的 SEM 及 EDS 分析结果也基本一致。

6.4.5 酸碱性浮选精矿白度

酸碱性闭路浮选精矿白度（按绝对白度换算）如表 6-24 所示。

表 6-24 酸碱性浮选闭路精矿白度

产品	白度种类	白度值			平均值
原矿	亨特白度	62.24	62.34	62.33	62.30
	R457（塑料）白度	32.29	32.39	32.37	32.35
	建材白度	26.65	26.48	26.47	26.54
矿泥	亨特白度	61.84	61.85	61.86	61.85
	R457（塑料）白度	28.08	28.31	28.09	28.16
	建材白度	22.08	22.20	22.13	22.14
酸性浮选闭路精矿	亨特白度	64.97	64.95	64.97	64.97
	R457（塑料）白度	38.14	38.15	38.14	38.14
	建材白度	32.03	32.38	32.02	32.14
碱性浮选闭路精矿	亨特白度	66.01	66.03	66.05	66.03
	R457（塑料）白度	39.19	39.23	39.19	39.21
	建材白度	33.09	33.20	33.18	33.16

由表 6-24 可知，原矿经酸性浮选后的亨特白度可提高 2 左右，而碱性浮选后亨特白度可提高 4 左右，由此可见，碱性浮选对原矿的白度提高效果较好。

6.5 本章小结

（1）酸性浮选和碱性浮选均可获得用作涂料和珠光云母的云母精矿，其中碱性开路浮选的精矿品位为 10.23%，闭路浮选的精矿品位为 9.52%，白度可以达到 66 且碱性浮选不会腐蚀设备，药剂无危险性，易于实现生产，因此推荐碱性浮选流程。

（2）经分析可发现，精矿主要为片状白云母和部分黑云母，尾矿主要为颗粒状白色石英和红褐色的赤铁矿，表明浮选分离效果明显，可实现云母和脉石的有效分离。矿泥中含有一定量的 K_2O 且矿泥粒度较细，故部分绢云母可能和矿泥夹杂在一起。在碱性浮选精矿中含有 Mg 元素，故除了大部分白云母外，还有少量的黑云母，同时绢云母嵌布粒度细，也有部分未解理的和白云母一起经药剂作用进入精矿。尾矿中的 K_2O 主要来自黑云母和小部分损失的白云母和绢云母。

附录　岩矿鉴定照片

扫码看彩图

照片 1　岩石中的石榴子石斑晶

照片 2　次级小褶皱

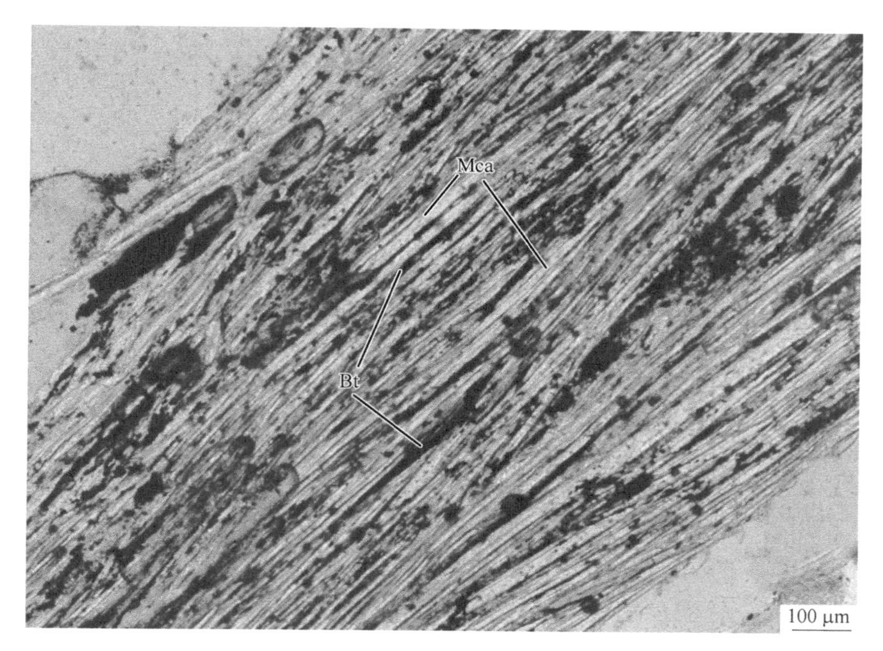

照片3　白云母黑云母互层生长（-）（100×）

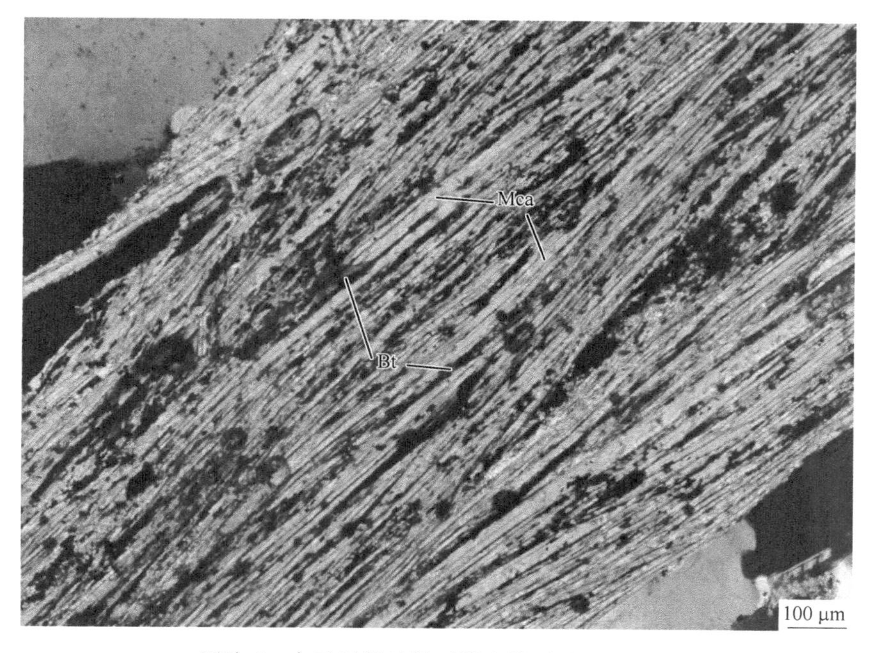

照片4　白云母黑云母互层生长（+）（100×）

照片 5　云母颗粒横截面（+）（50×）

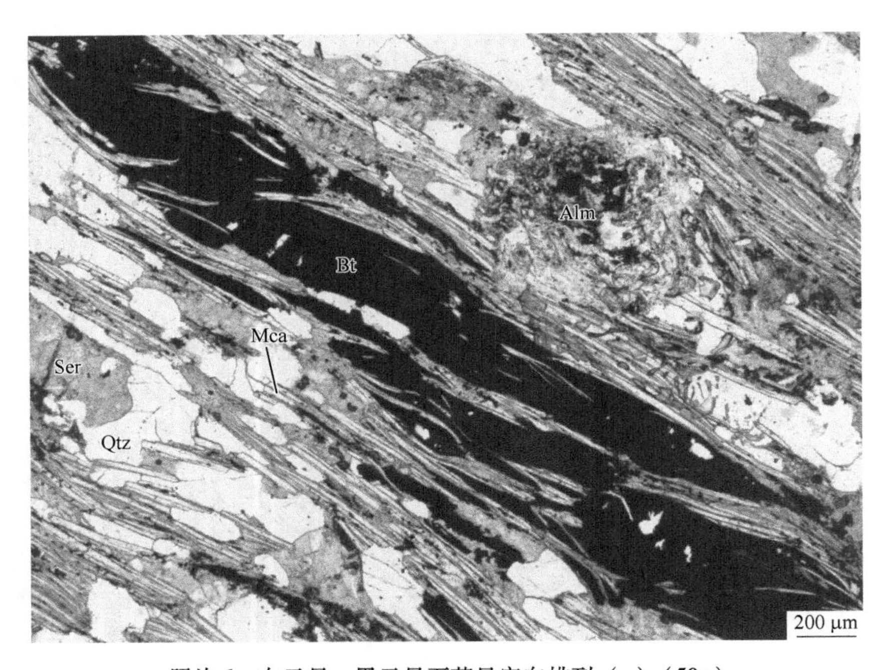

照片 6　白云母、黑云母石英呈定向排列（-）（50×）

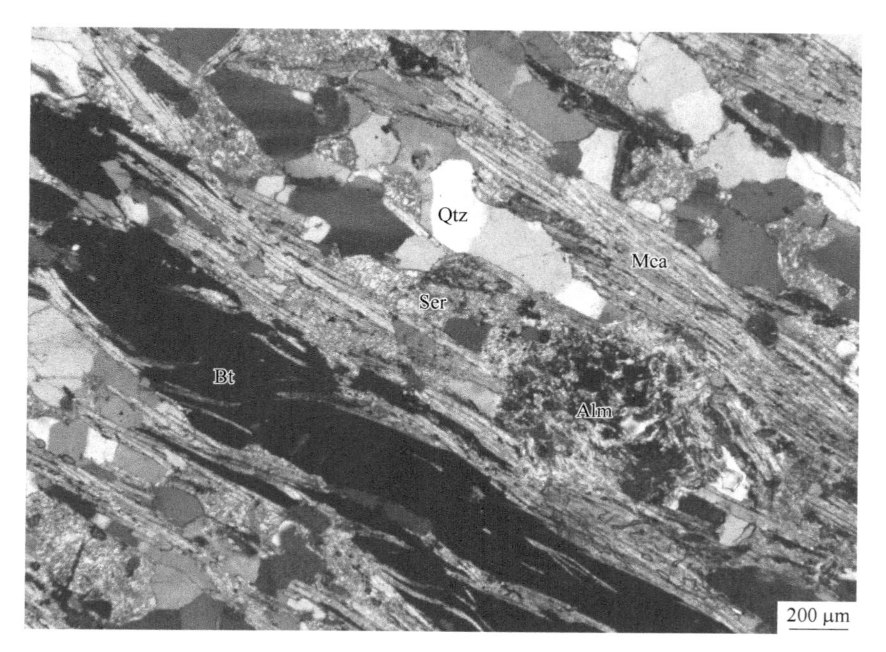

照片 7　白云母、黑云母石英组成的 S-C 面理（+）（50×）

照片 8　白云母定向分布（+）（50×）

照片 9　白云母、黑云母定向排列，石英被拉长（+）（50×）

照片 10　白云母、黑云母定向排列（+）（50×）

照片 11　白云母、黑云母定向排列（+）（50×）

照片 12　白云母、黑云母定向排列（+）（50×）

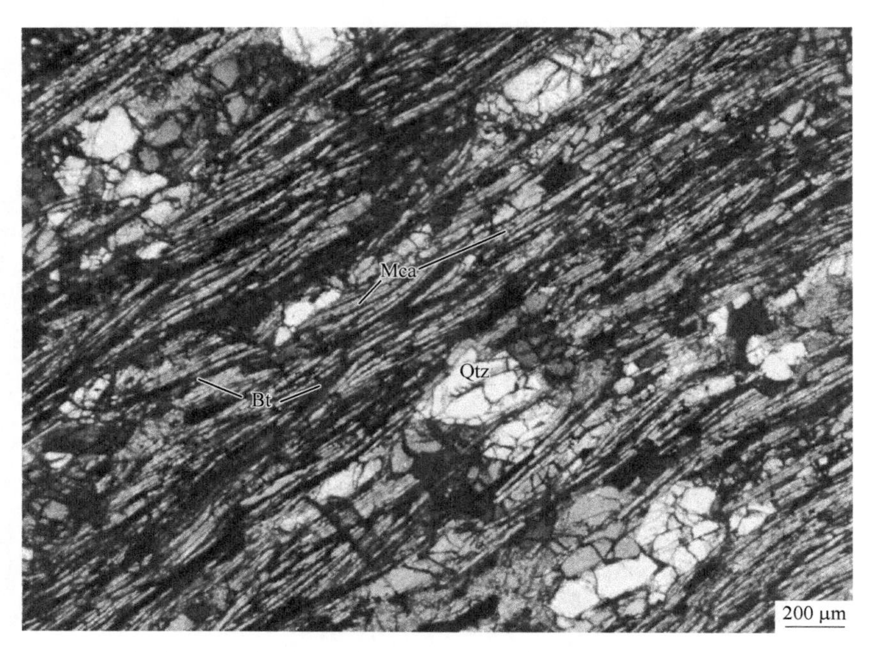

照片 13　云母片岩、白云母、黑云母定向排列（+）（50×）

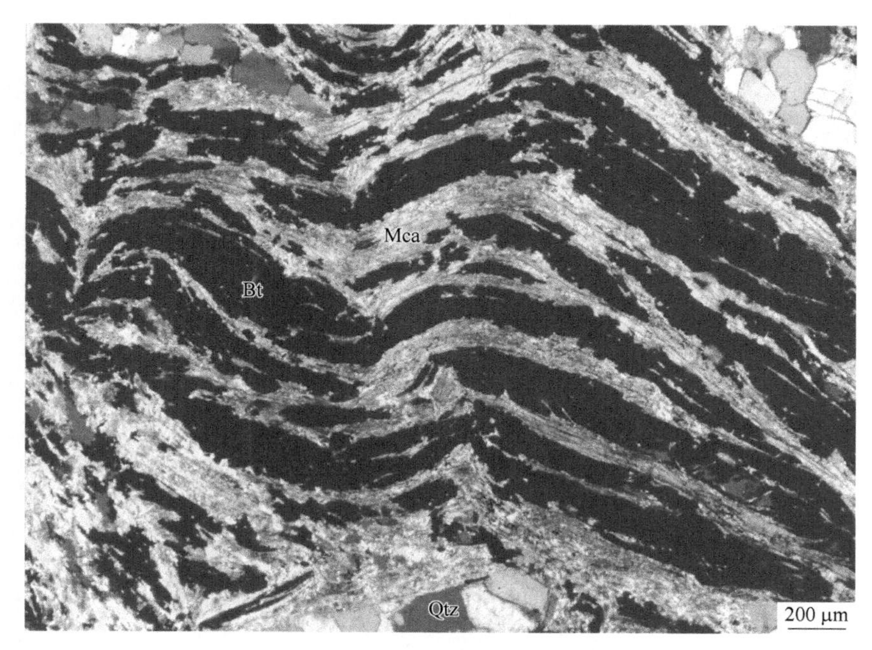

照片 14　白云母、黑云母受构造应力作用形成的褶皱（+）（50×）

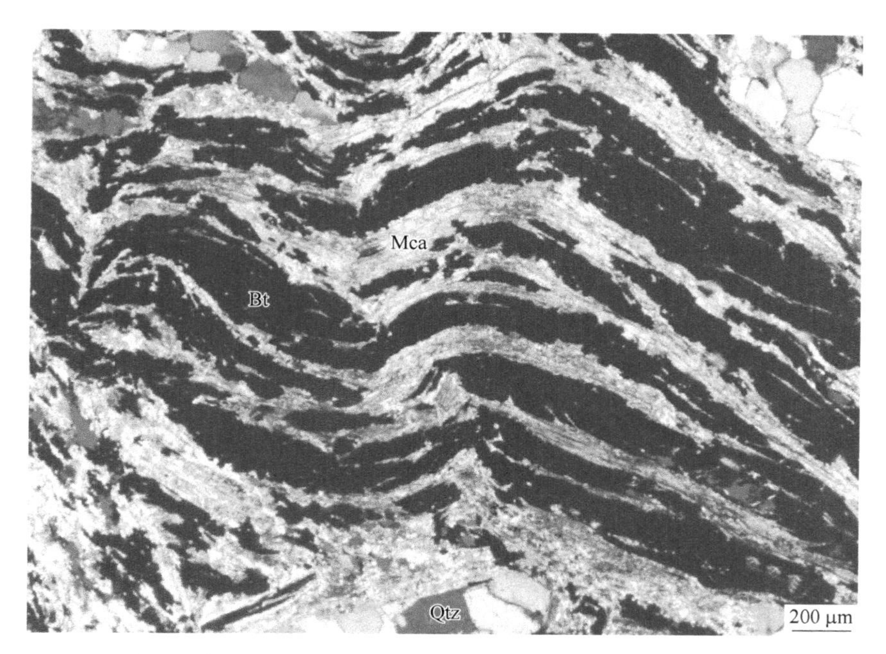

照片 15　白云母、黑云母受构造应力作用形成的褶皱（+）（50×）

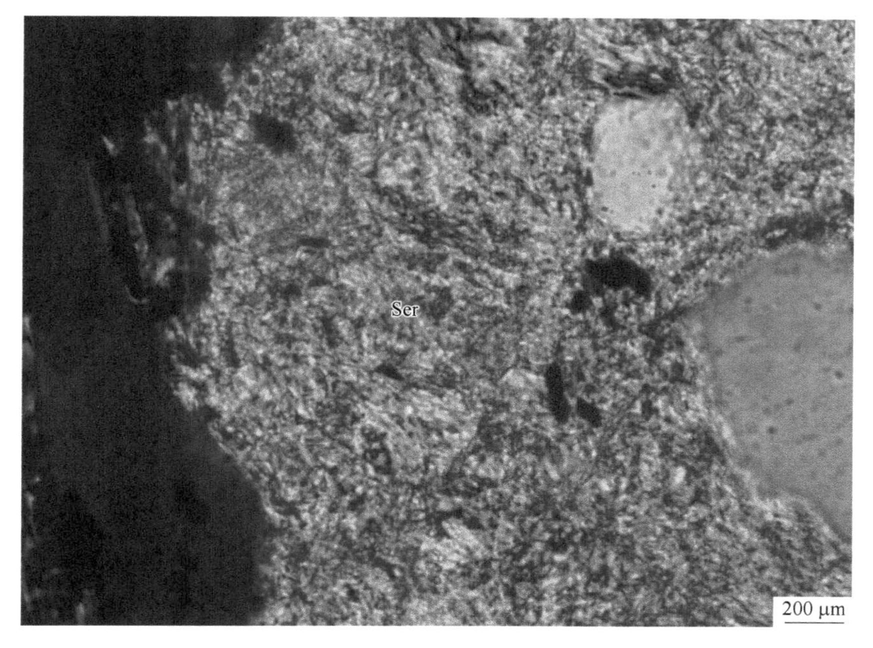

照片 16　粒度细小的绢云母（+）（500×）

照片 17　白云母、黑云母和绢云母的分布关系（+）（50×）

照片 18　石榴子石形成 σ 型旋转碎斑，发生绢云母化（+）（50×）

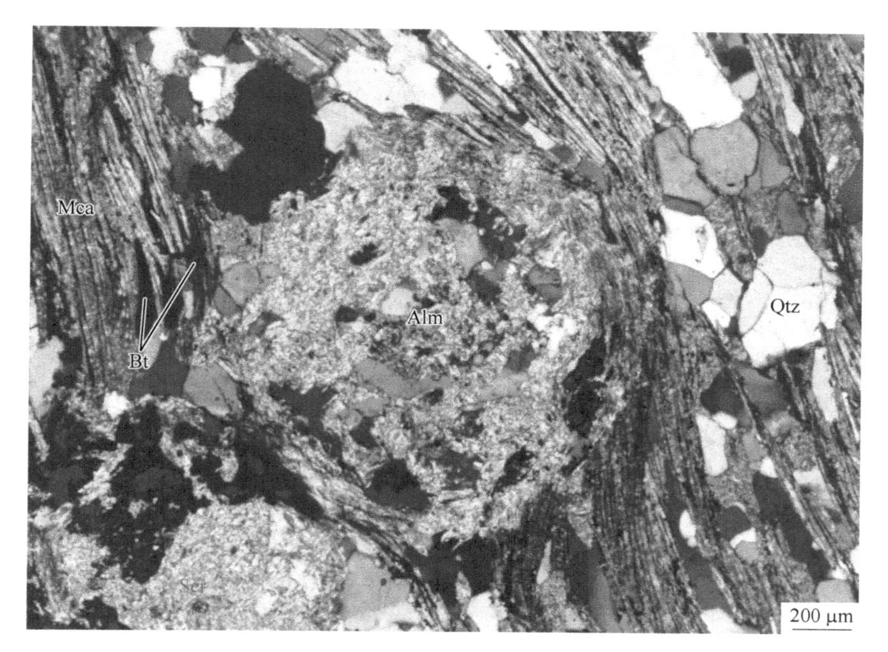

照片 19　石榴子石形成 σ 型旋转碎斑，发生绢云母化（+）（50×）

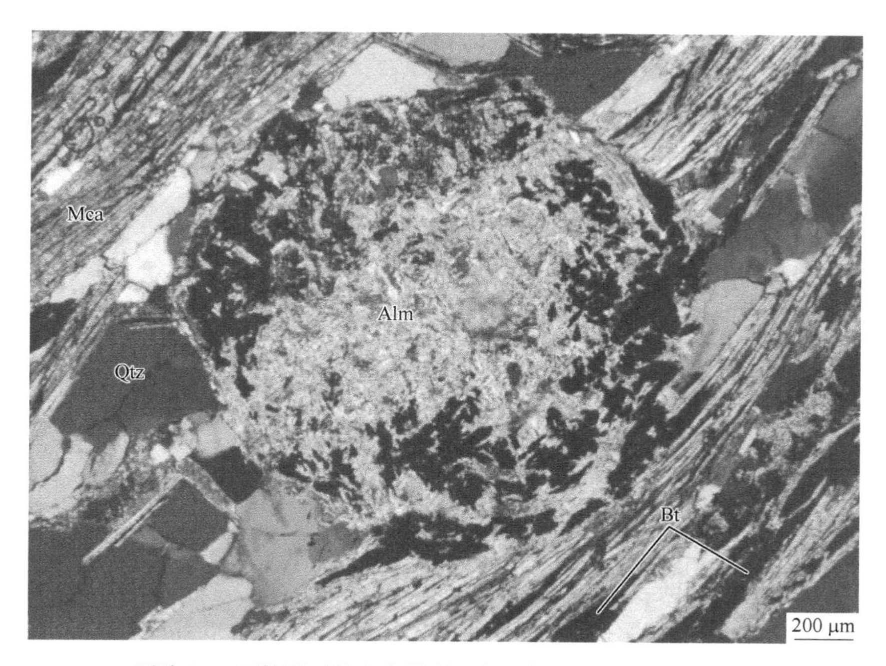

照片 20　石榴子石的六方晶形，发生绢云母化（+）（50×）

照片 21　石英的波状消光（+）（100×）

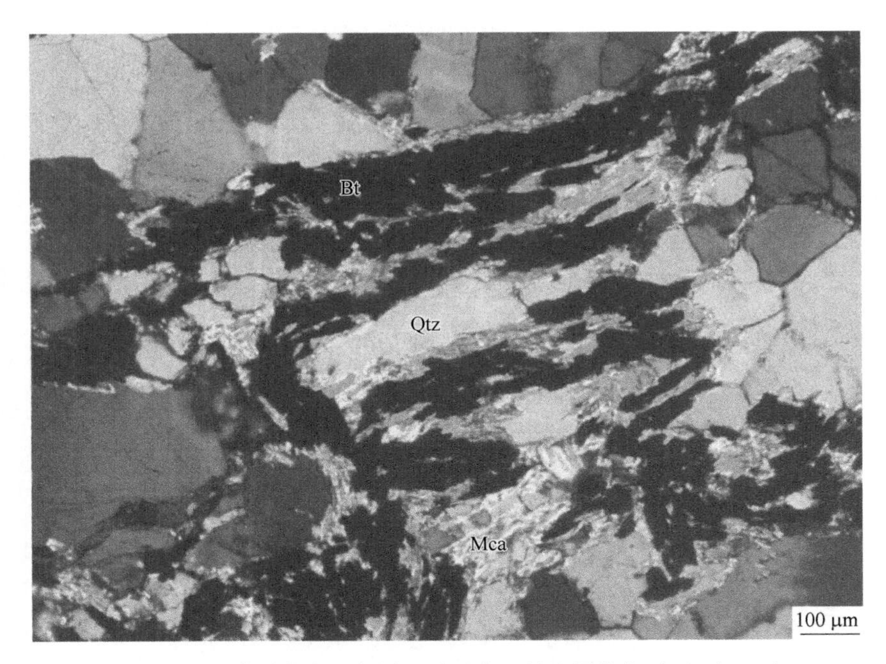

照片 22　石英被拉长，与黑云母、白云母互层分布（+）（100×）

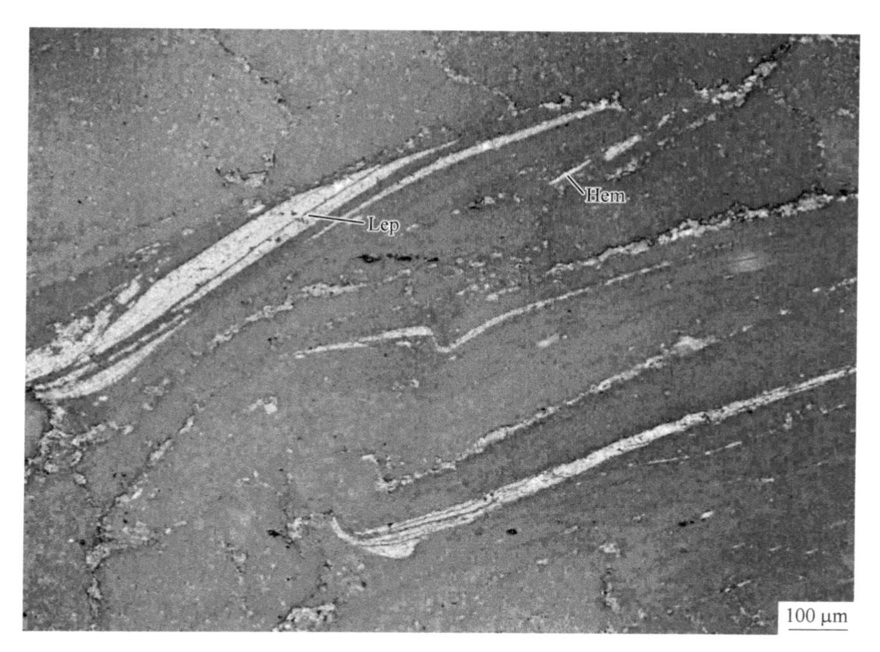

照片 23　纤铁矿条带与赤铁矿条带（-）（100×）（反射）

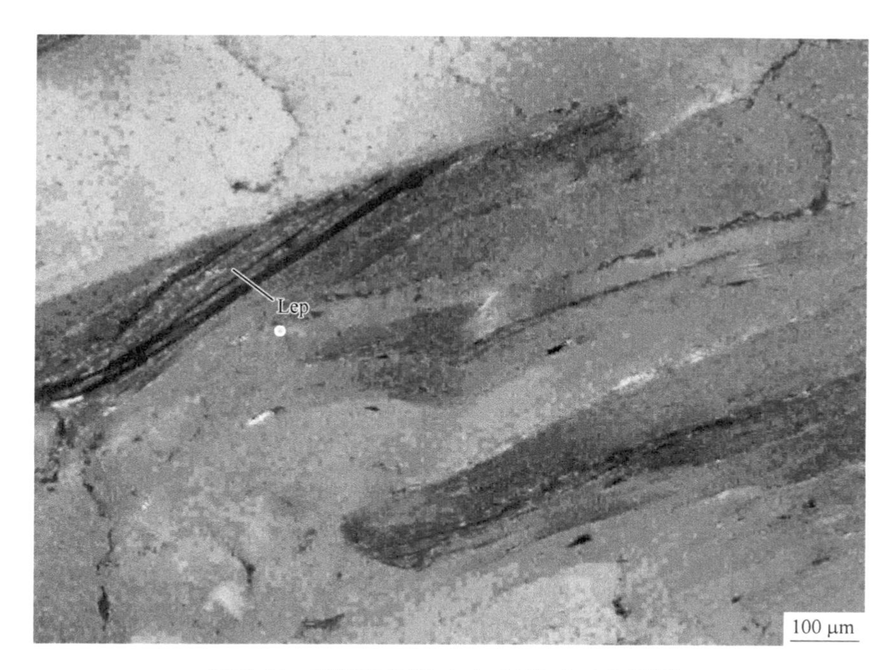

照片 24　纤铁矿条带（+）（100×）（内反射）

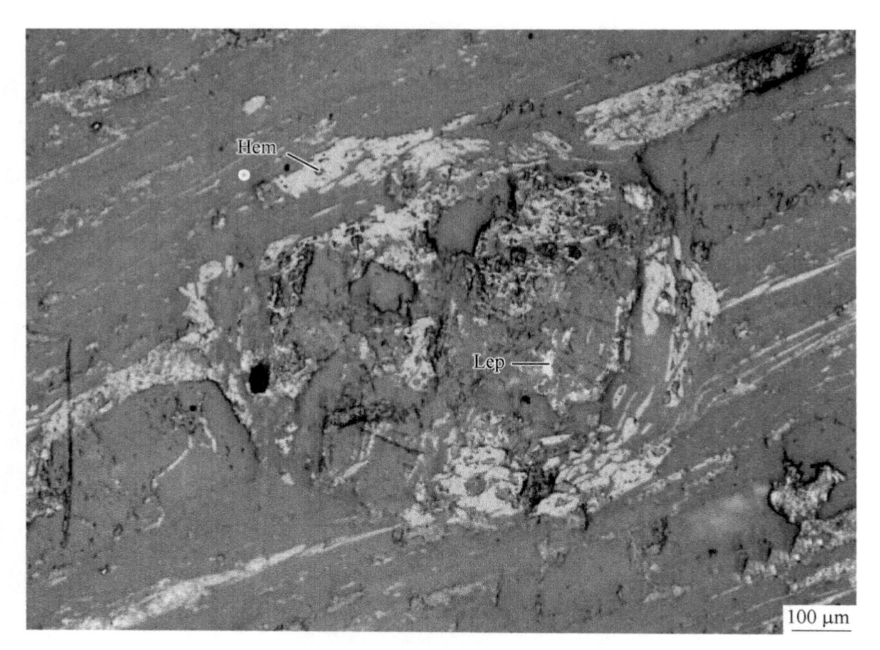

照片 25　赤铁矿、纤铁矿围绕石榴子石分布（-）（100×）（反射）

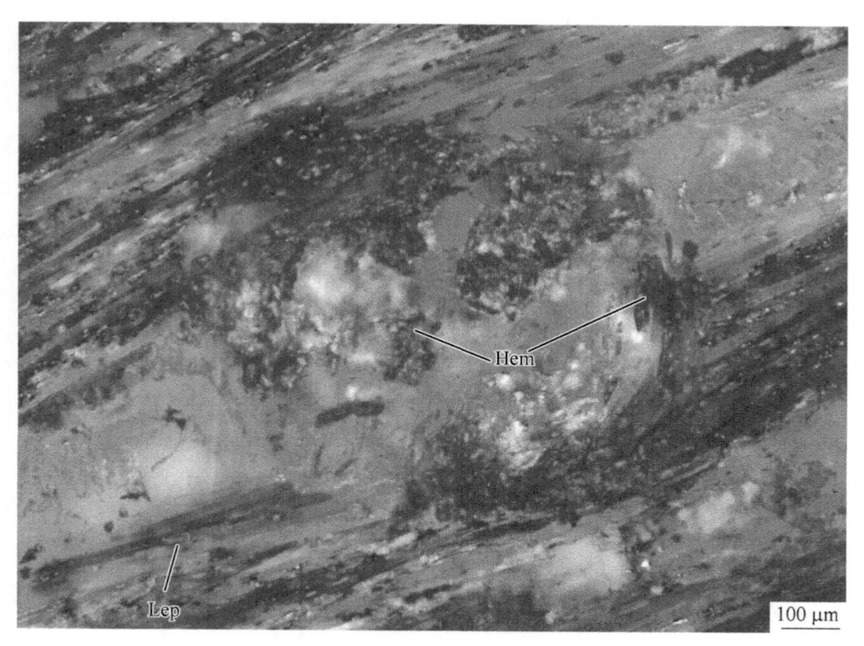

照片 26　赤铁矿、纤铁矿围绕石榴子石分布（+）（100×）（内反射）

参考文献

[1] 郑水林. 非金属矿加工与应用 [M]. 北京：化学工业出版社，2009：100-104.
[2] 许乐. 云母生产消费与国际贸易 [J]. 中国非金属矿工业导刊，2012 (1)：56-60.
[3] 胡岳华，冯其明. 矿物资源加工技术与设备 [M]. 北京：科学出版社，2006.
[4] 宋功保，李博文，彭同江，等. 我国白云母矿产资源现状及找矿远景 [J]. 四川地质学报，2000，24 (6)：198-201.
[5] 张丹萍. 河南某地云母矿选矿试验研究 [D]. 武汉：武汉理工大学，2013.
[6] 方霖，郭珍旭，刘长淼，等. 云母矿物浮选研究进展 [J]. 中国矿业，2015，24 (3)：131-135.
[7] 余力，戴惠新. 云母的加工与应用 [J]. 云南冶金，2011，40 (5)：25-28.
[8] 王淀佐，邱冠周，胡岳华. 资源加工学 [M]. 北京：科学出版社，2005.
[9] 许霞，丁浩，孙体昌，等. 单一重选法选别湖北绢云母的技术研究 [J]. 中国矿业，2008，17 (5)：52-55.
[10] 张迎棋. 某铁尾矿云母回收试验研究 [J]. 新疆有色金属，2014 (4)：70-71.
[11] 郭力，尹小冬. 碎云母风选及其风选时的运动规律研究 [J]. 非金属矿，1991，18 (2)：12-15.
[12] 贺德仁. 摩擦选矿和形状选矿 [J]. 非金属矿，1978 (3)：42-46.
[13] 苑金生. 国外云母选矿技术新进展 [J]. 建材发展导向，1996 (2)：40-43.
[14] XU L, WU H, DONG F. Flotation and adsorption of mixed cationic/anionic collectors on muscovite mica [J]. Minerals Engineering, 2013, 41 (2)：41-45.
[15] 刘方. 硅酸盐矿物浮选过程中调整剂对捕收剂作用方式的研究 [D]. 沈阳：东北大学，2011：23-91.
[16] 邓海波，张刚，任海洋，等. 季铵盐和十二胺对云母类矿物浮选行为和泡沫稳定性的影响 [J]. 非金属矿，2012，35 (6)：23-25.
[17] 陈超. 云母和高岭石的浮选分离研究 [D]. 北京：北京有色金属研究总院，2015.
[18] 王宇斌，余乐，张威，等. 酸性条件下十二胺体系中 Fe^{3+} 对白云母可浮性的影响 [J]. 矿产保护与利用，2015 (6)：40-45.
[19] 隆海，黄阳，王凡非，等. 川西某地花岗岩中白云母的选矿试验研究 [J]. 中国非金属矿工业导刊，2014 (6)：28-31.
[20] 陆康，张凌燕，张丹萍，等. 河南某白云母矿石选矿试验 [J]. 金属矿山，2013，42 (6)：67-70.
[21] 封国富，伊新辉，纪国平，等. 用油酸浮选云母的方法：中国，CN101850303A[P]. 2010-10-06.
[22] 周乐光. 矿石学基础 [M]. 北京：冶金工业出版社，2005：169.
[23] 杨思琦. 锂云母与石英浮选分离过程分子动力学模拟研究 [D]. 赣州：江西理工大学，2023.
[24] 幸伟中. 矿物的可浮性及其分类 [J]. 金属学报，1965 (2)：259-269.
[25] 解原，汪灵. 白云母类矿物在绝缘材料中的应用现状与开发利用建议 [J]. 中国非金属

矿工业导刊，2004，44（6）：10-14.
[26] 孙传尧，贾木欣．用油酸钠作捕收剂几种硅酸盐矿物浮游性的分析［J］．有色金属，2001（4）：57-61.
[27] JIA R，LEI H Y. Effect of strain rate on consolidation behavior of Ariake clay and selection of the suitable strain rate［J］. Chinese Journal of Geotechnical Engineering，2017，39（2）：198-202.
[28] 尹晓萌，晏鄂川，王鲁男，等．水与微观结构对片岩波速各向异性特征的影响及其机制研究［J］．岩土力学，2019，40（6）：2221-2230，2238.
[29] MARION C，JORDENS A，MCCARTHY S，et al. An investigation into the flotation of muscovite with an amine collector and calcium lignin sulfonate depressant［J］. Separation and Purification Technology，2015，149：216-227.
[30] 李继业，彭长琪，黎军．湖北随州碎白云母矿选矿试验研究［J］．非金属矿，1994，17（2）：23-26，33.
[31] WANG L，LIU R Q，HU Y H，et al. Adsorption behavior of mixed cationic/anionic surfactants and their depression mechanism on the flotation of quartz［J］. Powder Technology，2016，302：15-20.
[32] 高惠民，袁继祖，张凌燕，等．绢云母及其加工利用现状［J］．中国非金属矿工业导刊，2005（5）：6-9.
[33] 佟维道．碎云母开发利用研究［J］．中南冶金地质，1997（1）：57-61.
[34] 肖福渐．某铅锌矿选矿尾矿综合利用试验研究［J］．湖南有色金属，2003，1：9-11.
[35] 张乾伟，任瑞晨，李彩霞．从选钼尾矿中回收金云母试验研究［J］．非金属矿，2013，2：72-74.
[36] 王玉峰．选铁尾矿回收云母选矿试验［J］．现代矿业，2013，6：31-34.
[37] 黄怀国．湿法冶金中的电化学［J］．黄金科学技术，2003（2）：8-14.
[38] 宋文顺．电化学的定义及其机构、主要内容和反应特点［J］．电池，1982（3）：49-52.
[39] 王荣生，徐晓军，张文彬．通电电化学浮选研究发展现状［J］．昆明理工大学学报，1997，22（2）：27-31.
[40] 黄向阳，杨书春．硫化矿浮选过程中的电化学行为研究现状［J］．现代矿业，2009，25（6）：18-21.
[41] 松全元．浮选药剂的电化学处理［J］．国外金属矿选矿，1978（11）：35-40.
[42] 余世鑫，孙雯．含固废水电化学处理的理论基础与试验［J］．化工通报，1999（7）：60-64.
[43] 余世鑫．确定运用矿浆电化学处理效果的主要因素的研究［J］．武汉化工学院学报，1993，15（10）：60-64.
[44] 许孙曲．电浮选研究的若干结果［J］．矿冶工程，1990（1）：59-63.
[45] 张一敏，张永红，杨大兵．氧化锰矿电化学浮选研究［J］．中国锰业，1999（2）：22-25.
[46] 张积寿．电化学方法预处理矿浆时氧化铅锌矿物的浮选［J］．有色金属（选矿部分），1988（3）：1-6.

[47] 覃文庆，王佩佩，任浏祎，等．颗粒气泡的匹配关系对细粒锡石浮选的影响 [J]．中国矿业大学学报，2012，41 (3)：420-424，438.
[48] 蔡有兴．直流电场在褐铁矿浮选中的应用 [J]．矿产综合利用，1984 (2)：42-44.
[49] 朱红，杨玉芬，赵炜，等．电解还原法强化高硫煤浮选脱硫机理研究 [J]．中国矿业大学学报，2003，32 (11)：60-64.
[50] 董宪姝．石灰溶液体系中高硫煤电化学浮选脱硫的研究 [C]//2005 年全国选煤学术会议论文集．海口：中国煤炭学会选煤专业委员会，2005：5.
[51] 戴智飞，黄红军，孙伟，等．电解浮选中气泡性质对细粒萤石回收的影响 [J]．化工矿物与加工，2017，46 (5)：9-12.
[52] 杜圣星．电解法强化煤泥浮选过程的试验研究 [D]．太原：太原理工大学，2012.
[53] 李艳，孙伟，胡岳华．气泡性质对高岭石浮选行为的影响 [J]．中国有色金属学报，2009，19 (8)：1498-1504.
[54] 欧阳坚，陈洁．电化学预处理硅酸钠的作用探讨 [J]．矿产综合利用，1989 (5)：46-50.
[55] 欧阳坚，华继军．碳酸钠电化学处理作用的探讨 [J]．化工矿山技术，1989 (3)：22-25.
[56] 余世鑫，王玉林，孙雯，等．电化学处理选磷尾矿水的回水选矿试验 [J]．化工矿山技术，1998 (2)：24-26.
[57] 孙雯，余世鑫．电化学处理强化磷矿浮选过程 [J]．适用技术市场，1999 (9)：18-21.
[58] 冯金妮．锂云母高效捕收剂的选择及机理研究 [D]．赣州：江西理工大学，2013.
[59] 孙传尧，印万忠．硅酸盐矿物浮选原理 [M]．北京：科学出版社，2001.
[60] 张云海，魏德洲．高岭石与一水硬铝石反浮选分离药剂研究 [J]．有色金属（选矿部分)，2004，2：45-47.
[61] 李晓安．十二胺对磁铁矿和绿泥石的捕收作用 [J]．中国矿业，1993，2：55-59.
[62] 刘亚川，龚焕高，张克仁．十二胺盐酸盐在长石石英表面的吸附机理及 pH 值对吸附的影响 [J]．中国矿业，1992，2：92-96.
[63] 刘亚川，龚焕高，田喜林，等．再论十二胺在长石石英表面的吸附作用机理 [J]．中国矿业，1993，6：45-49.
[64] 阿布拉莫夫 A A，李长根，崔洪山，等．矿物浮选中阳离子捕收剂作用机理的理论基础和规律性 [J]．国外金属矿选矿，2007，8：9-13.
[65] 胡岳华，陈湘清，王毓华．磷酸盐对一水硬铝石和高岭石浮选的选择性作用 [J]．中国有色金属学报，2003，1：222-228.
[66] 陈湘清．硅酸盐矿物强化捕收与一水硬铝石选择性抑制的研究 [D]．长沙：中南大学，2004.
[67] 张国范，冯寅，朱阳戈，等．钙镁离子对磷灰石与白云石浮选行为的影响 [J]．化工矿物与加工，2011，7：1-4.
[68] 董宏军，陈荩，毛钜凡．金属离子对蓝晶石可浮性的影响及机理研究 [J]．非金属矿，1996，1：27-29.
[69] 王淀佐，胡岳华．浮选溶液化学 [M]．长沙：湖南科学技术出版社，1988：132.

[70] 邱廷省，丁声强，张宝红，等．硫化钠在浮选中的应用技术现状 [J]. 有色金属科学与工程，2012 (6)：39-43.

[71] 严伟平，熊立，陈晓青．硅酸钠在白钨浮选中的适用环境研究及机理分析 [J]. 中国钨业，2014 (4)：20-25.

[72] 松全元．氟硅酸钠代用品酸化硅酸钠浮选性质的研究 [J]. 金属矿山，1986 (1)：39, 49-51.

[73] 王宇斌，余乐，张威，等．十二胺体系下六偏磷酸钠对白云母可浮性的影响 [J]. 硅酸盐通报，2016，35 (5)：1407-1412.

[74] 王德强，王辅亚，张惠芬，等．云母类矿物的活化释钾性能 [J]. 地球化学，1999 (5)：505-512.

[75] 彭祥玉，王宇斌，张小波，等．油酸钠体系下 Mg^{2+} 对白云母的活化机理研究 [J]. 硅酸盐通报，2017，36 (1)：401-407.

[76] 李冬莲，张亚东．钙镁离子对胶磷矿浮选影响的溶液化学分析 [J]. 矿产保护与利用，2013 (4)：41-45.

[77] 陈代雄，祁忠旭，杨建文，等．含易浮云母的复杂铜铅锌矿分离试验研究 [J]. 有色金属（选矿部分），2013 (5)：1-5.

[78] 宋功保，彭同江，刘福生，等．我国主要白云母的矿物学特征研究 [J]. 矿物学报，2005，25 (2)：123-130.

[79] 乌明森 A A W，谢飞，张覃，等．Isa 磨机-Jameson 浮选槽回路可提供快速无铁污染浮选工艺 [J]. 国外金属矿选矿，2006，43 (11)：24.

[80] 宋振国，孙传尧．磨矿介质对十二胺浮选方解石的影响 [J]. 金属矿山，2009 (2)：91-93.

[81] 何发钰，孙传尧，宋磊．磨矿环境对硫化矿物浮选的影响 [J]. 中国工程科学，2006，8 (8)：92-102.

[82] 王鹏．选矿磨矿介质生产研究应用的思考 [J]. 金属矿山，2010 (1)：132-134.

[83] 陈智杰，高惠民，任子杰，等．柠檬酸对蓝晶石浮选行为的影响研究 [J]. 中国矿业，2016 (7)：125-129.

[84] 朱一民．低分子有机浮选抑制剂 [J]. 有色金属科学与工程，1991 (1)：18-23.

[85] 吴卫国，孙传尧，朱永楷．有机螯合剂对活化石英的抑制及其作用机理 [J]. 金属矿山，2007 (2)：33-37.

[86] 刘奇，李晔．糊精在非金属矿物表面的吸附规律及其选择性抑制作用 [J]. 非金属矿，1994 (2)：12-16.

[87] 刘奇，李晔，彭勇军．矿物表面疏水性在糊精吸附过程中的作用 [J]. 矿冶工程，1994，14 (2)：32-36.

[88] 覃文庆，邹松，刘三军，等．油酸钠浮选菱锰矿的溶液化学机理研究 [J]. 武汉理工大学学报，2014，36 (7)：125-126.

[89] 刘亚川，龚焕高，张克仁．石英长石矿物结晶化学特性与药剂作用机理 [J]. 中国有色金属学报，1992，2 (4)：21-25.

[90] 徐尧．白云母浮选体系的分子动力学 [D]. 上海：华东理工大学，2015：65-67.

[91] 王宇斌，张小波，余乐，等．油酸钠体系下 Pb^{2+} 对白云母的活化机理研究［J］．非金属矿，2016，39（6）：15-19.

[92] 孙中溪，Willis Forsling，陈荩．金属离子在二氧化硅-水界面的络合反应及其对石英活化浮选的影响［J］．中国有色金属学报，1992，2（2）：15-20.

[93] 王宇斌，文堪，王森，等．电化学预处理对油酸钠性质及捕收性能影响［J］．非金属矿，2018，41（4）：4-6.

[94] 王宇斌，雷大士，张小波，等．油酸钠体系下 Fe^{3+} 与白云母的作用机理研究［J］．硅酸盐通报，2018，37（4）：1435-1440.

[95] 王宇斌，文堪，张鲁．利用铜离子改善油酸钠体系下白云母的可浮性［J］．矿产保护与利用，2017（6）：45-51.

[96] 王宇斌，文堪，张鲁，等．Ca^{2+} 与白云母作用机理的 XPS 分析［J］．矿物学报，2018，38（4）：462-468.

[97] 王宇斌，文堪，张小波，等．油酸钠体系下 SiO_3^{2-} 对白云母的抑制机理研究［J］．非金属矿，2017，40（6）：63-65.

[98] 杨南如，岳文海．无机非金属材料图谱手册（上）［M］．武汉：武汉工业大学出版社，2000.

[99] LIU W J，ZHANG J，WANG W Q，et al. Flotation behaviors of ilmenite，titanaugite，and forsterite using sodium oleate as the collector［J］. Minerals Engineering，2015，72：1-9.

[100] NÁJERA J J. Phase transition behavior of sodium oleate aerosol particles［J］. Atmospheric Environment，2007，41（5）：1041-1052.

[101] MENG Q Y，FENG Q M，OU L M. Effect of temperature on floatability and adsorption behavior of fine wolframite with sodium oleate［J］. Journal of Central South University，2018，25（7）：1582-1589.

[102] 游传文，曾宪滨．硅线石浮选捕收剂选择的研究［J］．武汉工业大学学报，1990（3）：52-58.